J. A. ROSANOW

STOCHASTISCHE PROZESSE

MATHEMATISCHE LEHRBÜCHER UND MONOGRAPHIEN

HERAUSGEGEBEN VON DER
AKADEMIE DER WISSENSCHAFTEN DER DDR
ZENTRALINSTITUT FÜR MATHEMATIK UND MECHANIK

I. ABTEILUNG

MATHEMATISCHE LEHRBÜCHER

BAND 28

STOCHASTISCHE PROZESSE

VON

J. A. ROSANOW

AKADEMIE-VERLAG · BERLIN
1975

J. A. ROSANOW

STOCHASTISCHE PROZESSE

EINE EINFÜHRUNG

In deutscher Sprache herausgegeben
von
Dr. UWE KÜCHLER

AKADEMIE-VERLAG · BERLIN
1975

Ю. А. Розанов
Случайные процессы
Erschienen im Verlag Nauka, Moskau
Deutsche Übersetzung: Dipl.-Math. Jürgen Franz, Dr. Lothar Partzsch

Erschienen im Akademie-Verlag, 108 Berlin, Leipziger Straße 3—4

Lizenznummer: 202 · 100/407/75
Gesamtherstellung: VEB Druckhaus „Maxim Gorki", 74 Altenburg
Bestellnummer: 762 123 4 (6160) · LSV 1074
Printed in GDR
EVP 54,—

VORWORT

Dieses Buch entstand parallel zu einer Vorlesung über die Theorie stochastischer Prozesse, die ich am Moskauer physikalisch-technischen Institut in den Jahren 1969 bis 1970 gehalten habe. Ich hoffe, daß es für alle Leser von Nutzen sein wird, die die grundlegenden Ergebnisse und Methoden der Theorie der stochastischen Prozesse kennenlernen wollen.

Ich möchte hiermit J. W. Prochorow herzlich danken, der das Manuskript des Buches durchgesehen und mit einer Reihe wertvoller kritischer Bemerkungen mich veranlaßt hat, das gesamte Material noch einmal gründlich zu durchdenken und viele Änderungen anzubringen. Außerdem möchte ich auch O. W. Wiskow, dem Redakteur dieses Buches, für die von ihm geleistete Arbeit meinen Dank aussprechen.

J. A. Rosanow

INHALTSVERZEICHNIS

KAPITEL I

EINFÜHRUNG IN GRUNDLEGENDE BEGRIFFE DER WAHRSCHEINLICHKEITSTHEORIE

1. Der Raum der Elementarereignisse, der Wahrscheinlichkeitsbegriff

1.1. Versuche mit gleichwahrscheinlichen Ausgängen

Zur Einführung betrachten wir einige einfache Versuche, bei denen nicht von vornherein bekannt ist, mit welchem Ergebnis sie enden werden, sondern bei denen man nur weiß, mit welcher Wahrscheinlichkeit dieser oder jener Versuchsausgang eintritt.

Das Werfen einer Münze

Man wirft eine symmetrische Münze und beobachtet, welche Seite nach dem Wurf oben liegt. Als Ergebnis erscheint, abhängig vom Zufall, die Zahl oder das Wappen.

Das Werfen eines Spielwürfels

Dieser Versuch ist ein Bestandteil vieler populärer Kinderspiele, wie zum Beispiel „Wirf raus". Dabei werfen die Spieler nacheinander einen regelmäßigen Würfel, den sogenannten Spielwürfel, dessen Flächen durch die Zahlen $1, 2, \ldots, 6$ numeriert sind. Nach jedem Wurf liegt, abhängig vom Zufall, eine der Flächen oben, mit anderen Worten, es tritt eine der Augenzahlen $a = 1, 2, \ldots, 6$ auf. Jeder Spieler rückt dann seine Spielfigur, wenn die Spielregel nichts anderes vorschreibt, so viele Schritte weiter, wie viele Augen er gewürfelt hat.

Ein etwas komplizierterer Versuch wird in folgendem bekannten Glücksspiel durchgeführt. Jeder Spieler wirft zwei Spielwürfel, und es gewinnt derjenige, bei dem die Summe der gewürfelten Augen am größten ist. Als zufälliges Ergebnis tritt bei jedem solchen Wurf mit zwei Würfeln eine der möglichen Kombinationen (a, b) auf, wobei a die Augenzahl des ersten und b die Augenzahl des zweiten Würfels ist.

Ein Roulettespiel

Man stelle sich eine schwere Scheibe vor, die horizontal gelagert ist und sich leicht um ihre vertikale Achse drehen läßt. Sie sei in N regelmäßige, durch die Zahlen $1, 2, \ldots, N$ numerierte Sektoren unterteilt, und entlang des Scheibenrandes befinde sich eine gleichmäßige Rinne, in der eine kleine, frei bewegliche Kugel liege (vgl. Abb. 1). In jeder Spielrunde wird die Scheibe in Drehungen versetzt, so daß die Kugel in der Rinne rollt. Nach dem Anhalten der Scheibe bleibt auch die Kugel liegen, und zwar, abhängig vom Zufall, in einem der Sektoren mit den Nummern $1, 2, \ldots, N$. Je nach dem vorher vereinbarten Spiel erhält der Spieler dann einen entsprechenden Gewinn.

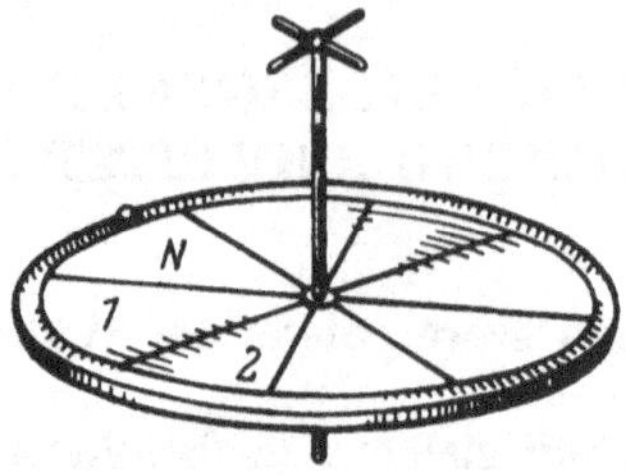

Abb. 1

Alle beschriebenen Versuche (das Werfen einer Münze oder eines Spielwürfels, das „Werfen“ einer Kugel beim Roulettespiel) haben folgende Eigenschaften gemeinsam:

— der Ausgang des Versuches ist zufällig,
— es gibt eine gewisse endliche Anzahl von möglichen, sich gegenseitig ausschließenden Versuchsausgängen,
— alle Versuchsausgänge sind gleichwahrscheinlich.

Besitzt ein Versuch diese drei Eigenschaften, so nennt man ihn einen *Versuch mit einer endlichen Anzahl gleichwahrscheinlicher Ausgänge.* Diese Versuchsausgänge heißen *Elementarausgänge* oder *Elementarereignisse,* sie werden im weiteren mit ω bezeichnet.

Wir betrachten irgendeinen Versuch mit einer endlichen Anzahl gleichwahrscheinlicher Ausgänge und bezeichnen durch N die Gesamtanzahl der Elementarereignisse. Jedes dieser Ereignisse besitzt die Wahrscheinlichkeit $\frac{1}{N}$, da sie sämtlich gleichwahrscheinlich sind.

Es sei A ein Ereignis, das in Abhängigkeit vom zufälligen Ausgang ω des Versuches entweder eintritt oder nicht eintritt. Mit $N(A)$ werde die Gesamtanzahl der Elementarereignisse bezeichnet, deren Eintreten das Eintreten von A nach sich zieht. Das Ereignis A ist natürlich um so wahrscheinlicher[1]), je größer die Zahl $N(A)$ ist. Die Wahrscheinlichkeit des Ereignisses A, bezeichnet mit $\mathsf{P}(A)$, wird deshalb proportional zur Größe $N(A)$ gesetzt, genauer, diese Wahrscheinlichkeit wird durch

$$\mathsf{P}(A) = \frac{N(A)}{N} \tag{1.1}$$

definiert.

---

[1]) Intuitiv sollte man die Aussage „Das Ereignis A ist wahrscheinlicher als das Ereignis B“ so deuten, daß bei vielfacher Wiederholung eines entsprechenden Versuches das Ereignis A häufiger als das Ereignis B eintreten wird.

Zum Beispiel ist die Wahrscheinlichkeit dafür, daß nach dem Werfen einer Münze das Wappen oben liegt, gleich $\frac{1}{2}$, und die Wahrscheinlichkeit dafür, daß beim Werfen eines Spielwürfels eine gerade Augenzahl erscheint, ebenfalls gleich $\frac{1}{2}$. Dagegen ist die Wahrscheinlichkeit dafür, daß beim Werfen zweier Spielwürfel das Ereignis A: „Die Summe der Augenzahlen ist größer als 10" eintritt, gleich $\frac{1}{12}$. Die Anzahl N aller möglichen Elementarausgänge ω, d. h. aller möglichen Kombinationen (a, b) ist nämlich hier gleich 36 $(a, b = 1, \ldots, 6)$, und die Anzahl $N(A)$ der Ausgänge, bei denen das Ereignis A eintritt, d. h., bei denen $a + b > 10$ gilt, gleich 3. (Das Ereignis A tritt genau bei den Versuchsausgängen (5, 6), (6, 5) und (6, 6) ein.)

Wir betrachten noch einmal das oben beschriebene Roulettespiel. Nach dem Anhalten der Scheibe hat die Kugel eine bestimmte Lage, die man, sofern man die Kugel als Punkt auf dem Kreis ansieht, durch ihre Winkelkoordinate ω $(0 \leqq \omega \leqq 2\pi)$ beschreiben kann.

Der zufällige Punkt ω fällt in jeden der N gleichen Sektoren, in die die Scheibe unterteilt ist, mit ein und derselben Wahrscheinlichkeit $\frac{1}{N}$. Nimmt man ferner an, die Wahrscheinlichkeit $\mathsf{P}(A)$ dafür, daß ω in einen Sektor $A = [\omega', \omega'']$ (vgl. Abb. 2) fällt, sei für alle Sektoren mit gleichem Öffnungswinkel $\omega'' - \omega'$ dieselbe, so ist $\mathsf{P}(A)$ bestimmt, und zwar gilt

$$\mathsf{P}(A) = \frac{\omega'' - \omega'}{2\pi}.$$

Die Rinne, in der sich die Kugel bewegt, habe die Länge L. Wickelt man diese Rinne auf das Intervall $[0, L]$ der reellen Achse $-\infty < x < +\infty$ ab, so kann man neben ω auch den zufälligen Punkt $\xi = \omega \frac{L}{2\pi}$ betrachten. Dieser Punkt fällt in irgendein Teilintervall $[x', x'']$ von $[0, L]$ mit einer Wahrscheinlichkeit, die nur von der Länge $x'' - x'$ dieses Intervalles abhängt und gleich $\frac{x'' - x'}{L}$ ist.

Die Größe ξ hängt vom Zufall ab, mit anderen Worten, sie ist eine *Zufallsgröße*. Die Wahrscheinlichkeit dafür, daß sie einen Wert aus dem Intervall $[x', x'']$ annimmt (nachfolgend mit $\mathsf{P}\{x' \leqq \xi \leqq x''\}$ bezeichnet), kann mit Hilfe eines Integrals ausgedrückt werden:

$$\mathsf{P}\{x' \leqq \xi \leqq x''\} = \int_{x'}^{x''} p_\xi(x)\,dx, \tag{1.2}$$

wobei der Integrand $p_\xi(x)$, der im weiteren *Wahrscheinlichkeitsdichte* (oder kurz *Dichte*) der Zufallsgröße ξ genannt wird, für die hier betrachtete Zufallsgröße ξ

die Gestalt

$$p_\xi(x) = \begin{cases} \dfrac{1}{L} & \text{für } 0 \leqq x \leqq L, \\ 0 & \text{für } x < 0, \quad x > L \end{cases} \tag{1.3}$$

besitzt. Die Zufallsgröße ξ heißt aufgrund der speziellen Form ihrer Wahrscheinlichkeitsdichte *gleichmäßig auf* $[0, L]$ *verteilt.*

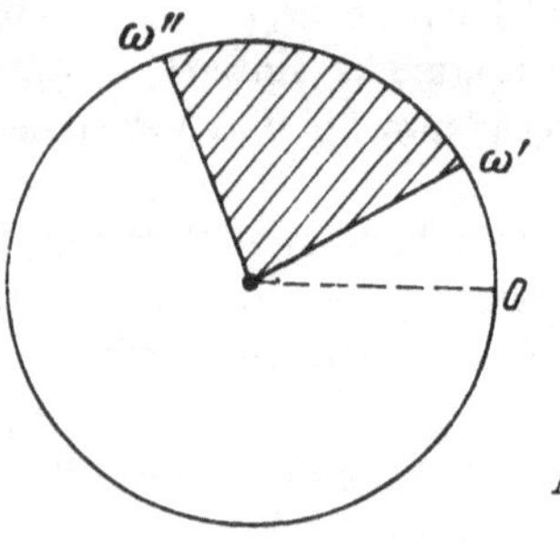

Abb. 2

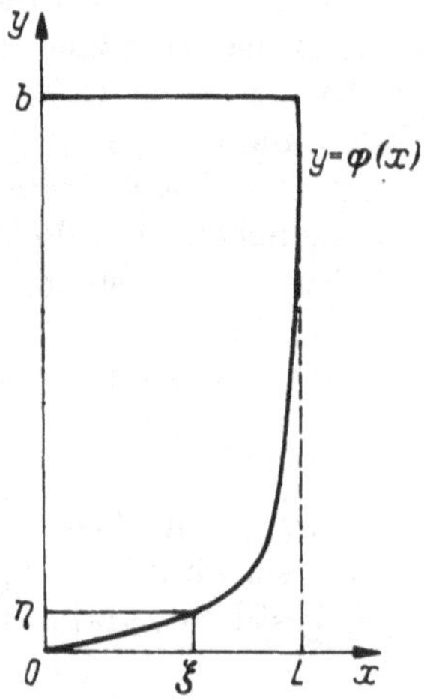

Abb. 3. Man erkennt, daß der zufällige Punkt $\eta = \varphi(\xi)$ für die hier dargestellte Funktion $y = \varphi(x)$ mit großer Wahrscheinlichkeit in die untere Hälfte des Intervalls $[0, b]$ fällt.

Es sei $y = \varphi(x)$ irgendeine reellwertige Funktion auf dem Intervall $[0, L]$, die eine stückweise stetige, positive Ableitung $\varphi'(x)$ besitzt. Sie bildet das Intervall $[0, L]$ umkehrbar eindeutig auf ein gewisses Intervall $[a, b]$ ab, das auch unendlich lang sein kann (vgl. Abb. 3). Wir betrachten die neue Zufallsgröße $\eta = \varphi(\xi)$ und fragen, wie groß die Wahrscheinlichkeit dafür ist, daß η in einem Intervall $[y', y'']$ liegt, d. h. daß das Ereignis $\{y' \leqq \eta \leqq y''\}$ eintritt.

Wir bezeichnen mit $x = \psi(y)$ die auf dem Intervall $[a, b]$ definierte Umkehrfunktion zur ursprünglich gegebenen Funktion $y = \varphi(x)$, $0 \leqq x \leqq L$. Offensichtlich sind die Ereignisse $\{y' \leqq \eta \leqq y''\}$ und $\{\psi(y') \leqq \xi \leqq \psi(y'')\}$ identisch, die Wahrscheinlichkeit des Ereignisses $\{\psi(y') \leqq \xi \leqq \psi(y'')\}$ ist aber nach Formel (1.2) gleich $\int\limits_{\psi(y')}^{\psi(y'')} p_\xi(x)\,\mathrm{d}x$. Unter Verwendung der Variablensubstitution $x = \psi(y)$ erhalten wir, daß die gesuchte Wahrscheinlichkeit des Ereignisses $\{y' \leqq \eta \leqq y''\}$ gleich

$$\mathsf{P}\{y' \leqq \eta \leqq y''\} = \int\limits_{\psi(y')}^{\psi(y'')} p_\xi(x)\,\mathrm{d}x = \int\limits_{y'}^{y''} p_\xi[\psi(y)]\,\psi'(y)\,\mathrm{d}y = \int\limits_{y'}^{y''} p_\eta(y)\,\mathrm{d}y$$

ist, wobei die Funktion $p_\eta(y)$ die Form

$$p_\eta(y) = \begin{cases} p_\xi[\psi(y)] \dfrac{1}{\varphi'[\psi(y)]} & \text{für } a \leqq y \leqq b, \\ 0 & \text{für } y < a, \quad y > b \end{cases} \tag{1.4}$$

besitzt. In unserem Beispiel gilt $p_\xi(x) = \dfrac{1}{L}$, $0 \leqq x \leqq L$, und somit

$$p_\eta(y) = \frac{1}{L} \frac{1}{\varphi'[\psi(y)]}, \quad a \leqq y \leqq b.$$

Man sieht, daß die *Wahrscheinlichkeitsdichte* $p_\eta(y)$, $-\infty < y < +\infty$, der Zufallsgröße η unter Umständen eine komplizierte Gestalt haben kann. Auf jeden Fall gilt aber

$$p_\eta(y) \geqq 0 \quad (-\infty < y < \infty), \qquad \int_{-\infty}^{\infty} p_\eta(y)\, dy = 1,$$

und die Wahrscheinlichkeit $\mathsf{P}\{y' \leqq \eta \leqq y''\}$ dafür, daß η in irgendein Intervall $[y', y'']$ fällt, läßt sich durch

$$\mathsf{P}\{y' \leqq \eta \leqq y''\} = \int_{y'}^{y''} p_\eta(y)\, dy$$

berechnen.

Wir setzen jetzt voraus, daß wir es mit zwei Zufallsgrößen ξ_1 und ξ_2 zu tun haben, die beide dieselbe Gestalt wie die oben betrachtete Zufallsgröße ξ besitzen und untereinander in keiner Verbindung stehen. Wir interpretieren ξ_1 als Koordinate eines auf gut Glück in das Intervall $[0, L_1]$ der x_1-Achse eines ebenen kartesischen Koordinatensystems geworfenen Punktes, und ξ_2 als Koordinate eines entsprechend in das Intervall $[0, L_2]$ der x_2-Achse geworfenen Punktes.

Wenn wir das Paar (ξ_1, ξ_2) als zufälligen Punkt in der (x_1, x_2)-Ebene ansehen, dann gilt analog zur Formel (1.2) für die Wahrscheinlichkeit $\mathsf{P}(A)$, daß dieser Punkt in irgendein Gebiet A (mit stückweise glattem Rand) fällt, die Beziehung

$$\mathsf{P}(A) = \iint_A p_{\xi_1\xi_2}(x_1, x_2)\, dx_1\, dx_2, \tag{1.5}$$

wobei hier der Integrand $p_{\xi_1\xi_2}(x_1, x_2)$ die Gestalt

$$p_{\xi_1\xi_2}(x_1, x_2) = \begin{cases} \dfrac{1}{L_1 L_2} & \text{für } 0 \leqq x_1 \leqq L_1, \quad 0 \leqq x_2 \leqq L_2, \\ 0 & \text{für alle anderen } (x_1, x_2) \end{cases} \tag{1.6}$$

besitzt. Der Punkt (ξ_1, ξ_2) kann natürlich nur in das Rechteck $\Omega = \{0 \leqq x_1 \leqq L_1,\ 0 \leqq x_2 \leqq L_2\}$ fallen. Ist A ein Gebiet aus diesem Rechteck, dann ist die durch die Formel (1.5) gegebene Wahrscheinlichkeit $\mathsf{P}(A)$ gleich dem Verhältnis der Fläche des Gebietes A zur Gesamtfläche des Rechtecks Ω.

Beispiel: Wir nehmen an, daß auf gut Glück auf ein Intervall der Länge L unabhängig voneinander zwei Punkte geworfen werden. Wie groß ist die Wahrscheinlichkeit dafür, daß der Abstand zwischen ihnen höchstens gleich einem vorgegebenen Wert l ist? Ohne Beschränkung der Allgemeinheit betrachten wir das Intervall $[0, L]$ und bezeichnen mit ξ_1 und ξ_2 die Koordinaten der beiden Punkte auf diesem Intervall. Des weiteren tragen wir ξ_1 auf dem Intervall $[0, L]$ der x_1-Achse und ξ_2 auf dem Intervall $[0, L]$ der x_2-Achse ab, und stellen uns vor, daß der Punkt (ξ_1, ξ_2) auf gut Glück in das Quadrat $\Omega = \{0 \leqq x_1 \leqq L, 0 \leqq x_2 \leqq L\}$ geworfen wird. Es sei A das Teilgebiet von Ω, das durch die Geraden $x_2 = x_1 = l$

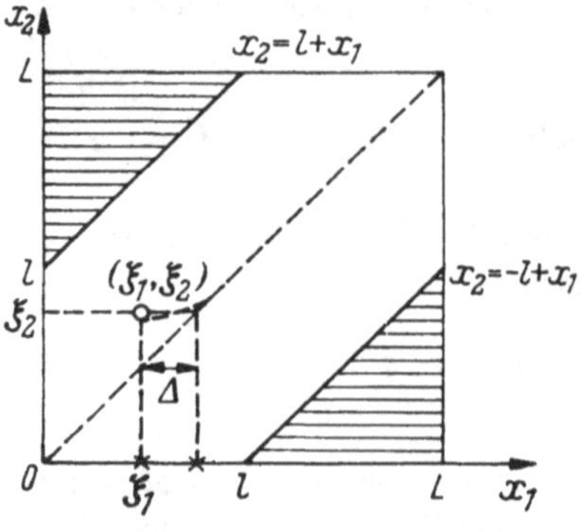

Abb. 4

und $x_2 = x_1 - l$ begrenzt wird (vgl. Abb. 4, A ist dort unschraffiert). Offenbar ist die gesuchte Wahrscheinlichkeit dafür, daß der Abstand $\Delta = |\xi_1 - \xi_2|$ nicht größer als l ist, gleich der Wahrscheinlichkeit $\mathsf{P}(A)$ dafür, daß der Punkt (ξ_1, ξ_2) in das Gebiet A fällt. Somit ergibt sich nach Formel (1.5) für $\mathsf{P}(A)$ der Wert

$$\mathsf{P}(A) = \iint_A \frac{1}{L^2}\,\mathrm{d}x_1\,\mathrm{d}x_2 = \frac{2Ll - l^2}{L^2},$$

wobei $2Ll - l^2$ der Flächeninhalt des Gebietes A ist.

Beispiel (BUFFON*sches Nadel-Problem*): Wir setzen voraus, daß auf eine Ebene, die mit parallelen, im Abstand L voneinander entfernten Geraden versehen ist, auf gut Glück eine „Nadel", d. h. ein Intervall der Länge l, $l \leqq L$, geworfen wird. Wie groß ist die Wahrscheinlichkeit dafür, daß die geworfene Nadel eine der Linien schneidet?

Wir bezeichnen mit ξ_1 den Neigungswinkel der Nadel zur Richtung der Linien, mit ξ_2 den Abstand ihres unteren Endes von der von oben nächstliegenden Geraden (vgl. Abb. 5). Die Versuchsbedingungen seien derart, daß die Zufallsgröße ξ_1 gleichmäßig auf dem Intervall $[0, \pi]$ und die Zufallsgröße ξ_2 gleichmäßig auf dem Intervall $[0, L]$ verteilt sind. Gefühlsmäßig ist klar, daß die Größen ξ_1 und ξ_2 nicht miteinander in Verbindung stehen. Wir nehmen deshalb an, der Punkt

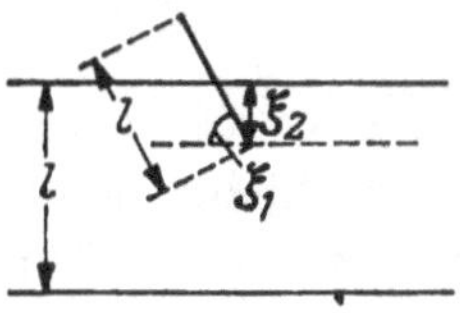

Abb. 5

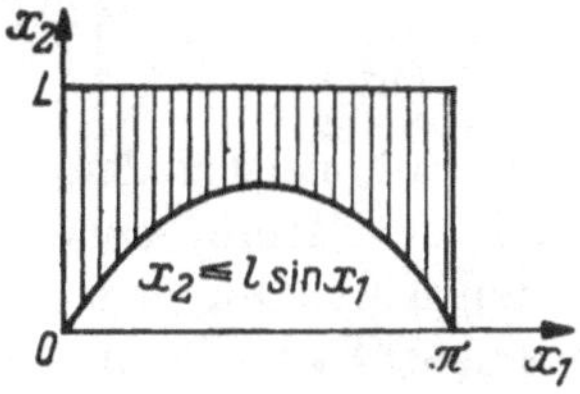

Abb. 6

(ξ_1, ξ_2) falle mit derselben Wahrscheinlichkeit in irgendein Gebiet A der Ebene, als wenn er auf gut Glück in das Rechteck $\Omega = \{0 \leqq x_1 \leqq \pi, 0 \leqq x_2 \leqq L\}$ geworfen würde. Offensichtlich schneidet die Nadel der Länge l eine der Linien genau dann, wenn

$$\xi_2 \leqq l \sin \xi_1,$$

gilt, d. h. wenn der entsprechende Punkt (ξ_1, ξ_2) in das Gebiet A fällt, das nach oben durch die Kurve $x_2 = l \sin x_1$ begrenzt wird (vgl. Abb. 6). Nach Formel (1.5) gilt für die Wahrscheinlichkeit $\mathsf{P}(A)$, daß der Punkt (ξ_1, ξ_2) in dieses Gebiet fällt, die Beziehung

$$\mathsf{P}(A) = \iint_A \frac{1}{\pi L} \, dx_1 \, dx_2 = \frac{2l}{\pi L}.$$

Wir betrachten jetzt ein beliebiges Paar von Zufallsgrößen ξ_1 und ξ_2, für das sich die Wahrscheinlichkeit, daß der Punkt (ξ_1, ξ_2) in ein Gebiet A fällt, durch eine Gleichung der Gestalt (1.5) darstellen läßt. Dabei soll $p_{\xi_1\xi_2}(x_1, x_2)$, $-\infty < x_1$, $x_2 < \infty$, eine nichtnegative Funktion sein, die der Bedingung

$$\int_{-\infty}^{\infty} \int_{-\infty}^{\infty} p_{\xi_1\xi_2}(x_1, x_2) \, dx_1 \, dx_2 = 1$$

genügt. Diese Funktion heißt die *gemeinsame Wahrscheinlichkeitsdichte* (oder kurz *gemeinsame Dichte*) der Zufallsgrößen ξ_1 und ξ_2.

Wir nehmen nun an, daß uns irgendwelche Größen $\eta_1 = \varphi_1(\xi_1, \xi_2)$, und $\eta_2 = \varphi_2(\xi_1, \xi_2)$ interessieren, die Funktionen der zufälligen Ausgangsgrößen ξ_1 und ξ_2 sind.

Wir setzen voraus, daß

$$y_1 = \varphi_1(x_1, x_2), \qquad y_2 = \varphi_2(x_1, x_2)$$

eine umkehrbar eindeutige Abbildung der (x_1, x_2)-Ebene in die (y_1, y_2)-Ebene ist, und die Funktionaldeterminante

$$|I| = \begin{vmatrix} \dfrac{\partial \varphi_1}{\partial x_1} & \dfrac{\partial \varphi_1}{\partial x_2} \\ \dfrac{\partial \varphi_2}{\partial x_1} & \dfrac{\partial \varphi_2}{\partial x_2} \end{vmatrix}$$

dieser Abbildung überall verschieden von Null ist. Durch $x_1 = \psi_1(y_1, y_2)$, $x_2 = \psi_2(y_1, y_2)$ werden die entsprechende Umkehrabbildung bezeichnet.

Bei der betrachteten Abbildung geht ein Gebiet mit stückweise glattem Rand wieder in ein solches über. Es sei B ein beliebiges Gebiet der (y_1, y_2)-Ebene und A das Urbild von B, d. h.

$$A = \{(x_1, x_2) \mid (y_1, y_2) = (\varphi_1(x_1, x_2), \varphi_2(x_1, x_2)) \in B\}.$$

Offenbar befindet sich der Punkt (η_1, η_2) genau dann in B, wenn der entsprechende Punkt (ξ_1, ξ_2) in A liegt. Das bedeutet, daß die Ereignisse $\{(\eta_1, \eta_2) \in B\}$ und $\{(\xi_1, \xi_2) \in A\}$ identisch sind. Auf Grund der Formel (1.5) ist die Wahrscheinlichkeit $\mathsf{P}(B)$ dafür, daß der Punkt (η_1, η_2) in das Gebiet B fällt, gleich

$$\mathsf{P}(B) = \iint_A p_{\xi_1\xi_2}(x_1, x_2)\, dx_1\, dx_2.$$

Daraus erhalten wir nach Substitution der Variablen $x_1 = \psi_1(y_1, y_2)$, $x_2 = \psi_2(y_1, y_2)$ eine Formel, die analog zu (1.5) ist:

$$\mathsf{P}(B) = \iint_B p_{\eta_1\eta_2}(y_1, y_2)\, dy_1\, dy_2.$$

Dabei bedeutet die Funktion

$$p_{\eta_1\eta_2}(y_1, y_2) = p_{\xi_1\xi_2}[\psi_1(y_1, y_2), \psi_2(y_1, y_2)]\, |I|^{-1} \tag{1.7}$$

nach der oben angegebenen Definition die *gemeinsame Wahrscheinlichkeitsdichte* der Zufallsgrößen η_1 und η_2. Es gilt nämlich

$$p_{\eta_1\eta_2}(y_1, y_2) \geqq 0, \quad \int_{-\infty}^{\infty}\int_{-\infty}^{\infty} p_{\eta_1\eta_2}(y_1, y_2)\, dy_1\, dy_2 = 1.$$

1.2. Der Raum der Elementarereignisse

Es seien zwei Zufallsgrößen ξ_1 und ξ_2 mit der gemeinsamen Wahrscheinlichkeitsdichte $p_{\xi_1\xi_2}(x_1, x_2)$ gegeben. Wir stellen uns in diesem Zusammenhang irgendeinen Versuch vor, bei dem der zufällige Punkt (ξ_1, ξ_2) beobachtet wird. Die „Elementarausgänge" eines solchen Versuches bestehen jeweils darin, daß die Zufallsgrößen ξ_1, ξ_2 bestimmte Werte x_1, x_2 annehmen. Sie können durch entsprechende Punkte (x_1, x_2) in der Ebene beschrieben werden. Alle möglichen Ereignisse der Form $\{(\xi_1, \xi_2) \in A\}$, lies: „Der zufällige Punkt (ξ_1, ξ_2) fällt in das Gebiet A“, werden im wesentlichen durch die entsprechende Menge A charakterisiert. Ohne auf die physikalischen Einzelheiten der Versuchsbedingungen einzugehen, kann man den dabei wirkenden „Zufallsmechanismus“ beschreiben, indem man die Wahrscheinlichkeiten $\mathsf{P}(A)$ aller möglichen Ereignisse A angibt (siehe Formel (1.5)).

In dem eben betrachteten Beispiel finden wir bereits alle wesentlichen Merkmale eines allgemeinen wahrscheinlichkeitstheoretischen Modells, das zur Beschreibung einer Vielzahl von Versuchen mit zufälligem Ausgang geeignet ist. Als Grundlage eines solchen Modells verwendet man irgendeine Menge von Elementarereignissen, die der folgenden Forderung genügen: Im Ergebnis des Versuches tritt genau einer dieser Ausgänge ein. Diese Versuchsausgänge heißen auch *Elementarereignisse*, und die Menge Ω aller Elementarereignisse nennt man *Raum der Elementarereignisse.* Außerdem beschreibt man den in dem betrachteten Modell wirkenden „Zufallsmechanismus“, indem man die Wahrscheinlichkeiten $\mathsf{P}(A)$ gewisser Ereignisse A angibt. Dabei muß stets

$$0 \leqq \mathsf{P}(A) \leqq 1$$

gelten. Die Wahrscheinlichkeit eines Ereignisses, das mit Sicherheit eintritt, setzt man gleich Eins, und die Wahrscheinlichkeit eines unmöglichen Ereignisses gleich Null (auf welche Weise man Wahrscheinlichkeiten vorgeben kann, wird weiter unten ausführlicher besprochen).

Jedes einzeln herausgegriffene Ereignis A interessiert uns nur von dem Standpunkt aus, ob es im Ergebnis des betrachteten Versuches eintritt oder nicht. Deshalb kann man nicht zwischen Ereignissen A_1 und A_2 unterscheiden, für die das Eintreten von A_1 auch die Realisierung von A_2 bedeutet und umgekehrt das Eintreten von A_2 auch die Realisierung von A_1 nach sich zieht.

Betrachtet man ein mit dem Versuch Ω zusammenhängendes Ereignis A[1]), so kann man (ebenso wie in den oben beschriebenen Beispielen) die Menge aller jener Elementarausgänge $\omega \in \Omega$ aussondern, die zum Eintreten des Ereignisses A führen. Diese Menge bezeichnen wir ebenso wie das betrachtete Ereignis mit dem Symbol A.

Es ist klar, daß das Eintreten des Ereignisses $\{\omega \in A\}$, das darin besteht, daß der Ausgang ω des Versuches in der gekennzeichneten Menge $A \subseteq \Omega$ enthalten ist, das Eintreten des Ereignisses A selbst bedeutet.

Beim Eintreten des Ereignisses A findet nämlich irgendein Elementarausgang ω statt, der zum Eintreten dieses Ereignisses A führt, und alle solche Ausgänge bilden gerade die Menge $A \subseteq \Omega$, d. h., es gilt $\omega \in A$. Wenn andererseits das Ereignis $\{\omega \in A\}$ eintritt, d. h. wenn sich irgendein Elementarausgang $\omega \in A$ ergibt,

---

[1]) Man sagt, ein Ereignis A hänge mit dem Versuch zusammen, wenn man bei jedem Elementarausgang $\omega \in \Omega$ entscheiden kann, ob A eingetreten ist oder nicht.

dann bedeutet das aufgrund der Definition der Menge $A \subseteq \Omega$, daß dieser Ausgang ω zum Eintreten des Ereignisses A führt.

Somit fallen die Ereignisse A und $\{\omega \in A\}$ tatsächlich zusammen, und man kann deshalb jedes Ereignis A, das mit dem betrachteten Versuch zusammenhängt, durch die entsprechende Menge A von Elementarausgängen $\omega \in \Omega$, die zum Eintreten des Ereignisses A führen, beschreiben. Folglich ist es möglich, das Ereignis A mit der entsprechenden Menge $A \subseteq \Omega$ zu identifizieren. (Eine Menge A von Elementarausgängen ω des betrachteten Versuches Ω stellt also das Ereignis dar, das genau dann eintritt, wenn irgendein in dieser Menge enthaltener Elementarausgang ω auftritt.) Ein Ereignis A, das bei jedem Elementarausgang ω eintritt (ein solches Ereignis heißt *sicheres Ereignis*), kann mit dem gesamten Raum Ω der Elementarereignisse identifiziert werden. Es ist sinnvoll, auch das *unmögliche Ereignis* einzuführen. Es ist definiert als das Ereignis, das bei keinem Elementarausgang $\omega \in \Omega$ eintritt; man setzt es deshalb gleich der leeren Menge.

Ein solcher mengentheoretischer Zugang erlaubt es, verschiedene Operationen mit Ereignissen anschaulich zu definieren. So bezeichnet man als *Vereinigung* oder *Summe zweier Ereignisse* A_1 und A_2 dasjenige Ereignis $A_1 \cup A_2$, das genau dann eintritt, wenn mindestens eines der Ereignisse A_1 und A_2 eintritt (das Ereignis $A_1 \cup A_2$ ist als Menge von Elementarausgängen $\omega \in \Omega$ gerade die Vereinigung der entsprechenden Mengen A_1 und A_2). Analog definiert man die Vereinigung $\bigcup_k A_k$ von Ereignissen $A_1, A_2, \ldots$.

Als *Durchschnitt* oder *Produkt* zweier Ereignisse A_1 und A_2 bezeichnet man dasjenige Ereignis $A_1 \cap A_2$ (mitunter schreibt man auch A_1A_2), das genau dann eintritt, wenn beide Ereignisse A_1 und A_2 gleichzeitig eintreten (als Menge im Raum Ω der Elementarereignisse ist das Ereignis $A_1 \cap A_2$ mit dem Durchschnitt der entsprechenden Mengen A_1 und A_2 identisch). Entsprechend definiert man den Durchschnitt $\bigcap_k A_k$ mehrerer Ereignisse $A_1, A_2, \ldots$.

Tritt ein Ereignis $\bar{A}$ genau dann ein, wenn das Ereignis A nicht eintritt, so nennt man $\bar{A}$ das zu A *komplementäre* Ereignis. (Die Menge $\bar{A}$ ist das Komplement der Menge A im Raum Ω der Elementarereignisse.)

Als *Differenz* der Ereignisse A_1 und A_2 bezeichnet man das Ereignis $A_1 \setminus A_2$, das genau dann eintritt, wenn A_1, aber nicht A_2 eintritt. (Die Menge $A_1 \setminus A_2$ ist die Differenz der Mengen A_1 und A_2.) Ferner heißen die Ereignisse A_1 und A_2 *unvereinbar* oder *disjunkt*, wenn sie sich gegenseitig ausschließen: Beim Eintreten des Ereignisses A_1 tritt das Ereignis A_2 nicht ein, und umgekehrt tritt beim Eintreten von A_2 das Ereignis A_1 nicht ein (A_1 und A_2 sind als Mengen im Raum Ω disjunkt).

In der mengentheoretischen Sprache kann man auch andere Beziehungen zwischen Ereignissen ausdrücken. Beispielsweise ist es möglich, statt „Das Ereignis A_1 hat das Ereignis A_2 zur Folge" zu sagen „Das Ereignis A_1 ist im Ereignis A_2 enthalten". Die erste Aussage bedeutet nämlich, daß beim Auftreten eines beliebigen Elementarausganges $\omega \in \Omega$, der zum Ereignis A_1 führt, d. h. für den $\omega \in A_1$ gilt, auch das Ereignis A_2 eintritt, mit anderen Worten, daß $\omega \in A_2$ gilt.

Mengentheoretisch heißt das aber gerade, daß die Menge A_1 in der Menge A_2 enthalten ist: $A_1 \subseteq A_2$.

Einige der oben genannten Beziehungen zwischen verschiedenen Ereignissen sind anschaulich in Abb. 7 dargestellt. Dabei sind die Elementarereignisse ω als Punkte eines Quadrates Ω dargestellt.

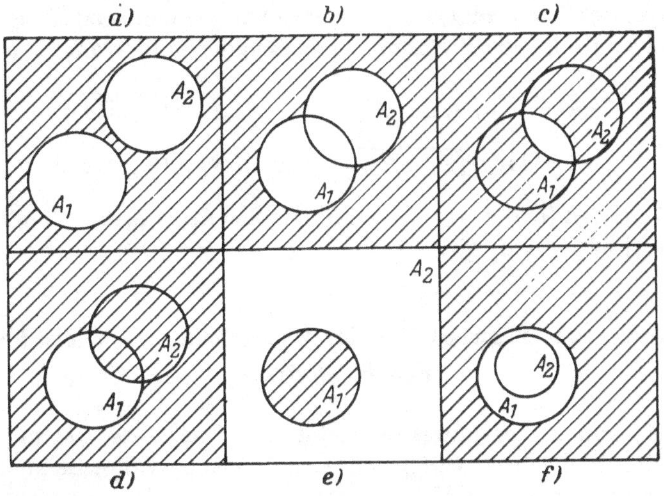

Abb. 7. a) A_1 und A_2 sind unvereinbare (disjunkte) Ereignisse; b) die nichtschraffierte Fläche ist die Vereinigung $A_1 \cup A_2$; c) die nichtschraffierte Fläche stellt den Durchschnitt $A_1 \cap A_2$ dar; d) die nichtschraffierte Fläche gibt die Differenz $A_1 \setminus A_2$ an; e) das Ereignis A_2 ist das zu A_1 komplementäre Ereignis; f) das Ereignis A_2 ist in A_1 enthalten.

Wir betrachten noch einmal den Versuch, bei dem gleichzeitig zwei Spielwürfel geworfen werden. Das Ereignis A: „Eine geradzahlige Augensumme tritt auf" ist die Vereinigung der disjunkten Ereignisse A_1: „Auf jedem Würfel erscheint eine gerade Augenzahl" und A_2: „Auf jedem Würfel erscheint eine ungerade Augenzahl". Dabei gilt $A_1 = A \setminus A_2$ und $A_2 = A \setminus A_1$. Das zu A komplementäre Ereignis ist das Ergebnis $\bar{A}$: „Eine ungerade Augensumme tritt auf", das zu A_1 komplementäre Ereignis ist das Ereignis $\bar{A}_1$: „Mindestens auf einem der beiden Würfel tritt eine ungerade Augenzahl auf", und das zum Ereignis A_2 komplementäre Ereignis ist $\bar{A}_2$: „Mindestens auf einem Würfel tritt eine gerade Augenzahl auf". Dabei gilt

$$\bar{A}_1 \setminus \bar{A} = \bar{A}_1 \cap A = A_2 \quad \text{und} \quad \bar{A}_2 \setminus \bar{A} = \bar{A}_2 \cap A = A_1.$$

Man kann leicht zeigen, daß für irgend zwei Ereignisse A_1 und A_2 folgende Aussagen richtig sind:

aus $A_1 \subseteq A_2$ folgt $\bar{A}_1 \supseteq \bar{A}_2$,
ist $A = A_1 \cup A_2$, so gilt $\bar{A} = \bar{A}_1 \cap \bar{A}_2$ und
ist $A = A_1 \cap A_2$, so gilt $\bar{A} = \bar{A}_1 \cup \bar{A}_2$.

Allgemeiner gilt: Besteht zwischen irgendwelchen Ereignissen eine durch die Zeichen der Gleichheit $=$, des Enthaltenseins $\subseteq$ (oder $\supseteq$), der Vereinigung $\cup$ oder des Durchschnitts $\cap$ ausgedrückte Relation, dann gilt auch diejenige Relation, die man aus der ursprünglichen erhält, wenn man die Zeichen des Enthaltenseins ($\subseteq$ bzw. $\supseteq$) durch ihre Umkehrungen ($\supseteq$ bzw. $\subseteq$), der Vereinigung $\cup$ durch den Durchschnitt $\cap$ und des Durchschnittes $\cap$ durch die Vereingung $\cup$ bei gleichzeitigem Austausch der Ereignisse gegen ihre komplementären Ereignisse ersetzt. Zum Beispiel sind folgende Beziehungen zueinander äquivalent:

$$\bar{A} = \bar{A}_1 \cup (A_1 \cap A_2), \qquad A = \overline{\bar{A}_1 \cup (A_1 \cap A_2)}$$

$$A = A_1 \cap \overline{(A_1 \cap A_2)}, \qquad A = A_1 \cap (\bar{A}_1 \cup \bar{A}_2)$$

(wir vermerken, daß hier A mit der Differenz der Ereignisse A_1 und A_2 identisch ist, d. h. daß $A = A_1 \setminus A_2$ gilt).

1.3. Grundlegende Eigenschaften der Wahrscheinlichkeit, die Additivität und die Stetigkeit

Es seien A_1 und A_2 irgendwelche disjunkten Ereignisse, die mit den Wahrscheinlichkeiten $\mathsf{P}(A_1)$ bzw. $\mathsf{P}(A_2)$ eintreten. Welche Wahrscheinlichkeit besitzt dann die Vereinigung $A_1 \cup A_2$?

Angenommen, die betrachteten Ereignisse hängen mit einem Versuch zusammen, der nur endlich viele gleichwahrscheinliche Elementarausgänge besitzt, dann ergibt sich die gesuchte Wahrscheinlichkeit aus der allgemeinen Formel (1.1):

$$\mathsf{P}(A_1 \cup A_2) = \mathsf{P}(A_1) + \mathsf{P}(A_2). \tag{1.9}$$

Das Ereignis $A_1 \cup A_2$ ist nämlich die Vereinigung aller Elementarausgänge, die das Eintreten der Ereignisse A_1 oder A_2 zur Folge haben, und folglich beträgt ihre Gesamtanzahl $N(A_1 \cup A_2) = N(A_1) + N(A_2)$. Das bedeutet aber

$$\frac{N(A_1 \cup A_2)}{N} = \frac{N(A_1)}{N} + \frac{N(A_2)}{N}.$$

Dieselbe Gleichung (1.9) erhalten wir auch in folgendem Fall: Wir beobachten irgendwelche Zufallsgrößen ξ_1 und ξ_2 und betrachten dabei Ereignisse der Form $\{(\xi_1, \xi_2) \in A\}$. Nun identifizieren wir jedes solches Ereignis mit der entsprechenden Teilmenge A der Ebene. Zwei disjunkte Ereignisse A_1 und A_2 sind dann disjunkte Mengen. Aufgrund von Formel (1.5) ergibt sich daraus die Beziehung

$$\mathsf{P}(A_1 \cup A_2) = \iint\limits_{A_1 \cup A_2} p_{\xi_1\xi_2}(x_1, x_2)\,dx_1\,dx_2 = \iint\limits_{A_1} p_{\xi_1\xi_2}(x_1, x_2)\,dx_1\,dx_2$$
$$+ \iint\limits_{A_2} p_{\xi_1\xi_2}(x_1, x_2)\,dx_1\,dx_2 = \mathsf{P}(A_1) + \mathsf{P}(A_2).$$

Im allgemeinen wahrscheinlichkeitstheoretischen Modell wird die Gleichung (1.9) für disjunkte Ereignisse A_1 und A_2 als Axiom festgelegt und heißt *Additionstheorem für Wahrscheinlichkeiten.*

Die in diesem Theorem ausgedrückte Eigenschaft ist zu der Additivitätseigenschaft von Längen, Flächen bzw. Volumen völlig analog. Aufgrund dieser Eigenschaften gilt zum Beispiel, daß das zu einem Ereignis A komplementäre Ereignis $\bar{A}$ die Wahrscheinlichkeit

$$\mathsf{P}(\bar{A}) = 1 - \mathsf{P}(A)$$

besitzt (die Wahrscheinlichkeit des sicheren Ereignisses $A \cup \bar{A}$ ist nämlich gleich Eins), daß für beliebige Ereignisse A_1 und A_2 die Gleichung

$$\mathsf{P}(A_1 \cup A_2) = \mathsf{P}(A_1) + \mathsf{P}(A_2) - \mathsf{P}(A_1 \cap A_2)$$

gilt und daß aus $A_1 \subseteq A_2$ die Ungleichung $\mathsf{P}(A_1) \leqq \mathsf{P}(A_2)$ folgt.

Auf eine beliebige endliche Anzahl disjunkter Ereignisse $A_1, A_2, \ldots, A_n$ läßt sich das Additionstheorem für Wahrscheinlichkeiten sehr einfach erweitern. Dazu wendet man die Formel (1.9) nacheinander auf die Paare disjunkter Ereignisse A_1 und $\left(\bigcup_{k=2}^{n} A_k\right)$, A_2 und $\left(\bigcup_{k=3}^{n} A_k\right)$, $\ldots$, A_{n-1} und A_n an, und erhält

$$\mathsf{P}\left(\bigcup_{k=1}^{n} A_k\right) = \sum_{k=1}^{n} \mathsf{P}(A_k). \tag{1.10}$$

Es sei nun irgendeine unendliche Ereignisfolge (A_n) gegeben, für die jedes Ereignis in allen vorangehenden der Folge enthalten ist:

$$A_1 \supseteq A_2 \supseteq \cdots \supseteq A_{n-1} \supseteq A_n \supseteq \cdots.$$

Wie groß ist die Wahrscheinlichkeit dafür, daß alle Ereignisse $A_1, A_2, \ldots$ gleichzeitig eintreten?

Das Eintreten des Ereignisses A_n ist äquivalent damit, daß die Ereignisse $A_1, A_2, \ldots, A_n$ gleichzeitig eintreten. Demzufolge ergibt sich $\bigcap_{k=1}^{n} A_k = A_n$ und $\mathsf{P}\left(\bigcap_{k=1}^{n} A_k\right) = \mathsf{P}(A_n)$. Weil aufgrund von $A_{n+1} \subseteq A_n$ die Ungleichung $\mathsf{P}(A_{n+1}) \leqq \mathsf{P}(A_n)$ gilt, existiert für die monoton fallende Folge von Wahrscheinlichkeiten $\big(\mathsf{P}(A_n)\big)$, $n = 1, 2, \ldots,$ der Grenzwert $\lim_{n\to\infty} \mathsf{P}(A_n)$. Im allgemeinen wahrscheinlichkeitstheoretischen Modell wird angenommen, daß dieser Grenzwert mit der Wahrscheinlichkeit des gleichzeitigen Eintretens aller Ereignisse $A_1, A_2, \ldots$, d. h. mit der Wahrscheinlichkeit des Ereignisses $A = \bigcap_{k=1}^{\infty} A_k$, übereinstimmt:

$$\mathsf{P}(A) = \lim_{n\to\infty} \mathsf{P}(A_n). \tag{1.11}$$

Diese Beziehung heißt *Stetigkeitseigenschaft der Wahrscheinlichkeit.*

Wir werden nun zeigen, daß die Additivität (vgl. (1.10)) und die Stetigkeit (vgl. (1.11)) zusammengenommen zu der folgenden sogenannten *abzählbaren Additivität* äquivalent sind: Für jede (endliche oder abzählbar unendliche) Folge paarweise disjunkter Ereignisse $A_1, A_2, \ldots$ gilt die Gleichung

$$\mathsf{P}\Big(\bigcup_k A_k\Big) = \sum_k \mathsf{P}(A_k). \tag{1.12}$$

Wir beweisen diesen Sachverhalt.

Ist einerseits $A_1, A_2, \ldots$ irgendeine Folge paarweise disjunkter Ereignisse, so bilden die Ereignisse $B_1 = A_1$, $B_2 = A_1 \cup A_2, \ldots, B_n = \bigcup_{k=1}^{n} A_k, \ldots$ eine monoton wachsende Ereignisfolge, es gilt also $B_1 \subseteq B_2 \subseteq \cdots \subseteq B_n \subseteq \cdots$. Für die komplementären Ereignisse $\bar{B}_1, \bar{B}_2, \ldots, \bar{B}_n, \ldots$ gilt dann $\bar{B}_1 \supseteq \bar{B}_2 \supseteq \cdots \supseteq \bar{B}_n \supseteq \cdots$. Das Ereignis $A = \bigcup_k A_k$ stimmt dabei mit dem Ereignis $\bigcup_k B_k$ und das komplementäre Ereignis $\bar{A}$ mit dem Ereignis $\bigcap_k \bar{B}_k$ überein. Wegen der Stetigkeitseigenschaft (1.11) ergibt sich $\mathsf{P}(\bar{A}) = \lim_{n\to\infty} \mathsf{P}(\bar{B}_n)$. Außerdem ist $\mathsf{P}(\bar{A}) = 1 - \mathsf{P}(A)$, $\mathsf{P}(\bar{B}_n) = 1 - \mathsf{P}(B_n)$, und aufgrund der Additionseigenschaft (1.10) erhalten wir

$$\mathsf{P}(B_n) = \sum_{k=1}^{n} \mathsf{P}(A_n),\ n = 1, 2, \ldots .$$

Folglich ist

$$\mathsf{P}(A) = 1 - \mathsf{P}(\bar{A}) = \lim_{n\to\infty} [1 - \mathsf{P}(\bar{B}_n)] = \lim_{n\to\infty} \mathsf{P}(B_n) = \lim_{n\to\infty} \sum_{k=1}^{n} \mathsf{P}(A_k) = \sum_{k=1}^{\infty} \mathsf{P}(A_n),$$

d. h., die Gleichung (1.12) ist richtig.

Wenn andererseits $A_1 \supseteq A_2 \supseteq \cdots$ eine beliebige monoton fallende Folge von Ereignissen ist, d. h. wenn das Eintreten von A_n zur Folge hat, daß auch die Ereignisse $A_1, \ldots, A_{n-1}$ eintreten, dann bilden die komplementären Ereignisse $\bar{A}_1, \bar{A}_2, \ldots$ eine monoton wachsende Folge $\bar{A}_1 \subseteq \bar{A}_2 \subseteq \cdots$. Deren Vereinigung $\bar{A} = \bigcup_k \bar{A}_k$ kann als Vereinigung der disjunkten Ereignisse $B_1 = \bar{A}_1$, $B_2 = \bar{A}_2 \setminus \bar{A}_1, \ldots, B_n = \bar{A}_n \setminus \bar{A}_{n-1}, \ldots$ dargestellt werden: $\bar{A} = \bigcup_k B_k$. Nach Formel (1.12) erhält man, wenn man $\bar{A}_0 = \emptyset$ setzt,

$$\mathsf{P}(\bar{A}) = \sum_{k=1}^{\infty} \mathsf{P}(B_k) = \sum_{k=1}^{\infty} [\mathsf{P}(\bar{A}_k) - \mathsf{P}(\bar{A}_{k-1})] = \lim_{n\to\infty} \mathsf{P}(\bar{A}_n).$$

Deshalb gilt die Beziehung (1.11)

$$\mathsf{P}(A) = \lim_{n\to\infty} \mathsf{P}(A_n).$$

Beispiel (*Spiel bis zum erstmaligen Verlieren*): Wir betrachten das folgende Spiel. In jeder Spielrunde gewinnt oder verliert der Spieler in Abhängigkeit davon, ob er das Resultat des Wurfes einer symmetrischen Münze (als Resultat erscheint bekanntlich die Zahl oder das Wappen, wobei beide Möglichkeiten gleichwahrscheinlich sind) erraten hat oder nicht. Wir setzen voraus, daß das Spiel nur bis zum erstmaligen Verlieren fortgeführt wird. Angenommen, die Münze wird n-mal geworfen. Jeder spezielle Ausgang für eine solche Wurfserie kann durch eine Folge der Form $WWZ \cdots ZWZ$ beschrieben werden, wobei W bzw. Z das Erscheinen von Wappen bzw. Zahl bei dem entsprechenden Wurf bedeutet. Wir nehmen an, daß alle möglichen Ausgänge gleichwahrscheinlich sind. Da ihre Gesamtzahl gleich $N = 2^n$ ist, beträgt die Wahrscheinlichkeit jedes speziellen Ausgangs einer Wurfserie von n Würfen gerade 2^{-n}.

Bei einer beliebigen Strategie des Spielers, der Anschaulichkeit halber nehmen wir an, er rät jedesmal „Wappen", besitzt das Spiel bis zum erstmaligen Verlieren, d. h. bis erstmals „Zahl" erscheint, eine unendliche Anzahl von Elementarausgängen, denn der Spieler kann in der ersten Spielrunde verlieren, er kann in der zweiten Runde erstmalig verlieren usw. Jeder Elementarausgang legt eine Zahl n ($n = 1, 2, \ldots$) fest, nämlich die Zahl der Spielrunden bis zum erstmaligen Verlieren. Dabei ist die Wahrscheinlichkeit dafür, daß diese Zahl genau gleich k sein wird, d. h. daß die Wurfserie die Gestalt $WW \cdots WZ$ besitzt und insgesamt k-mal geworfen wurde, offenbar gleich 2^{-k}. Somit können wir, um für dieses Spiel ein wahrscheinlichkeitstheoretisches Modell zu entwickeln, die Menge der natürlichen Zahlen $n = 1, 2, \ldots$ als Raum der Elementarereignisse verwenden, wobei dem Elementarausgang k die Wahrscheinlichkeit 2^{-k} zugeordnet wird. Die Wahrscheinlichkeit des sicheren Ereignisses (das ist die Vereinigung aller Elementarausgänge) muß, wie auch bei jedem anderen Versuch, gleich Eins sein. Das erhalten wir in Übereinstimmung mit der allgemeinen Formel (1.12), wenn wir die Wahrscheinlichkeiten aller Elementarausgänge addieren:

$$\sum_{n=1}^{\infty} \frac{1}{2^n} = \frac{1}{2} \frac{1}{1 - \frac{1}{2}} = 1 .$$

Der Vollständigkeit halber könnte man auch den Ausgang $n = \infty$ betrachten, der bedeutet, daß in einer unendlichen Wurffolge für das genannte Beispiel nicht ein einziges Mal die Zahl erscheint. In unserem wahrscheinlichkeitstheoretischen Modell hat dieser Ausgang aber die Wahrscheinlichkeit Null.

Wir betrachten die Wahrscheinlichkeit dafür, daß die Anzahl der Münzwürfe bis zum erstmaligen Auftreten der Zahl gerade ist. Diese Wahrscheinlichkeit ist aus Formel (1.12) ersichtlich als

$$\sum_{k=1}^{\infty} \frac{1}{2^{2k}} = \frac{1}{4} \frac{1}{1 - \frac{1}{4}} = \frac{1}{3} .$$

(Sie ist nicht gleich $\frac{1}{2}$, wie man irrtümlicherweise denken könnte, wenn man von der Symmetrie von Zahl und Wappen ausgeht, denn die Wahrscheinlichkeit für das Auftreten der Zahl beim ersten Wurf ist bereits $\frac{1}{2}$. Diese kann aber erstmalig auch noch bei dem dritten, dem fünften Wurf usw. erscheinen.)

Das Beispiel verdeutlicht, daß ein allgemeines wahrscheinlichkeitstheoretisches Modell den Raum Ω irgendwelcher Elementarausgänge ω festlegt und für die betrachteten Ereignisse $A \subseteq \Omega$ die Wahrscheinlichkeiten $\mathsf{P}(A)$, die der Forderung der abzählbaren Additivität (1.12) genügen müssen, angibt.

Folgendes wichtige Problem kommt in irgendeiner Form in vielen wahrscheinlichkeitstheoretischen Aufgaben vor: Die Wahrscheinlichkeiten $\mathsf{P}(A)$ gewisser „einfacher" Ereignisse A, deren Gesamtheit wir mit $\mathfrak{S}$ bezeichnen wollen, seien gegeben; es wird gefordert, die Wahrscheinlichkeiten $\mathsf{P}(B)$ von anderen Ereignissen B zu ermitteln, die irgendwie mit den Ereignissen $A \in \mathfrak{S}$ zusammenhängen (genauer, die aus den ursprünglichen Ereignissen $A \in \mathfrak{S}$ durch aufeinanderfolgende Operationen von Vereinigung, Durchschnitt, Übergang zu komplementären Ereignissen usw. erhalten werden können).

In jedem konkreten Fall ist dieses Problem natürlich anders, aber allgemein besteht die Frage, unter welchen Bedingungen die Wahrscheinlichkeiten $\mathsf{P}(B)$ durch die gegebenen Wahrscheinlichkeiten $\mathsf{P}(A)$, $A \in \mathfrak{S}$, im Prinzip bestimmt werden können. Diese für die Grundlagen der Wahrscheinlichkeitstheorie wichtige Frage kann positiv gelöst werden, wenn das ursprüngliche Ereignissystem $\mathfrak{S}$ die Eigenschaft besitzt, daß es mit zwei Ereignissen A_1 und A_2 auch deren Durchschnitt $A_1 \cap A_2$ enthält, und daß man für beliebige Ereignisse A, $A_1 \in \mathfrak{S}$ mit $A_1 \subseteq A$ die Differenz $A \setminus A_1$ in eine endliche Summe disjunkter Ereignisse $A_2, \ldots, A_n$ aus $\mathfrak{S}$ „zerlegen" kann (ein solches System $\mathfrak{S}$ wird manchmal auch *zerlegbar* genannt). Im Fall eines zerlegbaren Systems $\mathfrak{S}$ gilt folgende Beziehung[1]):

$$\mathsf{P}(B) = \inf_{A \supseteq B} \sum_k \mathsf{P}(A_k), \tag{1.13}$$

wobei die untere Grenze über alle Ereignisfolgen A_k, $k = 1, 2, \ldots$, aus $\mathfrak{S}$ genommen wird, deren Vereinigung ein Ereignis $A = \bigcup_k A_k$ ergibt, das B enthält. (Als Beispiel eines zerlegbaren Systems von Ereignissen kann in dem Versuch zur Beobachtung einer Zufallsgröße ξ die Gesamtheit der Ereignisse $A = \{x' < \xi \leqq x''\}$: „Der Punkt ξ fällt in das links offene Intervall $(x', x'']$" dienen. In dem Versuch, bei dem ein Paar von Zufallsgrößen ξ_1 und ξ_2 beobachtet wird, ist die Gesamtheit aller Ereignisse der Form $A = \{x_1' < \xi_1 \leqq x_1'', x_2' < \xi_2 \leqq x_2''\}$: „Der Punkt mit den Koordinaten (ξ_1, ξ_2) fällt in das Rechteck $(x_1', x_1''] \times (x_2', x_2'']$ mit von links und unten offenen Seiten" ein zerlegbares System.)

Im folgenden werden wir bei Betrachtungen irgendeines konkreten wahrscheinlichkeitstheoretischen Modells stets voraussetzen, daß die Wahrscheinlichkeiten der uns interessierenden Ereignisse im Prinzip definiert sind. Die Aufgabe besteht dann darin, diese Wahrscheinlichkeiten explizit zu bestimmen.

---

[1]) Siehe z. B. И. И. Гихман, А. В. Скороход: Введение в теорию случайных процессов, Москва, 1965 (S. 121 ff.).

1.4. Modell und Wirklichkeit

Verwendet man in der Praxis irgendein wahrscheinlichkeitstheoretisches Modell, so muß man sich die Frage stellen, in welchem Maße dieses Modell den tatsächlichen Gegebenheiten, der Realität, entspricht.

Beispiel (*Wahrscheinlichkeit der Geburt eines Knaben*): Es wäre naheliegend anzunehmen, daß bei der Geburt eines Kindes die Ereignisse „Ein Mädchen wird geboren" und „Ein Junge wird geboren" gleichwahrscheinlich sind (d. h., aus wahrscheinlichkeitstheoretischer Sicht wäre die Geburt eines Kindes mit dem Versuch vergleichbar, bei dem eine Münze geworfen wird; mit der Wahrscheinlichkeit $\frac{1}{2}$ wird ein Mädchen und mit derselben Wahrscheinlichkeit ein Junge geboren).

Wir betrachten im folgenden jede Geburt als einen Versuch, bei dem mit der Wahrscheinlichkeit p ein Junge und mit der Wahrscheinlichkeit $1 - p$ ein Mädchen geboren wird. Dabei stellen wir uns auf den Standpunkt, daß der Ausgang des einen Versuches in keiner Weise den Ausgang irgendeines anderen Versuches beeinflußt (mit anderen Worten, die Geburten werden als unabhängige Versuche angesehen).

Bei n solchen „Versuchen" ist die Anzahl m der geborenen Jungen eine zufällige Größe. Die Wahrscheinlichkeit dafür, daß die Häufigkeit $\frac{m}{n}$ der Jungengeburten von $p = \frac{1}{2}$ um mehr als eine gewisse Zahl $\delta > 0$ abweicht, ist (vgl. auch Kap. 2, Abschnitt 3.1.)

$$\mathsf{P}\left\{\left|\frac{m}{n} - p\right| > \delta\right\} \approx 1 - \Phi\left(2\delta\sqrt{n}\right),$$

mit $\Phi(x) = \frac{1}{\sqrt{2\pi}} \int\limits_{-\infty}^{x} e^{-\frac{u^2}{2}} du.$

In der angegebenen Näherungsgleichung übersteigt der mögliche Fehler nicht den Wert $\frac{1}{\sqrt{n}}$. Wir wählen nun δ derart, daß $1 - \Phi\left(2\delta\sqrt{n}\right) \leqq \varepsilon$ gilt, wobei ε so klein sei, daß man das eventuelle Eintreten eines Ereignisses, dessen Wahrscheinlichkeit nicht größer als ε ist, vernachlässigen kann. (Zum Beispiel kann man bei $\varepsilon = 0{,}002$ aus der Tabelle der Funktion $\Phi(x)$ (s. Seite 100) entnehmen, daß die Ungleichung $1 - \Phi\left(2\delta\sqrt{n}\right) \leqq \varepsilon$ für $\delta = \frac{3}{2\sqrt{n}}$ erfüllt ist.)

Fast in allen Ländern wird seit längerer Zeit die Geburt jedes Kindes registriert, so daß man ein umfangreiches statistisches Material besitzt. Beispielsweise wurden in der Schweiz von 1871 bis 1900 insgesamt 1359671 Jungen und 1285066 Mädchen geboren[1]). Hier gilt also $n = 2644757$, $m = 1359671$ und $\frac{m}{n} = 0{,}5141$. Entspricht diesen Zahlen das von uns gewählte Modell[2]), in dem $p = \frac{1}{2}$ ist, oder ist die Wahrscheinlichkeit einer Jungengeburt tatsächlich größer als $\frac{1}{2}$?

Für $p = \frac{1}{2}$ erhalten wir

$$\frac{m}{n} - \frac{1}{2} = 0{,}0141 > \delta = \frac{3}{2\sqrt{2644757}},$$

und wir „beobachten" somit innerhalb des von uns verwendeten Modells (bei dem die Wahrscheinlichkeit einer Jungengeburt $p = \frac{1}{2}$ ist) praktisch das unmögliche Ereignis $\left\{\frac{m}{n} - \frac{1}{2} > \delta\right\}$, denn die Wahrscheinlichkeit dieses Ereignisses übersteigt 0,002 nicht. Wenn nun aber die Wahrscheinlichkeit für eine Jungengeburt tatsächlich größer als $\frac{1}{2}$ (z. B. $p = 0{,}51$) ist, dann ist dieses Ereignis $\left\{\frac{m}{n} - \frac{1}{2} > \delta\right\}$ keinesfalls verwunderlich; man kann nachweisen, daß es sogar fast die Wahrscheinlichkeit Eins besitzt.

Aus dem Voranstehenden ergibt sich, daß die Hypothese $p = \frac{1}{2}$ abzulehnen ist und man $p > \frac{1}{2}$ als richtig ansehen muß (in einem gewissen Sinne ist die beste Schätzung der Wahrscheinlichkeit einer Jungengeburt auf Grund des angegebenen statistischen Materials die Häufigkeit $\frac{m}{n} = 0{,}5141$).

Im vorliegenden Buch werden wir verschiedene wahrscheinlichkeitstheoretische Modelle kennenlernen, ohne dabei die Frage zu betrachten, wie gut sie irgendeine reale Erscheinung widerspiegeln (die genaue mathematische Formulierung und Beantwortung solcher Fragen ist Gegenstand einer speziellen mathematischen Disziplin, der mathematischen Statistik).

---

[1]) Vgl. van der Waerden: Mathematical statistics, Berlin—Heidelberg—New York 1969.

[2]) Darunter versteht man, daß die Abweichung der Zahl $\frac{m}{n}$ von $\frac{1}{2}$ durch den Zufall bedingt ist (Anm. des Herausgebers).

2. Unabhängigkeit und bedingte Wahrscheinlichkeiten

2.1. Der Begriff der Unabhängigkeit

Es seien Ω_1 und Ω_2 zwei unabhängige Versuche mit je einer endlichen Anzahl gleichwahrscheinlicher Ausgänge. Die Unabhängigkeit ist hier in dem Sinne zu verstehen, daß keiner der Elementarausgänge ω_1 des ersten Versuches einen Einfluß auf den Ausgang ω_2 des zweiten Versuches besitzt (und umgekehrt).

Als Beispiel (siehe Beginn von Abschnitt 1.1.) kann das zweimalige Werfen einer Münze (mit ω_1 wird hier der Ausgang des ersten, mit ω_2 der des zweiten Wurfes bezeichnet), das Werfen einer Münze (Versuch Ω_1) und das eines Spielwürfels (Versuch Ω_2) oder ähnliches dienen.

Wir betrachten ein Ereignis A_1, das mit dem ersten Versuch Ω_1 zusammenhängt, und ein Ereignis A_2, das mit dem zweiten Versuch Ω_2 in Verbindung steht. Welche Wahrscheinlichkeit besitzt das Ereignis $A = A_1A_2$, das mit dem aus der Gesamtheit der unabhängigen Versuche Ω_1 und Ω_2 bestehenden Versuch zusammenhängt?

Ein Elementarausgang der zu betrachtenden Versuche wird durch ein Paar (ω_1, ω_2) beschrieben, wobei ω_1 ein Elementarausgang des ersten und ω_2 ein Elementarausgang des zweiten Versuches ist. Anschaulich ist klar, daß für gleichwahrscheinliche und unabhängige Ausgänge $\omega_1 \in \Omega_1$ und $\omega_2 \in \Omega_2$ auch die Elementarausgänge $\omega = (\omega_1, \omega_2)$ gleichwahrscheinlich sein müssen. Wenn die Anzahl aller Ausgänge im ersten Versuch N_1 und im zweiten Versuch N_2 beträgt, dann ist die Anzahl aller möglichen Paare $\omega = (\omega_1, \omega_2)$ offensichtlich gleich dem Produkt N_1N_2. Somit ist die Gesamtanzahl der Elementarausgänge $\omega = (\omega_1, \omega_2)$ gleich $N = N_1N_2$. Das Ereignis $A = A_1A_2$ stellt das gleichzeitige Eintreten der Ereignisse A_1 und A_2 dar. Das geschieht aber genau dann, wenn zwei Elementarausgänge $\omega_1 \in A_1$ und $\omega_2 \in A_2$ gleichzeitig auftreten. Es gibt insgesamt $N(A) = N_1(A_1)\, N_2(A_2)$ Elementarausgänge $\omega = (\omega_1, \omega_2)$, die das Eintreten von $A = A_1A_2$ bewirken (hierbei ist $N_1(A_1)$ die Anzahl der Elementarausgänge ω_1 des ersten Versuches, die das Ereignis A_1 realisieren, und $N_2(A_2)$ die Anzahl der Elementarausgänge ω_2 des zweiten Versuches, die das Ereignis A_2 nach sich ziehen). Aufgrund der Formel (1.1) ergibt sich für die Wahrscheinlichkeit des Ereignisses $A = A_1A_2$ der Wert

$$\mathsf{P}(A) = \frac{N(A)}{N} = \frac{N_1(A_1)N_2(A_2)}{N_1N_2}.$$

Mit Hilfe der Wahrscheinlichkeiten $\mathsf{P}(A_1)$ und $\mathsf{P}(A_2)$ der einzelnen Ereignisse A_1 und A_2 läßt sich diese Gleichung in der Form

$$\mathsf{P}(A) = \mathsf{P}(A_1)\,\mathsf{P}(A_2) \tag{2.1}$$

schreiben. Somit gilt für die Wahrscheinlichkeit jedes Ereignisses der Form $A = A_1A_2$ die Formel (2.1), wobei die einzelnen Ereignisse A_1 und A_2 mit unabhängigen Versuchen zusammenhängen.

Bisher haben wir nur unabhängige Versuche mit einer endlichen Anzahl gleichwahrscheinlicher Ausgänge betrachtet. Es seien nun Ω_1 und Ω_2 irgendwelche unabhängigen Versuche, und es mögen bei Ω_1 eine Zufallsgröße ξ_1 und bei Ω_2 eine Zufallsgröße ξ_2 beobachtet werden (ξ_1 und ξ_2 sollen dabei in keiner Weise zusammenhängen).

Die Zufallsgröße ξ_1 besitze eine Wahrscheinlichkeitsdichte $p_1(x)$, so daß die Wahrscheinlichkeit jedes Ereignisses der Form $A_1 = \{x_1' \leqq \xi_1 \leqq x_1''\}$: „Der zufällige Punkt ξ_1 fällt in das Intervall $[x_1', x_1'']$" durch die Formel (1.2) angegeben werden kann:

$$\mathsf{P}(A_1) = \int_{A_1} p_1(x)\,\mathrm{d}x.$$

Wir nehmen an, daß das Intervall $[a, b]$ der möglichen Werte von ξ_1 (dieses Intervall kann auch unendlich sein) derart in N_1 Teile $\Delta_k = (x_k, x_{k+1}]$, $k = 1, 2, \ldots, N_1$, zerlegt ist, daß die Wahrscheinlichkeiten für die Ereignisse $\{x_k < \xi_1 \leqq x_{k+1}\}$ alle gleich sind:

$$\mathsf{P}\{x_k < \xi_1 \leqq x_{k+1}\} = \int_{\Delta_k} p_1(x)\,\mathrm{d}x = \frac{1}{N_1}.$$

Die Wahrscheinlichkeit des Ereignisses A_1, d. h. die Wahrscheinlichkeit dafür, daß der zufällige Punkt ξ_1 in das Intervall $[x_1', x_1'']$ fällt, kann man durch die Formel

$$\mathsf{P}(A_1) \approx \sum \int_{\Delta_k} p_1(x)\,\mathrm{d}x = \frac{N_1(A_1)}{N_1}$$

beliebig genau bestimmen, sofern man N_1 genügend groß wählt. Dabei ist $N_1(A_1)$ die Anzahl der Intervalle der Zerlegung, die in dem betrachteten Abschnitt $[x_1', x_1'']$ liegen, und die Summation erstreckt sich über diejenigen k, für die $\Delta_k \subseteq [x_1', x_1'']$ gilt. Daraus folgt, daß wir die Wahrscheinlichkeiten der verschiedenen, mit dem Versuch Ω_1 zusammenhängenden Ereignisse beliebig genau bestimmen können. Dazu brauchen wir Ω_1 nur durch einen Versuch mit einer endlichen Anzahl gleichwahrscheinlicher Ausgänge zu ersetzen, wobei jeder Ausgang dieses Versuches darin besteht, daß der zufällige Punkt ξ_1 in ein bestimmtes Intervall Δ_k der betrachteten Zerlegung fällt ($k = 1, \ldots, N_1$).

Dasselbe trifft für den Versuch Ω_2 zu, in dem entsprechend die Zufallsgröße ξ_2 mit der Wahrscheinlichkeitsdichte $p_2(x)$ und das Ereignis $A_1 = \{x_2' \leqq \xi_2 \leqq x_2''\}$ betrachtet werden.

Wenn man die Formel (2.1), die bisher für Versuche mit einer endlichen Anzahl gleichwahrscheinlicher Ausgänge hergeleitet wurde, bei genügend großen N_1 und N_2 (N_1, N_2 sind die Zahlen der Zerlegungsintervalle in den beiden Versuchen Ω_1, Ω_2) anwendet, dann erhält man mit beliebiger Genauigkeit für die Wahrscheinlichkeit des Ereignisses $A = A_1 A_2$ die Beziehung

$$\mathsf{P}(A) \approx \frac{N_1(A_1)}{N_1} \frac{N_2(A_2)}{N_2} \approx \mathsf{P}(A_1)\,\mathsf{P}(A_2).$$

Das bedeutet aber, daß die exakte Gleichheit

$$\mathsf{P}(A) = \mathsf{P}(A_1)\,\mathsf{P}(A_2)$$

gelten muß, d. h., wir erhalten wieder die Formel (2.1).

Wir betrachten nun zwei beliebige Ereignisse A_1 und A_2, die mit irgendwelchen unabhängigen Versuchen Ω_1 und Ω_2 zusammenhängen. Wenn wir von Unabhängigkeit sprechen, so haben wir dabei, wie auch oben, konkrete physikalische Bedingungen vor Augen, bei denen keiner der Ausgänge des ersten Versuches das Ergebnis des zweiten Versuches beeinflußt und umgekehrt.

Es seien $p_1 = \mathsf{P}(A_1)$ und $p_2 = \mathsf{P}(A_2)$ die Wahrscheinlichkeiten der Ereignisse A_1 und A_2.

Wir betrachten zusätzlich zwei unabhängige Versuche Ω_1' und Ω_2', bei denen gewisse Zufallsgrößen ξ_1 und ξ_2 mit irgendwelchen Wahrscheinlichkeitsdichten $p_1(x)$ und $p_2(x)$ beobachtet werden. Darüber hinaus seien A_1' bzw. A_2' zwei mit den Versuchen Ω_1' bzw. Ω_2' verbundene Ereignisse, die die gleichen Wahrscheinlichkeiten p_1 bzw. p_2 wie A_1 bzw. A_2 besitzen.

Es ist klar, daß die Wahrscheinlichkeit des Ereignisses $A = A_1A_2$ gleich der Wahrscheinlichkeit des Ereignisses $A' = A_1'A_2'$ sein muß. Oben wurde die Beziehung $\mathsf{P}(A') = \mathsf{P}(A_1'A_2') = p_1p_2$ hergeleitet, folglich muß auch $\mathsf{P}(A_1A_2) = p_1p_2$ gelten.

Also ist die Formel (2.1) für beliebige, mit unabhängigen Versuchen Ω_1 und Ω_2 zusammenhängende Ereignisse A_1 und A_2 richtig.

Wie auch in allen anderen mathematischen Disziplinen arbeitet man in der Wahrscheinlichkeitstheorie mit Begriffen, die im Rahmen eines entsprechenden theoretischen Modells formuliert werden. Ein allgemeines wahrscheinlichkeitstheoretisches Modell besteht aus einem gewissen Raum Ω von Elementarausgängen ω, in dem für eine bestimmte Klasse von Mengen $A \subseteq \Omega$, die sogenannten Ereignisse, die Wahrscheinlichkeiten $\mathsf{P}(A)$ definiert sind und der Additivitätsbeziehung (1.12) genügen. Bei einer derartigen Beschreibung ist keine Rede von irgendwelchen „konkreten physikalischen Bedingungen“, aufgrund derer man über die Unabhängigkeit von Ereignissen A_1, $A_2 \subseteq \Omega$ urteilen könnte.

Im Rahmen eines solchen allgemeinen wahrscheinlichkeitstheoretischen Modells wird deshalb die Gültigkeit der Beziehung (2.1) als Kennzeichen der Unabhängigkeit zweier Ereignisse A_1 und A_2 angesehen. Genauer, zwei Ereignisse A_1 und A_2 nennt man *voneinander unabhängig*, oder kurz *unabhängig*, wenn

$$\mathsf{P}(A_1A_2) = \mathsf{P}(A_1)\,\mathsf{P}(A_2) \tag{2.2}$$

gilt.

Beispiel: Wir nehmen an, aus einem Kartenspiel werde auf gut Glück eine Karte gezogen. Das ist ein konkreter Versuch, der durch das Modell eines Versuches mit einer endlichen Anzahl N von gleichwahrscheinlichen Ausgängen beschrieben werden kann (N ist die Kartenanzahl des Spieles, also z. B. $N = 52$).

Wir betrachten die Ereignisse A_1: „Es wird eine Pik-Karte gezogen" und A_2: „Es wird eine Dame gezogen". Das erste Ereignis tritt bei $N(A) = 13$ Elementarausgängen ein, weil das Spiel 13 Pik-Karten enthält. Deshalb ist $\mathsf{P}(A_1) = \frac{13}{52} = \frac{1}{4}$. Das zweite Ereignis wird bei $N(A_2) = 4$ Elementarausgängen realisiert, da im Spiel 4 „Damen" enthalten sind. Damit gilt $\mathsf{P}(A_2) = \frac{4}{52} = \frac{1}{13}$. Das Ereignis A_1A_2: „Die Pik-Dame wird gezogen", tritt dagegen genau bei einem Elementarereignis ein, und deshalb gilt $\mathsf{P}(A_1A_2) = \frac{1}{52}$. Man sieht, daß die Beziehung (2.2) erfüllt ist, und folglich sind die Ereignisse A_1 und A_2 unabhängig.

Schon dieses einfache Beispiel zeigt, daß der oben angegebene allgemeine Unabhängigkeitsbegriff auch dort Anwendung findet, wo es trotz einfacher „konkreter physikalischer Bedingungen" des betrachteten Versuches schwierig ist, die Frage nach der Unabhängigkeit gewisser Ereignisse A_1 und A_2 irgendwie anschaulich zu beantworten.

Wenn in dem oben betrachteten Beispiel die Versuchsbedingungen verändert werden, und zwar indem zu den 52 Karten des gewöhnlichen Kartenspiels M leere Karten („carte blanche") hinzugefügt werden, dann sind die Ereignisse A_1: „Pik" und A_2: „Dame", nicht mehr unabhängig. Das erkennt man folgendermaßen. Bei großem M (z. B. $M = 1000$) wird die gezogene Karte sehr wahrscheinlich eine „carte blanche" sein. Die Wahrscheinlichkeit, eine Pik-Karte zu ziehen, ist dagegen sehr klein. Unter der Bedingung jedoch, daß die gezogene Karte eine „Dame" ist (Ereignis A_2), wird das Eintreten des Ereignisses A_1: „Die gezogene Karte ist eine Pik-Karte" durchaus real; die Wahrscheinlichkeit des Ereignisses A_1 unter der Bedingung, daß A_2 eingetreten ist, ergibt sich nämlich zu $\frac{1}{4}$.

Allgemein heißen Ereignisse $A_1, A_2, \ldots$ *in ihrer Gesamtheit unabhängig* (kurz: *unabhängig*), wenn für beliebige endlich viele Indizes $i_1, \ldots, i_n$ die Beziehung

$$\mathsf{P}(A_{i_1} \cdots A_{i_n}) = \mathsf{P}(A_{i_1}) \cdots \mathsf{P}(A_{i_n}) \tag{2.3}$$

gilt.

Wir setzen voraus, daß irgendwelche Versuche $\Omega_1, \Omega_2, \ldots$ mit den möglichen Ausgängen $\omega_1, \omega_2, \ldots$ betrachtet werden. Man kann einen „zusammengesetzten Versuch" Ω als Raum der Elementarausgänge $\omega = (\omega_1, \omega_2, \ldots)$ definieren, wobei ω_1 ein Elementarausgang aus Ω_1, ω_2 ein Elementarausgang aus Ω_2 usw. ist. Der Zufallsmechanismus eines solchen Versuches wird gewöhnlich durch die Wahrscheinlichkeiten $\mathsf{P}(A_{i_1} \cdots A_{i_n})$ aller möglichen Durchschnitte von Ereignissen $A_{i_1} \subseteq \Omega_{i_1}, A_{i_2} \subseteq \Omega_{i_2}, \ldots$ beschrieben. Wenn für beliebige Ereignisse $A_{i_1}, \ldots, A_{i_n}$ (die zu den verschiedenen Versuchen $\Omega_{i_1}, \ldots, \Omega_{i_n}$ gehören) die Beziehung (2.3) gilt, dann heißen die Versuche $\Omega_1, \Omega_2, \ldots$ *unabhängig*.

2.2. Bedingte Wahrscheinlichkeiten

Neben der Unabhängigkeit ist die sogenannte bedingte Wahrscheinlichkeit, die den Zusammenhang verschiedener Ereignisse charakterisiert, einer der wichtigsten Begriffe der Wahrscheinlichkeitstheorie.

Zwei Ereignisse A_1 und A_2 mögen mit einem Versuch Ω zusammenhängen, der eine endliche Anzahl N gleichwahrscheinlicher Ausgänge ω besitzt. Es sei bekannt, daß das Ereignis A_2 eingetreten ist; es sei jedoch unbekannt, welchen Elementarausgang ω der Versuch ergeben hat. Wie groß ist die Wahrscheinlichkeit für das Eintreten des Ereignisses A_1 unter dieser neuen Bedingung, daß A_2 eingetreten ist?

Es ist klar, daß unter der neuen Bedingung insgesamt nur $N(A_2)$ verschiedene Elementarausgänge (von denen jeder zum Eintreten des Ereignisses A_2 führt) möglich sind. Wenn $N(A_1A_2)$ die Anzahl derjenigen Elementarausgänge aus der Gesamtanzahl der $\omega \in A_2$ bezeichnet, die das Eintreten des Ereignisses A_1 implizieren, dann ist es naheliegend, die Wahrscheinlichkeit des Ereignisses A_1, unter der Bedingung, daß das Ereignis A_2 eingetreten ist, als Quotienten $\dfrac{N(A_1A_2)}{N(A_2)}$ zu definieren (vgl. mit Formel (1.1)). Die Anzahl $N(A_1A_2)$ stimmt mit der Anzahl aller Elementarausgänge überein, die zum gleichzeitigen Eintreten der beiden Ereignisse A_1 und A_2, d. h. zum Eintreten von $A_1 \cap A_2$, führen. Berücksichtigt man die Beziehungen

$$\mathsf{P}(A_1A_2) = \frac{N(A_1A_2)}{N} \qquad \text{und} \qquad \mathsf{P}(A_2) = \frac{N(A_2)}{N},$$

so kann man die oben definierte Wahrscheinlichkeit für das Eintreten des Ereignisses A_1 unter der Bedingung, daß A_2 eingetreten ist (im Weiteren mit $\mathsf{P}(A_1|A_2)$ bezeichnet) durch die Formel

$$\mathsf{P}(A_1|A_2) = \frac{\mathsf{P}(A_1A_2)}{\mathsf{P}(A_2)} \tag{2.4}$$

ausdrücken.

Dieser Quotient hat auch im allgemeinen Fall Sinn, sofern nur $\mathsf{P}(A_2) > 0$ gilt; die durch sie definierte Größe $\mathsf{P}(A_1|A_2)$ heißt die *bedingte Wahrscheinlichkeit des Ereignisses A_1 unter der Bedingung, daß das Ereignis A_2 eingetreten ist.*

Da der Begriff der bedingten Wahrscheinlichkeit sehr wichtig ist, erklären wir ihn noch einmal anhand eines anderen Modells. Der dabei zugrundeliegende Versuch bestehe darin, daß beobachtet wird, in welchen Teil eines gewissen Phasenraumes X ein zufälliger Punkt ξ fällt. Der „Zufallsmechanismus“ wirke dabei folgendermaßen. Die Wahrscheinlichkeit dafür, daß der Punkt ξ in das Gebiet $A \subseteq X$ (Ereignis A) fällt, sei dem Volumen dieses Gebietes proportional, wobei das Volumen als Integral einer nichtnegativen integrierbaren Funktion $p(x)$ über das

Gebiet A definiert ist:

$$\mathsf{P}(A) = \frac{1}{V} \int_A p(x)\, dx.$$

Dabei bezeichne V das Volumen des gesamten Phasenraumes:

$$V = \int_X p(x)\, dx.$$

Es sei bekannt, daß der zufällige Punkt ξ in ein gewisses Gebiet A_2 (Ereignis A_2) gefallen ist. Wie groß ist die Wahrscheinlichkeit dafür, daß unter dieser neuen Bedingung der Punkt ξ in irgendeinem Gebiet A_1 liegt?

Es ist klar, daß der Punkt ξ nur dann in dem Gebiet A_1 liegen kann unter der Bedingung, daß er in A_2 gefallen ist, wenn der Durchschnitt $A_1 \cap A_2$ nicht leer ist. Dabei liegt ξ unter der genannten Bedingung genau dann in A_1, wenn sich ξ in $A_1 \cap A_2$ befindet. Die Wahrscheinlichkeit dafür ist dem entsprechenden Volumen $\int_{A_1 \cap A_2} p(x)\, dx$ proportional. Folglich ist die bedingte Wahrscheinlichkeit dafür, daß der zufällige Punkt ξ in dem Gebiet A_1 liegt, unter der Bedingung, daß er in das Gebiet A_2 gefallen ist, gleich

$$\frac{1}{V(A_2)} \int_{A_1 \cap A_2} p(x)\, dx \qquad \text{mit} \qquad V(A_2) = \int_{A_2} p(x)\, dx.$$

Man sieht, daß auch hier die Wahrscheinlichkeit $\mathsf{P}(A_1|A_2)$ mit dem Quotienten $\frac{\mathsf{P}(A_1A_2)}{\mathsf{P}(A_2)}$ übereinstimmt.

Ausgehend von der bedingten Wahrscheinlichkeit $\mathsf{P}(A_1|A_2)$ kann man den folgenden Unabhängigkeitsbegriff einführen:
Das Ereignis A_1 heißt unabhängig von dem Ereignis A_2, wenn die Wahrscheinlichkeit des Eintretens von A_1 sich beim Eintreten des Ereignisses A_2 nicht ändert, genauer, wenn die bedingte Wahrscheinlichkeit $\mathsf{P}(A_1|A_2)$ mit der ursprünglichen Wahrscheinlichkeit $\mathsf{P}(A_1)$ des betrachteten Ereignisses A_1 übereinstimmt, d. h. wenn gilt

$$\mathsf{P}(A_1 \mid A_2) = \mathsf{P}(A_1).$$

Diese Gleichung ist aber wegen (2.4) mit der Gleichung (2.2) identisch, mit anderen Worten, dieser Unabhängigkeitsbegriff fällt mit den oben eingeführten zusammen.

Um die Wahrscheinlichkeit $\mathsf{P}(A)$ irgendeines mit einem komplizierten Versuch Ω verbundenen Ereignisses A zu berechnen, ist es häufig zweckmäßig, folgendermaßen vorzugehen.

Man nimmt an, daß ein bestimmtes Ereignis B eingetreten ist, wobei B so gewählt wird, daß sich unter dieser neuen Bedingung der Versuch vereinfacht und es möglich ist, die bedingte Wahrscheinlichkeit $\mathsf{P}(A \mid B)$ zu bestimmen. Wir wollen diese Vorgehensweise mathematisch präziser formulieren.

Es sei $B_1, B_2, \ldots$ ein sogenanntes *vollständiges System von Ereignissen*, d. h., im betrachteten Versuch tritt eines und nur eines der Ereignisse $B_1, B_2, \ldots$ ein (mit anderen Worten, diese Ereignisse sind disjunkt und ihre Vereinigung stellt das sichere Ereignis dar). Definiert man die bedingten Wahrscheinlichkeiten $\mathsf{P}(A \mid B_k)$ des uns interessierenden Ereignisses A unter den verschiedenen Bedingungen B_k, $k = 1, 2, \ldots$, so kann man die Wahrscheinlichkeit $\mathsf{P}(A)$ des Ereignisses A nach der folgenden sogenannten *Formel für die totale Wahrscheinlichkeit* berechnen:

$$\mathsf{P}(A) = \sum_k \mathsf{P}(A \mid B_k)\, \mathsf{P}(B_k). \tag{2.5}$$

Diese Formel kann man leicht herleiten. Man stellt dazu das Ereignis A als Vereinigung der disjunkten Ereignisse $A_k = AB_k$, $k = 1, 2, \ldots$, dar

$$A = A \bigcup_k B_k = \bigcup_k (AB_k),$$

und wendet das Additionstheorem für Wahrscheinlichkeiten (siehe (1.12)) an. Daraus ergibt sich

$$\mathsf{P}(A) = \sum_k \mathsf{P}(AB_k).$$

Drückt man die Summanden $\mathsf{P}(AB_k)$ durch bedingte Wahrscheinlichkeiten aus, schreibt man also $\mathsf{P}(AB_k) = \mathsf{P}(A \mid B_k)\, \mathsf{P}(B_k)$, dann erhält man die Gleichung (2.5).

Um die Möglichkeiten zu illustrieren, die die Verwendung der Formel für die totale Wahrscheinlichkeit bietet, geben wir ein Beispiel an.

Beispiel (*Wahrscheinlichkeit für den Ruin eines Spielers*): Wir betrachten folgendes Spiel. Vor dem Werfen einer Münze versucht der Spieler das Ergebnis des Wurfes, also „Zahl" oder „Wappen", zu erraten. Wenn seine Vermutung sich als richtig erweist, erhält er eine Mark, anderenfalls muß er den gleichen Betrag bezahlen. Sein Anfangskapital sei x Mark. Er stellt sich zum Ziel, solange zu spielen, bis er einen Betrag von a Mark ($a > x$) erreicht hat. Das Spiel wird beendet, wenn der Spieler entweder die vorher festgelegte Summe a erzielt hat oder ruiniert ist, d. h., sein Anfangskapital verspielt ist. Wie groß ist die Wahrscheinlichkeit dafür, daß der Spieler am Ende ruiniert ist und somit auch nicht die gewünschte Summe von a Mark erreicht hat?

Diese Wahrscheinlichkeit hängt natürlich vom Anfangskapital x und von der Zielsumme a ab. Es sei $p(x)$ die Wahrscheinlichkeit dafür, daß der Spieler, wenn er noch ein Kapital von x Mark besitzt, im weiteren Verlauf des Spieles ruiniert wird. Mit dieser Bezeichnung ist dann $p(x + 1)$ bzw. $p(x - 1)$ die Wahrscheinlichkeit des Ruins, wenn er im ersten Durchgang gewonnen bzw. verloren hat. Nach einem gewonnenen Spiel ist nämlich das Kapital gleich $x + 1$ und nach einem verlorenen gleich $x - 1$ Mark.

Es bezeichne nun B_1 das Ereignis, daß der Spieler im ersten Durchgang gewinnt, B_2 das Ereignis, daß er verliert, und A das Ereignis, daß er schließlich ruiniert wird. Die bedingten Wahrscheinlichkeiten des Ruins sind in den von uns verwendeten Bezeichnungen durch die Formeln

$$\mathsf{P}(A \mid B_1) = p(x + 1) \qquad \text{und} \qquad \mathsf{P}(A \mid B_2) = p(x - 1)$$

darstellbar. Die Ereignisse B_1 und B_2 bilden ein vollständiges System von Ereignissen, weil der Spieler im ersten Spiel entweder gewinnt oder verliert. Dabei gilt $\mathsf{P}(B_1) = \mathsf{P}(B_2) = \frac{1}{2}$. Die Formel für die totale Wahrscheinlichkeit ermöglicht es, folgende Beziehung für die gesuchte Wahrscheinlichkeit $p(x)$ aufzustellen:

$$p(x) = \frac{1}{2}\,[p(x + 1) + p(x - 1)] \text{ für alle } x = 1, \ldots, a - 1\,.$$

Man kann offensichtlich festlegen: $p(0) = 1$, $p(a) = 0$.
Die Lösung f der Gleichung

$$f(x + 1) = 2f(x) - f(x - 1)\,, \qquad x = 1, 2, \ldots,$$

der für $1 \leqq x \leqq a - 1$ die Wahrscheinlichkeit $p(x)$ genügt, läßt sich rekursiv aus $y_0 = f(0)$ und $y_1 = f(1)$ für alle $x = 2, 3, \ldots$ bestimmen. Es kann demzufolge auch nur eine Lösung bei gegebenen „Anfangsbedingungen" $y_0 = f(0)$ und $y_1 = f(1)$ existieren. Wie man leicht herleiten kann, hat diese Lösung die Form

$$f(x) = y_0 - (y_1 - y_0)\,x\,.$$

Für $y_0 = 1$ und $y_1 = p(1)$ erhalten wir

$$p(x) = 1 - \big(1 - p(1)\big)\,x\,.$$

Wenn wir berücksichtigen, daß $p(a) = 1 - \big(1 - p(1)\big)\,a = 0$ gilt, so folgt daraus $p(1) = 1 - \frac{1}{a}$, und schließlich ergibt sich

$$p(x) = 1 - \frac{x}{a}\,, \qquad x = 0, 1, \ldots, a\,.$$

3. Zufallsgrößen und Wahrscheinlichkeitsverteilungen, die Unabhängigkeit

3.1. Diskrete und stetige Wahrscheinlichkeitsverteilungen

Ein wahrscheinlichkeitstheoretisches Modell wird durch einen geeigneten Raum Ω von Elementarereignissen und durch vorgegebene Wahrscheinlichkeiten $\mathsf{P}(A)$ von Ereignissen $A \subseteq \Omega$ beschrieben. Bei der Betrachtung irgendeiner Zufallsgröße ξ im Rahmen eines solchen Modells setzt man stets voraus, daß sie in bestimmter Weise vom Zufall (genauer gesagt, von den Elementarausgängen $\omega \in \Omega$) abhängt, nämlich so, daß die Wahrscheinlichkeiten aller Ereignisse der Form $\{x' \leqq \xi \leqq x''\}$ definiert sind. (Unter einer Zufallsgröße wollen wir hier eine reellwertige Zufallsgröße, also eine reellwertige Funktion $\xi = \xi(\omega)$ auf der Menge der Elementarausgänge ω verstehen.)

Die explizite Form der Abhängigkeit der Zufallsgröße $\xi = \xi(\omega)$ von ω ist in wahrscheinlichkeitstheoretischen Aufgaben von untergeordneter Bedeutung.

Auf welche Weise die Größe ξ vom Zufall abhängt wird vielmehr durch die Wahrscheinlichkeiten

$$\mathsf{P}\{x' \leqq \xi \leqq x''\}$$

aller möglichen Ereignisse $A = \{x' \leqq \xi \leqq x''\}$ beschrieben. In ihrer Gesamtheit vermitteln diese Zahlen ein Bild von der Verteilung der Wahrscheinlichkeit dafür, daß der zufällige Punkt ξ in irgendein Intervall $[x', x'']$ fällt; sie geben also die *Wahrscheinlichkeitsverteilung der Zufallsgröße* ξ an.

Man kann bei der Betrachtung einer einzelnen Zufallsgröße ξ die reelle Achse E^1 als Raum der Elementarereignisse verwenden. Dazu identifiziert man jedes Ereignis der Form $\{\omega: \xi(\omega) = x\}$ mit dem entsprechenden Punkt x aus E^1. Die Abhängigkeit der Zufallsgröße ξ vom Elementarausgang x aus E^1 wird formal durch $\xi(x) \equiv x$ definiert, und der „Zufallsmechanismus" eines solchen Versuches wird durch die Wahrscheinlichkeitsverteilung (3.1) beschrieben.

Wir bemerken hier nochmals, daß für das wahrscheinlichkeitstheoretische Verhalten einer Zufallsgröße ξ die spezielle bestehende Abhängigkeit vom Elementarausgang (z. B. in der Form $\xi(x) \equiv x$) keine wesentliche Rolle spielt. So werden beispielsweise die Zufallsgröße $\xi(x) \equiv x$ $(-\infty < x < \infty)$ mit der gleichmäßigen Dichte

$$p_\xi(x) = \begin{cases} \dfrac{1}{L} & \text{für} \quad 0 \leqq x \leqq L, \\ 0 & \text{für} \quad x < 0 \text{ bzw. } x > L, \end{cases}$$

und der zufällige Punkt auf dem Kreis der Länge L, der die Kugellage beim Roulettespiel (siehe Abschn. 1.1.) angibt, durch ein und dieselbe wahrscheinlichkeitstheoretische Gesetzmäßigkeit beschrieben.

Wir betrachten jetzt irgendeine Zufallsgröße ξ und setzen voraus, daß es eine endliche oder abzählbar unendliche Anzahl von x-Werten gibt, die ξ mit den entsprechenden Wahrscheinlichkeiten

$$P_\xi(x) = \mathsf{P}\{\xi = x\} \qquad \Big(\sum_x P_\xi(x) = 1\Big)$$

annimmt.

Damit ist gleichzeitig gesagt, daß die Zufallsgröße ξ mit Wahrscheinlichkeit Eins irgendeinen dieser x-Werte annimmt (diese x-Werte sind faktisch die einzig möglichen Werte für ξ). Eine solche Zufallsgröße nennt man eine *diskrete* Zufallsgröße. Ihre Wahrscheinlichkeitsverteilung heißt analog *diskrete Wahrscheinlichkeitsverteilung.*

Für beliebige Zahlen x', x'' mit $x' \leqq x''$ gilt

$$\mathsf{P}\{x' \leqq \xi \leqq x''\} = \sum_{x'}^{x''} P_\xi(x). \tag{3.2}$$

Dabei erstreckt sich die Summation über die endliche oder abzählbar unendliche Menge aller x-Werte zwischen x' und x'', für die $P_\xi(x)$ größer als Null ist.

Eine Zufallsgröße ξ heißt *stetig*, wenn sie eine Wahrscheinlichkeitsdichte $p_\xi(x)$ besitzt, d. h. (vgl. (1.2)) wenn es eine nichtnegative Funktion $p_\xi(x)$ mit

$$\int_{-\infty}^{\infty} p_\xi(x)\,\mathrm{d}x = 1$$

gibt, so daß die Beziehung

$$\mathsf{P}\{x' \leqq \xi \leqq x''\} = \int_{x'}^{x''} p_\xi(x)\,\mathrm{d}x \tag{3.3}$$

für beliebige x', x'' mit $x' \leqq x''$ gilt. Die Wahrscheinlichkeitsverteilung einer stetigen Zufallsgröße ξ nennt man ebenfalls stetig und die entsprechende Dichte von ξ auch *Dichte der Wahrscheinlichkeitsverteilung* von ξ.

Eine stetige Zufallsgröße ξ nimmt jeden festen Wert x nur mit Wahrscheinlichkeit Null an:

$$\mathsf{P}\{\xi = x\} = \lim_{\substack{x' \to x-0 \\ x'' \to x+0}} \int_{x'}^{x''} p_\xi(x)\,\mathrm{d}x = 0\,.$$

Darüber hinaus gilt für beliebige Punkte x, in denen die Funktion $p_\xi(x)$ stetig ist, die Beziehung

$$\mathsf{P}\{x' \leqq \xi \leqq x''\} \sim p_\xi(x)\,\Delta x$$

für $x' \leqq x \leqq x''$ und $\Delta x = x'' - x' \to 0$.

Es sei ξ irgendeine Zufallsgröße. Natürlich braucht ξ weder diskret noch stetig zu sein (siehe das Beispiel auf Seite 37). Ihre Wahrscheinlichkeitsverteilung beschreibt man ganz allgemein mit Hilfe der sogenannten *Verteilungsfunktion*

$$F_\xi(x) = \mathsf{P}\{\xi \leqq x\}\,, \quad -\infty < x < \infty\,. \tag{3.4}$$

Für beliebige Zahlen x', x'' mit $x' \leqq x''$ gilt dann

$$\mathsf{P}\{x' \leqq \xi \leqq x''\} = F_\xi(x'') - F_\xi(x' - 0)\,,$$

wobei $F_\xi(x - 0)$ den Grenzwert $\lim\limits_{\substack{h \to 0 \\ h > 0}} F_\xi(x - h)$ bezeichnet.

Die durch (3.4) definierte Funktion $F_\xi(x)$ ist nichtnegativ, monoton wachsend (genauer: nichtfallend), von rechts stetig[1] $\big(F_\xi(x) = F_\xi(x + 0)\big)$, und es gilt

$$\lim_{X \to -\infty} F_\xi(x) = 0\,, \qquad \lim_{X \to \infty} F_\xi(x) = 1\,.$$

[1]) In der Literatur wird die Verteilungsfunktion F einer Zufallsgröße X häufig auch in der Form $F(x) = \mathsf{P}\,\{X < x\}$ definiert. In diesem Fall ist F von links stetig (Anm. des Herausgebers).

Wir leiten die aufgezählten Eigenschaften aus der Additivität und der Stetigkeit der Wahrscheinlichkeit ab. Dazu sei x_n, $n = 1, 2, \ldots$, eine monoton fallende, gegen x konvergente Zahlenfolge. Dann ergibt sich das Ereignis $\{\xi \leqq x\}$ gerade als Durchschnitt aller Ereignisse der monoton abnehmenden Folge $\{\xi \leqq x_n\}$, d. h., es gilt

$$\{\xi \leqq x\} = \bigcap_n \{\xi \leqq x_n\}.$$

Aufgrund der Stetigkeitseigenschaft der Wahrscheinlichkeit gilt dann

$$\lim_{n\to\infty} \mathsf{P}\{\xi \leqq x_n\} = \mathsf{P}\{\xi \leqq x\}.$$

Insbesondere folgt für $x_n \to -\infty$, daß der Durchschnitt $\bigcap\limits_n \{\xi \leqq x_n\}$ das unmögliche Ereignis ist, und deshalb $\lim\limits_{n\to\infty} \mathsf{P}\{\xi \leqq x_n\} = 0$ gilt. Die Vereinigung der monoton wachsenden Folge von Ereignissen $\{\xi \leqq x_n\}$ mit $x_n \to +\infty$ ist das sichere Ereignis $\{\xi < +\infty\}$, und folglich gilt $\lim\limits_{n\to\infty} \mathsf{P}\{\xi \leqq x_n\} = 1$.

Weiterhin ist das Ereignis $\{\xi \leqq x''\}$ die Vereinigung der disjunkten Ereignisse $\{\xi \leqq x\}$ und $\{x < \xi \leqq x''\}$, so daß die Beziehungen

$$\mathsf{P}\{x < \xi \leqq x''\} = \mathsf{P}\{\xi \leqq x''\} - \mathsf{P}\{\xi \leqq x\}$$

und

$$\mathsf{P}\{x' \leqq \xi \leqq x''\} = \lim_{x\to x'-0} \mathsf{P}\{x < \xi \leqq x''\} = F_\xi(x'') - F_\xi(x' - 0)$$

gelten.

Wir vermerken noch, daß für eine diskrete Zufallsgröße ξ die Gleichung

$$F_\xi(x) = \sum_{y\leqq x} P_\xi(y),$$

und für eine stetige Zufallsgröße ξ die Beziehung

$$F_\xi(x) = \int_{-\infty}^{x} p_\xi(y)\, \mathrm{d}y$$

besteht, wobei $p_\xi(x)$ die entsprechende Wahrscheinlichkeitsdichte ist. Sie stimmt in den Punkten x, in denen sie stetig ist, mit der Ableitung der Verteilungsfunktion $F_\xi(x)$ überein:

$$p_\xi(x) = F_\xi'(x). \tag{3.5}$$

3.2. Die gemeinsame Wahrscheinlichkeitsverteilung zweier Zufallsgrößen

Wir betrachten zwei Zufallsgrößen ξ_1 und ξ_2, deren Werte vom jeweiligen Elementarausgang ω ein und desselben Versuches abhängen.

Als formales Modell kann man den Versuch verwenden, der darin besteht, daß die Zufallsgrößen ξ_1 und ξ_2 beobachtet werden. Mit anderen Worten, man kann als Raum der Elementarereignisse die Euklidische Ebene E^2 verwenden; jedes Elementarereignis $\{\xi_1 = x_1, \xi_2 = x_2\}$ wird dabei als Punkt $(x_1, x_2) \in E^2$ angesehen und die Abhängigkeit der Zufallsgrößen ξ_1 und ξ_2 vom Elementarausgang $(x_1, x_2) \in E^2$ wird formal durch die Gleichungen $\xi_1(x_1, x_2) \equiv x_1$, $\xi_2(x_1, x_2) \equiv x_2$ definiert. Den „Zufallsmechanismus“ eines solchen Versuches beschreibt man durch die *gemeinsame Wahrscheinlichkeitsverteilung*, d. h. durch die Gesamtheit der Wahrscheinlichkeiten

$$\mathsf{P}\{x_1' \leqq \xi_1 \leqq x_1'', x_2' \leqq \xi_2 \leqq x_2''\}$$

aller möglichen Ereignisse der Form $A = \{x_1' \leqq \xi_1 \leqq x_1'', x_2' \leqq \xi_2 \leqq x_2''\}$.

Wir vermerken, daß man ξ_1 und ξ_2 auch als Koordinaten eines zufälligen Vektors $\xi = (\xi_1, \xi_2)$ mit folgender Wahrscheinlichkeitsverteilung auffassen kann:

Die Wahrscheinlichkeit dafür, daß ξ in irgendein Rechteck der Form $A = [x_1', x_1''] \times [x_2', x_2'']$ fällt, ist gleich

$$\mathsf{P}\{\xi \in A\} = \mathsf{P}\{x_1' \leqq \xi_1 \leqq x_1'', x_2' \leqq \xi_2 \leqq x_2''\}.$$

Für diskrete Zufallsgrößen ξ_1 und ξ_2 ist die gemeinsame Wahrscheinlichkeitsverteilung durch die Wahrscheinlichkeiten

$$P_{\xi_1,\xi_2}(x_1, x_2) = \mathsf{P}\{\xi_1 = x_1, \xi_2 = x_2\}, \quad -\infty < x_1, x_2 < \infty,$$

festgelegt, und zwar gilt

$$\mathsf{P}\{x_1' \leqq \xi_1 \leqq x_1'', x_2' \leqq \xi_2 \leqq x_2''\} = \sum_{x_1'}^{x_1''} \sum_{x_2'}^{x_2''} P_{\xi_1,\xi_2}(x_1, x_2). \tag{3.6}$$

Dabei wird über diejenige endliche oder abzählbar unendliche Menge von Werten (x_1, x_2) summiert, für die

$$P_{\xi_1,\xi_2}(x_1, x_2) > 0 \text{ und } x_1' \leqq x_1 \leqq x_1'',\ x_2' \leqq x_2 \leqq x_2'' \text{ gilt.}$$

Die Wahrscheinlichkeitsverteilung von ξ_1 bzw. ξ_2 kann durch die Formel

$$\left.\begin{aligned} P_{\xi_1}(x_1) &= \sum_{-\infty < x_2 < \infty} P_{\xi_1,\xi_2}(x_1, x_2) \\ \text{bzw.}\qquad & \\ P_{\xi_2}(x_2) &= \sum_{-\infty < x_1 < \infty} P_{\xi_1,\xi_2}(x_1, x_2) \end{aligned}\right\} \tag{3.7}$$

bestimmt werden. Wir erhalten diese Formeln, wenn wir in (3.6) $x_2' = -\infty$, $x_2'' = \infty$ bzw. $x_1' = -\infty$, $x_2'' = \infty$ setzen.

Man sagt, die Zufallsgrößen ξ_1 und ξ_2 haben eine *stetige gemeinsame Wahrscheinlichkeitsverteilung*, wenn für diese Verteilung eine Wahrscheinlichkeitsdichte existiert, mit anderen Worten, wenn es eine nichtnegative, integrierbare Funktion

$p_{\xi_1,\xi_2}(x_1, x_2)$ von $(x_1, x_2) \in E^2$ mit

$$\int_{-\infty}^{+\infty} \int_{-\infty}^{+\infty} p_{\xi_1,\xi_2}(x_1, x_2)\, \mathrm{d}x_1\, \mathrm{d}x_2 = 1$$

gibt, so daß die folgende Beziehung gilt:

$$\mathsf{P}\{x_1' \leqq \xi_1 \leqq x_1'', x_2' \leqq \xi_2 \leqq x_2''\} = \int_{x_1'}^{x_1''} \int_{x_2'}^{x_2''} p_{\xi_1,\xi_2}(x_1, x_2)\, \mathrm{d}x_1\, \mathrm{d}x_2 . \tag{3.8}$$

Die Formel (3.8) läßt sich auch in der Form

$$\mathsf{P}\{(\xi_1, \xi_2) \in A\} = \iint_A p_{\xi_1,\xi_2}(x_1, x_2)\, \mathrm{d}x_1\, \mathrm{d}x_2 \tag{3.9}$$

schreiben.

Wir zeigen nun, daß man die Gültigkeit der Beziehung (3.9) von Rechtecken $A = [x_1', x_1''] \times [x_2', x_2'']$ auf Gebiete mit einer komplizierteren Struktur, z. B. auf beliebige Gebiete A mit stückweise-glattem Rand, ausdehnen kann.

Dazu bemerken wir zunächst, daß mit ein und derselben Wahrscheinlichkeit der Punkt $\xi = (\xi_1, \xi_2)$ sowohl in das abgeschlossene Rechteck $[x_1', x_1''] \times [x_2', x_2'']$ als auch in das halboffene Rechteck $(x_1', x_1''] \times (x_2', x_2'']$ fällt. Die Wahrscheinlichkeit des Ereignisses „Der zufällige Punkt (ξ_1, ξ_2) fällt auf die Grenze des Rechtecks" ist nämlich gleich Null. Das ist leicht aus Formel (3.8) und der Stetigkeitseigenschaft der Wahrscheinlichkeit abzuleiten. Ausgehend von halboffenen Rechtecken der Form $(x_1', x_1''] \times (x_2', x_2'']$ können wir unter Ausnutzung des Additionstheorems für Wahrscheinlichkeiten die Formel (3.8) auf solche Vielecke A ausdehnen, die eine Zerlegung in paarweise disjunkte Rechtecke A_k der genannten Form gestatten:

$$\begin{aligned}\mathsf{P}\{(\xi_1, \xi_2) \in A\} &= \sum_k \mathsf{P}\{(\xi_1, \xi_2) \in A_k\} \\ &= \sum_k \iint_{A_k} p_{\xi_1,\xi_2}(x_1, x_2)\, \mathrm{d}x_1\, \mathrm{d}x_2 \\ &= \iint_A p_{\xi_1,\xi_2}(x_1, x_2)\, \mathrm{d}x_1\, \mathrm{d}x_2 .\end{aligned}$$

Wir weisen darauf hin, daß halboffene Rechtecke A_k disjunkt bleiben, auch wenn sie dicht aneinander angrenzen (das ist bei abgeschlossenen Rechtecken nicht der Fall).

Betrachten wir jetzt ein Gebiet A mit stückweise-glattem Rand, so können wir darin ein Vieleck $A'(A' \subseteq A)$ (vgl. Abb. 8) der oben angegebenen Art so einbeschreiben, daß bei beliebig vorgegebenen $\varepsilon > 0$ gilt

$$\begin{aligned}\mathsf{P}\{\xi \in A'\} &= \iint_{A'} p_{\xi_1,\xi_2}(x_1, x_2)\, \mathrm{d}x_1\, \mathrm{d}x_2 \\ &\geqq \iint_A p_{\xi_1,\xi_2}(x_1, x_2)\, \mathrm{d}x_1\, \mathrm{d}x_2 - \varepsilon .\end{aligned}$$

Weil für $A' \subseteq A$ das Ereignis $\{\xi \in A'\}$ im Ereignis $\{\xi \in A\}$ enthalten ist, haben wir $\mathsf{P}\{\xi \in A\} \geqq \mathsf{P}\{\xi \in A'\}$, und deshalb gilt

$$\mathsf{P}\{\xi \in A\} \geqq \iint\limits_A p_{\xi_1,\xi_2}(x_1, x_2)\, dx_1\, dx_2 - \varepsilon .$$

Ganz analog kann man unter Verwendung eines entsprechenden Vielecks A'', das dem Gebiet A umschrieben ist ($A \subseteq A''$), folgende Ungleichung erhalten:

$$\mathsf{P}\{\xi \in A\} \leqq \iint\limits_A p_{\xi_1,\xi_2}(x_1, x_2)\, dx_1\, dx_2 + \varepsilon .$$

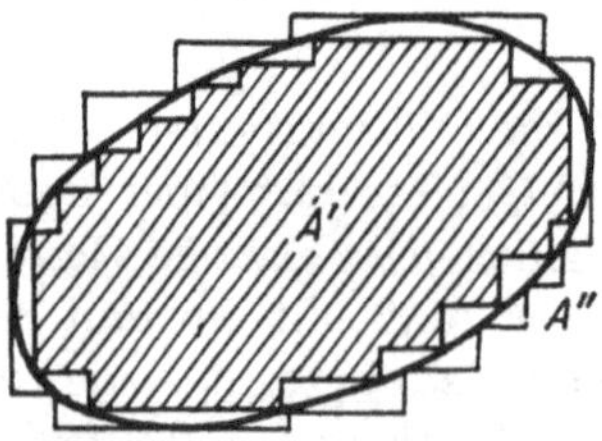

Abb. 8

Da ε eine beliebige positive Zahl ist, folgt hieraus, daß die Gleichung

$$\mathsf{P}\{\xi \in A\} = \iint\limits_A p_{\xi_1,\xi_2}(x_1, x_2)\, dx_1\, dx_2$$

gelten muß, was zu beweisen war.

Unter der Voraussetzung, daß die Zufallsgrößen ξ_1 und ξ_2 eine stetige gemeinsame Wahrscheinlichkeitsverteilung mit der Dichte $p_{\xi_1,\xi_2}(x_1, x_2)$ besitzen, ist jede einzelne von ihnen auch stetig, d. h. sie besitzt eine Wahrscheinlichkeitsdichte. Es ist nämlich unschwer nachzuprüfen, daß bei Verwendung der Formel (3.8) für $x_2' = -\infty$, $x_2'' = \infty$ bzw. $x_1' = -\infty$, $x_1'' = \infty$ die Funktionen

$$\left.\begin{aligned} p_{\xi_1}(x_1) &= \int_{-\infty}^{+\infty} p_{\xi_1,\xi_2}(x_1, x_2)\, dx_2 \\ \text{bzw.}\qquad p_{\xi_2}(x_2) &= \int_{-\infty}^{+\infty} p_{\xi_1,\xi_2}(x_1, x_2)\, dx_1 \end{aligned}\right\} \tag{3.10}$$

Wahrscheinlichkeitsdichten für ξ_1 bzw. ξ_2 sind. Die Umkehrung dieser Aussage ist im allgemeinen falsch, d. h., für zwei Zufallsgrößen ξ_1 und ξ_2, die die Wahrscheinlichkeitsdichten $p_{\xi_1}(x_1)$ bzw. $p_{\xi_2}(x_2)$ besitzen, braucht die Dichte der gemeinsamen Verteilung nicht zu existieren. Zum Beispiel ist das für $\xi_1 = \xi_2$ der Fall, dann gilt nämlich für jedes Gebiet A die Beziehung

$$\mathsf{P}\{(\xi_1, \xi_2) \in A\} = \int\limits_B p_{\xi_1}(x)\,dx\,,$$

wobei B die Menge auf der x_1-Achse bezeichnet, die man als Bild des Durchschnittes von A mit der Winkelhalbierenden $x_1 = x_2$ bei der Abbildung $(x_1, x_2) \to x_1$ (vgl. Abb. 9) erhält.

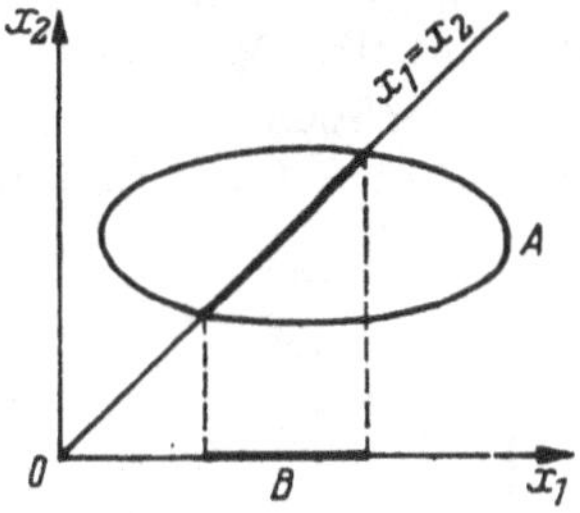

Abb. 9

Zwei Zufallsgrößen ξ_1 und ξ_2 heißen *voneinander unabhängig* (oder kurz *unabhängig*), wenn für beliebige Intervalle $[x_1', x_1'']$ und $[x_2', x_2'']$ die Ereignisse $\{x_1' \leqq \xi_1 \leqq x_1''\}$ und $\{x_2' \leqq \xi_2 \leqq x_2''\}$ unabhängig sind, d. h. wenn gilt

$$\mathsf{P}\{x_1' \leqq \xi_1 \leqq x_1'', x_2' \leqq \xi_2 \leqq x_2''\} = \mathsf{P}\{x_1' \leqq \xi_1 \leqq x_1''\}\,\mathsf{P}\{x_2' \leqq \xi_2 \leqq x_2''\}.$$

Man überzeugt sich leicht davon, daß zwei diskrete Zufallsgrößen ξ_1 und ξ_2 genau dann voneinander unabhängig sind, wenn die gemeinsame Wahrscheinlichkeitsverteilung der Beziehung

$$P_{\xi_1,\xi_2}(x_1, x_2) = P_{\xi_1}(x_1)\,P_{\xi_2}(x_2) \tag{3.11}$$

genügt. Sind ξ_1 und ξ_2 zwei stetige voneinander unabhängige Zufallsgrößen, so ergibt sich für alle Intervalle $[x_1', x_1'']$ und $[x_2', x_2'']$ die Gleichung

$$\begin{aligned}\mathsf{P}\{x_1' \leqq \xi_1 \leqq x_1'', x_2' \leqq \xi_2 \leqq x_2''\} &= \int\limits_{x_1'}^{x_1''} p_{\xi_1}(x_1)\,dx_1 \int\limits_{x_2'}^{x_2''} p_{\xi_2}(x_2)\,dx_2 \\ &= \int\limits_{x_1'}^{x_1''}\int\limits_{x_2'}^{x_2''} [p_{\xi_1}(x_1)\,p_{\xi_2}(x_2)]\,dx_1\,dx_2\,.\end{aligned}$$

Man sieht, daß dann auch die Dichte $p_{\xi_1,\xi_2}(x_1, x_2)$ der gemeinsamen Verteilung existiert, und zwar gilt

$$p_{\xi_1,\xi_2}(x_1, x_2) = p_{\xi_1}(x_1)\,p_{\xi_2}(x_2)\,. \tag{3.12}$$

Auch die Umkehrung ist leicht zu zeigen: Wenn die Dichte $p_{\xi_1,\xi_2}(x_1, x_2)$ der gemeinsamen Verteilung in der Form (3.12) dargestellt werden kann, dann sind die Zufallsgrößen ξ_1 und ξ_2 voneinander unabhängig.

3.3. Abbildungen von Zufallsgrößen

Uns interessiert in diesem Abschnitt, wie sich die Wahrscheinlichkeitsverteilungen von Zufallsgrößen bei gewissen Abbildungen verändern.

In Abschnitt 1.1. wurde gezeigt, daß durch eine umkehrbar eindeutige Abbildung $y = \varphi(x)$ (mit $\varphi'(x) \neq 0$) eine Zufallsgröße ξ mit der Wahrscheinlichkeitsdichte $p_\xi(x)$ in eine Zufallsgröße $\eta = \varphi(\xi)$ transformiert wird, deren Dichte $p_\eta(y)$ durch die Formel (1.4) gegeben ist. Die Methode der Variablensubstitution, die bei der Herleitung dieser Formel verwendet wurde, ist auch in dem Fall anwendbar, wenn in gewissen Punkten $\varphi'(x) = 0$ gilt und die Abbildung $y = \varphi(x)$ nicht mehr umkehrbar eindeutig ist.

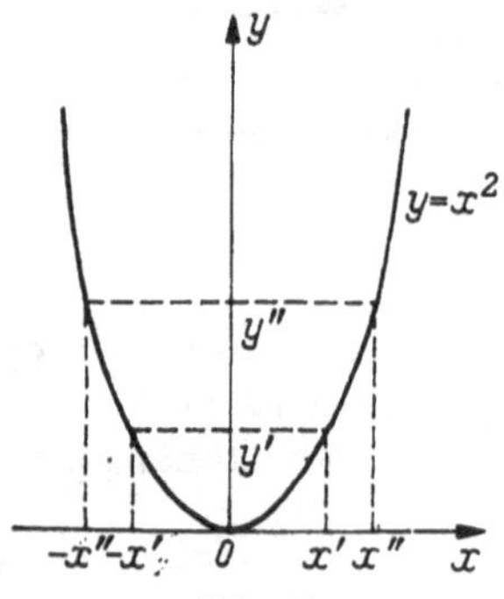

Abb. 10

Beispiel: Wir betrachten die Abbildung $y = x^2$. Für die Zufallsgröße $\eta = \xi^2$ erhalten wir die Beziehung (vgl. Abb. 10)

$$\begin{aligned}\mathsf{P}\{y' \leqq \eta \leqq y''\} &= \mathsf{P}\{-x'' \leqq \xi \leqq -x'\} + \mathsf{P}\{x' \leqq \xi \leqq x''\} \\ &= \int_{-x''}^{-x'} p_\xi(x)\,\mathrm{d}x + \int_{x'}^{x''} p_\xi(x)\,\mathrm{d}x = \int_{x'}^{x''} [p_\xi(-x) + p_\xi(x)]\,\mathrm{d}x \\ &= \int_{y'}^{y''} \left[p_\xi\left(-\sqrt{y}\right) + p_\xi\left(\sqrt{y}\right)\right] \frac{1}{2\sqrt{y}}\,\mathrm{d}y.\end{aligned}$$

Somit ist die Wahrscheinlichkeitsdichte der Zufallsgröße η gleich

$$p_\eta(y) = \begin{cases} \left[p_\xi\left(-\sqrt{y}\right) + p_\xi\left(\sqrt{y}\right)\right] \dfrac{1}{2\sqrt{y}}, & \text{für } y \geqq 0, \\ 0 & \text{für } y < 0. \end{cases}$$

Weiterhin wurde in Abschnitt 1.1. gezeigt, daß für zwei Zufallsgrößen ξ_1 und ξ_2 mit der gemeinsamen Wahrscheinlichkeitsdichte $p_{\xi_1,\xi_2}(x_1, x_2)$ bei einer umkehrbar eindeutigen Abbildung $y_1 = \varphi_1(x_1, x_2)$, $y_2 = \varphi_2(x_1, x_2)$ der (x_1, x_2)-Ebene in die

(y_1, y_2)-Ebene mit nichtausgearteter Funktionaldeterminante

$$|I| = \begin{vmatrix} \frac{\partial \varphi_1}{\partial x_1} & \frac{\partial \varphi_1}{\partial x_2} \\ \frac{\partial \varphi_2}{\partial x_1} & \frac{\partial \varphi_2}{\partial x_2} \end{vmatrix}$$

die gemeinsame Wahrscheinlichkeitsdichte $p_{\eta_1,\eta_2}(y_1, y_2)$ der Zufallsgrößen $\eta_1 = \varphi_1(\xi_1, \xi_2)$ und $\eta_2 = \varphi_2(\xi_1, \xi_2)$ durch die Formel (1.7) gegeben ist.

Diese Formel ist auch für solche Abbildungen sinnvoll, bei denen die Funktionaldeterminante $|I|$ nur auf gewissen Linien gleich Null wird, die die (x_1, x_2)-Ebene in disjunkte Gebiete zerlegen. Im Inneren dieser Gebiete ist $|I|$ dann ungleich Null.

Die Formel (1.7) kann man auch bei Abbildungen der Form $\eta = \varphi(\xi_1, \xi_2)$ anwenden. Wenn man nämlich die Hilfstransformation $\eta_1 = \eta$, $\eta_2 = \varphi_2(\xi_1, \xi_2)$ einführt, die eine Dichte $p_{\eta_1,\eta_2}(y_1, y_2)$ der Form (1.7) erzeugt, dann ist die Wahrscheinlichkeitsdichte $p_\eta(y)$ der Zufallsgröße η (vgl. (3.10)) gleich

$$p_{\eta_1}(y_1) = \int_{-\infty}^{+\infty} p_{\xi_1,\xi_2}[\psi_1(y_1, y_2), \psi_2(y_1, y_2)]\, |I|^{-1}\, dy_2. \tag{3.13}$$

Beispiel: Es seien ξ_1 und ξ_2 zwei voneinander unabhängige Zufallsgrößen mit den Dichten $p_1(x)$ bzw. $p_2(x)$. Gesucht ist die Wahrscheinlichkeitsverteilung ihres Quotienten $\frac{\xi_1}{\xi_2}$.

Zunächst vermerken wir, daß die Größe $\eta_1 = \frac{\xi_1}{\xi_2}$ mit Wahrscheinlichkeit Eins endliche Werte annimmt, da $\xi_2 = 0$ nur mit Wahrscheinlichkeit Null gilt. Wir betrachten die Abbildung

$$y_1 = \frac{x_1}{x_2},\ y_2 = x_2 \qquad \left(\eta_1 = \frac{\xi_1}{\xi_2},\ \eta_2 = \xi_2\right);$$

für ihre Funktionaldeterminante $|I|$ gilt $|I|^{-1} = |y_2|$. Die gemeinsame Wahrscheinlichkeitsdichte $p_{\eta_1,\eta_2}(y_1, y_2)$ der Zufallsgrößen η_1 und η_2 kann in jedem der Gebiete $y_2 < 0$ bzw. $y_2 > 0$ mit Hilfe der Formel (1.7) gefunden werden:

$$p_{\eta_1,\eta_2}(y_1, y_2) = \begin{cases} p_1(y_1 y_2)\, p_2(y_2)\, y_2 & \text{für} \quad y_2 > 0, \\ -p_1(y_1 y_2)\, p_2(y_2)\, y_2 & \text{für} \quad y_2 < 0. \end{cases}$$

Wenn wir berücksichtigen, daß die Wahrscheinlichkeitsdichte der Zufallsgröße η_1 gleich

$$p_{\eta_1}(y_1) = \int_{-\infty}^{+\infty} p_{\eta_1,\eta_2}(y_1, y_2)\, dy_2,\ -\infty < y_1 < +\infty,$$

ist, so erhalten wir

$$p_{\eta_1}(y) = \int_0^\infty p_1(yx)\, p_2(x)\, x\, dx - \int_{-\infty}^0 p_1(yx)\, p_2(x)\, x\, dx. \tag{3.14}$$

Beispiel: Es seien ξ_1 und ξ_2 zwei voneinander unabhängige Zufallsgrößen mit den Wahrscheinlichkeitsdichten $p_1(x)$ bzw. $p_2(x)$. Welche Wahrscheinlichkeitsverteilung besitzt dann ihre Summe $\xi_1 + \xi_2$?

Die Abbildung $\varphi_1(x_1, x_2) = x_1 + x_2$ kann man durch die Festlegung $\varphi_2(x_1, x_2) = x_2$ zu einer nichtausgearteten Abbildung der (x_1, x_2)-Ebene in die (y_1, y_2)-Ebene ergänzen. Dabei gilt $|I| \equiv 1$ und

$$\psi_1(y_1, y_2) = y_1 - y_2, \quad \psi_2(y_1, y_2) = y_2 .$$

Für die unabhängigen Zufallsgrößen ξ_1 und ξ_2 bildet die Funktion $p_{\xi_1,\xi_2}(x_1, x_2) = p_1(x_1)\, p_2(x_2)$, und für die Größen $\eta_1 = \xi_1 + \xi_2$ und $\eta_2 = \xi_2$ die Funktion $p_{\eta_1,\eta_2}(y_1, y_2) = p_1(y_1 - y_2)\, p_2(y_2)$ die gemeinsame Wahrscheinlichkeitsdichte. Folglich gilt für die gesuchte Dichte $p_{\eta_1}(y)$ die Beziehung

$$p_{\eta_1}(y) = \int_{-\infty}^{+\infty} p_1(y - x)\, p_2(x)\, dx . \tag{3.15}$$

Diesen Ausdruck für die Dichte der Wahrscheinlichkeitsverteilung der Zufallsgröße $\xi_1 + \xi_2$ nennt man *Faltung* der Dichten $p_1(x)$ und $p_2(x)$.

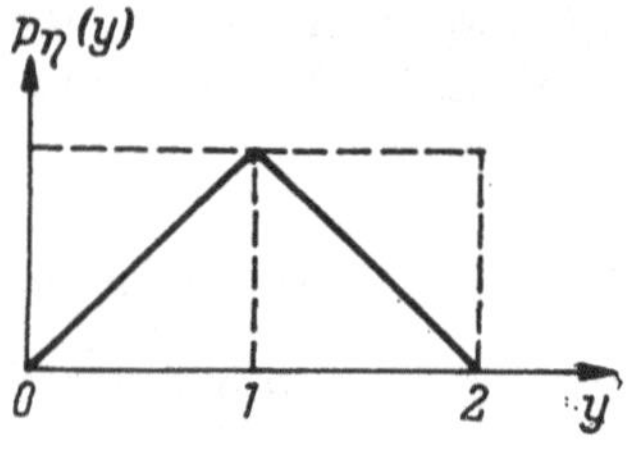

Abb. 11

Es seien speziell ξ_1 und ξ_2 voneinander unabhängige, gleichmäßig auf dem Intervall [0, 1] verteilte Zufallsgrößen. Ihre Dichten haben also beide die Form

$$p(x) = \begin{cases} 1 & \text{für } 0 \leqq x \leqq 1, \\ 0 & \text{für } x < 0, x > 1. \end{cases}$$

Für die Wahrscheinlichkeitsverteilung der Summe $\eta = \xi_1 + \xi_2$ erhalten wir aus der Formel (3.15) die sogenannte *Dreieckverteilung* mit der Dichte (vgl. Abb. 11)

$$p_\eta(y) = \begin{cases} \int_0^y dx = y & \text{für} \quad 0 \leqq y \leqq 1, \\ \int_{y-1}^1 dx = 2 - y & \text{für} \quad 1 \leqq y \leqq 2, \\ 0 & \text{für} \quad y < 0, y > 2. \end{cases}$$

3.4. Bedingte Wahrscheinlichkeitsverteilungen

Den Zusammenhang zwischen verschiedenen Zufallsgrößen ξ und η (oder zwischen einer Zufallsgröße ξ und irgendeinem Ereignis B) kann man mit Hilfe der sogenannten *bedingten Wahrscheinlichkeitsverteilung* charakterisieren. Unter der Bedingung, daß das Ereignis B eingetreten ist, wird nämlich das Wahrscheinlichkeitsverhalten einer Zufallsgröße ξ durch die bedingten Wahrscheinlichkeiten $\mathsf{P}\{x' \leqq \xi \leqq x'' \mid B\}$ beschrieben, die sich im allgemeinen von den ursprünglichen Wahrscheinlichkeiten $\mathsf{P}\{x' \leqq \xi \leqq x''\}$ unterscheiden.

Beispiel: Man stelle sich vor, daß man nur einen von zwei Versuchen Ω_1 und Ω_2, in denen jeweils eine Zufallsgröße (ξ_1 in Ω_1 und ξ_2 in Ω_2) betrachtet wird, beobachten kann. Welchen Versuch man beobachtet, wird durch Auslosen festgelegt, und zwar erfolge dieses Auslosen derart, daß mit Wahrscheinlichkeit q_1 der Versuch Ω_1 und mit Wahrscheinlichkeit q_2 $(q_1 + q_2 = 1)$ der Versuch Ω_2 gewählt wird. Auf diese Weise entsteht schließlich aus ξ_1 und ξ_2 die Zufallsgröße $\xi = \eta\xi_1 + (1 - \eta)\,\xi_2$, wobei η nicht von ξ_1 und ξ_2 abhängt und mit den Wahrscheinlichkeiten q_1 und q_2 die entsprechenden Werte 1 bzw. 0 annimmt. Wie man leicht sieht, ist die Größe ξ bei $\eta = 1$ mit ξ_1 und bei $\eta = 0$ mit ξ_2 identisch. Deshalb gelten für die Wahrscheinlichkeitsverteilungen der Zufallsgröße ξ die Beziehungen

$$\mathsf{P}\{x' \leqq \xi \leqq x'' \mid \eta = 1\} = \mathsf{P}\{x' \leqq \xi_1 \leqq x''\},$$

$$\mathsf{P}\{x' \leqq \xi \leqq x'' \mid \eta = 0\} = \mathsf{P}\{x' \leqq \xi_2 \leqq x''\}.$$

Aufgrund der Formel für die totale Wahrscheinlichkeit ergibt sich

$$\mathsf{P}\{x' \leqq \xi \leqq x''\} = q_1\mathsf{P}\{x' \leqq \xi_1 \leqq x''\} + q_2\mathsf{P}\{x' \leqq \xi_2 \leqq x''\}.$$

Ist nun ξ_1 eine diskrete Zufallsgröße, die ihre möglichen Werte x mit den Wahrscheinlichkeiten $P_{\xi_1}(x)$ annimmt, und ξ_2 eine stetige Zufallsgröße mit der Wahrscheinlichkeitsdichte $p_{\xi_2}(x)$, so gilt

$$\mathsf{P}\{x' \leqq \xi \leqq x''\} = q_1 \sum_{x'}^{x''} P_{\xi_1}(x) + q_2 \int_{x'}^{x''} p_{\xi_2}(x)\,\mathrm{d}x.$$

Wir betrachten irgendwelche diskreten Zufallsgrößen ξ und η. Ist das Ereignis $B = \{\eta = y\}$ eingetreten, dann besitzt die Zufallsgröße ξ i. a. nicht mehr die ursprüngliche Wahrscheinlichkeitsverteilung $P_\xi(x)$, sondern die sogenannte *bedingte Wahrscheinlichkeitsverteilung* $P_\xi(x \mid y)$. Diese ist aufgrund von Formel (2.4) folgendermaßen definiert:

$$P_\xi(x \mid y) = \frac{P_{\xi,\eta}(x, y)}{P_\eta(y)} = \frac{P_{\xi,\eta}(x, y)}{\sum\limits_x P_{\xi,\eta}(x, y)}, \quad -\infty < x < \infty. \tag{3.16}$$

Dabei stellt $P_{\xi,\eta}(x, y)$ die gemeinsame Wahrscheinlichkeitsverteilung von ξ und η dar, und die Summation erfolgt über alle möglichen Werte x der diskreten Zufallsgröße ξ. Sind die Zufallsgrößen ξ und η stetig und besitzen sie die gemeinsame Wahrscheinlichkeitsdichte $p_{\xi,\eta}(x, y)$, so werden wir stets annehmen, daß die Zufallsgröße ξ bei festgehaltenem Wert $\eta = y$ eine *bedingte Wahrscheinlichkeitsdichte* $p_\xi(x \mid y)$ hat. Diese wird durch die Formel

$$p_\xi(x \mid y) = \frac{p_{\xi,\eta}(x, y)}{p_\eta(y)} = \frac{p_{\xi,\eta}(x, y)}{\int\limits_{-\infty}^{+\infty} p_{\xi,\eta}(x, y)\, dx}, \quad -\infty < x < \infty, \tag{3.17}$$

definiert.

Aus (3.16) und (3.17) ersieht man unmittelbar, daß die Zufallsgröße ξ genau dann von η unabhängig ist, wenn ihre bedingte Wahrscheinlichkeitsverteilung (unter der Bedingung $\eta = y$) nicht von y abhängt und mit der ursprünglichen Verteilung (die man in diesem Zusammenhang auch unbedingte Verteilung nennt) übereinstimmt.

Wir geben hier noch folgende Gleichungen an (vgl. mit der Formel für die totale Wahrscheinlichkeit):
Sind ξ und η zwei diskrete Zufallsgrößen, so gilt

$$P_\xi(x) = \sum_y P_\xi(x \mid y)\, P_\eta(y). \tag{3.18}$$

Sind ξ und η zwei stetige Zufallsgrößen mit den Dichten $p_\xi(x)$ bzw. $p_\eta(x)$, so haben wir

$$p_\xi(x) = \int\limits_{-\infty}^{+\infty} p_\xi(x \mid y)\, p_\eta(y)\, dy. \tag{3.19}$$

Um zu zeigen, wie nützlich die Betrachtung bedingter Verteilungen sein kann, kommen wir nochmals auf die Summe zweier unabhängiger Zufallsgrößen ξ_1 und ξ_2 mit den Wahrscheinlichkeitsdichten $p_1(x)$ bzw. $p_2(x)$ zurück. Wir wollen die Verteilung der Größe $\eta = \xi_1 + \xi_2$ bestimmen.

Zunächst vermerken wir, daß die bedingte Wahrscheinlichkeitsverteilung der Zufallsgröße η unter der Bedingung $\xi_2 = x$ mit der Verteilung der Größe $\xi_1 + x$ identisch ist. Diese besitzt die Dichte $p_1(y - x)$, $-\infty < y < \infty$ (wir erinnern daran, daß ξ_1 von ξ_2 nicht abhängt, so daß die bedingte Verteilungsdichte der Zufallsgröße ξ_1 mit der unbedingten Dichte $p_1(y)$ übereinstimmt). Aus der Formel (3.19) erhalten wir nun den uns bereits bekannten Ausdruck (3.15)

$$p_\eta(y) = \int\limits_{-\infty}^{+\infty} p_1(y - x)\, p_2(x)\, dx.$$

3.5. Mehrdimensionale Zufallsgrößen

Eine Gesamtheit von Zufallsgrößen $\xi_1, \ldots, \xi_n$ (die irgendwelche Zahlenwerte $x_1, \ldots, x_n$ annehmen) kann man als zufälligen Vektor $\xi = (\xi_1, \ldots, \xi_n)$ mit den Koordinaten $\xi_1, \ldots, \xi_n$ auffassen. In Abhängigkeit vom Zufall nimmt ξ dann gewisse Werte $x = (x_1, \ldots, x_n)$ im n-dimensionalen Vektorraum E^n an.

Für diskrete zufällige Vektoren wird die Wahrscheinlichkeit dafür, daß der Punkt ξ in ein gewisses Gebiet $A \subseteq E^n$ fällt, durch

$$\mathsf{P}\{\xi \in A\} = \sum_{x \in A} P_\xi(x) \tag{3.20}$$

gegeben. Dabei stellt

$$P_\xi(x) = \mathsf{P}\{\xi = x\} = \mathsf{P}\{\xi_1 = x_1, \ldots, \xi_n = x_n\} = P_{\xi_1,\ldots,\xi_n}(x_1, \ldots, x_n) \tag{3.21}$$

die gemeinsame Wahrscheinlichkeitsverteilung der Zufallsgrößen $\xi_1, \ldots, \xi_n$ dar.

Für stetig verteilte Zufallsgrößen $\xi_1, \ldots, \xi_n$ mit der gemeinsamen Wahrscheinlichkeitsdichte

$$p_\xi(x) = p_{\xi_1,\ldots,\xi_n}(x_1, \ldots, x_n)$$

$$\left(p_\xi(x) \geqq 0, \int_{-\infty}^{+\infty} \cdots \int_{-\infty}^{+\infty} p_\xi(x)\, \mathrm{d}x_1 \cdots \mathrm{d}x_n = 1\right)$$

läßt sich die Wahrscheinlichkeit des Ereignisses $\{\xi \in A\}$ folgendermaßen ausdrücken:

$$\mathsf{P}\{\xi \in A\} = \int \underset{A}{\cdots} \int p_\xi(x)\, \mathrm{d}x\,. \tag{3.22}$$

Ein Unterschied zu der oben hergeleiteten Beziehung (3.9) besteht hier nur darin, daß wir es anstelle der Variablen $x = (x_1, x_2)$ in der Ebene E^2 mit Vektoren $x = (x_1, \ldots, x_n)$ in E^n zu tun haben.

Unter entsprechenden Abänderungen für mehrdimensionale Größen lassen sich alle Aussagen übertragen, die oben bezüglich eindimensionaler Zufallsgrößen getroffen wurden. Speziell kann man die Formeln (3.7), (3.10) und auch die Transformationsformeln (1.4), (1.7) und (3.13) auf den Fall von n Variablen $(x_1, \ldots, x_n)$ erweitern.

Unabhängigkeit bedeutet für zwei zufällige Vektoren dasselbe, wie es für zwei gewöhnliche Zufallsgrößen durch die Beziehungen (3.11) und (3.12) ausgedrückt wird. Ohne jegliche Abänderung definiert man auch die bedingte Wahrscheinlichkeitsverteilung des zufälligen Vektors ξ bezüglich der Vektorgröße η (vgl. (3.16), (3.17)).

Der einzige wesentlich neue Begriff für mehr als zwei Zufallsgrößen $\xi_1, \xi_2, \ldots$ ist der Begriff der *Unabhängigkeit in ihrer Gesamtheit.* Und zwar nennt man die (eindimensionalen) Zufallsgrößen $\xi_1, \xi_2, \ldots$ dann in ihrer Gesamtheit unabhängig, (kurz: unabhängig), wenn für beliebige $x_1', x_1''; x_2', x_2''; \ldots$ die Ereignisse

$$\{x_1' \leqq \xi_1 \leqq x_1''\}, \{x_2' \leqq \xi_2 \leqq x_2''\}, \ldots$$

in ihrer Gesamtheit unabhängig sind.

Diskrete Zufallsgrößen $\xi_1, \ldots, \xi_n$ sind genau dann unabhängig, wenn gilt:

$$P_{\xi_1,\ldots,\xi_n}(x_1, \ldots, x_n) = P_{\xi_1}(x_1) \ldots P_{\xi_n}(x_n)\,, \tag{3.23}$$

und stetige Zufallsgrößen mit den Wahrscheinlichkeitsdichten $p_{\xi_1}(x_1), \ldots, p_{\xi_n}(x_n)$ sind genau dann unabhängig, wenn ihre gemeinsame Wahrscheinlichkeitsverteilung die folgende Dichte besitzt:

$$p_{\xi_1,\ldots,\xi_n}(x_1, \ldots, x_n) = p_{\xi_1}(x_1) \ldots p_{\xi_n}(x_n). \tag{3.24}$$

4. Der Erwartungswert einer Zufallsgröße

4.1. Definition und Eigenschaften des Erwartungswertes

Es sei ξ eine diskrete Zufallsgröße, die jeden ihrer möglichen Werte x mit der zugehörigen Wahrscheinlichkeit $P_\xi(x)$ annimmt. Man sagt, die Zufallsgröße ξ besitze einen endlichen *Erwartungswert* $\mathsf{M}\xi$, und man definiert ihn durch

$$\mathsf{M}\xi = \sum_{x=-\infty}^{+\infty} x P_\xi(x), \tag{4.1}$$

wenn die Reihe (4.1) absolut konvergiert (d. h. wenn $\sum_{x=-\infty}^{+\infty} |x| \, P_\xi(x) < \infty$ gilt). Der Erwartungswert $\mathsf{M}\xi$ wird manchmal auch *Mittelwert* der Zufallsgröße ξ genannt.

Beispiel: Der Erwartungswert einer Zufallsgröße ξ, die jeden von N Werten $x = x_1, \ldots, x_N$ mit gleicher Wahrscheinlichkeit $\mathsf{P}(\xi = x_k) = \frac{1}{N}$, $k = 1, \ldots, N$, annimmt, ist

$$\mathsf{M}\xi = \frac{1}{N} \sum_{k=1}^{N} x_k.$$

Es seien ξ eine Zufallsgröße und $y = \varphi(x)$ irgendeine Funktion von x. Wir setzen voraus, daß der Erwartungswert der Zufallsgröße $\eta = \varphi(\xi)$ existiert. Dann gilt für diesen Erwartungswert $\mathsf{M}\varphi(\xi)$ die Formel

$$\mathsf{M}\varphi(\xi) = \sum_{x=-\infty}^{+\infty} \varphi(x) \, P_\xi(x). \tag{4.2}$$

Die Summation erstreckt sich dabei über alle Werte x, für die die Wahrscheinlichkeiten $P_\xi(x)$ größer als Null sind.

Wir beweisen Formel (4.2): Die diskrete Zufallsgröße $\eta = \varphi(\xi)$ kann nur die Werte $y = \varphi(x)$ annehmen, wobei x alle möglichen Werte der diskreten Zufallsgröße ξ durchläuft. Es gilt $P_\eta(y) = \sum_{x:\varphi(x)=y} P_\xi(x)$, und es ist leicht zu sehen, daß man aufgrund der absoluten Konvergenz der Reihe $\sum_{y=-\infty}^{+\infty} y P_\eta(y)$ folgendes erhält:

$$\mathsf{M}\eta = \sum_{y=-\infty}^{+\infty} y P_\eta(y) = \sum_y y \sum_{x:\varphi(x)=y} P_\xi(x) = \sum_{x=-\infty}^{+\infty} \varphi(x) \, P_\xi(x).$$

Auf dieselbe Weise ergibt sich für den Erwartungswert einer Zufallsgröße $\eta = \varphi(\xi_1, \xi_2)$, die eine Funktion der Zufallsgrößen ξ_1 und ξ_2 mit der gemeinsamen Wahrscheinlichkeitsverteilung $P_{\xi_1,\xi_2}(x_1, x_2)$ ist, die Beziehung

$$\mathsf{M}\varphi(\xi_1, \xi_2) = \sum_{x_1=-\infty}^{\infty} \sum_{x_2=-\infty}^{\infty} \varphi(x_1, x_2)\, P_{\xi_1,\xi_2}(x_1, x_2). \tag{4.3}$$

(Formal stimmen (4.3) und (4.2) überein, wenn man die Schreibweise $\xi = (\xi_1, \xi_2)$ und $x = (x_1, x_2)$ verwendet).

Nach Formel (4.2) ist der Erwartungswert der Größe $|\xi|$ gleich $\mathsf{M}\,|\xi| = \sum\limits_{x=-\infty}^{\infty} |x|\, P_\xi(x)$, so daß man die Bedingung der absoluten Konvergenz der Reihe $\sum\limits_{x=-\infty}^{+\infty} xP_\xi(x)$ in folgender Form ausdrücken kann:

$$\mathsf{M}\,|\xi| < \infty$$

(wir vermerken, daß der Ausdruck $\mathsf{M}\,|\xi| = \sum\limits_{x=-\infty}^{+\infty} |x|\, P_\xi(x)$ für beliebige Zufallsgrößen Sinn hat, allerdings ist dann auch $\mathsf{M}\,|\xi| = \infty$ möglich).

Der durch (4.1) definierte Erwartungswert besitzt folgende Eigenschaften: Der Erwartungswert einer konstanten Größe ist gleich dieser Konstanten, speziell gilt also:

$$\mathsf{M}1 = 1.$$

Wenn der Erwartungswert $\mathsf{M}\xi$ existiert und k irgendein reeller Faktor ist, dann gilt für die Zufallsgröße $k\xi$ die Beziehung

$$\mathsf{M}(k\xi) = k\mathsf{M}\xi.$$

Für beliebige Zufallsgrößen ξ_1 und ξ_2 (mit den Erwartungswerten $\mathsf{M}\xi_1$ und $\mathsf{M}\xi_2$) ist

$$\mathsf{M}(\xi_1 + \xi_2) = \mathsf{M}\xi_1 + \mathsf{M}\xi_2. \tag{4.4}$$

Gilt $\xi_1 \leqq \xi_2$, so ist

$$\mathsf{M}\xi_1 \leqq \mathsf{M}\xi_2, \tag{4.5}$$

und sind die Zufallsgrößen ξ_1 und ξ_2 unabhängig, dann gilt

$$\mathsf{M}(\xi_1\xi_2) = \mathsf{M}\xi_1\mathsf{M}\xi_2. \tag{4.6}$$

Um uns von der Richtigkeit der angegebenen Beziehungen zu überzeugen, verwenden wir die Formeln (4.2) und (4.3). Für $\varphi(x) = kx$ erhalten wir

$$\mathsf{M}\varphi(x) = \sum_{x=-\infty}^{+\infty} kxP_\xi(x) = k \sum_{x=-\infty}^{+\infty} xP_\xi(x) = k\mathsf{M}\xi.$$

Bei Verwendung von $\varphi(x_1, x_2) = x_1 + x_2$ ergibt sich

$$\mathsf{M}\varphi(\xi_1, \xi_2) = \sum_{x_1=-\infty}^{+\infty} x_1 \sum_{x_2=-\infty}^{+\infty} P_{\xi_1,\xi_2}(x_1, x_2) + \sum_{x_2=-\infty}^{+\infty} x_2 \sum_{x_1=-\infty}^{+\infty} P_{\xi_1,\xi_2}(x_1, x_2),$$

woraus (siehe auch (3.7)) die Gültigkeit der Gleichung (4.4) ersichtlich wird.

Es sei $\varphi(x_1, x_2)$ irgendeine Funktion, die für alle diejenigen Werte x_1 und x_2 nichtnegativ ist, für die die Wahrscheinlichkeiten $P_{\xi_1,\xi_2}(x_1, x_2)$ größer als Null sind. Dann gilt

$$\mathsf{M}\varphi(\xi_1, \xi_2) = \sum_{-\infty}^{+\infty} \varphi(x_1, x_2)\, P_{\xi_1,\xi_2}(x_1, x_2) \geqq 0.$$

Insbesondere folgt aus $\xi_2 - \xi_1 \geqq 0$ auch $\mathsf{M}(\xi_2 - \xi_1) \geqq 0$, das heißt aber $\mathsf{M}\xi_1 \leqq \mathsf{M}\xi_2$.

Für unabhängige Zufallsgrößen ξ_1 und ξ_2 wird ihre gemeinsame Wahrscheinlichkeitsverteilung durch die Formel (3.11) definiert. Für den Fall $\varphi(x_1, x_2) = x_1x_2$ erhalten wir dann

$$\begin{aligned}\mathsf{M}\varphi(\xi_1, \xi_2) &= \sum_{x_1=-\infty}^{+\infty} \sum_{x_2=-\infty}^{+\infty} (x_1x_2)\, P_{\xi_1}(x_1)\, P_{\xi_2}(x_2) \\ &= \sum_{x_1=-\infty}^{+\infty} x_1P_{\xi_1}(x_1) \sum_{x_2=-\infty}^{+\infty} x_2P_{\xi_2}(x_2) = \mathsf{M}\xi_1\mathsf{M}\xi_2.\end{aligned}$$

Die Formel (4.4) kann durch Induktion auf eine beliebige endliche Anzahl von Zufallsgrößen $\xi_1, \ldots, \xi_n$ ausgedehnt werden, deren Erwartungswert existiert:

$$\mathsf{M}(\xi_1 + \cdots + \xi_n) = \mathsf{M}\xi_1 + \cdots + \mathsf{M}\xi_n.$$

Dasselbe ist auch für Formel (4.6) richtig; sind $\xi_1, \ldots, \xi_n$ beliebige in ihrer Gesamtheit unabhängige Zufallsgrößen, so gilt

$$\mathsf{M}(\xi_1 \cdots \xi_n) = \mathsf{M}\xi_1 \cdots \mathsf{M}\xi_n.$$

Wir betrachten nun irgendeine (nicht notwendige diskrete) Zufallsgröße ξ. Zur Definition des Erwartungswertes $\mathsf{M}\xi$ verwendet man die Tatsache, daß jede Zufallsgröße ξ beliebig genau durch diskrete Zufallsgrößen approximiert werden kann.

Das geschieht auf folgende Weise. Man unterteilt für jede natürliche Zahl $n \geqq 1$ die reelle Achse $-\infty < x < +\infty$ durch Punkte $x_{k,n}$ $(-\infty < k < +\infty$, $\sup_k |x_{k,n} - x_{k-1,n}| = \varepsilon_n)$ und führt durch

$$\xi_n = x_{k,n} \quad \text{für} \quad x_{k-1,n} < \xi < x_{k,n}$$

eine diskrete Zufallsgröße ξ_n ein. Dann gilt offensichtlich $|\xi_n - \xi| \leqq \varepsilon_n$. Für $\varepsilon_n \to 0$ nähert sich die Folge der diskreten Zufallsgrößen ξ_n, $n = 1, 2, \ldots$, beliebig genau an die ursprüngliche Zufallsgröße ξ an. Wenn die Zufallsgrößen ξ_n einen endlichen Erwartungswert $\mathsf{M}\xi_n$ besitzen, d. h. wenn $\mathsf{M}\,|\xi_n| < \infty$ gilt, dann folgt aus der Ungleichung (4.5) wegen

$$|\xi_n - \xi_m| \leqq |\xi_n - \xi| + |\xi_m - \xi| \leqq \varepsilon_n + \varepsilon_m$$

die Beziehung

$$|\mathsf{M}\xi_n - \mathsf{M}\xi_m| \leqq \mathsf{M}\,|\xi_n - \xi_m| \leqq \varepsilon_n + \varepsilon_m \to 0,$$

und deshalb existiert der Grenzwert $\lim\limits_{n\to\infty} \mathsf{M}\xi_n$. Diesen Grenzwert nennt man den *Erwartungswert* (oder *Mittelwert*) der Zufallsgröße ξ:

$$\mathsf{M}\xi = \lim_{n\to\infty} \sum_{-\infty}^{+\infty} x_{k,n} \mathsf{P}\{x_{k-1,n} < \xi \leqq x_{k,n}\}. \tag{4.7}$$

(Man kann leicht zeigen, daß sich für jede beliebige Folge von Zufallsgrößen ξ_n, $n = 1, 2, \ldots$, des angegebenen Typs, d. h. für jede beliebige Unterteilung der reellen Achse in Intervalle $(x_{k-1,n}, x_{k,n}]$ mit $\sup\limits_k |x_{k,n} - x_{k-1,n}| \to 0$, in (4.7) ein und derselbe Grenzwert $\mathsf{M}\xi$ ergibt.)

Es ist klar, daß die Beziehungen (4.4) bis (4.6) bei Anwendung des Grenzübergangs von diskreten zu beliebigen Zufallsgrößen erhalten bleiben.

Es sei nun ξ eine stetige Zufallsgröße mit der Wahrscheinlichkeitsdichte $p_\xi(x)$. Wir werden zeigen, daß der Erwartungswert $\mathsf{M}\xi$ von ξ existiert und sich durch

$$\mathsf{M}\xi = \int_{-\infty}^{+\infty} x p_\xi(x)\, dx \tag{4.8}$$

berechnen läßt, sofern das Integral in (4.8) absolut konvergiert, d. h., sofern

$$\int_{-\infty}^{+\infty} |x|\, p_\xi(x)\, dx < \infty$$

gilt.

Zum Beweis setzen wir $\varphi(x) = x$ und $\varphi_n(x) = x_{k,n}$ für $x_{k-1,n} < x \leqq x_{k,n}$. Dann erhalten wir

$$\mathsf{M}\xi_n = \sum_{-\infty}^{+\infty} \int_{x_{k-1,n}}^{x_{k,n}} x_{k,n} p_\xi(x)\, dx = \int_{-\infty}^{\infty} \varphi_n(x)\, p_\xi(x)\, dx,$$

wobei

$$\left| \int_{-\infty}^{+\infty} \varphi_n(x)\, p_\xi(x)\, dx - \int_{-\infty}^{+\infty} \varphi(x)\, p_\xi(x)\, dx \right| \leqq \int_{-\infty}^{+\infty} |\varphi_n(x) - \varphi(x)|\, p_\xi(x)\, dx$$

$$\leqq \varepsilon_n \int_{-\infty}^{+\infty} p_\xi(x)\, dx = \varepsilon_n \to 0 \quad \text{für } n \to \infty$$

gilt.

Aus diesem Grund ist $\mathsf{M}\xi_n \to \int\limits_{-\infty}^{+\infty} \varphi(x)\, p_\xi(x)\, dx$, d. h., es gilt $\mathsf{M}\xi = \int\limits_{-\infty}^{+\infty} x p_\xi(x)\, dx$.

(Man überzeugt sich leicht davon, daß die in der Definition des Erwartungswertes $\mathsf{M}\xi$ vorausgesetzte Bedingung $\mathsf{M}\,|\xi_n| = \int\limits_{-\infty}^{+\infty} |\varphi_n(x)|\, p_\xi(x)\,\mathrm{d}x < \infty$ mit $\int\limits_{-\infty}^{+\infty} |\varphi(x)| \times p_\xi(x)\,\mathrm{d}x < \infty$, $\varphi(x) = x$, gleichbedeutend ist.)

Wenn man analog eine Funktion $y = \varphi(x)$ durch stückweise-konstante Funktionen $\varphi_n(x)$ approximiert, dann kann man unter der Voraussetzung $\int\limits_{-\infty}^{+\infty} |\varphi(x)| \times p_\xi(x)\,\mathrm{d}x < \infty$ für die Zufallsgröße $\eta = \varphi(\xi)$ schlußfolgern, daß

$$\mathsf{M}\varphi(\xi) = \int\limits_{-\infty}^{+\infty} \varphi(x)\, p_\xi(x)\,\mathrm{d}x \tag{4.9}$$

gilt.

Sind ξ_1 und ξ_2 zwei Zufallsgrößen mit der gemeinsamen Wahrscheinlichkeitsdichte $p_{\xi_1,\xi_2}(x_1, x_2)$, so gilt auch für die Zufallsgröße $\eta = \varphi(\xi_1, \xi_2)$ eine ähnliche Formel, nämlich

$$\mathsf{M}\varphi(\xi_1, \xi_2) = \int\limits_{-\infty}^{+\infty}\int\limits_{-\infty}^{+\infty} \varphi(x_1, x_2)\, p_{\xi_1,\xi_2}(x_1, x_2)\,\mathrm{d}x_1\,\mathrm{d}x_2 . \tag{4.10}$$

Dabei ist die Existenz eines endlichen Erwartungswertes $(\mathsf{M}\,|\varphi(\xi_1, \xi_2)| < \infty)$ gleichbedeutend mit

$$\int\limits_{-\infty}^{+\infty}\int\limits_{-\infty}^{+\infty} |\varphi(x_1, x_2)|\, p_{\xi_1,\xi_2}(x_1, x_2)\,\mathrm{d}x_1\,\mathrm{d}x_2 < \infty .$$

Beispiel: Es sei ξ eine auf dem Intervall $[a, b]$ gleichmäßig verteilte Zufallsgröße, d. h., ξ besitze die Wahrscheinlichkeitsdichte

$$p_\xi(x) = \begin{cases} \dfrac{1}{b-a} & \text{für } a \leqq x \leqq b, \\ 0 & \text{für } x < a,\, x > b. \end{cases}$$

Dann gilt für ihren Erwartungswert die Gleichung

$$\mathsf{M}\xi = \int\limits_a^b x p_\xi(x)\,\mathrm{d}x = \frac{a+b}{2}.$$

Wir betrachten nun eine Zufallsgröße ξ von „gemischtem Typ“ (vgl. das Beispiel aus Abschnitt 3.4.): ξ nehme einzelne x-Werte mit den entsprechenden Wahrscheinlichkeiten $P_\xi(x)$ $\left(\sum\limits_{-\infty}^{+\infty} P_\xi(x) = q_1\right)$ an und falle in ein beliebiges Intervall $[x', x'']$ mit der Wahrscheinlichkeit

$$\mathsf{P}\{x' \leqq \xi \leqq x''\} = \sum_{x'}^{x''} P_\xi(x) + \int\limits_{x'}^{x''} p_\xi(x)\,\mathrm{d}x .$$

Dabei bezeichne $p_\xi(x)$ eine nichtnegative Funktion mit $\int\limits_{-\infty}^{+\infty} p_\xi(x)\,\mathrm{d}x = q_2$, und es sei $q_1 + q_2 = 1$, so daß die Wahrscheinlichkeiten

$$P_{\xi_1}(x) = \frac{1}{q_1}\, P_\xi(x) \quad (-\infty < x < +\infty)$$

und die Dichte

$$p_{\xi_2}(x) = \frac{1}{q_2}\, p_\xi(x) \quad (-\infty < x < +\infty)$$

die Wahrscheinlichkeitsverteilungen einer diskreten Zufallsgröße ξ_1 bzw. einer stetigen Zufallsgröße ξ_2 bestimmen. Für eine solche Zufallsgröße ξ kann der Erwartungswert $\mathsf{M}\xi$ durch die folgende Formel (vgl. auch (4.1) und (4.8)) ausgedrückt werden:

$$\mathsf{M}\xi = q_1\mathsf{M}\xi_1 + q_2\mathsf{M}\xi_2 = \sum_{x=-\infty}^{+\infty} xP_\xi(x) + \int\limits_{-\infty}^{+\infty} xp_\xi(x)\,\mathrm{d}x. \tag{4.11}$$

Der Begriff des Erwartungswertes $\mathsf{M}\xi$ kann auch auf Zufallsgrößen ξ erweitert werden, die komplexe Werte annehmen, nämlich auf Zufallsgrößen der Form $\xi = \xi_1 + i\xi_2$. Dabei seien ξ_1 und ξ_2 reelle Zufallsgrößen. Zu diesem Zweck setzt man

$$\mathsf{M}\xi = \mathsf{M}\xi_1 + i\mathsf{M}\xi_2.$$

Es ist leicht zu sehen, daß alle aufgezählten Eigenschaften der Erwartungswerte, insbesondere die Formeln (4.3) und (4.10), auch für komplexwertige Funktionen $\xi = \xi_1 + i\xi_2$ gelten.

Abschließend bemerken wir, daß sich die oben hergeleiteten Formeln (4.2), (4.3), (4.9) und (4.10) ohne Schwierigkeiten auf mehrdimensionale Zufallsgrößen $\xi = (\xi_1, \ldots, \xi_n)$ übertragen lassen.

4.2. Momente, Streuung und Tschebyschewsche Ungleichung

Als *Moment k-ter Ordnung* oder *k-tes Moment* einer Zufallsgröße ξ bezeichnet man den Erwartungswert $\mathsf{M}\xi^k$. Aufgrund der allgemeinen Formeln (4.2) und (4.9) gilt

$$\mathsf{M}\xi^k = \sum_{x=-\infty}^{+\infty} x^k P_\xi(x),$$

falls ξ eine diskrete, und

$$\mathsf{M}\xi^k = \int\limits_{-\infty}^{+\infty} x^k p_\xi(x)\,\mathrm{d}x,$$

falls ξ eine stetige Zufallsgröße ist.

Das zweite Moment nennt man gewöhnlich auch den *quadratischen Mittelwert* der Zufallsgröße ξ.

Für je zwei Zufallsgrößen ξ_1 und ξ_2 mit endlichem zweiten Moment gilt die folgende sogenannte CAUCHY-BUNJAKOWSKI-Ungleichung[1]):

$$\mathsf{M}\,|\xi_1\xi_2| \leqq \sqrt{\mathsf{M}\xi_1^2}\,\sqrt{\mathsf{M}\xi_2^2}. \tag{4.12}$$

Wegen $\mathsf{M}\xi_1^2 < \infty$, $\mathsf{M}\xi_2^2 < \infty$ und $|\xi_1\xi_2| \leqq \frac{1}{2}(\xi_1^2 + \xi_2^2)$ ist nämlich $\mathsf{M}\,|\xi_1\xi_2| < \infty$. Außerdem hat die positiv definite quadratische Form

$$\mathsf{M}(x_1\,|\xi_1| + x_2\,|\xi_2|)^2 = x_1^2\mathsf{M}\xi_1^2 + 2x_1x_2\mathsf{M}\,|\xi_1\xi_2| + x_2^2\mathsf{M}\xi_2^2\ (-\infty < x_1, x_2 < +\infty)$$

eine nichtnegative Determinante

$$M\xi_1^2\mathsf{M}\xi_2^2 - (\mathsf{M}\,|\xi_1\xi_2|)^2.$$

Daraus ergibt sich die Ungleichung (4.12).

Bei $\xi_1 = \xi$ und $\xi_2 = 1$ erhalten wir aus (4.12) insbesondere die Beziehung

$$\mathsf{M}\,|\xi| \leqq \sqrt{\mathsf{M}\xi^2}. \tag{4.13}$$

Aus (4.12) folgt darüberhinaus die wichtige Ungleichung

$$\sqrt{\mathsf{M}\,|\xi + \xi_2|^2} \leqq \sqrt{\mathsf{M}\xi_1^2} + \sqrt{\mathsf{M}\xi_2^2}, \tag{4.14}$$

und zwar gilt

$$\mathsf{M}\,|\xi_1 + \xi_2|^2 = \mathsf{M}\xi_1^2 + 2\mathsf{M}\,|\xi_1\xi_2| + \mathsf{M}\xi_2^2$$

$$\leqq \mathsf{M}\xi_1^2 + 2\sqrt{\mathsf{M}\xi_1^2}\sqrt{\mathsf{M}\xi_2^2} + \mathsf{M}\xi_2^2 = \left(\sqrt{\mathsf{M}\xi_1^2} + \sqrt{\mathsf{M}\xi_2^2}\right)^2.$$

Eine weitere Anwendung des Begriffes des quadratischen Mittelwertes finden wir in der folgenden sogenannten TSCHEBYSCHEW*schen Ungleichung*. Ist ξ eine Zufallsgröße und ε eine beliebige positive Zahl, so gilt

$$\mathsf{P}\{|\xi| > \varepsilon\} \leqq \frac{\mathsf{M}\,|\xi|^2}{\varepsilon^2}. \tag{4.15}$$

Der Beweis ist sehr einfach und beruht auf der Ungleichung (4.5). Wir definieren durch

$$\xi_1(\omega) = \begin{cases} 0 \text{ für } |\xi(\omega)| \leqq \varepsilon, \\ \varepsilon \text{ für } |\xi(\omega)| > \varepsilon \end{cases}$$

eine neue Zufallsgröße ξ_1, für die offensichtlich $\xi_1 \leqq |\xi|$ erfüllt ist. Aus (4.5) erhält man damit

$$\mathsf{M}\,|\xi|^2 \geqq \mathsf{M}\xi_1^2 = \varepsilon^2\mathsf{P}\{|\xi| > \varepsilon\}.$$

Diese Beziehung ist mit der Ungleichung (4.15) äquivalent.

---

[1]) In der Literatur wird dafür auch der Begriff „SCHWARZsche Ungleichung“ verwendet (Anm. des Herausgebers).

Die TSCHEBYSCHEWsche Ungleichung läßt sich wie folgt interpretieren. Es sei δ eine positive Zahl mit $\delta < 1$. Wir nehmen an, δ sei so klein, daß man die Möglichkeit des Eintretens des Ereignisses $\{|\xi| > \varepsilon\}$ vernachlässigen kann, wenn seine Wahrscheinlichkeit höchstens gleich δ ist. Wenn der quadratische Mittelwert $\mathsf{M}\xi^2$ im Vergleich zu ε^2 klein ist, genauer, falls $\frac{\mathsf{M}\xi^2}{\varepsilon^2} \leqq \delta$ gilt, so besagt die TSCHEBYSCHEWsche Ungleichung, daß die Zufallsgröße ξ praktisch nur Werte annimmt, die dem Absolutbetrag nach nicht größer als ε sind.

Insbesondere ergibt sich für den Fall $\mathsf{M}\,|\xi|^2 = 0$ aus (4.15), daß ξ mit Wahrscheinlichkeit Eins gleich Null ist. (Gilt $\xi \geqq 0$ und $\mathsf{M}\xi = \mathsf{M}\left|\sqrt{\xi}\right|^2 = 0$ so ist mit Wahrscheinlichkeit Eins auch $\xi = 0$ erfüllt.)

Es seien nun ξ eine Zufallsgröße und $a = \mathsf{M}\xi$ ihr Erwartungswert. Unter der Streuung $\mathsf{D}^2\xi$ der Zufallsgröße ξ versteht man den quadratischen Mittelwert $\mathsf{M}(\xi - a)^2$ der Zufallsgröße $\xi - a$, d. h. die Zahl

$$\mathsf{D}^2\xi = \mathsf{M}(\xi - a)^2.$$

Aufgrund der TSCHEBYSCHEWschen Ungleichung ergibt sich

$$\mathsf{P}\{|\xi - a| > \varepsilon\} \leqq \frac{\mathsf{D}^2\xi}{\varepsilon^2}.$$

Besitzt die Zufallsgröße ξ eine verhältnismäßig kleine Streuung $\mathsf{D}^2\xi$, so nimmt sie folglich mit großer Wahrscheinlichkeit einen Wert an, der in der Nähe von a liegt (und unterscheidet sich in diesem Sinne wenig von der konstanten Größe a):

$$\mathsf{P}\{|\xi - a| \leqq \varepsilon\} \geqq 1 - \frac{\mathsf{D}^2\xi}{\varepsilon^2}.$$

Ist insbesondere $\mathsf{D}^2\xi = 0$, so gilt $\xi = a$ mit Wahrscheinlichkeit Eins. (Umgekehrt ist die Streuung einer konstanten Größe $\xi = a$ natürlich stets gleich Null.)

Wir geben einige Eigenschaften der Streuung einer Zufallsgröße an. Wegen der Beziehung

$$\mathsf{M}(\xi - a^2) = \mathsf{M}\xi^2 - 2a\mathsf{M}\xi + a^2 = \mathsf{M}\xi^2 - a^2$$

gilt die Formel

$$\mathsf{D}^2\xi = \mathsf{M}\xi^2 - a^2 \qquad (a = \mathsf{M}\xi).$$

Für jeden beliebigen konstanten Faktor k erhält man für die Zufallsgröße $k\xi$ die Gleichung

$$\mathsf{D}^2(k\xi) = k^2\mathsf{D}^2\xi.$$

Sind ξ_1 und ξ_2 zwei unabhängige Zufallsgrößen, so ergibt sich die Beziehung

$$\mathsf{D}^2(\xi_1 + \xi_2) = \mathsf{D}^2\xi_1 + \mathsf{D}^2\xi_2. \tag{4.16}$$

Die letzte Gleichung wollen wir beweisen. Mit den Bezeichnungen $a_1 = \mathsf{M}\xi_1$ und $a_2 = \mathsf{M}\xi_2$ erhalten wir aus (4.6) die Gleichung

$$\mathsf{M}(\xi_1 - a_1)(\xi_2 - a_2) = \mathsf{M}(\xi_1 - a_1)\,\mathsf{M}(\xi_2 - a_2) = 0.$$

Damit folgt

$$\begin{aligned}\mathsf{D}^2(\xi_1 + \xi_2) &= \mathsf{M}(\xi_1 + \xi_2 - a_1 - a_2)^2 \\ &= \mathsf{M}(\xi_1 - a_1)^2 + 2\mathsf{M}(\xi_1 - a_1)(\xi_2 - a_2) + \mathsf{M}(\xi_2 - a_2)^2 \\ &= \mathsf{M}(\xi_1 - a_1)^2 + \mathsf{M}(\xi_2 - a_2)^2 = \mathsf{D}^2\xi_1 + \mathsf{D}^2\xi_2.\end{aligned}$$

Es ist leicht zu sehen, daß die Formel (4.16) auf eine beliebige endliche Anzahl in ihrer Gesamtheit unabhängiger Zufallsgrößen $\xi_1, \ldots, \xi_n$ verallgemeinert werden kann:

$$\mathsf{D}^2(\xi_1 + \cdots + \xi_n) = \mathsf{D}^2\xi_1 + \cdots + \mathsf{D}^2\xi_n.$$

4.3. Bedingte Erwartungswerte

Es sei bekannt, daß ein bestimmtes Ereignis B eintritt. Dann wird das wahrscheinlichkeitstheoretische Verhalten einer (in irgendeiner Weise mit diesem Ereignis B verbundenen) Zufallsgröße ξ durch die bedingten Wahrscheinlichkeiten $\mathsf{P}\{x' \leqq \xi \leqq x'' \mid B\}$ beschrieben. Der Erwartungswert der Zufallsgröße ξ bezüglich dieser bedingten Wahrscheinlichkeitsverteilung heißt *bedingter Erwartungswert* (oder *bedingter Mittelwert*) *von* ξ *unter der Hypothese* B und wird mit $\mathsf{M}(\xi \mid B)$ bezeichnet. Oft erwähnt man die Hypothese B nicht und spricht einfach vom *bedingten Erwartungswert* bzw. *bedingten Mittelwert von* ξ.

Es seien zum Beispiel ξ_1 und ξ_2 irgendwelche Zufallsgrößen, und es sei η eine von ξ_1 und ξ_2 unabhängige Zufallsgröße, die die Werte 1 und 0 mit den Wahrscheinlichkeiten q_1 bzw. q_2 $(q_1 + q_2 = 1)$ annimmt. Wir betrachten die Zufallsgröße $\xi = \eta\xi_1 + (1 - \eta)\,\xi_2$ (vgl. das Beispiel in Abschnitt 3.4.). Der bedingte Erwartungswert von ξ unter der Hypothese $\{\eta = 1\}$ (in diesem Fall sind ξ und ξ_1 identisch) ist gleich $\mathsf{M}(\xi \mid \eta = 1) = \mathsf{M}\xi_1$ und unter der Hypothese $\{\eta = 0\}$ (in diesem Fall stimmen ξ und ξ_2 überein) gleich $\mathsf{M}(\xi \mid \eta = 0) = \mathsf{M}\xi_2$.

Der bedingte Erwartungswert einer diskreten Zufallsgröße ξ mit der bedingten Verteilung $P_\xi(x \mid B) = \mathsf{P}\{\xi = x \mid B\}$ genügt gemäß Formel (4.1) der Beziehung

$$\mathsf{M}(\xi \mid B) = \sum_{x=-\infty}^{+\infty} x P_\xi(x \mid B).$$

Handelt es sich bei B speziell um ein Ereignis der Form $\{\eta = y\}$, dann ist die Größe

$$\mathsf{M}(\xi \mid y) = \sum_{x=-\infty}^{+\infty} x P_\xi(x \mid y)$$

der entsprechende bedingte Erwartungswert von ξ. Die Wahrscheinlichkeiten $P_\xi(x \mid y)$ sind dabei durch die Formel (3.16) definiert. Für stetige Zufallsgrößen besitzt der bedingte Erwartungswert von ξ unter der Hypothese $\{\eta = y\}$ die Darstellung (siehe (4.8))

$$\mathsf{M}(\xi \mid y) = \int_{-\infty}^{+\infty} x p_\xi(x \mid y)\, dx.$$

Dabei ist die bedingte Wahrscheinlichkeitsdichte $p_\xi(x \mid y)$ durch die Formel (3.17) gegeben.

Ganz analog definiert man den bedingten Erwartungswert $\mathsf{M}(\xi \mid y_1, \ldots, y_n)$ bezüglich irgendwelcher Zufallsgrößen $\eta_1, \ldots, \eta_n$ (unter der Hypothese, daß $\eta_1 = y_1, \ldots, \eta_n = y_n$ gilt). Die zugehörige bedingte Wahrscheinlichkeitsverteilung ist für diskrete Zufallsgrößen $\xi, \eta_1, \ldots, \eta_n$ durch die Wahrscheinlichkeiten

$$P_\xi(x \mid y_1, \ldots, y_n) = \frac{P_{\xi,\eta_1,\ldots,\eta_n}(x, y_1, \ldots, y_n)}{P_{\eta_1,\ldots,\eta_n}(y_1, \ldots, y_n)},$$

und für stetige Zufallsgrößen durch die Wahrscheinlichkeitsdichte

$$p_\xi(x \mid y_1, \ldots, y_n) = \frac{p_{\xi,\eta_1,\ldots,\eta_n}(x, y_1, \ldots, y_n)}{p_{\eta_1,\ldots,\eta_n}(y_1, \ldots, y_n)}$$

gegeben.

Um einheitliche Bezeichnungen zu erreichen, schreiben wir im weiteren anstelle $(y_1, \ldots, y_n)$ einfach y. Aus dem gleichen Grund ersetzen wir das Ereignis B durch die Zufallsgröße η, die beim Eintreten von B gleich 1 und sonst gleich 0 ist. Offenbar gilt $\mathsf{M}(\xi \mid B) = \mathsf{M}(\xi \mid y)$ für $y = 1$.

Natürlich besitzt der bedingte Erwartungswert $\mathsf{M}(\xi \mid y)$ bei festgehaltenem Wert y alle oben angegebenen Eigenschaften eines Erwartungswertes. Speziell gilt für jede Konstante k die Gleichung

$$\mathsf{M}(k\xi \mid y) = k\mathsf{M}(\xi \mid y),$$

für die Summe zweier Zufallsgrößen ξ_1 und ξ_2 die Beziehung

$$\mathsf{M}(\xi_1 + \xi_2 \mid y) = \mathsf{M}(\xi_1 \mid y) + \mathsf{M}(\xi_2 \mid y)$$

usw. (vgl. (4.2)—(4.11)). Wir vermerken insbesondere folgende Eigenschaften: a) wenn die Zufallsgröße ξ nicht von der Zufallsgröße η abhängt, dann gilt

$$\mathsf{M}(\xi \mid y) \equiv \mathsf{M}\xi; \tag{4.17}$$

b) wenn die Zufallsgröße ξ_1 nicht von dem Paar (ξ_2, η) abhängt, dann ist

$$\mathsf{M}(\xi_1\xi_2 \mid \eta) = \mathsf{M}(\xi_1)\, \mathsf{M}(\xi_2 \mid \eta). \tag{4.18}$$

Die Gleichung (4.17) ist offensichtlich. Gleichung (4.18) erhält man auf dieselbe Weise, wie die Beziehung (4.6), weil unter der Hypothese $\{\eta = y\}$ die Zufallsgrößen ξ_1 und ξ_2 ebenfalls wieder unabhängig sind. Für die bedingte gemeinsame Verteilung von ξ_1 und ξ_2 gilt nämlich

$$P_{\xi_1,\xi_2}(x_1, x_2 \mid y) = \frac{P_{\xi_1,\xi_2,\eta}(x_1, x_2, y)}{P_\eta(y)} = \frac{P_{\xi_1}(x_1)\, P_{\xi_2,\eta}(x_2, y)}{P_\eta(y)} = P_{\xi_1}(x_1)\, P_{\xi_2}(x_2 \mid y)$$

im Fall diskreter Zufallsgrößen, und

$$p_{\xi_1,\xi_2}(x_1, x_2 \mid y) = \frac{p_{\xi_1,\xi_2,\eta}(x_1, x_2, y)}{p_\eta(y)} = \frac{p_{\xi_1}(x_1)\, p_{\xi_2,\eta}(x_2, y)}{p_\eta(y)} = p_{\xi_1}(x_1)\, p_{\xi_2}(x_2 \mid y)$$

im Fall stetiger Zufallsgrößen mit der gemeinsamen Dichte $p_{\xi_1,\xi_2,\eta}(x_1, x_2, y)$. Natürlich bleibt die Gleichung (4.18) auch dann richtig, wenn $\eta = (\eta_1, \ldots, \eta_n)$ ein zufälliger Vektor ist und $y = (y_1, \ldots, y_n)$ gesetzt wird.

Wir wenden uns nun der sogenannten *Formel des totalen Erwartungswertes* zu, die eine zu (2.5) analoge Form besitzt:

$$\mathsf{M}\xi = \sum_k \mathsf{M}(\xi \mid B_k)\, \mathsf{P}(B_k).$$

Dabei sei $B_1, B_2, \ldots$ ein vollständiges System von paarweise disjunkten Ereignissen. Vom gleichen Typ sind auch die Formeln

$$\mathsf{M}\xi = \sum_{y=-\infty}^{+\infty} \mathsf{M}(\xi \mid y)\, P_\eta(y)$$

für diskrete Zufallsgrößen η mit der Verteilung $P_\eta(y)$ bzw.

$$\mathsf{M}\xi = \int_{-\infty}^{+\infty} \mathsf{M}(\xi \mid y)\, p_\eta(y)\, dy$$

für stetige Zufallsgrößen η mit der Wahrscheinlichkeitsdichte $p_\eta(y)$. Diese Gleichungen folgen unmittelbar aus der Definition des bedingten Erwartungswertes.

Man kann den bedingten Erwartungswert $\mathsf{M}(\xi \mid y)$ auch als Funktion der Variablen y auffassen. Wenn überdies anstelle von y in $\mathsf{M}(\xi \mid y)$ für jedes $\omega \in \Omega$ der Wert der Zufallsgröße η eingesetzt wird, dann ist $\mathsf{M}(\xi \mid \eta)$ eine Zufallsgröße, die eine bestimmte Funktion von η darstellt. Die Zufallsgröße $\mathsf{M}(\xi \mid \eta)$ bezeichnen wir im folgenden als *bedingte Erwartung der Zufallsgröße ξ unter der Hypothese η*. Mit dieser Schreibweise erhält die Formel des totalen Erwartungswertes die Form

$$\mathsf{M}[\mathsf{M}(\xi \mid \eta)] = \mathsf{M}\xi. \tag{4.19}$$

Wir geben noch die sogenannte Formel der *iterierten bedingten Erwartung*[1]) an, die die Gleichung (4.19) auf den Fall verallgemeinert, daß die ursprüngliche

[1]) Ausführlicher kann sich der Leser darüber z. B. in dem bereits früher zitierten Buch von I. I. Gichman und A. W. Skorochod informieren (s. Fußnote auf Seite 16).

Wahrscheinlichkeitsverteilung selbst eine bedingte Verteilung ist. Die erwähnte Formel lautet

$$\mathsf{M}[\mathsf{M}(\xi \mid \eta) \mid \zeta] = \mathsf{M}(\xi \mid \zeta)$$

und gilt für jede (ein- oder mehrdimensionale) Zufallsgröße ζ, die eine Funktion von η ist.

Weiterhin sei folgende wichtige Gleichung erwähnt. Ist $\varphi(x)$ irgendeine Funktion von x, so gilt

$$\mathsf{M}[\varphi(\eta)\, \xi \mid \eta] = \varphi(\eta)\, \mathsf{M}(\xi \mid \eta). \tag{4.20}$$

Bei jedem festgehaltenen y ist nämlich auch der Wert $\varphi(y)$ irgendeine Konstante, so daß die Beziehung

$$\mathsf{M}[\varphi(y)\, \xi \mid y] = \varphi(y)\, \mathsf{M}(\xi \mid y)$$

gilt. Daraus ergibt sich (4.20).

Ist die Zufallsgröße ξ die Indikatorvariable eines Ereignisses A, d. h. ist

$$\xi = \begin{cases} 1, & \text{wenn } A \text{ eintritt,} \\ 0, & \text{wenn } A \text{ nicht eintritt,} \end{cases}$$

dann gilt offenbar $\mathsf{M}\xi = \mathsf{P}(A)$. Die bedingte Erwartung einer solchen Zufallsgröße ξ bei festgehaltenem Wert von η ist nichts anderes als die *bedingte Wahrscheinlichkeit des Ereignisses A:*

$$\mathsf{M}(\xi \mid \eta) = \mathsf{P}(A \mid \eta).$$

Die Beziehung (4.19) liefert in diesem Fall folgende *Formel für die totale Wahrscheinlichkeit:*

$$\mathsf{P}(A) = \mathsf{M}(\mathsf{P}(A \mid \eta)]. \tag{4.21}$$

Bis jetzt haben wir uns noch nicht mit der Frage beschäftigt, ob überhaupt ein endlicher bedingter Erwartungswert $\mathsf{M}(\xi \mid \eta)$ für irgendeinen Wert von η existiert. Dabei bedeutet die Existenz von $\mathsf{M}(\xi \mid \eta)$, daß $\mathsf{M}(|\xi| \mid \eta) < \infty$ gilt (vgl. 4.1., wo der Erwartungswert definiert wurde). Wenn der (unbedingte) Erwartungswert $\mathsf{M}\,|\xi|$ existiert, d. h. wenn gilt

$$\mathsf{M}\,|\xi| < \infty,$$

dann folgt aus der Formel (4.19) des totalen Erwartungswertes die Beziehung

$$\mathsf{M}[\mathsf{M}(|\xi| \mid \eta)] = \mathsf{M}\,|\xi| < \infty.$$

Daraus ergibt sich, daß

$$\mathsf{M}(|\xi| \mid \eta) < \infty$$

mit Wahrscheinlichkeit Eins gilt.

Dieses Ergebnis erhält man auf folgende Weise. Wir betrachten das Ereignis, daß die Zufallsgröße η einen solchen Wert annimmt, für den der bedingte Erwartungswert $\hat{\xi} = \mathsf{M}(|\xi| \mid \eta)$ nicht größer als eine feste Zahl N ist. Wegen der Tschebyschewschen Ungleichung gilt für die Wahrscheinlichkeit dieses Ereignisses die Beziehung

$$\mathsf{P}\{\hat{\xi} \leqq N\} = \mathsf{P}\left\{\sqrt{\hat{\xi}} \leqq \sqrt{N}\right\} \geqq 1 - \frac{\mathsf{M}\hat{\xi}}{N} = 1 - \frac{\mathsf{M}\,|\xi|}{N}.$$

Daraus erhalten wir

$$\mathsf{P}\{\mathsf{M}(|\xi| \mid \eta) < \infty\} = \lim_{N\to\infty} \mathsf{P}\{\mathsf{M}(|\xi| \mid \eta) < N\} = 1.$$

Zusammenfassend kann man sagen:

Wenn $\mathsf{M}\,|\xi| < \infty$ *gilt, dann existiert mit Wahrscheinlichkeit Eins bei beliebigem Wert der Zufallsgröße* η *der bedingte Erwartungswert* $\mathsf{M}(\xi \mid \eta)$.

4.4. Der Abstand im quadratischen Mittel und der Korrelationskoeffizient

Es sei H die Gesamtheit aller Zufallsgrößen ξ, für die $\mathsf{M}\xi^2 < \infty$ gilt. Aus der Ungleichung (4.14) folgt, daß für beliebige $\xi_1, \xi_2 \in H$ auch jede Linearkombination $\xi = c_1\xi_1 + c_2\xi_2$ in H enthalten ist; insbesondere ist die Differenz $\xi_1 - \xi_2$ ein Element von H.

Wir definieren für je zwei Zufallsgrößen $\xi_1, \xi_2 \in H$ als *Abstand im quadratischen Mittel* (kurz: *Quadratmittelabstand*) die Zahl

$$\|\xi_1 - \xi_2\| = \sqrt{\mathsf{M}\,|\xi_1 - \xi_2|^2}.$$

Dieser Abstandsbegriff ist völlig analog zu dem in der Funktionalanalysis gebräuchlichen Abstand im quadratischen Mittel zwischen zwei Funktionen $\varphi_1(x)$ und $\varphi_2(x)$ der Variablen x ($a \leqq x \leqq b$), der durch

$$\|\varphi_1 - \varphi_2\| = \left(\int_a^b |\varphi_1(x) - \varphi_2(x)|^2 f(x)\,dx\right)^{\frac{1}{2}}$$

definiert ist.

Dabei bezeichnet $f(x)$ irgendeine fest gewählte nichtnegative Funktion, die sogenannte Gewichtsfunktion. Unter der zusätzlichen Voraussetzung $\int_a^b f(x)\,dx = 1$ kann man f als Dichte einer Zufallsgröße ξ auffassen, deren Werte zwischen a und b liegen. Dann gilt (vgl. Formel (4.9))

$$\|\varphi_1 - \varphi_2\| = (\mathsf{M}\,|\varphi_1(\xi) - \varphi_2(\xi)|^2)^{\frac{1}{2}}.$$

Der Quadratmittelabstand $\|\xi_1 - \xi_2\|$ ist ein Maß dafür, wie stark sich die Zufallsgrößen ξ_1 und ξ_2 voneinander unterscheiden. Aufgrund der Tschebyschewschen Ungleichung gilt für die Wahrscheinlichkeit, daß die Zufallsgrößen ξ_1 und ξ_2 um höchstens ε voneinander abweichen, die Ungleichung

$$\mathsf{P}\{|\xi_1 - \xi_2| \leqq \varepsilon\} \geqq 1 - \frac{1}{\varepsilon^2}\,\|\xi_1 - \xi_2\|^2.$$

Insbesondere ist also die Streuung $\mathsf{D}^2\xi = \|\xi - a\|^2$ einer Zufallsgröße ξ, wie bereits oben erwähnt wurde, ein Maß dafür, wie stark $\xi(\omega)$ für verschiedene zufällige Ausgänge ω von dem Mittelwert $a = \mathsf{M}\xi$ abweicht. Übrigens gilt für jede beliebige Konstante c_0 die Ungleichung

$$\begin{aligned}\mathsf{M}(\xi - c_0)^2 &= \mathsf{M}[(\xi - a) + (a - c_0)]^2 \\ &= \mathsf{M}(\xi - a)^2 + 2(a - c_0)\,\mathsf{M}(\xi - a) + (a - c_0)^2 \\ &= \mathsf{M}(\xi - a)^2 + (a - c_0)^2 \geqq \mathsf{M}(\xi - a)^2 = \mathsf{D}^2\xi.\end{aligned}$$

Aus diesem Grund ist der Erwartungswert $a = \mathsf{M}\xi$ diejenige Zahl, von der die Zufallsgröße ξ im quadratischen Mittel am wenigsten abweicht:

$$\min_{c_0} \|\xi - c_0\| = \|\xi - a\|. \tag{4.22}$$

Es seien nun ξ_1 und ξ_2 zwei Zufallsgrößen, die zu H gehören. Wir stellen uns die folgende Frage:

Wie sind Konstanten $\hat{c}_1$ und $\hat{c}_2$ zu wählen, damit die Linearkombination $\hat{c}_1 + \hat{c}_2\xi_2$ eine möglichst gute Näherung für die Zufallsgröße ξ_1 darstellt?

Unter möglichst guter Näherung wollen wir verstehen, daß der Quadratmittelabstand zwischen ξ_1 und $\hat{c}_1 + \hat{c}_2\xi_2$ minimal wird:

$$\mathsf{M}(\xi_1 - \hat{c}_1 - \hat{c}_2\xi_2)^2 = \min_{c_1, c_2} \mathsf{M}(\xi_1 - c_1 - c_2\xi_2)^2. \tag{4.23}$$

Wir definieren eine den Zufallsgrößen ξ_1 und ξ_2 zugeordnete Zahl r durch

$$r = \frac{\mathsf{M}(\xi_1 - a_1)(\xi_2 - a_2)}{\sigma_1\sigma_2}, \tag{4.24}$$

wobei $a_1 = \mathsf{M}\xi_1$, $\sigma_1^2 = \mathsf{D}^2\xi_1$ und $a_2 = \mathsf{M}\xi_2$, $\sigma_2^2 = \mathsf{D}^2\xi_2$ gesetzt wurde.

Führen wir die normierten Zufallsgrößen

$$\eta_1 = \frac{\xi_1 - a_1}{\sigma_1} \quad \text{und} \quad \eta_2 = \frac{\xi_2 - a_2}{\sigma_2}$$

ein, so erhalten wir für beliebige Konstanten c_1' und c_2' die Beziehung

$$\begin{aligned}\mathsf{M}(\eta_1 - c_1' - c_2'\eta_2)^2 &= \mathsf{M}[(\eta_1 - r\eta_2) - c_1' + (r - c_2')\,\eta_2]^2 \\ &= (1 - r^2) + c_1'^2 + (r - c_2')^2.\end{aligned}$$

Der Ausdruck $\mathsf{M}(\eta_1 - c_1' - c_2'\eta_2)^2$ wird demnach für $c_1' = 0$ und $c_2' = r$ minimal:

$$\min_{c_1', c_2'} \mathsf{M}(\eta_1 - c_1' - c_2'\eta_2)^2 = \|\eta_1 - r\eta_2\|^2 = 1 - r^2. \tag{4.25}$$

Aufgrund der Definition von η_1 und η_2 erhalten wir

$$\eta_1 - r\eta_2 = \frac{1}{\sigma_1}\left[\xi_1 - a_1 - r\frac{\sigma_1}{\sigma_2}(\xi_2 - a_2)\right].$$

Deshalb ergibt sich für die gesuchte Linearkombination $\hat{c}_1 + \hat{c}_2\xi_2$ in (4.23) die Beziehung

$$\hat{c}_1 + \hat{c}_2\xi_2 = a_1 + r\frac{\sigma_1}{\sigma_2}(\xi_2 - a_2). \tag{4.26}$$

Hierbei sind a_1 bzw. a_2 die Erwartungswerte der Zufallsgrößen ξ_1 bzw. ξ_2, σ_1^2 bzw. σ_2^2 ihre Streuungen, und die durch die Gleichung (4.24) definierte Konstante r ist der sogenannte *Korrelationskoeffizient* dieser zwei Zufallsgrößen. Der Korrelationskoeffizient r ist ein sehr einfaches Maß für die Abhängigkeit zwischen ξ_1 und ξ_2.

Aus Formel (4.25) folgt sofort, daß der Korrelationskoeffizient r stets den Ungleichungen $-1 \leqq r \leqq 1$ genügt. Für $r = -1$ bzw. $r = 1$ ist die Zufallsgröße ξ_1 eine lineare Funktion von ξ_2:

$$\xi_1 = \hat{c}_1 + \hat{c}_2\xi_2.$$

Die Beziehung (4.25) führt nämlich für $r = -1$ bzw. $r = 1$ zu der Gleichung

$$\mathsf{M}(\xi_1 - \hat{c}_1 - \hat{c}_2\xi_2)^2 = \sigma_1^2(1 - r^2) = 0.$$

Folglich gilt mit Wahrscheinlichkeit Eins die Beziehung

$$\xi_1 - \hat{c}_1 - \hat{c}_2\xi_2 = 0.$$

Sind die Zufallsgrößen ξ_1 und ξ_2 unabhängig, dann ist ihr Korrelationskoeffizient aufgrund der Beziehung

$$\mathsf{M}(\xi_1 - a_1)(\xi_2 - a_2) = \mathsf{M}(\xi_1 - a_1)\,\mathsf{M}(\xi_2 - a_2) = 0$$

gleich Null. Umgekehrt folgt aus der Bedingung $r = 0$ jedoch im allgemeinen nicht, daß die Zufallsgrößen ξ_1 und ξ_2 unabhängig sind.

Es sei beispielsweise ξ_1 eine symmetrisch verteilte Zufallsgröße mit der Dichte $p_1(x)$ (d. h., es gelte $p_1(-x) = p_1(x)$, $-\infty < x < \infty$), und es sei ξ_2 gleich $|\xi_1|$. Dann ist der Korrelationskoeffizient der Zufallsgrößen ξ_1 und ξ_2 gleich Null, obwohl ξ_2 eine Funktion von ξ_1 ist. Es gilt nämlich

$$a_1 = \mathsf{M}\xi_1 = \int_{-\infty}^{+\infty} x p_1(x)\,dx = 0$$

und

$$\mathsf{M}(\xi_1 - a_1)(\xi_2 - a_2) = \mathsf{M}(\xi_1\xi_2) = \int_{-\infty}^{+\infty} x\,|x|\,p_1(x)\,dx = 0.$$

Wir beschäftigen uns nun mit der Aufgabe, eine Zufallsgröße ξ_0 durch eine Linearkombination $\sum_{k=1}^{n} c_k\xi_k$ anderer Zufallsgrößen $\xi_1, \ldots, \xi_n$ möglichst gut zu approximieren. Die Aufgabe besteht darin, ausgehend von den bekannten Größen

$$a_k = \mathsf{M}\xi_k, \quad \sigma_k^2 = \mathsf{M}(\xi_k - a_k)^2,$$

$$r_{kj} = \frac{\mathsf{M}(\xi_k - a_k)(\xi_j - a_j)}{\sigma_k\sigma_j} \quad (k, j = 0, 1, \ldots, n)$$

Koeffizienten $\hat{c}_0, \hat{c}_1, \ldots, \hat{c}_n$ zu bestimmen, für die

$$\left\| \xi_0 - \left(\hat{c}_0 + \sum_{k=1}^{n} c_k\xi_k\right)\right\| = \min_{c_0, \ldots, c_n} \left\| \xi_0 - \left(c_0 + \sum_{k=1}^{n} c_k\xi_k\right)\right\| \tag{4.27}$$

gilt.

Sind die Koeffizienten $\hat{c}_1, \ldots, \hat{c}_n$ bekannt, so ist auch die Konstante $\hat{c}_0$ festgelegt. Aufgrund der Beziehung (4.22) gilt nämlich

$$\hat{c}_0 = \mathsf{M}\left(\xi_0 - \sum_{k=1}^{n} \hat{c}_k\xi_k\right) = a_0 - \sum_{k=1}^{n} \hat{c}_k a_k.$$

Ohne Beschränkung der Allgemeinheit kann man $a_k = 0$, $k = 0, 1, \ldots, n$, setzen und demzufolge auch $\hat{c}_0 = 0$ annehmen. Wir setzen deshalb im weiteren voraus, daß die Zufallsgrößen $\xi_0, \xi_1, \ldots, \xi_n$ alle den Erwartungswert Null haben. Die Größen R_{kj}, definiert durch

$$\begin{aligned} R_{kj} &= \mathsf{M}\xi_k\xi_j = \sigma_k r_{kj}\sigma_j \\ R_{kk} &= \sigma_k^2 \qquad (k, j = 0, 1, \ldots, n), \end{aligned} \tag{4.28}$$

faßt man zur sogenannten *Kovarianzmatrix* $\{R_{kj}\}$ zusammen. Diese Matrix ist positiv definit, d. h., für beliebige reelle Zahlen $c_0, c_1, \ldots, c_n$ gilt die Beziehung

$$\sum_{k,j=0}^{n} c_k c_j R_{kj} = \mathsf{M}\left(\sum_{k=0}^{n} c_k\xi_k\right)^2 \geqq 0. \tag{4.29}$$

Mit Hilfe der Kovarianzmatrix kann im linearen Raum H' aller Zufallsgrößen ξ der Form

$$\xi = \sum_{k=0}^{n} c_k\xi_k \tag{4.30}$$

ein Skalarprodukt eingeführt werden; es ist für beliebige $\xi' = \sum_{k=0}^{n} c_k'\xi_k$ und $\xi'' = \sum_{k=0}^{n} c_k''\xi_k$ folgendermaßen definiert:

$$(\xi', \xi'') = \mathsf{M}\xi'\xi'' = \sum_{k,j=0}^{n} c_k' c_j'' R_{kj}. \tag{4.31}$$

Der oben definierte Quadratmittelabstand ist gleich dem Abstand im euklidischen Raum H', der durch das Skalarprodukt (4.31) definiert wird:

$$\|\xi' - \xi''\| = \sqrt{(\xi' - \xi'', \xi' - \xi'')}.$$

Es ist bekannt, daß es in dem euklidischen Raum H' tatsächlich eine Zufallsgröße

$$\hat{\xi}_0 = \sum_{k=1}^{n} \hat{c}_k \xi_k$$

gibt, die der oben aufgestellten Bedingung (4.27) genügt:

$$\|\xi_0 - \hat{\xi}_0\| = \min_{c_1,\ldots,c_n} \left\| \xi_0 - \sum_{k=1}^{n} c_k \xi_k \right\|.$$

Geometrisch stellt $\hat{\xi}_0$ nichts anderes als die Projektion des Elementes $\xi_0 \in H$ auf den Teilraum H' aller Elemente der Form $\sum_{k=1}^{n} c_k \xi_k$ dar. Diese Zufallsgröße $\hat{\xi}_0$ kann aufgrund der Bedingung bestimmt werden, daß die Differenz $\xi_0 - \hat{\xi}_0$ zu allen Zufallsgrößen ξ_k, $k = 1, \ldots, n$, orthogonal sein muß. Man erhält daraus nämlich das folgende System linearer Gleichungen für die Koeffizienten $\hat{c}_k$, $k = 1, \ldots, n$:

$$\left(\xi_0 - \sum_{k=1}^{n} \hat{c}_k \xi_k, \xi_j\right) = 0, \qquad j = 1, \ldots, n,$$

oder, ausführlicher geschrieben,

$$\sum_{k=1}^{n} R_{kj} \hat{c}_k = R_{0j}, \qquad j = 1, \ldots, n. \tag{4.32}$$

(Natürlich ist es sinnvoll, von Anfang an vorauszusetzen, daß die Zufallsgrößen $\xi_1, \ldots, \xi_n$ linear unabhängig sind. Dann ist die Determinante des Gleichungssystems (4.32) verschieden von Null.)

4.5. Einige Konvergenzsätze

Man bezeichnet eine Folge ξ_n, $n = 1, 2, \ldots$, von Zufallsgrößen als *konvergent im quadratischen Mittel* gegen eine Zufallsgröße ξ, in Zeichen

$$\lim_{n\to\infty} \xi_n = \xi,$$

wenn $\|\xi_n - \xi\| = \sqrt{\mathsf{M}|\xi_n - \xi|^2} \to 0$ für $n \to \infty$ gilt. Die Zufallsgröße ξ heißt in diesem Fall *Grenzwert im quadratischen Mittel der Folge* ξ_n, $n = 1, 2, \ldots$

Aufgrund der Tschebyschewschen Ungleichung liegt für eine im quadratischen Mittel konvergente Folge ξ_n, $n = 1, 2, \ldots$, auch die sogenannte *Konvergenz in Wahrscheinlichkeit* vor, es gilt nämlich

$$\mathsf{P}\{|\xi_n - \xi| > \varepsilon\} \leqq \frac{1}{\varepsilon^2} \|\xi_n - \xi\|^2 \to 0 \qquad \text{für } n \to \infty.$$

Das bedeutet, daß für beliebig kleine Zahlen $\varepsilon > 0$ und $\delta > 0$ die Wahrscheinlichkeit jedes einzelnen Ereignisses $\{|\xi_n - \xi| > \varepsilon\}$ ab einem genügend großen n kleiner als δ ist. Wird bei der Betrachtung der Zufallsgröße ξ_n die Möglichkeit des Eintretens des (für große n) geringwahrscheinlichen Ereignisses $A_n = \{|\xi_n - \xi| > \varepsilon\}$ vernachlässigt, dann gilt mit einer Genauigkeit von ε die Beziehung $\xi_n \approx \xi$.

Wir erinnern daran, daß wir Zufallsgrößen $\xi_n = \xi_n(\omega)$, $n = 1, 2, \ldots$, betrachten, deren Werte bekanntlich vom Elementarausgang $\omega \in \Omega$ abhängen. Für jeden Elementarausgang ω erhalten wir also eine entsprechende Folge von Zahlen $\xi_n(\omega)$, $n = 1, 2, \ldots$. Diese nennt man auch *Stichprobenfolge.*

Es sei ε fest gewählt. Wie bereits erwähnt, ist für eine im quadratischen Mittel konvergente Folge ξ_n, $n = 1, 2, \ldots$, jedes einzelne Ereignis $A_n \subseteq \Omega$, bei dem $|\xi_n(\omega) - \xi(\omega)| > \varepsilon$ gilt, für große n von geringer Wahrscheinlichkeit ($\mathsf{P}(A_n) \to 0$ für $n \to \infty$). Es kann jedoch vorkommen, daß in der Folge A_n, $n = 1, 2, \ldots$, unendlich viele der Ereignisse A_n eintreten, d. h. daß in der Stichprobenfolge $\xi_n(\omega)$, $n = 1, 2, \ldots$, unendlich viele Elemente enthalten sind (wir wollen sie mit $\xi_{n_k}(\omega)$ bezeichnen), für die $|\xi_{n_k}(\omega) - \xi(\omega)| > \varepsilon$ gilt. Folglich konvergiert eine solche Folge $\xi_n(\omega)$, $n = 1, 2, \ldots$, durchaus nicht gegen den Wert $\xi(\omega)$ der Grenzfunktion ξ. Zur Illustration dieses Sachverhaltes geben wir ein einfaches Beispiel einer im quadratischen Mittel konvergenten Folge ξ_n, $n = 1, 2, \ldots$, von Zufallsgrößen an, bei der die Stichprobenfolge $\xi_n(\omega)$, $n = 1, 2, \ldots$, für keinen Elementarausgang ω konvergiert.

Beispiel: Als Raum der Elementarausgänge ω betrachten wir das Intervall $[0, 1]$ mit der gleichmäßigen Wahrscheinlichkeitsverteilung. Die Folge ξ_n, $n = 1, 2, \ldots$, bestehe aus den Zufallsgrößen $\xi_{mk} = \xi_{mk}(\omega)$ der Form

$$\xi_{mk}(\omega) = \begin{cases} 1 & \text{für } \dfrac{k-1}{m} < \omega \leqq \dfrac{k}{m}, \\ 0 & \text{für alle übrigen } \omega \end{cases}$$

mit $k = 1, 2, \ldots, m$ und $m = 1, 2, \ldots$. Weil $\mathsf{M}\xi_{mk}^2 \to 0$ für $m \to \infty$ gilt, konvergiert die Folge ξ_n, $n = 1, 2, \ldots$, im quadratischen Mittel gegen Null. Gleichzeitig gibt es aber für jeden Elementarausgang ω eine unendliche Anzahl von Zufallsgrößen $\xi_{mk}(\omega)$ mit Indizes m und k, so daß $\dfrac{k-1}{m} < \omega \leqq \dfrac{k}{m}$ und folglich $\xi_{mk} = 1$ gilt. Daraus ergibt sich, daß für keinen Elementarausgang ω die oben definierte Folge $\xi_n(\omega)$, $n = 1, 2, \ldots$, gegen Null konvergiert.

Man sagt, *eine Folge von Zufallsgrößen ξ_n, $n = 1, 2, \ldots$, konvergiere mit Wahrscheinlichkeit Eins gegen eine Zufallsgröße ξ*, wenn die Stichprobenfolge $\xi_n(\omega)$,

$n = 1, 2, \ldots$, gegen $\xi(\omega)$ konvergiert:

$$\lim_{n\to\infty} \xi_n(\omega) = \xi(\omega), \tag{4.33}$$

und zwar für jeden Elementarausgang ω, mit Ausnahme gewisser Ausgänge ω, die in ihrer Gesamtheit nur die Wahrscheinlichkeit Null besitzen. Mit anderen Worten, es konvergiert die Folge ξ_n mit Wahrscheinlichkeit Eins gegen ξ, wenn die Grenzbeziehung (4.33) ein Ereignis der Wahrscheinlichkeit Eins ist.

Die Konvergenz $\xi_n(\omega) \to \xi(\omega)$ bedeutet, daß für beliebige $\varepsilon > 0$ die Ungleichung $|\xi_n(\omega) - \xi(\omega)| \leqq \varepsilon$ für alle genügend großen n gilt, oder anders gesagt, $|\xi_n(\omega) - \xi(\omega)| > \varepsilon$ trifft nur für endlich viele Glieder der Folge $\xi_n(\omega)$, $n = 1, 2, \ldots$, zu. Wenn ξ_n mit Wahrscheinlichkeit Eins gegen ξ konvergiert, *dann treten demnach für jedes beliebige $\varepsilon > 0$ mit Wahrscheinlichkeit Eins nur endlich viele der Ereignisse $A_n^\varepsilon = \{|\xi_n(\omega) - \xi(\omega)| > \varepsilon\}$, $n = 1, 2, \ldots$, ein.*

Wir zeigen jetzt, daß diese Bedingung auch hinreichend dafür ist, daß mit Wahrscheinlichkeit Eins $\xi_n(\omega) \to \xi(\omega)$ für $n \to \infty$ gilt. Es sei $\varepsilon = \dfrac{1}{k}$. Mit B_k bezeichnen wir das Ereignis, daß in der Folge A_n^ε, $n = 1, 2, \ldots$, nur eine endliche Anzahl der Ereignisse $A_n^\varepsilon = \left\{|\xi_n(\omega) - \xi(\omega)| > \dfrac{1}{k}\right\}$, $n = 1, 2, \ldots$, eintritt. Die Ereignisfolge B_k, $k = 1, 2, \ldots$, ist monoton fallend: $B_1 \supseteq B_2 \supseteq \cdots$. Für das Ereignis $B = \bigcap_k B_k$ ergibt sich deshalb aus der Stetigkeitseigenschaft der Wahrscheinlichkeit die Beziehung $\mathsf{P}(B) = \lim_{k\to\infty} \mathsf{P}(B_k)$. Da für alle k nach Voraussetzung $\mathsf{P}(B_k) = 1$ gilt, ist also $\mathsf{P}(B) = 1$. Man überzeugt sich leicht von der Gültigkeit der Beziehung $\xi_n(\omega) \to \xi(\omega)$ bei $n \to \infty$ für jeden Elementarausgang $\omega \in B$.

Lemma (Borel-Cantelli): *Es sei A_n, $n = 1, 2, \ldots$, eine Folge irgendwelcher Ereignisse A_n mit den Wahrscheinlichkeiten $\mathsf{P}(A_n) = p_n$. Wenn*

$$\sum_{n=1}^{\infty} p_n < \infty \tag{4.34}$$

gilt, so tritt mit Wahrscheinlichkeit Eins höchstens eine endliche Anzahl dieser Ereignisse ein.

Beweis: Das Ereignis B bedeute, daß eine unendliche Anzahl der Ereignisse A_n, $n = 1, 2, \ldots$, und das Ereignis B_n, daß mindestens eines der Ereignisse A_k, $k \geqq n$ eintritt ($B_n = \bigcup_{k\geqq n} A_k$). Das Ereignis B tritt genau dann ein, wenn alle Ereignisse B_n, $n = 1, 2, \ldots$, realisiert werden $\left(B = \bigcap_n B_n\right)$. Wegen $B_1 \supseteq B_2 \supseteq \cdots$ haben wir $\mathsf{P}(B) = \lim_{n\to\infty} \mathsf{P}(B_n)$. Die Wahrscheinlichkeit der Vereinigung irgendwelcher Ereignisse ist nicht größer als die Summe der Wahrscheinlichkeiten der einzelnen Ereignisse. Folglich gilt

$$\mathsf{P}(B_n) \leqq \sum_{k=n}^{\infty} \mathsf{P}(A_k) = \sum_{k=n}^{\infty} p_n .$$

Nach Bedingung (4.34) ist $\sum_{k=n}^{\infty} p_k \to 0$ für $n \to \infty$. Daraus ergibt sich

$$\mathsf{P}(B) = \lim_{n\to\infty} \mathsf{P}(B_n) = 0 .$$

Das zu B komplementäre Ereignis $\overline{B}$ hat somit die Wahrscheinlichkeit $\mathsf{P}(\overline{B}) = 1$. Dieses Ereignis $\overline{B}$ tritt aber genau dann ein, wenn höchstens endlich viele der Ereignisse $A_1, A_2, \ldots$ stattfinden.

Satz 1. *Konvergiert eine Folge ξ_n, $n = 1, 2, \ldots$, von Zufallsgrößen „genügend schnell" im quadratischen Mittel gegen eine Zufallsgröße ξ, genauer, gilt*

$$\sum_{n=1}^{\infty} \|\xi_n - \xi\|^2 < \infty ,$$

so konvergiert die Folge ξ_n, $n = 1, 2, \ldots$, auch mit Wahrscheinlichkeit Eins gegen ξ.

Beweis: Es sei ε eine beliebige positive Zahl. Aus der Tschebyschewschen Ungleichung erhalten wir für das Ereignis $A_n = \{|\xi_n(\omega) - \xi(\omega)| > \varepsilon\}$ die Beziehung $\mathsf{P}(A_n) \leqq \frac{\|\xi_n - \xi\|^2}{\varepsilon^2}$. Deshalb gilt

$$\sum_{n=1}^{\infty} \mathsf{P}(A_n) \leqq \frac{1}{\varepsilon^2} \sum_{n=1}^{\infty} \|\xi_n - \xi\|^2 < \infty .$$

Nach dem Lemma von Borel-Cantelli treten mit Wahrscheinlichkeit Eins höchstens endlich viele der Ereignisse A_n, $n = 1, 2, \ldots$, ein. Wie oben gezeigt wurde, bedeutet das gerade, daß $\lim_{n\to\infty} \xi_n(\omega) = \xi(\omega)$ mit Wahrscheinlichkeit Eins gilt.

Der Quadratmittelabstand $\|\xi_1 - \xi_2\| = \sqrt{\mathsf{M}\,|\xi_1 - \xi_2|^2}$, der als Abstand zwischen zwei Punkten des Raumes H eingeführt wurde (vgl. den vorangegangenen Punkt 4.4.), genügt der *Dreiecksungleichung*, die besagt, daß für je drei beliebige Punkte $\xi, \eta, \zeta \in H$ der Abstand zwischen ξ und η nicht größer als die Summe der Abstände zwischen ξ und ζ einerseits und η und ζ andererseits ist, mit anderen Worten, es gilt

$$\|\xi - \eta\| \leqq \|\xi - \zeta\| + \|\eta - \zeta\| . \tag{4.35}$$

Diese Beziehung folgt unmittelbar aus der Ungleichung (4.14), wenn man diese auf die Differenzen $\xi_1 = \xi - \zeta$ und $\xi_2 = \eta - \zeta$ anwendet.

Es gilt folgende Aussage.

Satz 2. *Eine Folge von Zufallsgrößen ξ_n, $n = 1, 2, \ldots$, aus H konvergiert genau dann im quadratischen Mittel gegen eine Zufallsgröße $\xi \in H$, wenn*

$$\lim_{n,m\to\infty} \|\xi_n - \xi_m\| = 0 \tag{4.36}$$

gilt.

Zum Beweis: Die Notwendigkeit der Bedingung (4.36) ergibt sich aus der Dreiecksungleichung. Wenn die Folge ξ_n, $n = 1, 2, \ldots$, nämlich im quadratischen Mittel gegen die Zufallsgröße ξ konvergiert, dann gilt auch

$$\|\xi_n - \xi_m\| \leqq \|\xi_n - \xi\| + \|\xi_m - \xi\| \to 0 \quad \text{für } n, m \to \infty .$$

Der Beweis dafür, daß bei Gültigkeit der Bedingung (4.36) eine Zufallsgröße $\xi \in H$ mit $\xi = \lim\limits_{n\to\infty} \xi_n$ existiert, erfordert die Anwendung einer speziellen mathematischen Theorie, der Maßtheorie. Dieser Beweis wird hier nicht angegeben[1]).

Es sei ξ_n, $n = 1, 2, \ldots$, eine Folge von Zufallsgrößen, die im quadratischen Mittel gegen eine Zufallsgröße ξ konvergiert. Alle $\xi_n \in H$ besitzen einen endlichen Erwartungswert $\mathsf{M}\xi_n$, wie man sofort der Ungleichung (4.13), $\mathsf{M}\,|\xi_n| \leqq \sqrt{\mathsf{M}\xi_n^2} < \infty$, entnimmt. Wir zeigen nun, daß im vorliegenden Fall die Grenzbeziehung

$$\lim_{n\to\infty} \mathsf{M}\xi_n = \mathsf{M}\xi \tag{4.37}$$

gilt. Der Beweis beruht ebenfalls auf der Ungleichung (4.13); aus ihr ergibt sich, wie bereits erwähnt, daß $\xi \in H$ einen endlichen Erwartungswert $\mathsf{M}\xi$ besitzt und daß

$$|\mathsf{M}\xi_n - \mathsf{M}\xi| \leqq \mathsf{M}\,|\xi_n - \xi| \leqq \sqrt{\mathsf{M}\,|\xi_n - \xi|^2} \to 0 \text{ für } n \to \infty$$

gilt.

Es sei nun η_n, $n = 1, 2, \ldots$, eine weitere im quadratischen Mittel (gegen eine Zufallsgröße η) konvergente Folge von Zufallsgrößen.

Satz 3. *Es gilt die Grenzbeziehung*

$$\lim_{n\to\infty} \mathsf{M}\xi_n\eta_n = \mathsf{M}\xi\eta . \tag{4.38}$$

Beweis: Für beliebige Zufallsgrößen ξ, $\eta \in H$ existiert der Erwartungswert $\mathsf{M}\xi\eta$ und ist endlich, weil nach der Cauchy-Bunjakowski-Ungleichung

$$\mathsf{M}\,|\xi\eta| \leqq \sqrt{\mathsf{M}\,|\xi|^2}\,\sqrt{\mathsf{M}\,|\eta|^2}$$

---

[1]) Siehe beispielsweise Seite 108 des bereits zitierten Buches von I. I. Gichman und A. W. Skorochod. Wir bemerken, daß der Satz 2 in dem vorliegenden Buch nur bei der Definition der sogenannten stochastischen Integrale (siehe S. 208, 228, 236) verwendet wird.

erfüllt ist. Außerdem sind die Quadratmittelwerte $\|\xi_n\| = \sqrt{\mathsf{M}\xi_n^2}$ und $\|\eta_n\| = \sqrt{\mathsf{M}\eta_n^2}$ durch eine gewisse Konstante C beschränkt:

$$\|\xi_n\| \leqq \|\xi\| + \|\xi_n - \xi\| \leqq C,$$

$$\|\eta_n\| \leqq \|\eta\| + \|\eta_n - \eta\| \leqq C,$$

weil $\|\xi_n - \xi\| \to 0$ und $\|\eta_n - \eta\| \to 0$ für $n \to \infty$ gilt. Unter erneuter Anwendung der CAUCHY-BUNJAKOWSKI-Ungleichung erhalten wir

$$\begin{aligned} |\mathsf{M}\xi_n\eta_n - \mathsf{M}\xi\eta| &\leqq |\mathsf{M}\xi_n\eta_n - \mathsf{M}\xi_n\eta| + |\mathsf{M}\xi_n\eta - \mathsf{M}\xi\eta| \\ &\leqq \mathsf{M}(|\xi_n|\,|\eta_n - \eta|) + \mathsf{M}(|\eta|\,|\xi_n - \xi|) \\ &\leqq \|\xi_n\|\,\|\eta_n - \eta\| + \|\eta\|\,\|\xi_n - \xi\| \\ &\leqq C(\|\xi_n - \xi\| + \|\eta_n - \eta\|) \to 0 \end{aligned}$$

für $n \to \infty$, was zu beweisen war.

Ohne Beweis geben wir noch zwei Sätze über die Konvergenz von Erwartungswerten an[1]).

Es sei $\xi_1 \leqq \xi_2 \leqq \cdots$ eine monoton wachsende Folge nichtnegativer Zufallsgrößen. Für jeden Elementarausgang ω hat die zugehörige monoton wachsende Zahlenfolge $\xi_n(\omega)$, $n = 1, 2, \ldots$, einen endlichen oder unendlichen Grenzwert $\xi(\omega) \geqq 0$. Jede der Zufallsgrößen ξ_n möge überdies einen endlichen Erwartungswert $\mathsf{M}\xi_n$, $n = 1, 2, \ldots$, besitzen. Für die monoton wachsende Folge $\mathsf{M}\xi_n$, $n = 1, 2, \ldots$, existiert dann ebenfalls ein endlicher oder unendlicher Grenzwert $\lim\limits_{n\to\infty} \mathsf{M}\xi_n$.

Satz 4. *Wenn die Folge der Erwartungswerte $\mathsf{M}\xi_n$, $n = 1, 2, \ldots$, beschränkt ist, dann ist die Zufallsgröße $\xi = \lim\limits_{n\to\infty} \xi_n$ mit Wahrscheinlichkeit Eins endlich, und es gilt*

$$\lim_{n\to\infty} \mathsf{M}\xi_n = \mathsf{M}\xi.$$

Als Folgerung aus diesem Satz erhalten wir die Aussage:

Es sei ξ_k, $k = 1, 2, \ldots$, eine Folge von nichtnegativen Zufallsgrößen mit der Eigenschaft, daß die Reihe ihrer Erwartungswerte $\sum\limits_{k=1}^{\infty} \mathsf{M}\xi_k$ konvergiert. Dann gilt mit Wahrscheinlichkeit Eins.

$$\sum_{k=1}^{\infty} \xi_k < \infty,$$

und es ist

$$\mathsf{M}\left(\sum_{k=1}^{\infty} \xi_k\right) = \sum_{k=1}^{\infty} \mathsf{M}\xi_k. \tag{4.39}$$

---

[1]) Siehe auf Seite 102 des bereits mehrfach zitierten Buches von I. I. GICHMAN und A. W. SKOROCHOD. Der folgende Satz 4 (insbesondere die Folgerung (4.39)) wird bei Beweisen in den Abschnitten 5.2. und 8.1. und der Satz 5 in den Abschnitten 2.3. und 3.1. im dritten Kapitel angewendet.

Die Partialsummen $\sum_{k=1}^{n} \xi_k$, $n = 1, 2, \ldots$, bilden nämlich eine monoton wachsende Folge, deren Erwartungswerte

$$\mathsf{M}\left(\sum_{k=1}^{n} \xi_k\right) = \sum_{k=1}^{n} \mathsf{M}\xi_k,$$

$n = 1, 2, \ldots$, beschränkt sind:

$$\mathsf{M}\left(\sum_{k=1}^{n} \xi_k\right) \leqq \sum_{k=1}^{\infty} \mathsf{M}\xi_k < \infty.$$

Nach Satz 4 existiert dann mit Wahrscheinlichkeit Eins der endliche Grenzwert

$$\lim_{n\to\infty} \sum_{k=1}^{n} \xi_k = \sum_{k=1}^{\infty} \xi_k,$$

und es gilt

$$\mathsf{M}\left[\lim_{n\to\infty} \sum_{k=1}^{n} \xi_k\right] = \lim_{n\to\infty} \mathsf{M}\left[\sum_{k=1}^{n} \xi_k\right] = \lim_{n\to\infty} \sum_{k=1}^{n} \mathsf{M}\xi_k.$$

Satz 5. *Es sei ξ_n, $n = 1, 2, \ldots$, eine Folge von Zufallsgrößen, die mit Wahrscheinlichkeit Eins gegen eine gewisse Zufallsgröße ξ konvergiert. Weiterhin sei η eine Zufallsgröße mit endlichem Erwartungswert ($\mathsf{M}\,|\eta| < \infty$), und es gelte $|\xi_n| \leqq \eta$ für $n = 1, 2, \ldots$. Dann besitzen auch die Zufallsgrößen ξ_n und ξ endliche Erwartungswerte, und es gilt die Beziehung*

$$\lim_{n\to\infty} \mathsf{M}\xi_n = \mathsf{M}\xi.$$

5. Unbegrenzte Versuchsreihen mit unabhängigen Versuchen und Gesetze der großen Zahlen

5.1. Gesetze der großen Zahlen

Es sei

$$\xi_1, \xi_2, \ldots \tag{5.1}$$

eine Folge unabhängiger, identisch verteilter Zufallsgrößen (d. h. unabhängiger Zufallsgrößen mit ein und derselben Wahrscheinlichkeitsverteilung). Zur Veranschaulichung stelle man sich vor, daß eine Reihe unabhängiger und gleichartiger Versuche $\Omega_1, \Omega_2, \ldots$ durchgeführt und in jedem Versuch Ω_k die entsprechende Zufallsgröße ξ_k, $k = 1, 2, \ldots$, beobachtet wird. Wir setzen voraus, daß die Erwartungswerte $a = \mathsf{M}\xi_k$ und die Streuungen $\sigma^2 = \mathsf{D}^2\xi_k$, $k = 1, 2, \ldots$, existieren und betrachten den „empirischen" Mittelwert

$$\frac{1}{n} \sum_{k=1}^{n} \xi_k = \frac{S_n}{n},$$

den man in Anschluß an die Durchführung der Versuche $\Omega_1, \Omega_2, \ldots$ zahlenmäßig angeben kann. Für die Summe $S_n = \sum_{k=1}^{n} \xi_k$ ergeben sich die Beziehungen

$$\mathsf{M}\,\frac{S_n}{n} = \frac{1}{n} \sum_{k=1}^{n} \mathsf{M}\xi_k = a$$

und

$$\mathsf{D}^2\,\frac{S_n}{n} = \mathsf{M}\left(\frac{S_n}{n} - a\right)^2 = \frac{1}{n^2} \sum_{k=1}^{n} \mathsf{D}^2\xi_k = \frac{\sigma^2}{n}.$$

Folglich gilt

$$\left\| \frac{1}{n} \sum_{k=1}^{n} \xi_k - a \right\| = \frac{\sigma}{\sqrt{n}} \to 0 \quad \text{für } n \to \infty. \tag{5.3}$$

Das bedeutet, daß der empirische Mittelwert $\frac{1}{n} \sum_{k=1}^{n} \xi_k$ im quadratischen Mittel gegen den Erwartungswert a konvergiert:

$$\lim_{n\to\infty} \frac{1}{n} \sum_{k=1}^{n} \xi_k = a.$$

Somit ist für jede Zahl $\varepsilon > 0$ die Wahrscheinlichkeit dafür, daß sich der empirische Mittelwert $\frac{1}{n} \sum_{k=1}^{n} \xi_k$ um höchstens ε von dem Erwartungswert a unterscheidet, fast gleich Eins, sofern n genügend groß ist. Das heißt, es gilt für jede noch so kleine Zahl $\delta > 0$ die Beziehung

$$\mathsf{P}\left\{\left|\frac{1}{n} \sum_{k=1}^{n} \xi_k - a\right| \leqq \varepsilon\right\} \geqq 1 - \delta,$$

wenn nur n hinreichend groß ist. Dabei gilt aufgrund der TSCHEBYSCHEWschen Ungleichung folgende Abschätzung:

$$\mathsf{P}\left\{\left|\frac{1}{n} \sum_{k=1}^{n} \xi_k - a\right| \leqq \varepsilon\right\} \geqq 1 - \frac{\sigma^2}{n\varepsilon^2}. \tag{5.4}$$

In der Praxis wird die Möglichkeit, daß ein sehr geringwahrscheinliches Ereignis eintritt, stets vernachlässigt. Aus dieser Sicht ist also das Eintreten des Ereignisses $\left\{\left|\frac{1}{n} \sum_{k=1}^{n} \xi_k - a\right| > \varepsilon\right\}$ (dessen Wahrscheinlichkeit höchstens gleich dem kleinen Wert δ ist), unmöglich. Dann ergibt sich aber für jedes genügend große und fest gewählte n (genauer, für jedes n mit $n \geqq \frac{\sigma^2}{\delta\varepsilon^2}$) die Beziehung

$$a - \varepsilon \leqq \frac{1}{n} \sum_{k=1}^{n} \xi_k \leqq a + \varepsilon.$$

Das bedeutet, daß der empirische Mittelwert $\frac{1}{n}\sum_{k=1}^{n}\xi_k$ mit einer Genauigkeit von ε gleich dem Erwartungswert a ist:

$$\frac{1}{n}\sum_{k=1}^{n}\xi_k \approx a. \tag{5.5}$$

Dieser bemerkenswerte, in den Beziehungen (5.3) und (5.4) begründete Sachverhalt trägt die Bezeichnung Gesetz der großen Zahlen.

Bei der Herleitung des angegebenen Gesetzes der großen Zahlen haben wir die Unabhängigkeit der Zufallsgrößen ξ_n, $n = 1, 2, \ldots$, eigentlich nicht voll ausgenutzt; der Beweis ist auch gültig, wenn ξ_n, $n = 1, 2, \ldots$, nur unkorrelierte Zufallsgrößen mit $\mathsf{M}\xi_k = a$ und $\mathsf{D}^2\xi_k = \sigma^2$ sind. Für solche Zufallsgrößen ist darüber hinaus folgende Aussage richtig.

Satz (starkes Gesetz der großen Zahlen). *Es gilt mit Wahrscheinlichkeit Eins*

$$\frac{1}{n}\sum_{k=1}^{n}\xi_k \to a \quad \text{für } n \to \infty. \tag{6.6}$$

Beweis[1]). Ohne Beschränkung der Allgemeinheit kann man $a = 0$ setzen. Nach der Ungleichung von Tschebyschew gilt für beliebiges $\varepsilon > 0$ die Beziehung

$$\mathsf{P}\left\{\left|\frac{S_{m^2}}{m^2}\right| > \varepsilon\right\} \leqq \frac{m^2\sigma^2}{m^4\varepsilon^2} = \frac{\sigma^2}{\varepsilon^2}\frac{1}{m^2}$$

und damit die Abschätzung

$$\sum_{m=1}^{\infty}\mathsf{P}\left\{\left|\frac{S_{m^2}}{m^2}\right| > \varepsilon\right\} \leqq \frac{\sigma^2}{\varepsilon^2}\sum_{m=1}^{\infty}\frac{1}{m^2} < \infty.$$

Aufgrund des Lemmas von Borel-Cantelli können mit Wahrscheinlichkeit Eins nur endlich viele der Ereignisse

$$A_m = \left\{\left|\frac{S_{m^2}}{m^2}\right| > \varepsilon\right\} \qquad (m = 1, 2, \ldots)$$

eintreten. Somit gilt für $m \to \infty$ mit Wahrscheinlichkeit Eins die Grenzbeziehung $\frac{S_{m^2}}{m^2} \to 0$. Mit der Bezeichnung

$$\eta_m = \max_{m^2+1 \leqq k \leqq (m+1)^2} |\xi_{m^2} + \cdots + \xi_k|$$

[1]) Der hier angegebene Beweis stammt von J. W. Prochorow.

ist leicht zu sehen, daß

$$\mathsf{P}\left\{\left|\frac{\eta_m}{m^2}\right| > \varepsilon\right\} \leqq \sum_{k=m^2+1}^{(m+1)^2} \mathsf{P}\left\{\left|\frac{\xi_{m^2} + \cdots + \xi_k}{m^2}\right| > \varepsilon\right\} \leqq \sum_{k=m^2+1}^{(m+1)^2} \frac{(k-m^2)\,\sigma^2}{m^4\varepsilon^2}$$

$$\leqq 2m\,\frac{2m\sigma^2}{m^4\varepsilon^2} = \frac{4\sigma^2}{\varepsilon^2}\,\frac{1}{m^2}$$

und

$$\sum_{m=1}^{\infty} \mathsf{P}\left\{\left|\frac{\eta_m}{m^2}\right| > \varepsilon\right\} \leqq \frac{4\sigma^2}{\varepsilon^2} \sum_{m=1}^{\infty} \frac{1}{m^2} < \infty$$

gilt. Folglich können mit Wahrscheinlichkeit Eins nur endlich viele der Ereignisse $B_m = \left\{\left|\frac{\eta_m}{m^2}\right| > \varepsilon\right\}$, $m = 1, 2, \ldots$, eintreten. Für jedes n gibt es ein m mit $m^2 \leqq n \leqq (m+1)^2$. Offenbar gilt

$$\left|\frac{S_n}{n}\right| \leqq \left|\frac{S_{m^2}}{m^2}\right| + \frac{\eta_m}{m^2},$$

und aufgrund der bereits bewiesenen Aussagen konvergiert die rechte Seite dieser Ungleichung für $m \to \infty$ mit Wahrscheinlichkeit Eins gegen Null. Daraus ergibt sich, daß $\frac{S_n}{n} \to 0$ für $n \to \infty$ mit Wahrscheinlichkeit Eins richtig ist. Somit ist der Satz bewiesen.

Als Spezialfall dieses Satzes ergibt sich folgende wichtige Aussage, die man häufig ebenfalls als das starke Gesetz der großen Zahlen bezeichnet[1]): Für jede Folge unabhängiger, identisch verteilter Zufallsgrößen $\xi_1, \xi_2, \ldots$, die einen endlichen Erwartungswert a besitzen, gilt mit Wahrscheinlichkeit Eins

$$\lim_{n\to\infty} \frac{1}{n} \sum_{k=1}^{n} \xi_k = a. \tag{5.7}$$

5.2. Wahrscheinlichkeit und Häufigkeit

Wir betrachten ein mit irgendeinem zufälligen Versuch verbundenes Ereignis A und setzen voraus, daß dieser Versuch mehrmals durchgeführt werden kann und daß die nunmehr entstehenden einzelnen Versuche $\Omega_1, \Omega_2, \ldots$ unabhängig sind.

---

[1]) Vergleiche beispielsweise mit W. Feller: An introduction to probability theory and its applications, Vol. I, New York—London—Sydney 1966, wo nicht vorausgesetzt wird, daß die Zufallsgrößen $\xi_1, \xi_2, \ldots$ eine endliche Streuung σ^2 besitzen.

Mit ξ_k, $k = 1, 2, \ldots$, bezeichnen wir die zum Versuch Ω_k gehörende Zufallsgröße, die folgendermaßen definiert wird:

$$\xi_k = \begin{cases} 1, & \text{falls im } k\text{-ten Versuch das Ereignis } A \text{ eintritt,} \\ 0, & \text{falls im } k\text{-ten Versuch das Ereignis } A \text{ nicht eintritt.} \end{cases}$$

Ist $p = \mathsf{P}(A)$ die Wahrscheinlichkeit für das Eintreten von A in jedem einzelnen Versuch, dann gilt

$$\mathsf{M}\xi_k = p \qquad \text{und} \qquad \mathsf{D}^2\xi_k = p(1-p).$$

Der empirische Mittelwert

$$\frac{1}{n}\sum_{k=1}^{n} \xi_n = \frac{n(A)}{n}$$

stellt die relative Häufigkeit des Eintretens von A bei den ersten n betrachteten Versuchen dar. Sie wird als Verhältnis der Anzahl $n(A)$ der Versuche, in denen A eingetreten ist, zur Gesamtanzahl n aller betrachteten Versuche definiert. Nach dem Gesetz der großen Zahlen gilt

$$\frac{n(A)}{n} \to \mathsf{P}(A) \qquad \text{für } n \to \infty, \tag{5.8}$$

so daß in einer langen Reihe unabhängiger Versuche die relative Häufigkeit $\frac{n(A)}{n}$ des Eintretens des Ereignisses A praktisch mit der Wahrscheinlichkeit dieses Ereignisses zusammenfällt:

$$\frac{n(A)}{n} \approx \mathsf{P}(A). \tag{5.9}$$

Diese Gesetzmäßigkeit, die durch zahlreiche, in der Praxis gewonnene Erfahrungen bestätigt wird, gibt uns die Möglichkeit, in Anwendungen die Wahrscheinlichkeit $\mathsf{P}(A)$ irgendeines Ereignisses A experimentell durch $\mathsf{P}(A) \approx \frac{n(A)}{n}$ zu schätzen (vgl. das Beispiel auf Seite 17f).

In der unten angegebenen Tabelle 1 (sie wurde aus dem bereits zitierten Buch von W. Feller entnommen) sind die Ergebnisse von 100 Versuchsreihen zu je 100 Versuchen aufgeführt, in denen eine symmetrische Münze je einmal geworfen wurde. Aus dieser Tabelle erkennt man, daß in jeder Versuchsserie die relative Häufigkeit $\frac{n(A)}{n}$ für das Auftreten von „Wappen" (Ereignis A) mit großer Genauigkeit mit der Wahrscheinlichkeit $\mathsf{P}(A) = \frac{1}{2}$ übereinstimmt.

Tabelle 1

Anzahl der Versuche	Absolute Häufigkeiten von „Zahl“ bei jeweils 100 Versuchen										Absolute Häufigkeiten von „Zahl“ bei jeweils 1000 Versuchen
0– 1000	54	46	53	55	46	54	41	48	51	53	501
– 2000	48	46	40	53	49	49	48	54	53	45	485
– 3000	43	52	58	51	51	50	52	50	53	49	509
– 4000	58	40	54	55	50	48	47	57	52	55	536
– 5000	48	51	51	49	44	52	50	46	53	41	485
– 6000	49	50	45	52	52	48	47	47	47	51	488
– 7000	45	47	41	51	49	59	50	55	53	50	500
– 8000	53	52	46	52	44	51	48	51	46	54	497
– 9000	45	47	46	52	47	48	59	57	45	48	494
–10000	47	41	51	48	59	51	52	55	39	41	484

KAPITEL II

EINIGE WAHRSCHEINLICHKEITSVERTEILUNGEN

1. Zufällige Auswahl und zufällige Aufteilung

1.1. Kombinatorische Formeln

Für die Berechnung von Wahrscheinlichkeiten sind oftmals kombinatorische Formeln von Nutzen. Wir geben deshalb im folgenden die wichtigsten von ihnen an.

Kombinationen von Elementen aus mehreren Mengen

Es seien r beliebige Mengen gegeben. Die erste Menge enthalte n_1 Elemente $a_1, a_2, \ldots, a_{n_1}$, die zweite n_2 Elemente $b_1, b_2, \ldots, b_{n_2}$ usw. Die r-te Menge bestehe schließlich aus n_r Elementen $c_1, c_2, \ldots, c_{n_r}$. Wie viele verschiedene Kombinationen $(a, b, \ldots, c)$ zu je r Elementen kann man bilden, wenn in jeder Kombination aus jeder Menge genau ein Element enthalten sein soll?

Zwei Kombinationen $(a, b, \ldots, c)$ und $(\bar{a}, \bar{b}, \ldots, \bar{c})$ werden dabei als verschieden angesehen, wenn mindestens eines der Paare a und $\bar{a}$, b und $\bar{b}, \ldots, c$ und $\bar{c}$ aus unterschiedlichen Elementen besteht. Die gesuchte Anzahl aller derartigen Kombinationen ist

$$N = n_1 \, n_2 \cdots n_r \tag{1.1}$$

(für $r = 2$ ist die Formel (1.1) leicht einzusehen, für beliebiges r kann ihre Gültigkeit mit Hilfe der Methode der vollständigen Induktion nachgewiesen werden).

Die Auswahl von Elementen mit Zurücklegen

Aus einer Menge von n verschiedenen Elementen $a_1, a_2, \ldots, a_n$ werden nacheinander r Elemente ausgewählt. Dabei wird jedes entnommene Element aufgeschrieben und anschließend wieder zurückgelegt. Als Ergebnis einer solchen Auswahl erhält man eine Kombination der Form

$$(a_{i_1}, a_{i_2}, \ldots, a_{i_r}).$$

Zwei derartige Kombinationen $(a_{i_1}, a_{i_2}, \ldots, a_{i_r})$ und $(a_{j_1}, a_{j_2}, \ldots, a_{j_r})$ werden hier als verschieden angesehen, wenn in irgendeinem Schritt nicht die gleichen Elemente ausgewählt wurden, d. h. wenn $a_{i_k} \neq a_{j_k}$ für mindestens eine Zahl k gilt. Man kann jede Kombination $(a_{i_1}, a_{i_2}, \ldots, a_{i_r})$ als Kombination von r Elementen ansehen, für die das k-te Element aus einer Menge A_k stammt und wobei alle r

Mengen A_k untereinander gleich, und zwar gleich der ursprünglich betrachteten Menge $\{a_1, a_2, \ldots, a_n\}$ sind. Aus Formel (1.1) ergibt sich dann die Anzahl aller möglichen Kombinationen der angegebenen Form zu

$$N = n^r. \tag{1.2}$$

Die Anzahl der möglichen Aufteilungen von r Elementen auf n Zellen, die Auswahl von Elementen ohne Zurücklegen

Es seien r verschiedene Elemente gegeben, die auf n ($n \geqq r$) Zellen aufzuteilen sind. Wir fordern zusätzlich, daß dabei auf jede Zelle höchstens ein Element entfallen darf. Numeriert man sowohl die Elemente als auch die Zellen, so kann man jede Aufteilung durch eine Kombination der Form $(i_1, i_2, \ldots, i_r)$ beschreiben. Hierbei bezeichnet i_k die Nummer der Zelle, in die das k-te Element ($k = 1, 2, \ldots, r$) gelegt wird. Man kann annehmen, daß die r Elemente nacheinander auf die n Zellen aufgeteilt werden. Das erste Element in der Kombination $(i_1, i_2, \ldots, i_r)$ kann dann in jede der n möglichen Zellen fallen. Für die Zellennummer i_2 des zweiten Elementes verbleiben noch $n - 1$ Möglichkeiten usw. Das r-te Element kann man schließlich in einer der $n - r + 1$ noch nicht besetzten Zellen plazieren. Aufgrund der Formel (1.1) existieren

$$N = n(n-1)\cdots(n-r+1) \tag{1.3}$$

verschiedene Aufteilungen von r unterschiedlichen Elementen auf n Zellen.

Es seien n verschiedene Elemente $a_1, a_2, \ldots, a_n$ gegeben, von denen r Elemente ausgewählt werden sollen. Wieviele solche Auswahlmöglichkeiten gibt es?
Man kann r Elemente auswählen, indem man sie alle gleichzeitig entnimmt und dann in gewisser Reihenfolge anordnet. Man kann sie aber auch nacheinander herausgreifen, ohne daß ein einmal entnommenes Element wieder zurückgelegt wird. Als Ergebnis erhält man dann eine Kombination der Form $(a_{i_1}, a_{i_2}, \ldots, a_{i_r})$, wobei a_{i_1} das erste, a_{i_2} das zweite, ..., a_{i_r} das letzte der herausgegriffenen Elemente ist. Für die Wahl von a_{i_1} stehen n Elemente zur Verfügung, a_{i_2} ist aus den verbleibenden $n - 1$ Elementen herauszugreifen usw. Für a_{i_r} bleiben noch $n - r + 1$ Elemente übrig. Insgesamt existieren also

$$N = n(n-1)\cdots(n-r+1)$$

verschiedene Möglichkeiten, aus einer Menge von n Elementen r Elemente ohne Zurücklegen herauszugreifen.

Wir erwähnen noch, daß die Anzahl der oben betrachteten Aufteilungen von n Elementen auf n Zellen gerade mit der *Anzahl der Permutationen von n Elementen* (d. h. mit der Anzahl der möglichen Anordnung von n Elementen) übereinstimmt:

$$N = n(n-1)\cdots 1 = n!. \tag{1.4}$$

Die Anzahl der möglichen Aufteilungen von r nicht unterscheidbaren Elementen auf n Zellen

Es seien r nicht unterscheidbare Elemente gegeben, die auf n ($n \geqq r$) Zellen aufzuteilen sind. Dabei ist jede Zelle höchstens mit einem Element zu belegen. Weil die betrachteten Elemente nicht unterscheidbar sind, ist jede solche Aufteilung durch die Angabe derjenigen Zellen charakterisiert, die mit einem Element belegt werden, und entspricht somit einer bestimmten r-elementigen Teilmenge der Menge aller Zellen. Damit ist die Anzahl der möglichen Aufteilungen von r Elementen auf n Zellen gleich der Anzahl aller r-elementigen Teilmengen einer n-elementigen Menge, und somit gleich

$$N = \binom{n}{k} = \frac{n!}{r!\,(n-r)!}. \tag{1.5}$$

Einen allgemeineren Fall erhält man, wenn die Forderung fallengelassen wird, daß sich in jedem Fach höchstens ein Element befinden darf. Wir wollen dieses Problem genauer formulieren. Es seien $n, k, n_1, n_2, \ldots, n_k$ natürliche Zahlen mit $n_1 + n_2 + \cdots + n_k = n$. Wie viele Möglichkeiten gibt es, n ununterscheidbare Elemente auf k Zellen so aufzuteilen, daß die i-te Zelle genau n_i Elemente enthält?

Weil die Elemente nicht unterscheidbar sind, spielt die Anordnung innerhalb einer Zelle keine Rolle. Die Anzahl N der möglichen Aufteilungen ist darum gleich

$$N = \frac{n!}{n_1!\, n_2! \ldots n_k!}. \tag{1.6}$$

Wir leiten zunächst die Formel (1.5) her. Dazu nehmen wir vorübergehend an, daß die betrachteten Elemente unterscheidbar sind. Dann ist die Anzahl aller möglichen Aufteilungen dieser n Elemente auf r Zellen gleich $n(n-1) \cdots (n-r+1)$ (vgl. Formel (1.3)). Dabei werden auch alle Aufteilungen als verschieden gezählt, bei denen die r Elemente die gleichen Zellen besetzen, aber in unterschiedlicher Anordnung. Die Anzahl aller solcher Aufteilungen auf r festgewählte Zellen ist aber gleich der Anzahl aller Permutationen von r Elementen, und somit gleich $r!$ Sieht man nun die r Elemente wieder als nicht verschieden voneinander an, so stimmen die eben beschriebenen Aufteilungen miteinander überein. Folglich ist die Anzahl aller möglichen Aufteilungen von n nicht unterscheidbaren Elementen auf r Zellen $r!$-mal kleiner als die Anzahl aller möglichen Aufteilungen von r verschiedenen Elementen auf n Zellen, also gleich

$$\binom{n}{r} = \frac{n(n-1) \cdots (n-r+1)}{r!} = \frac{n!}{r!\,(n-r)!}.$$

Wir zeigen nun die Richtigkeit von Formel (1.6). Dazu werden wir die Tatsache benutzen, daß man die Zahl N aus (1.6) in der Form

$$N = \binom{n}{n_1}\binom{n - n_1}{n_2}\cdots\binom{n - n_1 - \cdots - n_{k-2}}{n_{k-1}}$$

schreiben kann. Die Aufteilung der n Elemente kann folgendermaßen vorgenommen werden. Für die erste Zelle bilden wir eine Teilmenge vom Umfang n_1. Dafür gibt es $N_1 = \binom{n}{n_1}$ verschiedene Möglichkeiten. Danach greifen wir aus den übriggebliebenen $n - n_1$ Elementen eine Teilmenge vom Umfang n_2 heraus und ordnen sie der zweiten Zelle zu. Dafür existieren $N_2 = \binom{n - n_1}{n_2}$ unterschiedliche Möglichkeiten. Diese Verfahrensweise wird fortgesetzt, bis zum Schluß $n - n_1 - \cdots - n_{k-2} = n_{k-1} + n_k$ Elemente übrigbleiben. Diese verbleibenden Elemente kann man auf

$$N_{k-1} = \binom{n - n_1 - \cdots - n_{k-2}}{n_{k-1}}$$

verschiedene Weisen in zwei Mengen mit n_{k-1} bzw. n_k Elementen aufteilen. Somit erhält man für die Anzahl der möglichen Aufteilungen von n ununterscheidbaren Elementen auf k Zellen unter der Bedingung, daß auf die i-te Zelle genau n_i Elemente entfallen, mit Hilfe der Beziehung (1.1) den oben genannten Wert $N = N_1 N_2 \cdots N_{k-1}$.

In allen voranstehenden Gleichungen kommt der Ausdruck $n! = 1\,2 \cdots (n-1)\,n$ vor, für den die sogenannte STIRLING*sche Formel*[1])

$$n! \sim \sqrt{2\pi n}\, n^n\, e^{-n} \tag{1.7}$$

gilt, wobei $e = 2{,}718\ldots$ die Basis des natürlichen Logarithmus ist. (Die Relation $\alpha_n \sim \beta_n$ zwischen variablen Größen α_n und β_n bedeutet hier und im weiteren, daß bei $n \to \infty$ der Quotient $\frac{\alpha_n}{\beta_n}$ gegen 1 konvergiert.) Genauer als die Beziehung (1.7) ist die Abschätzung

$$e^{\frac{1}{12n+1}} \leqq \frac{n!}{\sqrt{2\pi n}\, n^n\, e^{-n}} \leqq e^{\frac{1}{12n}},$$

die für alle $n = 1, 2, \ldots$ richtig ist.

Beispiele: 1. Eine Gruppe von r Reisenden steige in einen Vorortzug ein, der n ($n \geqq r$) Wagen habe. Wir setzen voraus, daß sich jeder Reisende den Wagen, in dem er Platz nehmen will, auf gut Glück auswählt, d.h., daß jeder der Wagen

[1]) Siehe beispielsweise auch in dem auf Seite 65 zitierten Buch von W. FELLER.

bei dieser Wahl die gleiche Wahrscheinlichkeit besitzt. Wie groß ist die Wahrscheinlichkeit dafür, daß alle Reisenden in denselben Wagen einsteigen? Und wie groß ist die Wahrscheinlichkeit dafür, daß sich alle Reisenden in verschiedene Wagen setzen?

Weil jeder Reisende einen der n Wagen auswählen kann, ergibt sich die Anzahl N aller möglichen Kombinationen $(i_1, i_2, \ldots, i_r)$ (wobei i_k die Nummer des vom k-ten Reisenden gewählten Wagens bezeichnet) zu $N = n^r$. Das Ereignis A: „Alle r Reisenden steigen in denselben Wagen ein“ tritt genau bei den $N(A) = n$ Kombinationen ein, bei denen $i_1 = i_2 = \cdots = i_r$ gilt. Somit ergibt sich für die Wahrscheinlichkeit von A der Wert

$$\mathsf{P}(A) = \frac{N(A)}{N} = \frac{1}{n^{r-1}}.$$

Das Ereignis B: „In keinen Wagen setzt sich mehr als ein Reisender“ tritt genau dann ein, wenn alle Wagennummern i_k $(k = 1, \ldots, r)$ voneinander verschieden sind. Jede solche Aufteilung kann man als eine Auswahl von r Elementen ohne Zurücklegen aus einer Menge vom Umfang n $(n \geqq r)$ interpretieren: Der erste Reisende wählt sich einen der n vorhandenen Wagen aus, der zweite irgendeinen der $n - 1$ verbleibenden usw. Folglich ist die Anzahl der Kombinationen $(i_1, i_2, \ldots, i_r)$, bei denen das Ereignis B eintritt, gleich $n(n-1)\cdots(n-r+1)$. Für die Wahrscheinlichkeit von B ergibt sich also

$$\mathsf{P}(B) = \frac{n(n-1)\cdots(n-r+1)}{n^r}.$$

2. An einem Schlüsselbund mögen sich n Schlüssel befinden, von denen jedoch nur einer zu der betrachteten Tür passe. Wir nehmen an, die Schlüssel werden nacheinander ausprobiert. Wie groß ist die Wahrscheinlichkeit dafür, daß der passende Schlüssel beim k-ten Probieren gefunden wird?

Wir stellen uns auf den Standpunkt, daß die Schlüssel in einer zufälligen Reihenfolge $(i_1, i_2, \ldots, i_n)$ ausprobiert werden und jede solche Reihenfolge die gleiche Wahrscheinlichkeit besitzt. Der passende Schlüssel möge die Nummer i tragen. Dann ist die uns interessierende Wahrscheinlichkeit identisch mit der Wahrscheinlichkeit dafür, daß bei einer zufälligen Anordnung der Zahlen $1, \ldots, n$ an der k-ten Stelle die Zahl i steht. Es gibt insgesamt $n!$ mögliche Anordnungen $(i_1, \ldots, i_n)$ der n Schlüssel, und die Anzahl der Anordnungen mit fixiertem Element $i_k = i$ ist $(n-1)!$ Also ist die gesuchte Wahrscheinlichkeit gleich der Zahl

$$\frac{(n-1)!}{n!} = \frac{1}{n}.$$

3. Beim Skatspiel werden 32 Karten auf gut Glück an drei Spieler verteilt, und zwar so, daß jeder 10 Karten erhält und zwei Karten als sogenannter „Skat“ beiseite gelegt werden. Den „Skat“ bekommt zu Spielbeginn der Alleinspieler,

der bekanntlich auch das Spiel ansagt. Angenommen, dieser Spieler besitzt zusammen mit dem „Skat" die fünf höchsten Karten einer Farbe außer dem „König" (beispielsweise von „Herz"). Bei der Wahl der Trumpfkarten muß er in Betracht ziehen, daß einer der Gegenspieler die drei restlichen Herzkarten (man sagt: den König zu dritt) in der Hand haben kann. Gesucht ist die Wahrscheinlichkeit dieses Ereignisses.

Es gibt insgesamt $\binom{20}{10} = \frac{20!}{10!\,10!}$ gleichwahrscheinliche Möglichkeiten, 20 Karten in zwei Mengen zu je 10 Karten aufzuteilen. Es gibt also genausoviele Möglichkeiten für die Aufteilung von 20 Karten an die beiden mitspielenden Partner. Die Anzahl der Kartenverteilungen, bei denen ein bestimmter der beiden Spieler den „König zu dritt" erhält, stimmt mit der Anzahl der Möglichkeiten überein, aus den 17 übrigen Karten noch 7 für diesen Spieler auszuwählen (oder für dessen Mitspieler aus 17 genau 10 Karten herauszuziehen), und ist gleich der Anzahl der Möglichkeiten, aus einer 17-elementigen Menge eine siebenelementige Teilmenge auszuwählen, also gleich $\binom{17}{7} = \frac{17!}{7!\,10!}$. Daraus folgt, daß der „König zu dritt" bei einem bestimmten Gegenspieler mit der Wahrscheinlichkeit

$$\frac{\binom{17}{7}}{\binom{20}{10}} = \frac{8 \cdot 9 \cdot 10}{18 \cdot 19 \cdot 20} = \frac{2}{19}$$

vorkommt. Die Wahrscheinlichkeit, daß der „König zu dritt" bei irgendeinem der Gegenspieler auftritt, ist doppelt so groß, also gleich $\frac{4}{19}$.

1.2. Einige Wahrscheinlichkeitsverteilungen für unabhängige Teilchen im Phasenraum

Wir betrachten zunächst folgendes einfache Modell. Zu einem Kuchenteig werden Rosinen hinzugegeben und das Ganze wird sorgfältig durchgeknetet. Danach sind die einzelnen Rosinen, die „Teilchen", irgendwie zufällig innerhalb des durch den Teig ausgefüllten „Phasenraumes" verteilt.

Unser Phasenraum vom Volumen V (Teig) möge in n gleichartige Zellen aufgeteilt werden, die im Vergleich zu dem Gesamtvolumen v aller Teilchen (Rosinen) ziemlich groß sind:

$$\frac{V}{n} \gg v.$$

Wir interessieren uns im weiteren für die Frage, wie die Teilchen im Phasenraum verteilt sind.

Es erscheint sinnvoll anzunehmen, daß nach sorgfältigem Durchkneten des Teiges alle möglichen Verteilungen der Rosinen auf die einzelnen Zellen gleichwahrscheinlich sind. Wir gehen zunächst von dieser Annahme aus. Bezeichnet r die Gesamtanzahl der Rosinen, dann kann jede Aufteilung der Rosinen auf die Zellen als eine Kombination $(i_1, \ldots, i_r)$ geschrieben werden, wobei i_1 die Zellennummer für die erste Rosine angibt, i_2 die Zellennummer für die zweite Rosine usw. Jeder der r Indizes $i_1, \ldots, i_r$ kann n verschiedene Werte annehmen, so daß die Gesamtanzahl N aller möglichen Kombinationen $(i_1, \ldots, i_r)$ gleich n^r ist. Deshalb hat jede Teilchenverteilung $(i_1, \ldots, i_r)$ die Wahrscheinlichkeit $\frac{1}{n^r}$. Die Wahrscheinlichkeit dafür, daß auf die erste Zelle r_1 Rosinen, auf die zweite Zelle r_2 Rosinen, ..., auf die n-te Zelle r_n Rosinen entfallen $(r_1 + \cdots + r_n = r)$, ist

$$\frac{r!}{r_1!\, r_2! \ldots r_n!}\, n^{-r},$$

weil

$$\frac{r!}{r_1!\, r_2! \ldots r_n!}$$

gerade die Anzahl aller möglichen Aufteilungen von r Teilchen in n Gruppen zu $r_1, r_2, \ldots$ bzw. r_n Teilchen ist (vgl. Formel (1.6)).

Es ist verständlich, daß für einen Beobachter die Rosinen bei einer Aufteilung auf die n Zellen nicht unterscheidbare Teilchen darstellen. Von diesem Standpunkt aus sind alle Verteilungen $(i_1, i_2, \ldots, i_r)$, bei denen auf die erste Zelle r_1 Teilchen, auf die zweite r_2 Teilchen, ... und auf die n-te Zelle r_n Teilchen entfallen, nicht unterscheidbar. Deshalb brauchte man von Anfang an nur von solchen Verteilungen zu sprechen, die durch die Zahlen r_i der auf die i-te Zelle entfallenden Teilchen beschrieben werden, und nicht von den oben betrachteten Kombinationen $(i_1, \ldots, i_r)$. Wenn man alle derartigen Verteilungen $(r_1, \ldots, r_n)$ als gleichwahrscheinlich ansieht, dann wird jeder Ausgang $(r_1, \ldots, r_n)$ nicht mehr die oben angegebene Wahrscheinlichkeit

$$\frac{r!}{r_1! \ldots r_n!}\, n^{-r}$$

sondern eine gewisse andere besitzen, die wir im folgenden berechnen wollen.

Jede Verteilung $(r_1, \ldots, r_n)$ kann schematisch als Aufteilung von r Sternchen (Rosinen) zwischen senkrechten Strichen (die n Zellen repräsentieren) dargestellt werden:

$$\overset{1}{|\underbrace{* \cdots *}_{r_1}}\,\overset{2}{|\underbrace{* \cdots *}_{r_2}}\,| \cdots |\,\overset{n}{\underbrace{* \cdots *}_{r_n}}|.$$

Folglich ist die Anzahl aller Verteilungen $(r_1, \ldots, r_n)$ gleich der Anzahl der Möglichkeiten, $(n - 1)$ Striche und r Sternchen in einer Reihe anzuordnen. Diese Zahl ist aber offenbar gleich der Anzahl der Möglichkeiten, aus $n + r - 1$ Elementen $n - 1$ auszuwählen, also gleich

$$\binom{n + r - 1}{n - 1} = \frac{(n + r - 1)!}{(n - 1)!\, r!}.$$

Jeder spezielle Ausgang $(r_1, \ldots, r_n)$ wird deshalb die Wahrscheinlichkeit

$$\frac{(n - 1)!\, r!}{(n + r - 1)!}$$

besitzen.

Welche der beiden angegebenen Wahrscheinlichkeitsverteilungen für Teilchen im Phasenraum ist nun die richtige?

Wir nehmen an, der oben beschriebene Zufallsmechanismus (das mehrfache Durchkneten des Teiges) wirke derart, daß jede der einzelnen Rosinen mit der gleichen Wahrscheinlichkeit in jede der n Zellen gelangt, und zwar praktisch unabhängig von der Bewegung der anderen Rosinen. Dann ist die Wahrscheinlichkeit der Verteilung $(r_1, \ldots, r_n)$ gleich dem Wert

$$\mathsf{P}(r_1, \ldots, r_n) = \frac{r!}{r_1!\, r_2! \ldots r_n!}\, n^{-r},$$

es liegt also die erste der beiden betrachteten Verteilungen vor. Besonders anschaulich ist das im Fall $n = r = 2$. Jede der beiden Rosinen gelangt (unabhängig von der anderen) mit der Wahrscheinlichkeit $\frac{1}{2}$ in eine der beiden Zellen, und es gilt

$$\mathsf{P}(2, 0) = \mathsf{P}(0, 2) = \frac{1}{4}, \qquad \mathsf{P}(1, 1) = \frac{1}{2}.$$

Die möglichen Verteilungen (2, 0), (0, 2) und (1, 1) sind also keineswegs gleichwahrscheinlich, wie bei der zweiten oben betrachteten Wahrscheinlichkeitsverteilung angenommen wurde.

Ist das Volumen der einzelnen Zellen kleiner als das Volumen aller Teilchen, d. h. aller Rosinen, so ist das oben beschriebene Modell mit gleichwahrscheinlichen Verteilungen $(i_1, \ldots, i_r)$ offenbar nicht mehr geeignet, die Verteilung der Rosinen im Teig zu charakterisieren, denn beispielsweise können in einer Zelle schon nicht mehr alle Teilchen untergebracht werden.

Wir betrachten ein neues Modell und nehmen an, daß die ausgewählten Zellen sehr klein (im Vergleich zur Größe der Rosinen) sind, und zwar so klein, daß in jede höchstens ein Teilchen paßt.

Unter dieser Einschränkung kann man jede Teilchenverteilung durch eine Kombination $(i_1, \ldots, i_r)$ beschreiben, wobei die Zahlen i_k die Nummern der besetzten Zellen angeben (natürlich muß man $r \leqq n$ voraussetzen). Die Gesamtanzahl der unterschiedlichen Verteilungen ist gleich der Anzahl $\binom{n}{r}$ der möglichen Aufteilungen von r ununterscheidbaren Elementen auf n Zellen, wobei in jede Zelle höchstens ein Element paßt. Wenn man annimmt, daß alle möglichen Verteilungen gleichwahrscheinlich sind (das ist in dem von uns betrachteten Modell mit den Rosinen der Fall), dann ist die Wahrscheinlichkeit jeder speziellen Verteilung $(i_1, \ldots, i_r)$ gleich

$$\frac{(n-r)!\,r!}{n!}.$$

Die Frage nach der Verteilung unabhängiger Teilchen im Phasenraum (Rosinen im Teig) kann nun folgendermaßen gestellt werden: Man wählt irgendeinen Bereich des Phasenraumes mit dem Volumen v aus und fragt, wie groß die Wahrscheinlichkeit dafür ist, daß auf diesen Bereich eine gewisse Anzahl von Teilchen entfällt.

Wir zerlegen gedanklich den Phasenraum in so kleine Zellen, daß in jede von ihnen höchstens ein Teilchen paßt. So wie oben stellen wir uns auf den Standpunkt, daß alle möglichen Verteilungen $(i_1, i_2, \ldots, i_r)$ der Teilchen, wobei i_k die Nummer der vom k-ten Teilchen besetzten Zelle bezeichnet, gleichwahrscheinlich sind. Wenn wir die besetzten und die freien Zellen als weiße bzw. schwarze Kugeln ansehen, dann kann man sich den Phasenraum als einen Kasten vorstellen, der r weiße und $n - r$ schwarze Kugeln enthält, und in dem die Kugeln mehrmals sorgfältig durchmischt wurden (r ist die Anzahl aller Teilchen im Phasenraum, n ist die Anzahl aller Zellen, und es gilt $n \geqq r$).

Es seien m die Anzahl der Zellen im ausgesuchten Bereich v des Phasenraumes und ξ die vom Zufall abhängige Anzahl der Teilchen, die in diesen Bereich fallen (d. h., ξ ist die Anzahl der besetzten unter den m Zellen des Bereiches v). Die Wahrscheinlichkeit $P_\xi(k)$ dafür, daß diese Teilchenanzahl ξ gleich k ist $(0 \leqq k \leqq m)$ fällt nun mit der Wahrscheinlichkeit dafür zusammen, daß sich bei zufälliger Auswahl von m Kugeln aus einem Kasten mit r weißen und $n - r$ schwarzen Kugeln unter den auf gut Glück herausgenommenen genau $\xi = k$ weiße Kugeln befinden.

Der Ausdruck „auf gut Glück herausgenommen" bedeutet hier, daß beim Herausgreifen von m Kugeln jede Kombination mit gleicher Wahrscheinlichkeit auftritt, mit anderen Worten, wenn alle n vorhandenen Kugeln durchnumeriert werden, dann erscheint jede Kombination $(j_1, \ldots, j_m)$ von Kugeln mit gleicher Wahrscheinlichkeit. Die Anzahl N aller Möglichkeiten, aus den n Kugeln m auszuwählen, ist

$$N = \binom{n}{m} = \frac{n!}{m!\,(n-m)!}.$$

Uns interessiert das Ereignis A, daß unter den m herausgegriffenen Kugeln genau k weiße sind.

Wir wollen die Wahrscheinlichkeit dieses Ereignisses angeben. Da die Beziehung $\mathsf{P}(A) = \frac{N(A)}{N}$ gilt, berechnen wir zunächst die Anzahl $N(A)$ aller Auswahlmöglichkeiten, bei denen das Ereignis A eintritt. Das kann nun folgendermaßen geschehen. Wir teilen eine Menge von n Kugeln gedanklich in zwei Mengen, und zwar in eine mit r weißen und in eine mit $n - r$ schwarzen Kugeln. Wählt man aus den n Kugeln m beliebig aus, so sind genau dann k dieser m Kugeln weiß, wenn aus der ersten Menge k und aus der zweiten $m - k$ ausgewählt werden. Wir bezeichnen mit $a_1, \ldots, a_r$ alle weißen und mit $b_1, \ldots, b_{n-r}$ alle schwarzen Kugeln. Dann kann jede Auswahl $a = (a_{i_1}, \ldots, a_{i_k})$ von k weißen und $b = (b_{j_1}, \ldots, b_{j_{m-k}})$ von $n - k$ schwarzen Kugeln als Paar (a, b) angesehen werden, und die Zahl $N(A)$ stimmt mit der Anzahl der Paare überein, die man aus den verschiedenen Elementen a und b bilden kann. Die Gesamtanzahl der Elemente a, d. h. die Anzahl aller Möglichkeiten, aus den r vorhandenen weißen Kugeln k auszuwählen, ist gleich

$$\binom{r}{k} = \frac{r!}{k!\,(r-k)!}.$$

Analog ergibt sich für die Gesamtanzahl der Elemente b die Zahl $\binom{n-r}{m-k}$. Folglich ist die Anzahl $N(A)$ der verschiedenen Paare (a, b) gleich dem Produkt

$$\binom{r}{k}\binom{n-r}{m-k}.$$

Da es insgesamt $\binom{n}{m}$ Möglichkeiten gibt, aus n Kugeln irgendwelche m Kugeln auszuwählen, erhalten wir für die gesuchte Wahrscheinlichkeit $\mathsf{P}(A)$ den Wert

$$\mathsf{P}(A) = \frac{\binom{r}{k}\binom{n-r}{m-k}}{\binom{n}{m}}.$$

Wir haben somit praktisch die Wahrscheinlichkeitsverteilung der Zufallsgröße ξ gefunden, die die (zufällige) Anzahl der weißen Kugeln in einer auf gut Glück gezogenen Stichprobe (Los) vom Umfang m angibt (bzw. die gleich der Anzahl der Teilchen im betrachteten Bereich des Phasenraumes ist):

$$P_\xi(k) = \frac{\binom{r}{k}\binom{n-r}{m-k}}{\binom{n}{m}}, \qquad k = 0, \ldots, m \tag{1.8}$$

(die Zahlen n, r und m sind fest vorgegeben). Diese Verteilung ist bekannt als *hypergeometrische Wahrscheinlichkeitsverteilung*.

Um die Bedeutung dieser Verteilung zu unterstreichen, betrachten wir ein weiteres Beispiel.

Beispiel (*Stichprobenkontrolle in der Produktion*): Es sei ein großes Los irgendwelcher Teile gegeben, die entweder einwandfrei oder unbrauchbar sein können. Es ist klar, daß die Kontrolle jedes einzelnen Teiles nicht immer möglich ist (z. B. kann es vorkommen, daß die Prüfung eines Teiles dieses für die weitere Verwendung unbrauchbar macht). In diesem Fall wird eine sogenannte Stichprobenkontrolle durchgeführt. Dabei wählt ein Kontrolleur auf zufällige Weise m Teile aus dem gesamten Los aus, überprüft sie, und wenn die Zahl der Ausschußteile unter ihnen eine gewisse kritische Zahl m^* übersteigt, dann wird das gesamte Los als nicht den Qualitätsansprüchen genügend ausgesondert. Was geschieht nun bei einer derartigen Kontrolle, welche Lose werden ausgesondert und mit welcher Wahrscheinlichkeit passiert das?

Wenn das gesamte Los aus n Teilen besteht (wobei r von ihnen Ausschuß seien), dann wird die Wahrscheinlichkeit dafür, daß unter den auf gut Glück ausgewählten m Teilen gerade k Ausschußteile sind, offenbar durch die Formel (1.8) angegeben. Hierbei bedeutet ξ die zufällige Anzahl der Ausschußteile in der zur Prüfung ausgewählten Stichprobe vom Umfang m.

In der ursprünglich betrachteten Aufgabe über die Verteilung der Teilchen im Phasenraum waren die Anzahl der vorhandenen Teilchen r und das Volumen v des betrachteten Bereiches des Phasenraumes (Gesamtvolumen V) vorgegeben. Bequemer ist es, nicht die Werte r und V, sondern die mittlere Anzahl $\lambda = \frac{r}{V}$ der Teilchen in einer Volumeneinheit anzugeben. Das gibt uns, wie wir im weiteren sehen werden, die Möglichkeit, die Verteilung der Teilchen auch für einen unendlich großen Phasenraum (genauer, bei $V \to \infty$ und $r \to \infty$) zu finden. Im Hinblick darauf besitzt die Formel (1.8) den Nachteil, die „überflüssigen Parameter“ n und m zu enthalten. Weiter unten werden wir zeigen (vgl. auch den folgenden Abschnitt 2.1.), daß die Teilchenanzahl ξ in dem betrachteten Bereich des Phasenraumes näherungsweise eine Poissonsche *Wahrscheinlichkeitsverteilung* besitzt, sofern v im Vergleich zur Größe eines einzelnen Teilchens genügend groß ist:

$$P_\xi(k) \approx \frac{(\lambda v)^k}{k!} \mathrm{e}^{-\lambda v}.$$

Genauer gesagt gilt Folgendes. Wenn $n, m, r \to \infty$, und wenn bei diesem Grenzübergang die Größe

$$a = \lambda v = r \frac{v}{V} = r \frac{m}{n}$$

konstant bleibt (a ist die mittlere Teilchenanzahl in einem Gebiet vom Volumen v), dann gilt für die durch Formel (1.8) definierten Wahrscheinlichkeiten $P_\xi(k)$

die folgende Grenzaussage (vgl. Formel (1.13)):

$$\lim P_\xi(k) = \frac{a^k}{k!} e^{-a}, \qquad k = 0, 1, \ldots. \tag{1.9}$$

Wir stellen uns im folgenden wieder einen Kasten (oftmals auch als „Urne" bezeichnet) mit r weißen und $n - r$ schwarzen Kugeln vor. Bisher wurden unter Anwendung unseres „Urnenmodells" m Kugeln ohne Zurücklegen ausgewählt. Wir betrachten ein analoges Modell, das aber im Vergleich zum vorangehenden folgenden Unterschied aufweist: Nachdem eine Kugel entnommen ist, wird diese in die Urne zurückgelegt (Auswahl mit Zurücklegen). Wie groß ist die Wahrscheinlichkeit dafür, daß sich unter den m herausgegriffenen Kugeln genau k weiße befinden?

Wir nehmen an, daß jede Kugel in der Urne mit einer Nummer versehen ist. Dann kann jede Stichprobe vom Umfang m durch eine Folge $(i_1, \ldots, i_m)$ beschrieben werden, wobei i_p die Nummer der p-ten herausgenommenen Kugel darstellt. Es gibt bei der Auswahl mit Zurücklegen für i_p genau n mögliche Werte $(i_p = 1, 2, \ldots, n)$. Folglich ist die Gesamtanzahl der unterschiedlichen Stichproben $(i_1, \ldots, i_m)$ gleich n^m, und diese sind alle gleichwahrscheinlich.

Wir betrachten nun die Stichproben, die genau k $(k \leqq m)$ weiße Kugeln enthalten und berechnen zunächst die Anzahl derjenigen Kombinationen $(i_1, \ldots, i_m)$, bei denen an gewissen festen Stellen $m_1, \ldots, m_k$ die Nummern weißer Kugeln stehen (d. h. solcher Stichproben, bei denen die Kugeln $i_{m_1}, \ldots, i_{m_k}$ weiß und die übrigen $m - k$ Kugeln schwarz sind). Für die Wahl jeder der weißen Kugeln $i_{m_1}, \ldots, i_{m_k}$ gibt es r verschiedene Möglichkeiten (r ist die Gesamtanzahl der in der Urne befindlichen weißen Kugeln). Ebenso existieren für jede schwarze Kugel $n - r$ Möglichkeiten. Deshalb gibt es $r^k(n - r)^{m-k}$ unterschiedliche Stichproben $(i_1, \ldots, i_m)$, bei denen sich die k weißen Kugeln an den festen Stellen $m_1, \ldots, m_k$ befinden. Diese festen Stellen $m_1, \ldots, m_k$ kann man nun wiederum auf $\binom{m}{k}$ verschiedene Weisen aus den m Stellen auswählen. Somit ist die Gesamtanzahl der Stichproben $(i_1, \ldots, i_m)$ mit k weißen Kugeln gleich $\binom{m}{k} r^k(n - r)^{m-k}$. Die Wahrscheinlichkeit dafür, daß sich unter m ausgewählten Kugeln genau k weiße befinden, ist also gleich dem Wert

$$\binom{m}{k} \frac{r^k(n - r)^{m-k}}{n^m} = \binom{m}{k} p^k(1 - p)^{m-k},$$

wobei die Zahl $p = \frac{r}{n}$ mit der Wahrscheinlichkeit übereinstimmt, beim Entnehmen einer Kugel eine weiße zu erhalten.

Somit besitzt die Zufallsgröße ξ, die die Anzahl der weißen Kugeln in einer Stichprobe (mit Zurücklegen) vom Umfang m angibt, die Wahrscheinlichkeitsverteilung

$$P_\xi(k) = \binom{m}{k} p^k(1-p)^{m-k}, \qquad k = 0, 1, \ldots, m. \tag{1.10}$$

Dabei stellt p die Wahrscheinlichkeit dafür dar, daß man beim Herausgreifen einer Kugel eine weiße zieht. Diese Wahrscheinlichkeitsverteilung heißt *Binomialverteilung*[1]) oder Bernoullische *Verteilung*.

Man kann leicht zeigen, daß bei einer großen Anzahl n von Kugeln und einem kleinen Stichprobenumfang m die Auswahl ohne Zurücklegen und die Auswahl mit Zurücklegen praktisch dasselbe Resultat ergeben, d. h., die Wahrscheinlichkeit dafür, daß k weiße Kugeln herausgenommen wurden, ist in beiden Fällen annähernd dieselbe.

Das wird durch die Grenzbeziehung

$$\frac{\binom{n_1}{k}\binom{n-n_1}{m-k}}{\binom{n}{m}} = \frac{m!}{k!\,(m-k)!}\left[\frac{n_1(n_1-1)\cdots(n_1-k+1)}{n(n-1)\cdots(n-k+1)}\right]$$

$$\times\left[\frac{n_2(n_2-1)\cdots(n_2-m+k+1)}{(n-k)(n-k-1)\cdots(n-m+1)}\right] \approx \frac{m!}{k!(m-k)!}\,p^k(1-p)^{m-k}$$

bestätigt. Dabei wurde $n_1 = r$ und $n_2 = n - r$ gesetzt (vgl. Formeln (1.8) und (1.10)), und angenommen, daß bei unbeschränkt wachsender Gesamtanzahl n der Kugeln der Anteil $p = \frac{n_1}{n}$ der in der Urne befindlichen weißen Kugeln konstant bleibt. (Wir erinnern daran, daß p die Wahrscheinlichkeit dafür angibt, bei einer auf gut Glück aus der Urne ausgewählten Kugel eine weiße zu erhalten).

Wir haben oben gezeigt, daß die Anzahl ξ der weißen Kugeln in einer Stichprobe mit Zurücklegen vom Umfang m eine Binomialverteilung besitzt. Für ihren Erwartungswert $\mathsf{M}\xi$ gilt

$$\begin{aligned}\mathsf{M}\xi &= \sum_{k=1}^{m} k\,\frac{m!}{k!(m-k)!}\,p^k(1-p)^{m-k} = mp\sum_{j=0}^{m-1}\frac{(m-1)!}{j!(m-1-j)!}\,p^j(1-p)^{m-1-j}\\ &= mp[p + (1-p)]^{m-1} = mp.\end{aligned} \tag{1.11}$$

Welche Verteilung wird sich nun für die Anzahl der weißen Kugeln in einer Stichprobe vom Umfang m ergeben, wenn einerseits der Anteil $p = \frac{r}{n}$ aller weißen

---

[1]) $\binom{m}{k}$, $k = 0, \ldots, m$, sind die Binomialkoeffizienten in der Formel

$$(p+q)^m = \sum_{k=0}^{m}\binom{m}{k}p^k q^{m-k} \qquad (q = 1 - p).$$

Kugeln in der Urne kleiner wird ($p \to 0$) und sich andererseits der Umfang m der Stichprobe derart vergrößert ($m \to \infty$), daß die mittlere Anzahl $a = mp$ der weißen Kugeln in der Stichprobe konstant bleibt?

Es gelten die Beziehungen

$$P_\xi(0) = (1-p)^m = \left(1 - \frac{a}{m}\right)^m \to \mathrm{e}^{-a}$$

und

$$\frac{P_\xi(k)}{P_\xi(k-1)} = \frac{\binom{m}{k} p^k(1-p)^{m-k}}{\binom{m}{k-1} p^{k-1}(1-p)^{m-k+1}} = \frac{a-(k-1)\,p}{k(1-p)} \to \frac{a}{k}$$

für jede feste Zahl $k = 1, 2, \ldots$, also

$$\begin{aligned} &P_\xi(1) \to \frac{a}{1!}\,\mathrm{e}^{-a},\\ &P_\xi(2) \to \frac{a^2}{2!}\,\mathrm{e}^{-a},\\ &\ldots\ldots\ldots\ldots\\ &P_\xi(k) \to \frac{a^k}{k!}\,\mathrm{e}^{-a},\\ &\ldots\ldots\ldots\ldots \end{aligned} \tag{1.12}$$

Folglich hat die Zufallsgröße ξ im Grenzfall die Wahrscheinlichkeitsverteilung

$$P_\xi(k) = \frac{a^k}{k!}\,\mathrm{e}^{-a}, \qquad k = 0, 1, \ldots. \tag{1.13}$$

Diese Verteilung heißt POISSONsche *Verteilung*[1]).

Obwohl im Grenzfall der Stichprobenumfang unendlich groß ist ($m \to \infty$) und die Anzahl ξ der in der Srichprobe vorkommenden weißen Kugeln eine beliebig große (aber endliche) Zahl sein kann, ist ihre mittlere Anzahl $\mathsf{M}\xi$ endlich, und

[1]) Für die Differenz der Verteilungsfunktion von Binomial- und POISSONscher Verteilung ergibt sich folgende Abschätzung:

$$\sup_x \left| \sum_{k=0}^{x} \binom{m}{k} p^k(1-p)^{m-k} - \sum_{k=0}^{x} \frac{a^k}{k!}\,\mathrm{e}^{-a} \right| \leqq \frac{C}{\sqrt{m}},$$

wobei $C \leqq 3\sqrt{a}$ gilt (J. L. HODGES, L. LE CAM: The Poisson approximation of the Poisson-binomial distribution; Anm. Math. Stat. **31** (1960) 3, 737—740).

zwar gleich a:

$$\mathsf{M}\xi = \sum_{k=1}^{\infty} k \frac{a^k}{k!} e^{-a} = a \sum_{k=0}^{\infty} \frac{a^k}{k!} e^{-a} = a. \tag{1.14}$$

Für die Streuung $\mathsf{D}^2\xi$ erhalten wir

$$\begin{aligned}\mathsf{D}^2\xi &= \mathsf{M}(\xi - a)^2 = \mathsf{M}\xi^2 - a^2 = \sum_{k=1}^{\infty} k^2 \frac{a^k}{k!} e^{-a} - a^2 \\ &= a \sum_{k=1}^{\infty} \left[(k-1)\frac{a^{k-1} e^{-a}}{(k-1)!} + \frac{a^{k-1}}{(k-1)!} e^{-a}\right] - a^2 \\ &= a^2 + a - a^2 = a. \end{aligned} \tag{1.15}$$

2. Die Poissonsche Verteilung, homogene Ereignisströme und Verweilzeiten in einem Zustand

2.1. Poissonsche Verteilung von Teilchen

Wir betrachten noch einmal die Aufgabe, die Verteilung irgendwelcher Teilchen zu bestimmen. Dazu stellen wir uns vor, daß in einen gewissen Bereich V des euklidischen Raumes auf gut Glück und unabhängig voneinander r Teilchen geworfen werden. Wenn ξ_k die Lage des k-ten Teilchens ($k = 1, \ldots, r$) angibt, dann sind die vektorwertigen Zufallsgrößen $\xi_1, \ldots, \xi_r$ voneinander unabhängig, und jede von ihnen besitzt die gleichmäßige Wahrscheinlichkeitsverteilung mit der Dichte

$$p(x) = \begin{cases} \dfrac{1}{|V|} & \text{für} \quad x \in V, \\ 0 & \text{sonst}. \end{cases} \tag{2.1}$$

Dabei bezeichnet $|V|$ das Volumen des Bereiches V. Mit λ kennzeichnen wir die mittlere Anzahl der Teilchen je Volumeneinheit:

$$\lambda = \frac{r}{|V|}.$$

Es sei $\xi(v)$ die Anzahl der Teilchen, die in irgendeinen Bereich $v \subseteq V$ fallen. Wir werden zeigen, daß bei unbegrenzter Vergrößerung des „Phasenraumes" V und gleichzeitiger Erhöhung der Teilchenanzahl r (und zwar so, daß die mittlere Teilchenanzahl pro Volumeneinheit konstant gleich λ bleibt), die Wahrscheinlichkeitsverteilung der Zufallsgröße $\xi(v)$ sich einer Poissonschen Verteilung als Grenzverteilung nähert:

$$\mathsf{P}\{\xi(v) = k\} = \frac{(\lambda\,|v|)^k}{k!} e^{-\lambda|v|}, \qquad k = 0, 1, \ldots \tag{2.2}$$

(dabei bedeutet $|v|$ das Volumen des Bereiches v), und daß darüber hinaus für paarweise disjunkte Bereiche $v_1, \ldots, v_n$ die Beziehung

$$\mathsf{P}\{\xi(v_1) = k_1, \ldots, \xi(v_n) = k_n\} = \frac{(\lambda\,|v_1|)^{k_1} \cdots (\lambda\,|v_n|)^{k_n}}{k_1! \cdots k_n!}\, e^{-\lambda(|v_1|+\cdots+|v_n|)} \tag{2.3}$$

gilt.

Aus den Formeln (2.2) und (2.3) ergibt sich, daß für paarweise disjunkte Bereiche $v_1, \ldots, v_n$ die Zufallsgrößen $\xi(v_1), \ldots, \xi(v_n)$ voneinander unabhängig sind. Anschaulich ist das klar. Bei unendlich vielen voneinander unabhängigen Teilchen beeinflußt nämlich die in einen Bereich v_1 gefallene (endliche) Anzahl von Teilchen nicht die Anzahl derjenigen Teilchen, die in zu v_1 disjunkte Bereiche $v_2, \ldots, v_n$ fallen.

Wir leiten nun die Formel (2.3) her und halten dafür zunächst V und r fest. Offenbar fällt jedes der vorhandenen r Teilchen in den Bereich $v_i \subseteq V$ mit der entsprechenden Wahrscheinlichkeit $p_i = \dfrac{|v_i|}{|V|}$, $i = 0, 1, \ldots, n$. Dabei sei v_0 der zu $v_1 \cup v_2 \cup \cdots \cup v_n$ komplementäre Bereich von V: $v_0 = V \setminus (v_1 \cup \cdots \cup v_n)$. Die r Teilchen (deren Lage durch die Zufallsgrößen $\xi_1, \ldots, \xi_r$ beschrieben wird) werden in $n + 1$ Gruppen zu je $k_1, \ldots, k_n$ und k_0 Teilchen so aufgeteilt, daß $k_1 + \cdots + k_n = k$ und $k_0 = r - k$ gilt. Die Anzahl aller möglichen derartigen Aufteilungen ist gleich $\dfrac{r!}{k_1! \cdots k_n!\, k_0!}$ (siehe (1.6)). Das Ereignis $\{\xi(v_1) = k_1, \ldots, \xi(v_n) = k_n\}$ tritt genau dann ein, wenn k_1 der Teilchen in den Bereich v_1, k_2 der Teilchen in den Bereich v_2 usw. fallen (die restlichen $k_0 = r - k$ Teilchen befinden sich dann im Bereich v_0). Ein einzeln betrachtetes Teilchen fällt unabhängig vom Verhalten der anderen Teilchen in den Bereich v_i mit der oben angegebenen Wahrscheinlichkeit p_i, $i = 0, 1, \ldots, n$. Folglich ist die Wahrscheinlichkeit dafür, daß eine bestimmte Gruppe von k_1 Teilchen in v_1, eine andere bestimmte Gruppe von k_2 Teilchen in v_2 fällt, usw., gleich dem Produkt $p_1^{k_1} p_2^{k_2} \cdots p_n^{k_n} p_0^{k_0}$. Wie bereits gesagt, gibt es

$$\frac{r!}{k_1! \cdots k_n!\, k_0!}$$

Möglichkeiten, die r Teilchen in $(n + 1)$ Gruppen so einzuteilen, daß sich in der j-ten Gruppe gerade k_j Teilchen befinden. Jede dieser Einteilungen tritt beim Werfen der r Teilchen mit der eben angegebenen Wahrscheinlichkeit $p_1^{k_1} \cdots p_n^{k_n} p_0^{k_0}$ auf. Deshalb besitzt das mit der Vereinigung aller dieser Einteilungen übereinstimmende Ereignis $\{\xi(v_1) = k_1, \ldots, \xi(v_n) = k_n\}$ die Wahrscheinlichkeit

$$\frac{r!}{k_1! \cdots k_n!\, k_0!}\, p_1^{k_1} \cdots p_n^{k_n} p_0^{k_0}. \tag{2.4}$$

Gemäß der STIRLINGschen Formel gilt

$$r! \sim \sqrt{2\pi r}\, r^r e^{-r} \quad \text{und} \quad (r - k)! \sim \sqrt{2\pi(r - k)}\, (r - k)^{r-k} e^{-(r-k)}.$$

Bei festen $k_1, \ldots, k_n$ ergibt sich für $r \to \infty$

$$\sqrt{\frac{r}{r-k}} \to 1, \quad \left(\frac{r}{r-k}\right)^{r-k} = \left(1 + \frac{k}{r-k}\right)^{r-k} \to e^k,$$

$$p_i^{k_i} r^{k_i} = \left(\frac{|v_i|}{|V|} r\right)^{k_i} = (\lambda\, |v_i|)^{k_i}, \qquad i = 1, \ldots, n,$$

$$|v_0| = |V| - (|v_1| + \cdots + |v_n|)$$

und

$$p_0^{k_0} = \left(1 - \frac{|v_1| + \cdots + |v_n|}{|V|}\right)^{r-k} = \left(1 - \frac{\lambda(|v_1| + \cdots + |v_n|)}{r}\right)^{r-k} \to e^{-\lambda(|v_1| + \cdots + |v_n|)}.$$

Für $r \to \infty$ und konstantes $\lambda = \dfrac{r}{|V|}$ erhalten wir als Resultat

$$\frac{r!}{k_1! \cdots k_n!\, k_0!}\, p_1^{k_1} \cdots p_0^{k_0} \to \frac{(\lambda\, |v_1|)^{k_1} \cdots (\lambda\, |v_n|)^{k_n}}{k_1! \cdots k_n!}\, e^{-\lambda(|v_1| + \cdots + |v_n|)},$$

d. h., als Grenzbeziehung ergibt sich die Formel (2.3).

Die Poissonsche Verteilung wird durch einen einzigen Parameter λ, $0 < \lambda < \infty$, charakterisiert; er gibt die mittlere Teilchenanzahl je Volumeneinheit an:

$$\lambda = \frac{\mathsf{M}\xi(v)}{|v|} \qquad \text{(vgl. (1.14))}.$$

Die genannte Verteilung besitzt folgende spezifische Eigenschaften:

a) die Zufallsgrößen $\xi(v_1), \ldots, \xi(v_n)$ sind für paarweise disjunkte Bereiche $v_1, \ldots, v_n$ voneinander unabhängig,

b) die Wahrscheinlichkeit dafür, daß eine bestimmte Anzahl von Teilchen in einen Bereich v fällt, hängt nicht von der Lage des Bereiches v im Phasenraum, sondern nur von seinem Volumen $|v|$ ab,

c) die Wahrscheinlichkeit dafür, daß in einen Bereich mit einem kleinen Volumen $|v|$ genau ein Teilchen fällt, ist bis auf Größen höherer Ordnung proportional zu $|v|$:

$$\mathsf{P}\{\xi(v) = 1\} = \lambda\, |v|\, e^{-\lambda|v|} = \lambda\, |v| + o(|v|),$$

die Wahrscheinlichkeit dafür, daß mehr als ein Teilchen in den Bereich mit dem Volumen $|v|$ fallen, ist für $|v| \to 0$ eine Größe höherer Ordnung:

$$\mathsf{P}\{\xi(0) > 1\} = \sum_{k=2}^{\infty} \frac{(\lambda\, |v|)^k}{k!}\, e^{-\lambda|v|} = o(|v|).$$

Wir werden im folgenden nachweisen, daß jede Teilchenverteilung, die den eben angeführten Bedingungen a), b) und c) genügt, eine POISSONsche Verteilung ist.

Dafür genügt es, die Gültigkeit der Formel (2.2) zu zeigen. Aufgrund der Bedingung a) folgt dann nämlich sofort die allgemeinere Formel (2.3).

Der Bereich v wird ebenso wie im Abschnitt 1.2. (vgl. Formel (1.9) und die darauffolgenden Überlegungen) in kleine Zellen Δ_k, $k = 1, \ldots, n$, mit dem Volumen $|\Delta_k| = \frac{|v|}{n}$ zerlegt. Aufgrund der Bedingungen a) und b) ist die Wahrscheinlichkeit des Ereignisses

$$\{\xi(\Delta_{i_l}) = 1, l = 1, \ldots, k;\ \xi(\Delta_{i_l}) = 0,\ l = k+1, \ldots, n\}$$

für alle Kombinationen $(i_1, \ldots, i_k)$, $(i_{k+1}, \ldots, i_n)$ dieselbe, und zwar gleich dem Produkt

$$\left(\mathsf{P}\{\xi(\Delta_1) = 1\}\right)^k \left(\mathsf{P}\{\xi(\Delta_1) = 0\}\right)^{n-k}.$$

Infolge der Bedingung c) übersteigt für $n \to \infty$ die Wahrscheinlichkeit dafür, daß in irgendeine Zelle mehr als ein Teilchen fällt, nicht die Summe

$$\sum_{k=1}^{n} \mathsf{P}\{\xi(\Delta_k) > 1\} = no(|\Delta_k|) \to 0.$$

Vereinbart man die Bezeichnung

$$p = \mathsf{P}\{\xi(\Delta_1) = 1\} = \lambda \frac{|v|}{n} + o\left(\frac{1}{n}\right),$$

so erhält man folglich für $n \to \infty$ (vgl. (1.13))

$$\begin{aligned}
&\mathsf{P}\{\xi(v) = k\} \\
&\quad\approx \sum_{(i_1, \ldots, i_k)} \mathsf{P}\{\xi(\Delta_{i_l}) = 1,\quad l = 1, \ldots, k;\quad \xi(\Delta_{i_l}) = 0,\quad l = k+1, \ldots, n\} \\
&\quad= \binom{n}{k} (\mathsf{P}\{\xi(\Delta_1) = 1\})^k (\mathsf{P}\{\xi(\Delta_1) = 0\})^{n-k} \\
&\quad\approx \binom{n}{k} p^k (1-p)^{n-k} \approx \frac{a^k}{k!} \mathrm{e}^{-a}.
\end{aligned}$$

Dabei wurde $a = np = \lambda\, |v|$ gesetzt.

Wir vermerken noch die folgende, ebenfalls charakteristische Eigenschaft der POISSONschen Verteilung:

Unter der Bedingung, daß r Teilchen in einen gewissen Bereich V fallen, ist ihre Wahrscheinlichkeitsverteilung im Inneren dieses Bereiches genau dieselbe, als ob die Teilchen einzeln und unabhängig voneinander auf gut Glück in den

Bereich V geworfen werden. Genauer gesagt, die vektorwertigen Zufallsgrößen $\xi_1, \ldots, \xi_r$, die die Lage der Teilchen in V angeben, sind voneinander unabhängig und gleichmäßig auf dem Bereich V (d. h. mit der Wahrscheinlichkeitsdichte (2.1)) verteilt.

Die bedingte Wahrscheinlichkeit $\mathsf{P}\{\xi(v_1) = k_1, \ldots, \xi(v_n) = k_n \mid \xi(V) = r\}$ ist nämlich für beliebige paarweise disjunkte Bereiche $v_1, \ldots, v_n$ gleich

$$\frac{\mathsf{P}\{\xi(v_1) = k_1, \ldots, \xi(v_n) = k_n, \xi(v_0) = k_0\}}{\mathsf{P}\{\xi(V) = r\}}$$

$$= \frac{\dfrac{(\lambda\,|v_1|^{k_1})}{k_1!} \cdots \dfrac{(\lambda\,|v_n|)^{k_n}}{k_n!}\, \mathrm{e}^{-\lambda(|v_1|+\cdots+|v_n|+|v_0|)}}{\dfrac{(\lambda\,|V|)^r}{r!}\, \mathrm{e}^{-\lambda|V|}}$$

$$= \frac{r!}{k_1! \cdots k_n!\, k_0!}\, p_1^{k_1} \cdots p_n^{k_n} p_0^{k_0}.$$

Aus einem Vergleich mit (2.4) folgt die Behauptung.

Beispiel (*Prozeß des radioaktiven Zerfalls*): Bekanntlich geht das chemische Element Radium (Ra) durch radioaktiven Zerfall im Verlaufe der Zeit in das Element Radon (Rn) über. Die zerfallenden Atomkerne des Radiums strahlen sogenannte α-Teilchen (Atomkerne des Elementes Helium (He)) aus. Der Zerfall eines einzelnen Ra-Atoms erfolgt unabhängig vom Zustand der anderen Atome der Materie, und die α-Strahlen stellen einen Strom mit einer großen Anzahl unabhängiger Teilchen dar.

Aufgrund der obigen Überlegungen kann man erwarten, daß die Verteilung der α-Teilchen in der Zeit eine POISSONsche ist, d. h., die Wahrscheinlichkeit dafür, daß die Anzahl $\xi(\Delta)$ der in einem Zeitintervall Δ ausgestrahlten α-Teilchen gleich k ist, hat den Wert

$$\mathsf{P}\{\xi(\Delta) = k\} = \frac{(\lambda\,|\Delta|)^k}{k!}\, \mathrm{e}^{-\lambda|\Delta|}, \qquad k = 0, 1, \ldots. \tag{2.5}$$

Dabei bezeichnet $|\Delta|$ die Länge des betrachteten Zeitintervalls Δ und λ die mittlere Anzahl von α-Teilchen, die pro Zeiteinheit ausgestrahlt werden:

$$\lambda = \frac{\mathsf{M}\xi(\Delta)}{|\Delta|}.$$

Diese Erwartung ist durch experimentelle Untersuchungen weitgehend bestätigt worden[1]). (Ausführlicher wird der Prozeß des radioaktiven Zerfalls in dem folgenden Abschnitt 2.2. betrachtet werden.)

---

[1]) Siehe z. B. das bereits zitierte Buch von W. FELLER.

Natürlich tritt die POISSONsche Verteilung nicht nur bei der Untersuchung eines homogenen Stromes von unabhängigen Teilchen auf. Als weiteres Beispiel kann man hier den homogenen Strom der Forderungen anführen, der in irgendein Bedienungssystem einläuft (z. B. kommen an einer Tankstelle Kraftwagen an, treffen in einem Auskunftsbüro Anfragen ein, wird in einer Telefonzentrale der Strom der erfolglosen Anrufe der Teilnehmer registriert usw.). Ganz allgemein können irgendwelche homogenen Ströme von unabhängigen Ereignissen betrachtet werden, die in ihrem zeitlichen Verlauf registriert werden: Die Zeitpunkte des Eintretens dieser Ereignisse können als „Teilchen" interpretiert werden, die zufällig auf der reellen Geraden (der Zeitachse) verteilt sind. Angenommen, für die Anzahl $\xi(\Delta)$ der Ereignisse im Zeitintervall Δ gelten die oben angegebenen Bedingungen a), b) und c):

a) Die Zufallsgrößen $\xi(\Delta_1), \ldots, \xi(\Delta_n)$ sind für paarweise disjunkte Zeitintervalle $\Delta_1, \ldots, \Delta_n$ unabhängig;

b) die Wahrscheinlichkeit für irgendeine Anzahl von Ereignissen im Intervall Δ hängt nicht vom Anfangspunkt der Zeitachse ab (bzw. hängt nicht von der Lage des Intervalls Δ auf der Zeitachse ab);

c) die Wahrscheinlichkeit für das Eintreten eines Ereignisses in einem kleinen Zeitintervall Δ ist zur Länge $|\Delta|$ dieses Intervalls proportional, und die Wahrscheinlichkeit für das Eintreten von mehr als einem Ereignis ist bezüglich $|\Delta|$ eine Größe höherer Ordnung.

Dann heißt dieser Ereignisstrom ein POISSON*scher Ereignisstrom*; die Wahrscheinlichkeitsverteilung von $\xi(\Delta)$ wird durch die Formel (2.5) beschrieben.

2.2. Die Zeit bis zum Eintreten eines zufälligen Ereignisses

Eine Münze werde je Zeiteinheit einmal geworfen, und zwar so lange, bis zum ersten Mal das Wappen erscheint. Die Versuchsdauer (d. h. die Wartezeit auf das Ereignis „Wappen") ist natürlich eine Zufallsgröße. Für einen Beobachter, der auf das Erscheinen des Wappens wartet, ist dabei aufgrund der Unabhängigkeit der einzelnen Münzwürfe die Situation zu einem beliebigen Zeitpunkt $t > 0$ wahrscheinlichkeitstheoretisch dieselbe wie zum Anfangszeitpunkt $t = 0$: die Wahrscheinlichkeit, nach einem Zeitpunkt t mindestens noch eine Zeitdauer s warten zu müssen, ist gleich der Wahrscheinlichkeit, vom Anfangszeitpunkt ausgehend mindestens noch s-mal nur Zahlen zu werfen. Genauer, bezeichnet τ die Anzahl der Würfe, bis zum erstenmal das Wappen erscheint, ist also τ die Wartezeit, dann gilt die Gleichung

$$\mathsf{P}\{\tau > t + s \mid \tau > t\} = \mathsf{P}\{\tau > s\}. \tag{2.6}$$

Diese Beziehung wird folgendermaßen bewiesen. Für beliebige $t = 0, 1, \ldots$ tritt das Ereignis $\{\tau > t\}$ genau dann ein, wenn bei t voneinander unabhängigen Münzwürfen kein einziges Mal das Wappen auftritt. Also gilt

$$\mathsf{P}\{\tau > t\} = (1 - p)^t, \qquad t = 0, 1, \ldots. \tag{2.7}$$

Dabei ist p die Wahrscheinlichkeit für das Auftreten des Wappens in einem beliebigen einzelnen Münzenwurf (für eine symmetrische Münze gilt $p = \frac{1}{2}$). Wir erhalten somit

$$\mathsf{P}\{\tau > t + s \mid \tau > t\} = \frac{\mathsf{P}\{\tau > t + s\}}{\mathsf{P}\{\tau > t\}} = (1 - p)^s = \mathsf{P}\{\tau > s\}.$$

Die Gleichung (2.6) für sich betrachtet ist charakteristisch für Wartezeiten τ bis zum Eintreten solcher Ereignisse A, bei denen die Länge der bereits gewarteten Zeit keinerlei Einfluß auf die Wahrscheinlichkeitsverteilung der noch verbleibenden Zeit bis zu ihrem Eintreten ausübt. Für solche Wartezeiten τ, für die oben ein einfaches Beispiel angegeben wurde, gilt

$$\mathsf{P}\{\tau > t\} = \mathrm{e}^{-\lambda t}, \qquad t \geqq 0, \tag{2.8}$$

wobei λ ($\lambda \geqq 0$) ein gewisser Parameter ist. Bei diskreter Zeit $t = 0, 1, \ldots$ kann man mit $p = 1 - \mathrm{e}^{-\lambda}$ die Formel (2.8) in der Form (2.7) schreiben.

Die Wahrscheinlichkeitsverteilung der Wartezeit τ ist für diskrete Zeit t eine sogenannte *geometrische Verteilung*:

$$P_\tau(k) = \mathrm{e}^{-\lambda(k-1)} - \mathrm{e}^{-\lambda k} = p(1 - p)^{k-1}, \qquad k = 1, 2, \ldots. \tag{2.9}$$

Für stetige Zeit t, $0 \leqq t < +\infty$, hat die Verteilung aufgrund von (2.8) die Wahrscheinlichkeitsdichte

$$p_\tau(t) = \begin{cases} \lambda \mathrm{e}^{-\lambda t} & \text{für } t \geqq 0, \\ 0 & \text{für } t < 0. \end{cases} \tag{2.10}$$

Die Verteilungsfunktion von τ läßt sich nämlich als $F_\tau(t) = 1 - \mathsf{P}\{\tau > t\}$ schreiben, und es gilt $p_\tau(t) = F_\tau'(t)$. Eine solche Verteilung nennt man eine *Exponentialverteilung*. Für den genannten Parameter λ gibt es eine einfache wahrscheinlichkeitstheoretische Interpretation, $\frac{1}{\lambda}$ ist die mittlere Wartezeit:

$$\frac{1}{\lambda} = \mathsf{M}\tau = \int_0^\infty t p_\tau(t)\, \mathrm{d}t. \tag{2.11}$$

Wir leiten nun die Formel (2.8) aus der Beziehung (2.6) her, wobei wir voraussetzen, daß τ den Wert 0 nur mit Wahrscheinlichkeit Null annimmt und daß die Zufallsgröße τ im Fall stetiger Zeit für $t \geqq 0$ eine stetige Wahrscheinlichkeitsdichte besitzt. Wir definieren eine Funktion $f(t)$ durch $f(t) = \mathsf{P}\{\tau > t\}$. Nach (2.6) und der Formel der totalen Wahrscheinlichkeit gilt

$$\mathsf{P}\{\tau > t + s\} = \mathsf{P}\{\tau > s\}\,\mathsf{P}\{\tau > t\},$$

und folglich ergibt sich für die Funktion $f(t)$ die Beziehung

$$f(s + t) = f(s)\,f(t) \qquad (s, t \geqq 0)$$

oder, anders geschrieben,

$$\log f(s + t) = \log f(s) + \log f(t)$$

mit $f(0) = \mathsf{P}\{\tau > 0\} = 1$.

Für diskrete Zeit $t = 0, 1, \ldots$ erhalten wir daraus, daß $\log f(t)$ (mit $\log f(0) = 0$) eine lineare Funktion ist, d. h. daß

$$\log f(t) = t \log f(1)$$

gilt, und daß folglich mit der Bezeichnung $p = 1 - f(1) = \mathsf{P}\{\tau = 1\}$ die Gleichung $f(t) = (1 - p)^t = e^{-\lambda t}$ besteht.

Für stetige Zeit t folgt unter der Voraussetzung, daß die Dichte $p_\tau(t) = -f'(t + 0)$, $t \geqq 0$, existiert, durch Differentiation nach s die Gleichung

$$\frac{f'(t + s)}{f(t + s)} = \frac{f'(s)}{f(s)}.$$

Daraus ergibt sich für $s = 0$ die Beziehung

$$\frac{f'(t)}{f(t)} = -\lambda$$

mit $-\lambda = f'(0) \leqq 0$, da $f(0) = 1$ der maximale Wert der Funktion $f(t) = \mathsf{P}\{\tau > t\}$, $t \geqq 0$, ist. Also gilt $f(t) = e^{-\lambda t}$. Damit ist (2.8) bewiesen.

Beispiel (*Modell des radioaktiven Zerfalls*): Wir hatten bereits weiter oben erwähnt, daß die Verteilung der vom Element Radium ausgestrahlten α-Teilchen eine POISSONsche Verteilung ist. Wir setzen nun voraus, daß die Umwandlung von Radium Ra in Radon Rn (wobei gleichzeitig α-Teilchen ausgestrahlt werden), derart vor sich geht, daß sich im Zeitintervall (t_0, t_1) jedes einzeln betrachtete Ra-Atom mit einer gewissen, nur von der Länge $t = t_1 - t_0$ des Zeitintervalls abhängenden Wahrscheinlichkeit $p = p(t)$ in ein Rn-Atom umwandelt.

Erfolgte bis zum Zeitpunkt t_1 der Übergang Ra $\to$ Rn nicht, so betrachten wir t_1 als neuen Ausgangszeitpunkt. Die Umwandlung des Ra-Atoms tritt nun auf Grund unserer Voraussetzung in der folgenden Zeitspanne $s = t_2 - t_1$ mit der entsprechenden Wahrscheinlichkeit $p(s)$ ein. Offenbar genügt die Zeit τ bis zum Zerfall Ra $\to$ Rn eines bestimmten Ra-Atoms (wenn man mit dem Zeitpunkt t_0

beginnt) der Beziehung (2.6), da die bedingte Wahrscheinlichkeit $\mathsf{P}\{\tau > t + s \mid \tau > t\}$ die Wahrscheinlichkeit dafür ist, daß das bis zum Zeitpunkt $t = t_1$ erhalten gebliebene Ra-Atom auch im folgenden Zeitintervall (t_1, t_2) mit $t_2 - t_1 = s$ nicht zerfallen wird. Nach Voraussetzung ist diese Wahrscheinlichkeit (ebenso wie auch die Wahrscheinlichkeit $\mathsf{P}\{\tau > s\}$) gleich $1 - p(s)$, und folglich besitzt die Wartezeit τ eine Exponentialverteilung (2.8).

Wir wollen hier noch die physikalische Bedeutung der zugehörigen Konstante λ erklären. Wir wissen bereits, daß $\frac{1}{\lambda}$ die mittlere Wartezeit bis zum Zerfall Ra $\to$ Rn irgendeines bestimmten einzelnen Atoms ist (vgl. (2.1)). Hierbei wird natürlich angenommen, daß die Konstante λ für alle Ra-Atome übereinstimmt.

Es sei n_0 die Radiummenge (genauer, die Anzahl der Ra-Atome) zum Anfangszeitpunkt t_0. Jedes einzelne Ra-Atom zerfällt während der folgenden Zeit t mit der Wahrscheinlichkeit

$$p(t) = 1 - \mathrm{e}^{-\lambda t}.$$

Wenn $\xi(t)$ die Anzahl der in dieser Zeit zerfallenen Ra-Atome bezeichnet ($\xi(t)$ stimmt mit der Anzahl der bis zur Zeit t ausgestrahlten α-Teilchen überein), dann gilt für den Mittelwert $\mathsf{M}\xi(t)$ die Gleichung

$$\mathsf{M}\xi(t) = n_0 p(t) = n_0(1 - \mathrm{e}^{-\lambda t}).$$

Nach der Zeit t sind also im Mittel noch

$$n(t) = \mathsf{M}\big(n_0 - \xi(t)\big) = n_0 - \mathsf{M}\xi(t) = n_0\, \mathrm{e}^{-\lambda t}$$

Radiumatome vorhanden.

Die exponentielle Abhängigkeit von t kann nicht nur durch den Exponenten λ, sondern auch durch die sogenannte *Halbwertszeit* T charakterisiert werden. Die Halbwertszeit T ist als diejenige Zeit definiert, nach der gerade die Hälfte des Ausgangsmaterials zerfallen ist. Für das Auffinden von T benutzt man die Gleichung

$$n(T) = \frac{n_0}{2},$$

woraus sich $T = \frac{\log 2}{\lambda}$ ergibt (experimentell wurde ermittelt, daß für Radium die Halbwertszeit $T = 1590$ Jahre beträgt).

Wir betrachten jetzt ein allgemeines Modell für einen Poissonschen Ereignisstrom. Bei diesem Modell wird vorausgesetzt, daß unabhängig davon, wann und wieviele Ereignisse bis zum gegenwärtigen Zeitpunkt t_0 eingetreten sind, im Zeitintervall (t_0, t_1) genau k Ereignisse mit der Wahrscheinlichkeit

$$\frac{(\lambda t)^k}{k!}\, \mathrm{e}^{-\lambda t}, \qquad k = 0, 1, \ldots, \qquad (t = t_1 - t_0)$$

eintreten werden.

Es ist klar, daß die zufällige Wartezeit (nach dem Zeitpunkt t_0) auf das nächstfolgende Ereignis eine Exponentialverteilung mit dem Parameter λ besitzt:

$$\mathsf{P}\{\tau_1 - t_0 > t\} = \mathsf{P}\{\xi(t_0, t_1) = 0\} = e^{-\lambda t}. \tag{2.12}$$

Dabei bedeuten τ_1 die Eintrittszeit des ersten nach dem Zeitpunkt t_0 eintretenden Ereignisses und $\xi(t_0, t_1)$ die Anzahl der im Zeitintervall (t_0, t_1) eintretenden Ereignisse. Der Parameter λ dieser Exponentialverteilung ist der gleiche wie in dem Poissonschen Strom, von dem wir ausgegangen waren (λ ist die mittlere Anzahl der je Zeiteinheit ankommenden Ereignisse).

Als Folgerung ergibt sich für Poissonsche Ereignisströme, daß auch nach sehr langem Warten auf das Eintreten des nächsten Ereignisses, dieses im folgenden Zeitintervall (t_1, t_2) mit derselben Wahrscheinlichkeit $1 - e^{-\lambda s}$, $s = t_2 - t_1$, eintritt, als ob überhaupt keine Wartezeit verstrichen und t_1 gleich dem Anfangszeitpunkt der Beobachtung wäre:

$$\mathsf{P}\{\tau_1 - t_0 > t + s \mid \tau_1 - t_0 > t\} = \frac{e^{-\lambda(t+s)}}{e^{-\lambda t}} = e^{-\lambda s} = \mathsf{P}\{\tau_1 - t_0 > s\}.$$

Es seien $\tau_1, \ldots, \tau_n$ die zufälligen Zeitpunkte, zu denen die aufeinanderfolgenden Ereignisse des betrachteten Poissonschen Stromes eintreten. Weiterhin sei t_1 ein beliebiger Zeitpunkt mit $\tau_1 \leqq t_1 < \tau_2$. Nach dem Zeitpunkt t_1 tritt das nächste Ereignis unabhängig von τ_1 im Verlaufe der Zeit t mit Wahrscheinlichkeit $1 - e^{-\lambda t}$ ein. Deshalb ist die bedingte Wahrscheinlichkeit für das Ereignis $\{\tau_2 - t_1 \leqq t\}$ unter der Bedingung, daß τ_1 irgendeinen Wert annimmt, der nicht größer als t_1 ist, gleich

$$\mathsf{P}\{\tau_2 - t_1 \leqq t \mid \tau_1, \tau_1 \leqq t_1\} = 1 - e^{-\lambda t}.$$

Insbesondere ergibt sich für $\tau_1 = t_1$ die Beziehung

$$\mathsf{P}\{\tau_2 - t_1 \leqq t \mid \tau_1 = t_1\} = \mathsf{P}\{\tau_2 - \tau_1 \leqq t \mid \tau_1 = t_1\} = 1 - e^{-\lambda t}.$$

Also hängt die bedingte Wahrscheinlichkeitsdichte $p(t \mid t_1)$, $t \geqq 0$, der Zufallsgröße $\tau_2 - \tau_1$ unter der Bedingung $\tau_1 = t_1$ für $t_1 \geqq t_0$ nicht von t_1 ab und ist für alle diese t_1 gleich $\lambda e^{-\lambda t}$. Folglich gilt (nach Formel (3.1)) für die „unbedingte" Dichte

$$p(t) = \int_{t_0}^{+\infty} p(t \mid t_1)\, p_{\tau_1}(t_1)\, dt_1 = \lambda e^{-\lambda t},$$

d. h., die Länge des Zeitintervalls $\tau_2 - \tau_1$ besitzt ebenfalls eine Exponentialverteilung mit dem gleichen Parameter λ:

$$\mathsf{P}\{\tau_2 - \tau_1 > t\} = e^{-\lambda t}, \quad t \geqq 0. \tag{2.13}$$

Analoge Überlegungen für die Zeitpunkte τ_{n-1} und τ_n führen zu dem Schluß, daß die Größe $\mathsf{P}\{\tau_n - \tau_{n-1} > t \mid \tau_1, \tau_2, \ldots, \tau_{n-1}\}$ nicht von den Zeitpunkten $\tau_1, \tau_2, \ldots,$

τ_{n-1} des Eintretens der ersten $n - 1$ Ereignisse abhängt, folglich auch unabhängig von den Intervallen $\tau_2 - \tau_1, \ldots, \tau_{n-1} - \tau_{n-2}, \tau_1 - t_0$ ist, und daß gilt

$$\mathsf{P}\{\tau_n - \tau_{n-1} > t \mid \tau_1, \tau_2, \ldots, \tau_{n-1}\} = \mathsf{P}\{\tau_n - \tau_{n-1} > t\} = \mathrm{e}^{-\lambda t}. \tag{2.14}$$

Insgesamt ergibt sich, daß die Länge $\tau_1 - t_0, \tau_2 - \tau_1, \ldots$ der Intervalle zwischen den nacheinander eintretenden Ereignissen des POISSONschen Stromes unabhängige Zufallsgrößen sind. Sie besitzen ein und dieselbe Exponentialverteilung mit dem Parameter λ (λ ist die mittlere Anzahl von Ereignissen, die in einer Zeiteinheit eintreten).

Es seien $\xi_1, \xi_2, \ldots$ unabhängige, sämtlich mit dem Parameter λ exponentialverteilte Zufallsgrößen. Wir setzen

$$S_n = \xi_1 + \cdots + \xi_n. \tag{2.15}$$

Wenn $\xi_1 = \tau_1 - t_0, \xi_2 = \tau_2 - \tau_1, \ldots$ die Intervallängen zwischen dem Eintreten der Ereignisse in einem POISSONschen Strom sind, dann stellt die Zufallsgröße S_n die Wartezeit bis zum Eintreten des n-ten Ereignisses dar: $S_n = \tau_n - t_0$. Offenbar besteht das Ereignis $\{S_n \leqq t\}$ gerade darin, daß bis zur Zeit t mindestens n Ereignisse eingetreten sind. Die Verteilungsfunktion der nichtnegativen Größe S_n hat die Gestalt

$$\mathsf{P}\{S_n \leqq t\} = 1 - \sum_{k=0}^{n-1} \frac{(\lambda t)^k}{k!} \mathrm{e}^{-\lambda t}, \qquad t \geqq 0.$$

Wenn man diesen Ausdruck nach t differenziert, erhält man die entsprechende Wahrscheinlichkeitsdichte. Sie besitzt die Form

$$p(t) = \begin{cases} \lambda \dfrac{(\lambda t)^{n-1}}{(n-1)!} \mathrm{e}^{-\lambda t} & \text{für} \quad t \geqq 0, \\ 0 & \text{für} \quad t < 0. \end{cases} \tag{2.16}$$

Die dadurch gegebene Wahrscheinlichkeitsverteilung gehört zur Familie der sogenannten „*Gamma-Verteilungen*“ (einige von ihnen werden wir weiter unten noch kennen lernen). Die Dichte einer allgemeinen „Gamma-Verteilung“ wird durch folgende Formel gegeben:

$$p(t) = \begin{cases} \dfrac{\beta^\alpha}{\Gamma(\alpha)} t^{\alpha-1} \mathrm{e}^{-\beta t} & \text{für} \quad t \geqq 0, \\ 0 & \text{für} \quad t < 0. \end{cases} \tag{2.17}$$

Dabei sind α und β positive Parameter, und die durch

$$\Gamma(\alpha) = \int_0^{+\infty} t^{\alpha-1} \mathrm{e}^{-t} \, \mathrm{d}t$$

definierte Funktion ist die sogenannte Eulersche Gammafunktion. Es gilt

$$\Gamma(\alpha + 1) = \alpha\Gamma(\alpha), \qquad \Gamma\left(\frac{1}{2}\right) = \sqrt{\pi} \quad \text{und} \quad \Gamma(n + 1) = n! \tag{2.18}$$

Die Verteilung (2.16) erhält man für $\alpha = n$ und $\beta = \lambda$. Bei $n = 1$ ergibt sich die Exponentialverteilung.

Zum Schluß dieses Abschnittes weisen wir noch auf eine Tatsache hin, die auf den ersten Blick paradox erscheinen könnte. Wir betrachten, wie auch schon im Vorausgegangenen, einen Poissonschen Ereignisstrom. Unabhängig davon, wann und wieviele Ereignisse außerhalb irgendeines Zeitintervalls (s, t) eintreten, werden in diesem Intervall k Ereignisse mit der entsprechenden Wahrscheinlichkeit

$$\frac{(\lambda(t - s))^k}{k!} e^{-\lambda(t-s)}, \qquad k = 0, 1, \ldots,$$

verwirklicht.

Wir setzen voraus, daß das Eintreten der Ereignisse auf der Zeitachse $-\infty < t < +\infty$ registriert wird und ein in irgendeinem bestimmten Zeitpunkt t_0 angekommener Beobachter sich für das Intervall zwischen dem vorausgegangenen Ereignis (seinen Eintrittszeitpunkt bezeichnen wir mit τ_{-1}) und dem nachfolgenden Ereignis, dessen Eintrittszeit wie oben mit τ_1 gekennzeichnet wird, interessiert.

Wir hatten festgestellt, daß die Zeitabstände $\tau_2 - \tau_1$, $\tau_3 - \tau_2$ usw. zwischen aufeinanderfolgenden Ereignissen sowie auch die Größe $\tau_1 - t_0$ eine Exponentialverteilung mit dem Parameter λ besitzen. Man könnte denken, daß auch die Differenz $\tau_1 - \tau_{-1}$ eine solche Verteilung besitzt, obwohl daran sehr schnell Zweifel entstehen, wenn man die Ungleichung $(\tau_1 - \tau_{-1}) > (\tau_1 - t_0)$ berücksichtigt. Aus dieser Ungleichung folgt nämlich, daß die angegebenen Größen nicht dieselben Wahrscheinlichkeitsverteilungen haben können.

Um die Verteilung der Zufallsgröße $\tau_1 - \tau_{-1}$ zu finden, muß man beachten, daß die Richtung des Zeitverlaufes ohne Einfluß auf das wahrscheinlichkeitstheoretische Verhalten eines Poissonschen Ereignisstromes ist, er bleibt ein Poissonscher Strom, auch wenn er „rückwärts" abläuft (auch wenn man also die Variable t formal durch $-t$, $-\infty < t < \infty$ ersetzt). Folglich wird für einen beliebigen festen Zeitpunkt t_0 mit $\tau_{-1} < t_0 < \tau_1$ nicht nur die Größe $\tau_1 - t_0$, also die Wartezeit bis zum nächsten Ereignis, sondern auch die Differenz $t_0 - \tau_{-1}$, d. h. die Wartezeit bis zum nächsten Ereignis im „inversen Strom", eine exponentielle Wahrscheinlichkeitsverteilung besitzen. Außerdem hängt, wie bereits bemerkt wurde, die Größe $\tau_1 - t_0$ nicht davon ab, wann das letzte Ereignis vor dem Zeitpunkt t_0 stattgefunden hat. Somit sind die Zufallsgrößen $(\tau_1 - t_0)$ und $(t_0 - \tau_{-1})$ unter der Bedingung $\tau_{-1} < t_0 < \tau_1$ voneinander unabhängig. Die Verteilung der Differenz $\tau_1 - \tau_{-1}$, d. h. des zeitlichen Abstandes zwischen aufeinanderfolgenden Ereignissen (unter der Bedingung, daß für irgendeinen fixierten Zeitpunkt t_0 die Beziehung $\tau_{-1} < t_0 < \tau_1$ gilt), ist also dieselbe wie die der Summe $(\tau_1 - t_0) + (t_0 - \tau_1)$ zweier unabhängiger Zufallsgrößen mit ein und derselben Exponentialverteilung (die entsprechende Wahrscheinlichkeitsdichte liefert die Formel (2.16) für $n = 2$).

3. Das Bernoullische Versuchsschema und die Brownsche Bewegung, damit zusammenhängende Wahrscheinlichkeitsverteilungen

3.1. Das Bernoullische Versuchsschema und die Binomialverteilung, Approximation der Binomialverteilung durch die Poissonsche Verteilung und durch die Normalverteilung

Angenommen, es werden unabhängig voneinander gleichartige Versuche durchgeführt, und es wird in jedem Versuch beobachtet, ob ein gewisses Ereignis A, dessen Wahrscheinlichkeit $\mathsf{P}(A) = p$ positiv sein soll, eintritt oder nicht. Eine solche Versuchsreihe bezeichnet man als ein BERNOULLI*sches Versuchsschema*. Tritt in einem Versuch das betrachtete Ereignis A ein, so spricht man von einem „Erfolg" in diesem Versuch, findet dagegen das komplementäre Ereignis $\bar{A}$ statt, das in jedem der betrachteten Versuche mit Wahrscheinlichkeit $q = 1 - p$ eintritt, so sagt man, es handle sich um einen „Mißerfolg".

Wir beschreiben jeden Versuchsausgang durch eine Zahl, und zwar im Fall eines „Erfolges" durch eine Eins (1) und im Fall eines „Mißerfolges" durch eine Null (0). Dann besteht jeder Elementarausgang $\omega = (\omega_1, \ldots, \omega_n)$ einer Serie von n Versuchen aus einer Folge von Nullen und Einsen ($\omega_i = 1$ mit Wahrscheinlichkeit p und $\omega_i = 0$ mit Wahrscheinlichkeit $q = 1 - p$). Die Wahrscheinlichkeit $\mathsf{P}(\omega)$ eines Elementarausganges ω, der genau k „Erfolge" und $n - k$ „Mißerfolge" enthält, ist auf Grund der Unabhängigkeit der Einzelversuche gegeben durch

$$\mathsf{P}(\omega) = p^k q^{n-k}.$$

Wir betrachten die Zufallsgröße ξ, die gleich der Gesamtanzahl der „Erfolge" in einem BERNOULLIschen Versuchsschema mit n Versuchen ist; wir setzen also $\xi(\omega) = k$, wenn bei dem Elementarausgang ω genau k-mal ein „Erfolg" eintritt.

Die Anzahl der unterschiedlichen Ausgänge ω, die die gleiche Anzahl k von „Erfolgen" enthalten, ist gleich der Anzahl der Möglichkeiten, aus einer Menge von n Elementen eine k-elementige Teilmenge auszuwählen, also gleich

$$\binom{n}{k} = \frac{n!}{k!\,(n-k)!}.$$

Alle diese Ausgänge ω haben ein und dieselbe Wahrscheinlichkeit $\mathsf{P}(\omega) = p^k q^{n-k}$, so daß das Ereignis $\{\xi = k\}$ die Wahrscheinlichkeit

$$\binom{n}{k} p^k q^{n-k}$$

besitzt. Die Wahrscheinlichkeitsverteilung der Zufallsgröße ξ ergibt sich somit durch die Formel

$$P_\xi(k) = \binom{n}{k} p^k q^{n-k}, \qquad k = 0, \ldots, n. \tag{3.1}$$

Hierbei handelt es sich um eine Binomialverteilung (Abb. 12), wie sie bereits weiter oben (vgl. (1.10)) bei der Betrachtung des Urnenschemas aufgetreten ist. Dort war das Ziehen einer weißen Kugel ein „Erfolg" und das Ziehen einer schwarzen Kugel ein „Mißerfolg".

Eine Binomialverteilung wird durch zwei Parameter gekennzeichnet, und zwar durch die Wahrscheinlichkeit p eines einzelnen Erfolges und durch die Versuchsanzahl n.

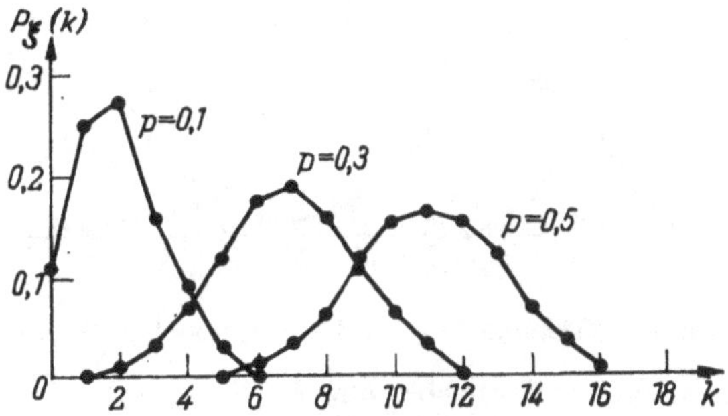

Abb. 12. Die Punkte in der Zeichnung stellen die Binomialwahrscheinlichkeiten $P_\xi(k) = \binom{n}{k} \times p^k(1-p)^{n-k}$, $k = 0, 1, \ldots, n$, für $n = 20$ und für $p = 0{,}1; 0{,}3; 0{,}5$ dar.

Es ist mitunter nützlich zu wissen, daß die Zufallsgröße ξ die Summe aus n unabhängigen Zufallsgrößen $\xi_1, \ldots, \xi_n$ ist, die folgendermaßen definiert sind:
$\xi_k = 1$, wenn im k-ten Versuch ein „Erfolg", und
$\xi_k = 0$, wenn in diesem Versuch ein „Mißerfolg" auftritt.
Es ist also

$$\xi = \xi_1 + \cdots + \xi_n. \tag{3.2}$$

Wenn man berücksichtigt, daß

$$\mathsf{M}\xi_k = p$$

und

$$\mathsf{D}^2\xi_k = \mathsf{M}\xi_k^2 - (\mathsf{M}\xi_k)^2 = p - p^2 = p(1-p) = pq$$

gilt, dann erhält man unter Verwendung von (3.2) für den Erwartungswert $\mathsf{M}\xi$ und die Streuung $\mathsf{D}^2\xi$ der Zufallsgröße ξ die folgenden Werte:

$$\mathsf{M}\xi = np, \qquad \mathsf{D}^2\xi = npq. \tag{3.3}$$

Bei einer großen Anzahl n von Versuchen und einer verhältnismäßig kleinen Wahrscheinlichkeit p, wenn also jeder „Erfolg" ein relativ seltenes Ereignis ist, die mittlere Anzahl $a = np$ der „Erfolge" jedoch nicht verschwindend klein ist, gilt

$$P_\xi(k) \approx \frac{a^k}{k!} e^{-a}, \qquad k = 0, 1, \ldots, \tag{3.4}$$

wobei $a = np$ die mittlere Anzahl der Erfolge ist (vgl. (1.12)). Diese Beziehung stellt eine Approximation der Binomialverteilung durch eine POISSONsche Verteilung dar (vgl. Abb. 13).

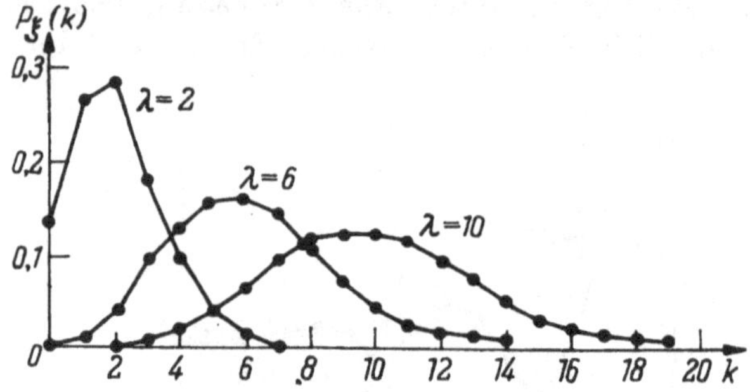

Abb. 13. Die Punkte in der Zeichnung stellen die POISSONschen Wahrscheinlichkeiten $P_\xi(k) = \frac{\lambda^k}{k!} e^{-\lambda}$, $k = 0, 1, \ldots$, für die Parameterwerte $\lambda = 2, 6, 10$ dar ($\lambda = np$ für $n = 20$ und $p = 0{,}1; 0{,}3; 0{,}5$; vgl. Abb. 12).

In Anwendungen dient das BERNOULLIsche Versuchsschema oft zur experimentellen Bestimmung der Wahrscheinlichkeit

$$p = \mathsf{P}(A)$$

eines interessierenden Ereignisses A (A ist der „Erfolg" im einzelnen Versuch). Man führt n unabhängige gleichartige Versuche durch und beobachtet in jedem Versuch, ob A eintritt oder nicht. Als empirische Schätzung der Wahrscheinlichkeit $p = \mathsf{P}(A)$ verwendet man das Verhältnis der Anzahl der „Erfolge" zur Gesamtanzahl der Versuche

$$p \approx \frac{n(A)}{n} \left(= \frac{1}{n} \sum_{k=1}^{n} \xi_k \right). \tag{3.5}$$

Aufgrund des Gesetzes der großen Zahlen gilt

$$p = \lim_{n\to\infty} \frac{n(A)}{n},$$

und für die mittlere quadratische Abweichung der vom Beobachter verwendeten Schätzung $\frac{n(A)}{n}$ der unbekannten Wahrscheinlichkeit $\mathsf{P}(A)$ von ihrem wahren Wert p erhält man die Gleichung

$$\left\| \frac{n(A)}{n} - p \right\| = \frac{\sqrt{\mathsf{D}^2 S_n}}{n} = \sqrt{\frac{pq}{n}}.$$

Dabei ist $S_n = \sum_{k=1}^{n} \xi_k$ nur eine neue Bezeichnung für die Anzahl der „Erfolge" bei n unabhängigen Versuchen. Also besitzt in der Darstellung

$$\frac{n(A)}{n} - p = \sqrt{\frac{pq}{n}}\, S_n{}^*$$

die Zufallsgröße $S_n{}^* = \dfrac{S_n - \mathsf{M}S_n}{\mathsf{D}^2 S_n}$ den Erwartungswert Null und die Streuung Eins. Daraus folgt insbesondere, daß die wahrscheinliche Abweichung des Quotienten $\dfrac{n(A)}{n}$ vom unbekannten Wert p die Ordnung $\dfrac{1}{\sqrt{n}}$ hat. Eine genauere Aussage ist in dem folgenden Satz enthalten.

Satz (Grenzwertsatz von MOIVRE-LAPLACE): *Für $n \to \infty$ konvergieren die Wahrscheinlichkeitsverteilungen der Zufallsgrößen $S_n{}^*$ gegen eine Wahrscheinlichkeitsverteilung, und zwar gilt für beliebige feste Zahlen x', x'' ($x' \leqq x''$) die Beziehung*

$$\lim_{n\to\infty} \mathsf{P}\{x' \leqq S_n{}^* \leqq x''\} = \frac{1}{\sqrt{2\pi}} \int_{x'}^{x''} e^{-\frac{x^2}{2}}\, dx. \tag{3.6}$$

Die Verteilung (3.6) heißt *Normalverteilung* oder auch GAUSS*sche Verteilung*, sie besitzt die Dichte

$$p(x) = \frac{1}{\sqrt{2\pi}}\, e^{-\frac{x^2}{2}}, \qquad -\infty < x < +\infty. \tag{3.7}$$

Wir wollen die Grenzbeziehung (3.6) beweisen.

Die normierte Zufallsgröße $S_n{}^*$ nimmt in Abhängigkeit vom Zufall einen der Werte x:

$$x = \frac{k - np}{\sqrt{npq}}, \qquad k = 0, 1, \ldots, n,$$

an. Diese x-Werte unterteilen das Intervall $\left[\dfrac{-np}{\sqrt{npq}}, \dfrac{nq}{\sqrt{npq}}\right]$ in gleichlange Abschnitte der Länge

$$\Delta x = \frac{1}{\sqrt{npq}}.$$

Dabei gilt

$$\mathsf{P}\{S_n{}^* = x\} = P_{S_n^*}(k) = \frac{n!}{k!(n-k)!}\, p^k q^{n-k}, \qquad k = 0, 1, \ldots, n.$$

Man überzeugt sich leicht davon, daß bei $n \to \infty$ die Beziehungen

$$k = np + x\sqrt{npq} \to \infty, \qquad n - k = nq - x\sqrt{npq} \to +\infty$$

gleichmäßig in x ($x' \leqq x \leqq x''$) vorliegen. Unter Verwendung der STIRLINGschen Formel erhalten wir

$$P_{S_n^*}(k) \sim \frac{\sqrt{2\pi n}\, n^n\, e^{-n}}{\sqrt{2\pi k}\, k^k\, e^{-k} \sqrt{2\pi(n-k)}\, (n-k)^{n-k}\, e^{-(n-k)}}\, p^k q^{n-k}$$

$$= \frac{1}{\sqrt{2\pi}} \sqrt{\frac{n}{k(n-k)}} \left(\frac{np}{k}\right)^k \left(\frac{nq}{n-k}\right)^{n-k}.$$

Weiterhin gilt

$$\frac{k}{np} = 1 + \sqrt{\frac{q}{np}}\, x, \qquad \frac{n-k}{nq} = 1 - \sqrt{\frac{p}{nq}}\, x,$$

und unter Ausnutzung der Beziehung

$$\ln(1 + \alpha_n) \sim \alpha_n - \frac{1}{2} \alpha_n^2$$

für $\alpha_n \to 0$ folgt

$$\ln\left(\frac{k}{np}\right)^{-k} = -k \ln\left(1 + \sqrt{\frac{q}{np}}\, x\right) \approx -(np + \sqrt{npq}\, x) \left[\sqrt{\frac{q}{np}}\, x - \frac{1}{2} \frac{q}{np}\, x^2\right],$$

$$\ln\left(\frac{n-k}{nq}\right)^{-(n-k)} = -(n-k) \ln\left(1 - \sqrt{\frac{p}{nq}}\, x\right)$$

$$\approx -(nq - \sqrt{npq}\, x) \left[-\sqrt{\frac{p}{nq}}\, x - \frac{1}{2} \frac{p}{nq}\, x^2\right].$$

Wenn wir diese Ausdrücke zusammenfassen, gelangen wir zu

$$\lim_{n\to\infty} \ln\left[\left(\frac{np}{k}\right)^k \left(\frac{nq}{n-k}\right)^{n-k}\right] = -\frac{1}{2} x^2.$$

Also gilt

$$\lim_{n\to\infty} \left(\frac{np}{k}\right)^k \left(\frac{nq}{n-k}\right)^{n-k} = e^{-\frac{x^2}{2}}.$$

Weiterhin ist

$$\sqrt{\frac{n}{k(n-k)}} \sim \sqrt{\frac{n}{npnq}} = \frac{1}{\sqrt{npq}} = \Delta x,$$

und als Endergebnis erhalten wir, daß

$$P\{S_n^* = x\} \sim \frac{1}{\sqrt{2\pi}}\, e^{-\frac{x^2}{2}}\, \Delta x, \qquad \Delta x = \frac{1}{\sqrt{npq}}$$

gleichmäßig für alle

$$x = \frac{k - np}{\sqrt{npq}}, \qquad x' \leqq x \leqq x'',$$

gilt.

Daraus folgt nun, daß

$$\mathsf{P}\{S_n^* = x\} = \frac{1}{\sqrt{2\pi}} \, \mathrm{e}^{-\frac{x^2}{2}} \, \Delta x + o(\Delta x)$$

gleichmäßig für alle

$$x = \frac{k - np}{\sqrt{npq}}, \qquad x' \leqq x \leqq x'',$$

erfüllt ist. Für $n \to \infty$ haben wir also

$$\mathsf{P}\{x' \leqq S_n^* \leqq x''\} = \sum_{x'}^{x''} \mathsf{P}\{S_n^* = x\} = \frac{1}{\sqrt{2\pi}} \sum_{x'}^{x''} \left[\mathrm{e}^{-\frac{x^2}{2}} \, \Delta x + o(\Delta x)\right]$$

$$= \frac{1}{\sqrt{2\pi}} \sum_{x'}^{x''} \mathrm{e}^{-\frac{x^2}{2}} \, \Delta x + o(1) \sim \frac{1}{\sqrt{2\pi}} \int_{x'}^{x''} \mathrm{e}^{-\frac{x^2}{2}} \, \mathrm{d}x,$$

was zu beweisen war.

Für die Wahrscheinlichkeitsverteilung der Zufallsgröße S_n^* gilt somit folgende Approximation durch die Normalverteilung

$$\mathsf{P}\{x' \leqq S_n^* \leqq x''\} \approx \Phi(x'') - \Phi(x').$$

Dabei stellt

$$\Phi(x) = \frac{1}{\sqrt{2\pi}} \int_{-\infty}^{x} \mathrm{e}^{-\frac{u^2}{2}} \, \mathrm{d}u$$

die Verteilungsfunktion der Normalverteilung (mit der Wahrscheinlichkeitsdichte (3.7)) dar (vgl. Abb. 14). Eine etwas genauere Näherung wird durch die Formel[1])

$$\mathsf{P}\{x' \leqq S_n^* \leqq x''\} \approx \Phi\left(x'' + \frac{\Delta x}{2}\right) - \Phi\left(x' - \frac{\Delta x}{2}\right)$$

mit $\Delta x = \dfrac{1}{\sqrt{npq}}$ gegeben.

Für die Differenz der Verteilungsfunktionen $F(x) = \mathsf{P}\{S_n^* \leqq x\}$ und $\Phi(x)$ gilt folgende Abschätzung (vgl. (4.19)):

$$\sup_x |F(x) - \Phi(x)| \leqq C \frac{1}{\sqrt{n}}, \tag{3.8}$$

---

[1]) Siehe auch in dem schon mehrfach zitierten Buch von W. FELLER.

wobei C eine Konstante mit

$$C \leq \frac{p^2 + q^2}{\sqrt{pq}}$$

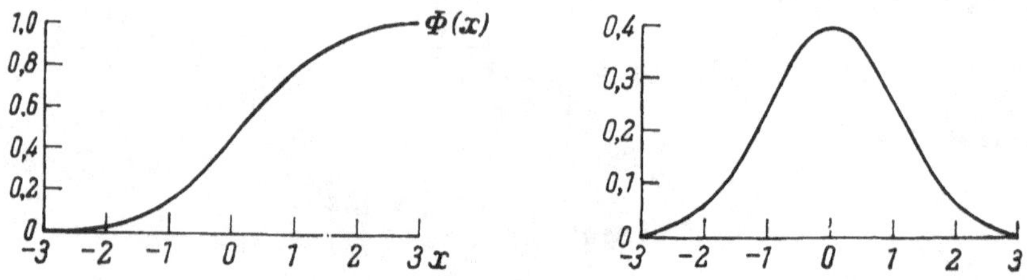

Abb. 14. Allgemeine Form der Verteilungsfunktion $\Phi(x)$ der standardisierten Normalverteilung (mit den Parametern (0, 1)) und der zugehörigen Wahrscheinlichkeitsdichte.

ist. Zur Erleichterung der Arbeit mit der Normalverteilung wird für den Leser weiter unten eine Tabelle (Tabelle 2) mit Werten der Verteilungsfunktion

$$\Phi(x) = \frac{1}{\sqrt{2\pi}} \int_{-\infty}^{x} e^{-\frac{u^2}{2}} du$$

der Normalverteilung angegeben.

Tabelle 2

x	$\Phi(x)$	x	$\Phi(x)$	x	$\Phi(x)$
0,0	0,500000	1,5	0,933193	3,0	0,998650
0,1	0,539828	1,6	0,945201	3,1	0,999032
0,2	0,579260	1,7	0,955435	3,2	0,999313
0,3	0,617911	1,8	0,964070	3,3	0,999517
0,4	0,655422	1,9	0,971283	3,4	0,999663
0,5	0,691462	2,0	0,977250	3,5	0,999767
0,6	0,725747	2,1	0,982136	3,6	0,999841
0,7	0,758036	2,2	0,986097	3,7	0,999892
0,8	0,788145	2,3	0,989276	3,8	0,999928
0,9	0,815940	2,4	0,991802	3,9	0,999952
1,0	0,841345	2,5	0,993790	4,0	0,999968
1,1	0,864334	2,6	0,995339	4,1	0,999979
1,2	0,884930	2,7	0,996533	4,2	0,999987
1,3	0,903200	2,8	0,997445	4,3	0,999991
1,4	0,919243	2,9	0,998134	4,4	0,999995
				4,5	0,999997

3.2. Die Brownsche Bewegung, die Wahrscheinlichkeitsverteilung des Maximums und des Zeitpunktes seines ersten Erreichens

Man stelle sich ein winziges Teilchen vor, das in einer homogenen Flüssigkeit schwebt. Es erleidet ständig regellose Zusammenstöße mit Molekülen der Flüssigkeit, und befindet sich deshalb in einer stetigen und ungeordneten Bewegung, die als Brownsche Bewegung bezeichnet wird.

Als diskretes Analogon eines solchen Prozesses kann das folgende Modell einer sogenannten zufälligen Irrfahrt dienen. Ein Teilchen verändere seine Lage nur zu diskreten Zeitpunkten, die ein ganzzahliges Vielfaches von Δt sein sollen, und zwar folgendermaßen. Befindet sich das Teilchen im Punkt x, so gehe es, unabhängig von seinem bisherigen Verhalten, mit jeweils der gleichen Wahrscheinlichkeit in einen der beiden benachbarten Punkte $x + \Delta x$ oder $x - \Delta x$ über. Dabei sei die Verschiebung Δx für alle Punkte x dieselbe. (Der Einfachheit halber betrachten wir nur eine Koordinate des sich bewegenden Teilchens, oder anders gesagt, eine eindimensionale zufällige Irrfahrt.) Wenn in bestimmter Weise Δt und Δx gegen Null streben, so erhalten wir im Grenzfall eine stetige zufällige Irrfahrt, die für den physikalischen Prozeß der Brownschen Bewegung charakteristisch ist[1]).

Ein Teilchen, das eine Brownsche Bewegung ausführt, werden wir im weiteren kurz als Brownsches Teilchen bezeichnen.

Es sei $\xi(t)$ die Lage eines solchen Teilchens zur Zeit t, und wir setzen voraus, daß es seine Bewegung zum Anfangszeitpunkt $t = 0$ im Punkt $x = 0$ begonnen hat. Bei einer diskreten Irrfahrt hat das Teilchen während der Zeit t genau $n = \frac{t}{\Delta t}$ Schritte ausgeführt, davon irgendeine zufällige Anzahl S_n von Schritten in positiver Richtung. Die Gesamtverschiebung des Teilchens in positiver Richtung beträgt dann $S_n \Delta x$ und die in negativer Richtung $(n - S_n)\,\Delta x$. Folglich hängt die Gesamtverschiebung $\xi(t)$ während der Zeit $t = n\Delta t$ durch folgende Gleichung mit der Anzahl S_n zusammen:

$$\xi(t) = [S_n \Delta x - (n - S_n)\,\Delta x] = (2S_n - n)\,\Delta x .$$

Unter Berücksichtigung von $\xi(0) = 0$ gilt für beliebige $s, t \geqq 0$ die Beziehung

$$\xi(s + t) = [\xi(s) - \xi(0)] + [\xi(t + s) - \xi(s)] .$$

Es ist klar, daß in dem eben beschriebenen Modell einer zufälligen Irrfahrt die Zufallsgrößen $\xi(s) - \xi(0)$ und $\xi(t + s) - \xi(s)$ unabhängig sind und die Wahrscheinlichkeitsverteilungen der Zuwächse $\xi(t + s) - \xi(s)$ und $\xi(t) - \xi(0)$ übereinstimmen. Deshalb gilt bei beliebigen $s, t \geqq 0$ für die Streuung $\mathsf{D}^2\xi(t + s)$ die Beziehung

$$\mathsf{D}^2\xi(t + s) = \mathsf{D}^2[\xi(s) - \xi(0)] + \mathsf{D}^2[\xi(t + s) - \xi(s)] = \mathsf{D}^2\xi(s) + \mathsf{D}^2\xi(t) .$$

---

[1]) Vgl. A. Я. Хинчин: Асимптотические законы теории вероятностей ОНТИ, 1936 (Kapitel 3).

Man erkennt daraus, daß sich die Streuung $\mathsf{D}^2\xi(t)$ als Funktion von t mit wachsendem t linear vergrößert, d. h., es gilt

$$\mathsf{D}^2\xi(t) = \sigma^2 t \qquad (0 \leqq t < +\infty).$$

Der in dieser Beziehung auftretende Koeffizient σ^2 ist eine Konstante und heißt *Diffusionskoeffizient.*

Andererseits kann man leicht ausrechnen, daß die Streuung $\mathsf{D}^2\xi(t)$ der Verschiebung $\xi(t)$ während der Zeit t (genauer, während n Schritten, $n = \frac{t}{\Delta t}$) gleich

$$\mathsf{D}^2\xi(t) = (\Delta x)^2 \frac{t}{\Delta t}$$

ist. Somit erhalten wir folgende Beziehung zwischen Δx, Δt und σ^2:

$$\frac{(\Delta x)^2}{\Delta t} = \sigma^2.$$

Die von einem Teilchen ausgeführten Übergänge hängen nicht voneinander ab. Man kann sie deshalb als Versuche in einem BERNOULLIschen Versuchsschema mit der Erfolgswahrscheinlichkeit $p = \frac{1}{2}$ ansehen. Dabei bezeichnen wir einen Schritt in positiver Richtung als „Erfolg". Die Anzahl S_n der in positiver Richtung erfolgten Schritte ist also gleich der Anzahl der Erfolge in einem BERNOULLIschen Versuchsschema mit n Versuchen. Die Lage eines Teilchens zur Zeit t läßt sich folgendermaßen mit Hilfe der normierten Größe $S_n{}^* = \frac{1}{\sqrt{n}}(2S_n - n)$ darstellen:

$$\xi(t) = S_n{}^* \sqrt{n}\, \Delta x = S_n{}^* \sqrt{t}\, \frac{\Delta x}{\sqrt{\Delta t}} = S_n{}^* \sigma \sqrt{t}\,.$$

Unter Verwendung des Grenzwertsatzes von MOIVRE-LAPLACE (vgl. (3.6)) erhalten wir daraus für die Wahrscheinlichkeitsverteilung von $\xi(t)$ nach dem Grenzübergang $\Delta t \to 0$ die Beziehung

$$\mathsf{P}\left\{x' \leqq \frac{\xi(t)}{\sigma\sqrt{t}} \leqq x''\right\} = \lim_{\Delta t \to 0} \mathsf{P}\{x' \leqq S_n{}^* \leqq x''\} = \frac{1}{\sqrt{2\pi}} \int_{x'}^{x''} e^{-\frac{x^2}{2}}\, dx. \tag{3.9}$$

Die Formel (3.9) gibt nicht nur die Wahrscheinlichkeitsverteilung der Lage $\xi(t)$ eines BROWNschen Teilchens zu Zeit t an, sondern auch die der Verschiebung eines solchen Teilchens während einer Zeitspanne der Länge t. Die Zuwächse $\xi(t + s) - \xi(s)$ besitzen nämlich bei beliebigem $\xi(s)$ aufgrund der Homogenität des betrachteten Prozesses dieselbe Wahrscheinlichkeitsverteilung wie der Zuwachs

$\xi(t) - \xi(0) = \xi(t)$, und zwar ist

$$\mathsf{P}\left\{x' \leqq \frac{\xi(t+s) - \xi(s)}{\sigma\sqrt{t}} \leqq x''\right\} = \frac{1}{\sqrt{2\pi}} \int_{x'}^{x''} e^{-\frac{x^2}{2}} dx.$$

Einige experimentell gewonnene Trajektorien der BROWNschen Bewegung sind in Abb. 15 dargestellt[1]).

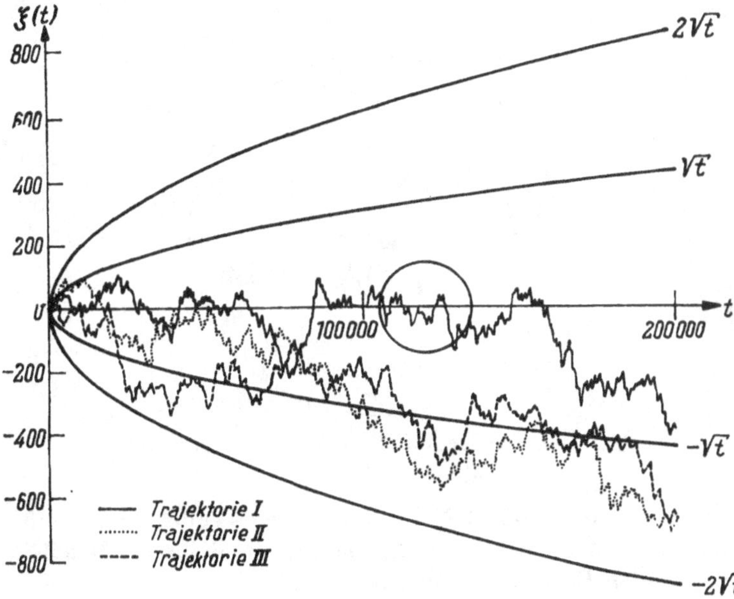

Abb. 15. Experimentell gewonnene Trajektorien der BROWNschen Bewegung mit dem Diffusionskoeffizienten $\sigma = 1$.

Man kann eine Modellierung der BROWNschen Bewegung mit Hilfe des sogenannten GALTONschen Brettes vornehmen. Dieses Gerät besteht aus einem geneigten ebenen Brett, auf dem mehrere Reihen von Nägeln gegeneinander versetzt angeordnet sind. Vom oberen Brettende läßt man eine Kugel, die das BROWNsche Teilchen darstellt, losrollen. Sie rollt das Brett hinab und stößt bei ihrer Abwärtsbewegung auf die Nägel, die „Moleküle". Dabei wird sie jedesmal mit der gleichen Wahrscheinlichkeit um die Entfernung Δ nach links oder nach rechts abgelenkt. Nach n Zusammenstößen (n ist gleich der Anzahl der Nagelreihen in der vertikalen Richtung) nimmt die Kugel irgendeine Lage ξ auf der horizontalen Achse $0X$ ein,

[1]) Vgl. H. O. A. WOLD (editor), Bibliography on time series and stochastic processes, Oliver and Boyd, Edinburgh and London, 1965 (S. 10—11).

und ξ befindet sich mit der Wahrscheinlichkeit

$$\mathsf{P}\{x' \leqq \xi \leqq x''\} \approx \frac{1}{\sqrt{2\pi}} \int_{x'}^{x''} e^{-\frac{x^2}{2}} \, dx$$

in dem Intervall $[x', x'']$ (dabei gelte für den verwendeten Maßstab $\Delta \sqrt{n} = 1$).

Führt man den Versuch praktisch durch, so fällt die Kugel in eine der Zellen, die die Achse $0X$ in kleine Intervalle $[x_k, x_{k+1}]$ gleicher Länge Δx zerlegen.

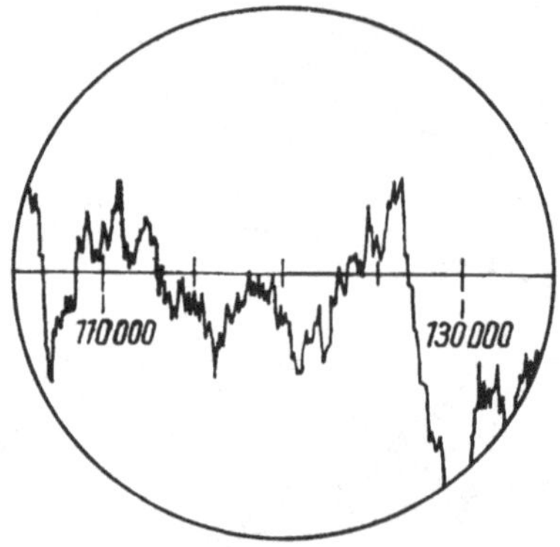

Abb. 15a. Teil der Abb. 15 in 4facher Vergrößerung.

Wenn man eine große Anzahl N von Kugeln verwendet, dann muß nach dem Gesetz der großen Zahlen die Anzahl N_k der Kugeln, die in die k-te Zelle $[x_k, x_{k+1}]$ fallen, der folgenden Beziehung genügen:

$$\frac{N_k}{N} \approx \mathsf{P}\{x_k \leqq \xi \leqq x_{k+1}\} \approx \frac{1}{\sqrt{2\pi}} e^{-\frac{x^2}{2}} \Delta x .$$

Im diskreten Modell der BROWNschen Bewegung hängt bei einem beliebigen festen Wert $\xi(s) = a$ das Verhalten des Teilchens nach dem Zeitpunkt s (zu dem es sich ja gerade im Punkt a befindet) nicht vom Verhalten des Teilchens bis zu diesem Zeitpunkt ab. Wenn wir voraussetzen, daß diese Eigenschaft auch für den Grenzfall, den stetigen Prozeß der BROWNschen Bewegung erfüllt ist, so können wir die Wahrscheinlichkeitsverteilung der Zufallsgröße τ_a, die den Zeitpunkt angibt, zu dem das Teilchen zum ersten Mal den Punkt $x = a$ erreicht, berechnen (wie auch oben wird hier vorausgesetzt, daß sich das Teilchen zum Anfangszeitpunkt $t = 0$ im Punkt $x = 0$ befindet).

Es ist klar, daß bei einer BROWNschen Bewegung die positive und die negative Richtung gleichberechtigt sind, ein Teilchen unterliegt in beiden Richtungen denselben Gesetzmäßigkeiten. (Besonders anschaulich ist das im diskreten Modell, wo sich das Teilchen in jedem Schritt mit ein und derselben Wahrscheinlichkeit nach rechts oder nach links bewegt.) Folglich besitzen die Größen τ_a und τ_{-a} (das sind die Zeitpunkte des ersten Erreichens der Punkte a bzw. $-a$) die gleichen Wahrscheinlichkeitsverteilungen, sofern die BROWNsche Bewegung bei $x = 0$ beginnt. Im folgenden werden wir deshalb nur die Wahrscheinlichkeiten $\mathsf{P}\{\tau_a \leqq t\}$ für $a > 0$ berechnen.

Hat sich das BROWNsche Teilchen während der Zeit t um mehr als a vom Zustand $x = 0$ entfernt, so muß es sich zu einer Zeit $\tau_a \leqq t$ im Zustand $x = a$ befunden haben, denn es kann, da die BROWNsche Bewegung stetig verläuft, diesen Zustand nicht überspringen. Formal bedeutet das, daß das Ereignis $\{\xi(t) \geqq a\}$ im Ereignis $\{\tau_a \leqq t\}$ enthalten ist. Folglich gilt die Gleichung

$$\mathsf{P}\{\xi(t) \geqq a \mid \tau_a \leqq t\} = \frac{\mathsf{P}\{\xi(t) \geqq a\}}{\mathsf{P}\{\tau_a \leqq t\}}.$$

Es ist klar, daß die bedingte Wahrscheinlichkeit $\mathsf{P}\{\xi(t) \geqq a \mid \tau_a \leqq t\}$ unter der Bedingung, daß sich das Teilchen zu irgendeiner Zeit τ_a mit $\tau_a \leqq t$ im Punkt a befunden hat, mit der Wahrscheinlichkeit dafür zusammenfällt, daß sich das Teilchen, ausgehend vom Punkt a zur Zeit t rechts von a aufhält. Aus den oben angeführten Symmetriegründen folgt für ein irgendwann bei $x = a$ startendes BROWNsches Teilchen, daß es sich zum Zeitpunkt t mit gleicher Wahrscheinlichkeit rechts wie links von a aufhält, also jeweils mit der Wahrscheinlichkeit $\frac{1}{2}$. Deshalb gilt $\mathsf{P}\{\xi(t) \geqq a \mid \tau_a \leqq t\} = \frac{1}{2}$.

Wenn man nun der Einfachheit halber den Diffusionskoeffizienten σ^2 gleich 1 setzt, so gewinnt man aus der oben angegebenen Gleichung und der Formel (3.9) die Verteilungsfunktion der Zufallsgröße τ_a:

$$F_{\tau_a}(t) = \mathsf{P}\{\tau_a \leqq t\} = 2\mathsf{P}\{\xi(t) \geqq a\} = \sqrt{\frac{2}{\pi}} \int_{at^{-1/2}}^{\infty} e^{-\frac{x^2}{2}} \, dx \qquad (t > 0).$$

Durch Differentiation dieser Verteilungsfunktion nach t erhalten wir die zugehörige Wahrscheinlichkeitsdichte

$$p_{\tau_a}(t) = \begin{cases} 0 & \text{für } t < 0, \\ \dfrac{a}{\sqrt{2\pi}} \, t^{-\frac{3}{2}} \, e^{-\frac{a^2}{2t}} & \text{für } 0 \leqq t < +\infty. \end{cases} \tag{3.10}$$

Es ist interessant, daß für jeden Wert a die Zufallsgröße τ_a mit Wahrscheinlichkeit Eins endlich ist:

$$\mathsf{P}\{\tau_a < \infty\} = \lim_{t \to \infty} \mathsf{P}\{\tau_a \leqq t\} = \sqrt{\frac{2}{\pi}} \int_0^{\infty} e^{-\frac{x^2}{2}} \, dx = 1,$$

d. h., das BROWNsche Teilchen wird jeden Wert a früher oder später in irgendeinem vom Zufall abhängenden Zeitpunkt $\tau_a < \infty$ erreichen.

Wenn man die Verteilung des Zeitpunktes τ_x kennt, der die Zeit bis zum ersten Erreichen des Punktes x angibt, dann kann man auch die Wahrscheinlichkeitsverteilung der maximalen Entfernung des BROWNschen Teilchens von der Nullage während einer festen Zeit t bestimmen. Es gilt nämlich

$$\mathsf{P}\left\{\max_{0 \leqq s \leqq t} \xi(s) \geqq x\right\} = \mathsf{P}\{\tau_x \leqq t\} = \sqrt{\frac{2}{\pi}} \int\limits_{xt^{-1/2}}^{\infty} e^{-\frac{u^2}{2}} du = \sqrt{\frac{2}{\pi t}} \int\limits_{x}^{\infty} e^{-\frac{u^2}{2t}} du .$$

Folglich erhält man als Verteilungsfunktion der Zufallsgröße $\xi = \max\limits_{0 \leqq s \leqq t} \xi(s)$ die Funktion

$$F_\xi(x) = 1 - \mathsf{P}\left\{\max_{0 \leqq s \leqq t} \xi(s) \geqq x\right\} = \sqrt{\frac{2}{\pi t}} \int\limits_{0}^{x} e^{-\frac{u^2}{2t}} du .$$

Wir erinnern daran, daß die Beziehung

$$\sqrt{\frac{2}{\pi t}} \int\limits_{0}^{\infty} e^{-\frac{u^2}{2t}} du = \frac{2}{\sqrt{2\pi}} \int\limits_{0}^{\infty} e^{-\frac{u^2}{2}} du = 1$$

gilt. Wie man unmittelbar erkennt, hat die Zufallsgröße $\xi = \max\limits_{0 \leqq s \leqq t} \xi(s)$ die Wahrscheinlichkeitsdichte

$$p_\xi(x) = \begin{cases} \sqrt{\frac{2}{\pi t}}\, e^{-\frac{x^2}{2t}} & \text{für } 0 \leqq x < +\infty \\ 0 & \text{für } x < 0 \end{cases} \tag{3.11}$$

(bekanntlich gilt $\xi \geqq \xi(0) = 0$). Bei der eben hergeleiteten Wahrscheinlichkeitsverteilung handelt es sich um eine sogenannte *doppelte Normalverteilung* (es ist leicht zu sehen, daß

$$\mathsf{P}\{\xi \geqq x\} = 2\mathsf{P}\{\xi(t) \geqq x\} \qquad \text{für } x \geqq 0$$

gilt).

Die Zufallsgröße $\min\limits_{0 \leqq s \leqq t} \xi(s)$ besitzt eine analoge Wahrscheinlichkeitsverteilung, und zwar gilt für ihre Dichte $p(x)$ die Gleichung

$$p(x) = \begin{cases} 0 & \text{für } x > 0 \\ \sqrt{\frac{2}{\pi t}}\, e^{-\frac{x^2}{2t}} & \text{für } -\infty < x \leqq 0 . \end{cases}$$

Erwähnenswert ist die Beziehung

$$\mathsf{P}\left\{\max_{0\leq s\leq t}\xi(s)>0\right\}=\mathsf{P}\left\{\min_{0\leq s\leq t}\xi(s)<0\right\}=1,$$

die folgendes aussagt. Ein im Punkt $x = 0$ startendes BROWNsches Teilchen hat sich während jeder noch so kleinen Zeitspanne t mit Wahrscheinlichkeit Eins bereits sowohl oberhalb als auch unterhalb vom Ausgangszustand $x = 0$ aufgehalten. Betrachtet man die Trajektorie eines BROWNschen Teilchens in Abhängigkeit von der Zeit (d. h. betrachtet man das Bild der Funktion $\xi = \xi(t)$, $t \geq 0$), so kann man aus dem genannten Sachverhalt ableiten, daß diese stetige Trajektorie in jedem beliebig kleinen Zeitintervall $(0, t)$ das Niveau $x = 0$ unendlich oft schneidet und damit also unendlich oft sowohl positive als auch negative Werte annimmt (mit anderen Worten, ein BROWNsches Teilchen kehrt unendlich oft in seinen Ausgangszustand $x = 0$ zurück).

Die als stetig vorausgesetzte Trajektorie $\xi(u)$, $0 \leq u \leq t$, eines BROWNschen Teilchens nimmt ihr absolutes Maximum in irgendeinem Punkt τ, $0 \leq \tau \leq t$, an (sollten mehrere Punkte vorliegen, in denen sie ihren größten Wert annimmt, so betrachten wir stets den ersten von ihnen). Wir wollen die Wahrscheinlichkeitsverteilung der Zufallsgröße τ ermitteln.

Dafür setzen wir voraus, daß die gemeinsame Verteilungsdichte der Zufallsgrößen τ und $\xi = \xi(\tau)$ $\left(\xi = \max\limits_{0\leq u\leq t}\xi(u)\right)$ existiert. Wir weisen nach, daß diese Dichte notwendig folgende Gestalt besitzt:

$$p_{\tau,\xi}(s,x)=\frac{1}{\pi\sqrt{s(t-s)}}\,\frac{x}{s}\,e^{-\frac{x^2}{2s}},\qquad 0<s<t,\quad 0\leq x<+\infty. \tag{3.12}$$

Zunächst betrachten wir die gemeinsame Wahrscheinlichkeitsverteilung der Zufallsgrößen τ_a und ξ, wobei τ_a wie oben den zufälligen Zeitpunkt bezeichnet, zu dem das BROWNsche Teilchen erstmals das Niveau $a > 0$ erreicht.

Nachdem das BROWNsche Teilchen zum Punkt a gelangt ist, unterliegt sein weiteres Verhalten derselben Gesetzmäßigkeit, als würde es in diesem Punkt starten. Deshalb stimmen unter der Bedingung $\tau_a = s$ $(0 < s \leq t)$ die Zufallsgrößen $\xi = \max\limits_{0\leq u\leq t}\xi(u)$ und $\max\limits_{s\leq u\leq t}\xi(u)$ überein und ihre Wahrscheinlichkeitsverteilung ist unter eben dieser Bedingung gleich der der Zufallsgröße $a + \max\limits_{0\leq u\leq t-s}\xi(u)$.

Nach der oben angeführten Formel (3.11) hat ξ unter der Bedingung $\tau_a = s$ folglich die bedingte Verteilungsdichte

$$p_\xi(x\mid s)=\sqrt{\frac{2}{\pi(t-s)}}\,e^{-\frac{(x-a)^2}{2(t-s)}},\qquad a\leq x<+\infty.$$

Daraus folgt, daß die gemeinsame Wahrscheinlichkeitsdichte $p_{\tau_a,\xi}(s, x)$ der Zufallsgrößen τ_a und ξ für $0 < s < t$ und $a \leq x < +\infty$ folgende Darstellung besitzt (siehe Kap. I, (3.17)):

$$p_{\tau_a,\xi}(s, x) = p_\xi(x \mid s)\, p_{\tau_a}(s) = \frac{1}{\pi \sqrt{s(t-s)}} \frac{a}{s} e^{-\frac{a^2}{2s}} e^{-\frac{(x-a)^2}{2(t-s)}}.$$

Unter der Bedingung $\xi = \max\limits_{0 \leqq u \leqq t} \xi(u) = a$ stimmt der Zeitpunkt τ, zu dem die Trajektorie $\xi(u)$, $0 \leqq u \leqq t$, ihren maximalen Wert annimmt, mit dem Zeitpunkt τ_a überein. Unter der genannten Bedingung haben also die Zufallsgrößen τ und τ_a dieselbe Wahrscheinlichkeitsverteilung. Daraus folgt, daß die Wahrscheinlichkeitsdichte von (τ, ξ) im Punkte $\tau = s$, $\xi = a$ mit der Wahrscheinlichkeitsdichte von (τ_a, ξ) im gleichen Punkt (s, a) identisch ist, es gilt nämlich die Beziehung

$$p_{\tau,\xi}(s, a) = p_\tau(s \mid a)\, p_\xi(a) = p_{\tau_a}(s \mid a)\, p_\xi(a) = p_{\tau_a,\xi}(s, a).$$

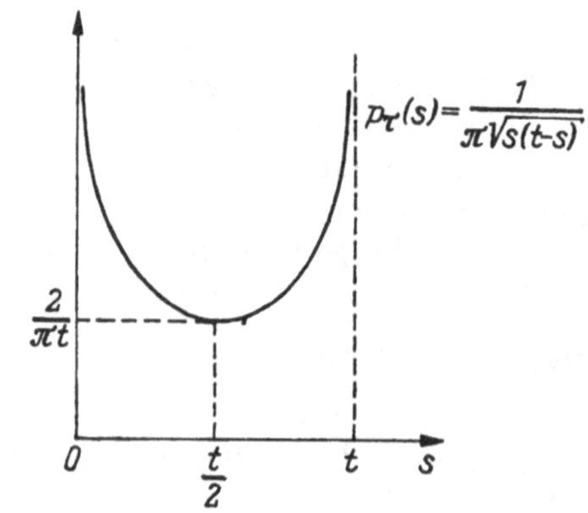

Abb. 16

Hierbei bezeichnen $p_\tau(s \mid x)$ bzw. $p_{\tau_a}(s \mid x)$ die bedingten Wahrscheinlichkeitsdichten der Zufallsgrößen τ bzw. τ_a unter der Bedingung $\xi = x$. Aus der bereits gefundenen Beziehung für die gemeinsame Dichte $p_{\tau_a,\xi}(x, s)$ des zufälligen Paares (τ_a, ξ) erhalten wir für $x = a$ nun die Gleichung

$$p_{\tau,\xi}(s, a) = \frac{1}{\pi \sqrt{s(t-s)}} \frac{a}{s} e^{-\frac{a^2}{2s}}, \qquad 0 < s < t, \quad 0 < a < +\infty.$$

Das führt uns unmittelbar zu der Formel (3.12).

Aus (3.12) gewinnt man folgende Randverteilungsdichte als Dichte des (zufälligen) Zeitpunktes τ, zu dem die Brownsche Trajektorie $\xi(s)$ im Zeitintervall $0 \leqq s \leqq t$ ihren größten Wert erreicht:

$$p_\tau(s) = \int\limits_0^\infty p_{\tau,\xi}(s, x)\, dx = \frac{1}{\pi \sqrt{s(t-s)}} \int\limits_0^\infty \frac{x}{s} e^{-\frac{x^2}{2s}}\, dx = \frac{1}{\pi \sqrt{s(t-s)}} \qquad (0 < s < t).$$

Die zugehörige Verteilungsfunktion besitzt die Gestalt

$$F_t(s) = \int_0^s \frac{du}{\pi \sqrt{u(t-u)}} = \frac{2}{\pi} \arcsin \sqrt{\frac{s}{t}}, \qquad 0 \leqq s \leqq t.$$

Diese Wahrscheinlichkeitsverteilung heißt *Arkussinus-Verteilung*. Die gleiche Verteilung besitzt natürlich auch der Zeitpunkt, zu dem die Trajektorie $\xi(s)$, $0 \leqq s \leqq t$, ihren kleinsten Wert annimmt. Man erkennt (vgl. Abb. 16), daß die Bahnkurve eines Brownschen Teilchens ihre extremalen Werte mit großer Wahrscheinlichkeit in der Nähe des Anfangs- oder des Endpunktes des betrachteten Intervalls $[0, t]$ annimmt.

4. Normalverteilungen und mit Normalverteilungen zusammenhängende Wahrscheinlichkeitsverteilungen

4.1. Mehrdimensionale Normalverteilungen

Wir betrachten zunächst eine Normalverteilung mit der Wahrscheinlichkeitsdichte

$$p_0(x) = \frac{1}{\sqrt{2\pi}} e^{-\frac{x^2}{2}}, \qquad -\infty < x < +\infty. \tag{4.1}$$

Diese Dichte $p_0(x)$ ist eine gerade Funktion, deshalb gilt

$$\frac{1}{\sqrt{2\pi}} \int_{-\infty}^{\infty} x\, e^{-\frac{x^2}{2}}\, dx = 0,$$

d. h., der Erwartungswert ist gleich Null. Um die Streuung

$$\frac{1}{\sqrt{2\pi}} \int_{-\infty}^{\infty} x^2\, e^{-\frac{x^2}{2}}\, dx$$

zu berechnen, formen wir das sogenannte Wahrscheinlichkeitsintegral

$$\frac{1}{\sqrt{2\pi}} \int_{-\infty}^{\infty} e^{-\frac{x^2}{2}}\, dx = 1$$

folgendermaßen um: Wir ersetzen x durch $x\sqrt{u}$ und erhalten dadurch für alle $u > 0$ die Beziehung

$$\frac{1}{\sqrt{2\pi}} \int_{-\infty}^{\infty} e^{-\frac{ux^2}{2}} dx = \frac{1}{\sqrt{u}}.$$

Durch Differentiation nach der Hilfsvariablen u im Punkte $u = 1$ ergibt sich für die Streuung

$$\frac{1}{\sqrt{2\pi}} \int_{-\infty}^{\infty} x^2 e^{-\frac{x^2}{2}} dx = 1.$$

Es sei ξ_0 eine Zufallsgröße, deren Wahrscheinlichkeitsverteilung die Normalverteilung (4.1) ist. Wie wir soeben sahen, gilt dann

$$\mathsf{M}\xi_0 = 0 \qquad \text{und} \qquad \mathsf{D}^2\xi_0 = 1.$$

Durch $\xi = \sigma\xi_0 + a(\sigma > 0)$ werde eine weitere Zufallsgröße eingeführt. Es ist leicht nachzuweisen, daß hier

$$\mathsf{M}\xi = a, \qquad \mathsf{D}^2\xi = \sigma^2 \tag{4.2}$$

und für die Wahrscheinlichkeitsdichte $p(x)$ der Zufallsgröße ξ die Beziehung

$$p(x) = \frac{1}{\sqrt{2\pi}\,\sigma} e^{-\frac{(x-a)^2}{2\sigma^2}}, \qquad -\infty < x < +\infty, \tag{4.3}$$

gilt. Eine Wahrscheinlichkeitsverteilung mit dieser Dichte $p(x)$ heißt ebenfalls *Normal-* oder auch GAUSS*sche* Verteilung. Sie wird durch die beiden Parameter (a, σ) bestimmt, wobei a der Erwartungswert

$$a = \frac{1}{\sqrt{2\pi}\,\sigma} \int_{-\infty}^{\infty} x\, e^{-\frac{(x-a)^2}{2\sigma^2}} dx \tag{4.4}$$

und σ die positive Wurzel aus der Streuung, die sogenannte *Standardabweichung*, ist:

$$\sigma^2 = \frac{1}{\sqrt{2\pi}\,\sigma} \int_{-\infty}^{\infty} (x-a)^2 e^{-\frac{(x-a)^2}{2\sigma^2}} dx. \tag{4.5}$$

Mit den Parameterwerten $a = 0$ und $\sigma = 1$ erhalten wir die Verteilung (4.1), die man auch *standardisierte Normal-* oder GAUSS*sche Verteilung* nennt.

Wir betrachten jetzt n unabhängige Zufallsgrößen $\xi_{01}, \ldots, \xi_{0n}$, die alle ein und dieselbe standardisierte GAUSSsche Verteilung besitzen mögen. Ihre gemeinsame Wahrscheinlichkeitsdichte hat die Form

$$p_0(x_1, \ldots, x_n) = \frac{1}{(2\pi)^{n/2}} e^{-\frac{1}{2}\sum_{k=1}^{n} x_k^2}, \qquad -\infty < x_1, \ldots, x_n < \infty. \tag{4.6}$$

Es sei

$$\xi_i = \sum_{k=1}^{n} \sigma_{ik}\xi_{0k} + a_i, \qquad i = 1, \ldots, n, \tag{4.7}$$

irgendeine lineare nichtausgeartete Transformation der Zufallsgrößen ξ_{0k}, $k = 1, \ldots, n$. Offenbar gelten die Beziehungen

$$\mathsf{M}\xi_i = a_i$$

und

$$\mathsf{M}(\xi_i - a_i)(\xi_j - a_j) = \sum_{k=1}^{n} \sigma_{ik}\sigma_{jk}, \quad i, j = 1, \ldots, n, \tag{4.8}$$

weil die unabhängigen Zufallsgrößen ξ_{0k}, $k = 1, \ldots, n$, alle den Erwartungswert Null besitzen und unkorreliert sind:

$$\mathsf{M}\xi_{0k} = 0, \ \mathsf{M}(\xi_{0k}\xi_{0l}) = \mathsf{M}\xi_{0k}\,\mathsf{M}\xi_{0l} = 0 \quad \text{für} \quad k \neq l \quad \text{und} \quad k, l = 1, \ldots, n.$$

Wir erinnern daran, daß die Matrix $R = \{R_{kj}\}$ mit den Elementen

$$R_{kj} = \mathsf{M}(\xi_i - a_i)(\xi_j - a_j) \qquad (i, j = 1, \ldots, n)$$

Kovarianzmatrix der Zufallsgrößen $\xi_1, \ldots, \xi_n$ heißt und $r_{ij} = \dfrac{R_{ij}}{\sqrt{R_{ii}R_{jj}}}$ der Korrelationskoeffizient zwischen den zwei Zufallsgrößen ξ_i und ξ_j genannt wird. Die Formel (4.8) zeigt, daß die Kovarianzmatrix R in dem betrachteten Fall die Gestalt

$$R = \sigma\sigma^* \tag{4.9}$$

besitzt. Dabei stellen $\sigma = \{\sigma_{ij}\}$ die Matrix der linearen Transformation (4.7) und σ^* die zu σ adjungierte Matrix (mit den Elementen $\sigma_{ij}^* = \sigma_{ij}$, $i, j = 1, \ldots, n$) dar. Die Determinanten $|R|$ und $|\sigma|$ der angegebenen Matrizen sind durch die Gleichung $|R| = |\sigma|^2$ miteinander verknüpft. Hierbei ist $|\sigma|$ gleichzeitig die Funktionaldeterminante der Transformation (4.7). Folglich ist die gemeinsame Wahrscheinlichkeitsdichte der Zufallsgrößen $\xi_1, \ldots, \xi_n$ durch die Formel

$$p(x_1, \ldots, x_n) = \frac{1}{(2\pi)^{n/2}\,|R|} \exp\left\{-\frac{1}{2} \sum_{i,j=1}^{n} b_{ij}(x_i - a_i)(x_j - a_j)\right\} \tag{4.10}$$

gegeben, wobei

$$\sum_{i,j=1}^{n} b_{ij}(x_i - a_i)(x_j - a_j)$$

diejenige quadratische Form ist, in die die Quadratsumme $\sum_{k=1}^{n} x_k^2$ bei der zu (4.7) inversen linearen Transformation übergeht. Man kann leicht nachprüfen, daß die Matrix $\{b_{ij}\}$ dieser quadratischen Form die zur Kovarianzmatrix $\{R_{ij}\}$ inverse Matrix ist. Bezeichnet $\{c_{kj}\}$ die zu $\{\sigma_{kj}\}$ inverse Matrix, so geht nämlich $\sum_{k=1}^{n} x_k^2$ in die quadratische Form

$$\sum_{k=1}^{n}\left[\sum_{j=1}^{n} c_{kj}(x_j - a_j)\right]^2 = \sum_{i,j=1}^{n}\left(\sum_{k=1}^{n}(c_{ki}\,c_{kj})\right)(x_i - a_i)\,(x_j - a_j)$$

über, so daß die Beziehung

$$\{b_{ij}\} = \{c_{ik}\}^*\,\{c_{kj}\} = [\{\sigma_{ik}\}\,\{\sigma_{kj}\}^*]^{-1} = \{R_{ij}\}^{-1}$$

gilt.

Wie bereits oben erwähnt wurde, ist die Kovarianzmatrix $\{R_{ij}\}$ positiv definit, d. h., für beliebige reelle Zahlen $c_1, \ldots, c_n$ gilt

$$\sum_{i,j=1}^{n} R_{ij}c_ic_j = \mathsf{M}\left[\sum_{j=1}^{n} c_i(\xi_i - a_i)\right]^2 \geqq 0.$$

Die inverse Matrix $\{b_{ij}\} = R^{-1}$ ist deshalb ebenfalls positiv definit. Ist $\{b_{ij}\}$ irgendeine nichtausgeartete positiv definite Matrix, bezeichnet $|R|^{-1}$ ihre Determinante und sind $a_1, \ldots, a_n$ irgendwelche Konstanten, dann definiert die Formel (4.10) mit diesen Größen eine gewisse Wahrscheinlichkeitsdichte. (Solch eine Wahrscheinlichkeitsdichte besitzen gerade Zufallsgrößen $\xi_1, \ldots, \xi_n$, die mit „standardisierten" Gaussschen Zufallsgrößen $\xi_{01}, \ldots, \xi_{0n}$ durch die lineare Transformation (4.7) verbunden sind, wobei die Matrix $\{\sigma_{kj}\}$ gleich der Quadratwurzel aus der Matrix $R = \{b_{ij}\}^{-1}$ ist.)

Jede Wahrscheinlichkeitsverteilung mit einer Dichte der Form (4.10) heißt *normal* oder Gauss*sch* (vgl. Abb. 17). Darüberhinaus bezeichnet man Zufallsgrößen $\xi_1, \ldots, \xi_n$, deren gemeinsame Wahrscheinlichkeitsverteilung normal (oder Gausssch) ist, ebenfalls als normal oder Gausssch. Man kann leicht zeigen, daß Gausssche Zufallsgrößen $\xi_1, \ldots, \xi_n$ bei jeder beliebigen nichtausgearteten linearen Transformation wieder in Gausssche Zufallsgrößen $\eta_1, \ldots, \eta_n$ übergehen. Um sich davon zu überzeugen, setzen wir

$$\eta_k = \sum_{j=1}^{n} c_{kj}\xi_j, \qquad k = 1, \ldots, n.$$

Dann ergibt sich für die Wahrscheinlichkeitsdichte der Zufallsgrößen $\eta_1, \ldots, \eta_n$ eine Formel vom Typ (4.10):

$$p_{\eta_1,\ldots,\eta_n}(y_1, \ldots, y_n) = \frac{1}{(2\pi)^{n/2}\,|\tilde{R}|^{1/2}} \exp\left\{-\frac{1}{2}\sum_{i,j=1}^{n} \tilde{b}_{ij}(y_i - \tilde{a}_i)\,(y_j - \tilde{a}_j)\right\}, \qquad (4.11)$$

mit

$$\tilde{a}_i = \sum_{j=1}^{n} c_{ij} a_j , \qquad i = 1, \ldots, n ,$$

und

$$\{\tilde{b}_{ij}\} = \{c_{ki}\}^{-1} \{b_{kl}\} \{c_{lj}\}^{-1} ;$$

$|\tilde{R}|$ bezeichnet die Determinante der Matrix $\tilde{R} = \{\tilde{b}_{ij}\}^{-1}$ (vgl. Formel (1.7) in Kapitel I für die Transformation von Wahrscheinlichkeitsdichten).

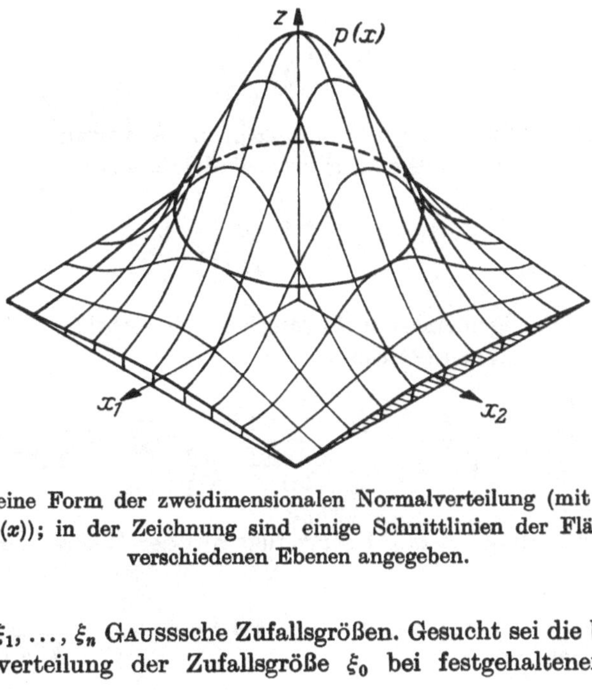

Abb. 17. Allgemeine Form der zweidimensionalen Normalverteilung (mit der Wahrscheinlichkeitsdichte $p(x)$); in der Zeichnung sind einige Schnittlinien der Fläche $z = p(x)$ mit verschiedenen Ebenen angegeben.

Es seien $\xi_0, \xi_1, \ldots, \xi_n$ Gausssche Zufallsgrößen. Gesucht sei die bedingte Wahrscheinlichkeitsverteilung der Zufallsgröße ξ_0 bei festgehaltenen Werten von $\xi_1, \ldots, \xi_n$.

Wir betrachten dafür noch einmal wie in Kapitel I, Abschnitt 4.4., eine Zufallsgröße

$$\hat{\xi}_0 = a_0 + \sum_{k=1}^{n} \hat{c}_k (\xi_k - a_k) ,$$

wobei $a_k = \mathsf{M}\xi_k$, $k = 0, 1, \ldots, n$, gilt und die Koeffizienten $\hat{c}_1, \ldots, \hat{c}_n$ dem System

$$\sum_{k=1}^{n} R_{kj} \hat{c}_k = R_{0j} , \qquad j = 1, \ldots, n , \tag{4.12}$$

linearer Gleichungen genügen. Die Größe $\hat{\xi}_0$ stellt die Projektion von ξ_0 auf den Raum aller Zufallsgrößen der Form $\sum_{k=1}^{n} c_k \xi_k$ dar (vgl. Kapitel I, Formel (4.32)).

Die nichtausgeartete lineare Transformation

$$\eta_0 = \xi_0 - \hat{\xi}_0, \qquad \eta_k = \xi_k - a_k, \qquad k = 1, \ldots, n,$$

liefert Gaussche Zufallsgrößen $\eta_0, \eta_1, \ldots, \eta_n$, für die aufgrund von (4.12) für jedes $k = 1, \ldots, n$ die Beziehung

$$\mathsf{M}\eta_0\eta_k = 0$$

gilt. Ihre Kovarianzmatrix hat folglich die Form

$$\tilde{R} = \begin{pmatrix} \sigma^2 & 0 \\ 0 & R \end{pmatrix},$$

wobei $\sigma^2 = \mathsf{M}\eta_0^2$ gesetzt wurde und $R = \{R_{ij}\}$ die Kovarianzmatrix der Zufallsgrößen $\eta_1, \ldots, \eta_n$ bezeichnet. Die zu $\tilde{R}$ inverse Matrix $\tilde{b}$ läßt sich leicht ermitteln. Es gilt

$$\tilde{b} = \begin{bmatrix} \sigma^{-2} & 0 \\ 0 & R^{-1} \end{bmatrix}.$$

Deshalb besitzt die gemeinsame Wahrscheinlichkeitsdichte der Gaussschen Zufallsgrößen $\eta_0, \eta_1, \ldots, \eta_n$ die Gestalt

$$p_{\eta_0,\eta_1,\ldots,\eta_n}(y, y_1, \ldots, y_n) = \frac{1}{\sqrt{2\pi}\,\sigma}\, e^{-\frac{x^2}{2\sigma^2}}\, \frac{1}{(2\pi)^{\frac{n-1}{2}}\,|R|^{\frac{1}{2}}} \exp\left\{-\frac{1}{2}\sum_{i,j=1}^{n} b_{ij}y_iy_j\right\}. \quad (4.13)$$

Wir erkennen, daß diese Dichte das Produkt aus der Wahrscheinlichkeitsdichte

$$p_{\eta_0}(y) = \int_{-\infty}^{\infty} \cdots \int_{-\infty}^{\infty} p_{\eta_0,\eta_1,\ldots,\eta_n}(y, y_1, \cdots, y_n)\, dy_1 \ldots dy_n = \frac{1}{\sqrt{2\pi}\,\sigma}\, e^{-\frac{y^2}{2\sigma^2}} \quad (4.14)$$

der Zufallsgröße η_0 und der gemeinsamen Wahrscheinlichkeitsdichte

$$\begin{aligned} p_{\eta_1,\ldots,\eta_n}(y_1, \ldots, y_n) &= \int_{-\infty}^{\infty} p_{\eta_0,\eta_1,\ldots,\eta_n}(y, y_1, \ldots, y_n)\, dy \\ &= \frac{1}{(2\pi)^{\frac{n-1}{2}}\,|R|^{\frac{1}{2}}} \exp\left\{-\frac{1}{2}\sum_{i,j=1}^{n} b_{ij}y_iy_j\right\} \quad (4.15) \end{aligned}$$

der Zufallsgrößen $\eta_1, \ldots, \eta_n$ ist. Hieraus folgt, daß η_0 nicht von $\eta_1, \ldots, \eta_n$ abhängt. Deshalb hat die bedingte Wahrscheinlichkeitsverteilung von η_0 (bei beliebigen festgehaltenen Werten von $\eta_1, \ldots, \eta_n$) dieselbe Normalverteilungsdichte $p_{\eta_0}(y)$ wie in Formel (4.14).

Uns interessierte eigentlich die Zufallsgröße $\xi_0 = \eta_0 + \hat{\xi}_0$, wobei die Beziehungen

$$\hat{\xi}_0 = a_0 + \sum_{k=1}^{n} \hat{c}_k \eta_k$$

und

$$\eta_k = \xi_k - a_k, \qquad k = 1, \ldots, n,$$

gelten. Es ist klar, daß sich die Zufallsgröße ξ_0 unter der Bedingung $\{\xi_1 = x_1, \ldots, \xi_n = x_n\}$ von η_0 genau durch den konstanten Wert

$$\hat{x}_0 = a_0 + \sum_{k=1}^{n} \hat{c}_k (x_k - a_k)$$

unterscheidet. Folglich besitzt die bedingte Wahrscheinlichkeitsdichte von ξ_0 unter der Bedingung $\{\xi_1 = x_1, \ldots, \xi_n = x_n\}$ die Form

$$p_{\xi_0}(x \mid x_1, \ldots, x_n) = p_{\eta_0}(x - \hat{x}_0) = \frac{1}{\sqrt{2\pi}\,\sigma} e^{-\frac{(x-\hat{x}_0)^2}{2\sigma^2}}, \qquad -\infty < x < +\infty. \tag{4.16}$$

Das ist die Wahrscheinlichkeitsdichte einer Normalverteilung mit dem Erwartungswert

$$\hat{x}_0 = \mathsf{M}(\xi_0 \mid x_1, \ldots, x_n) = \int_{-\infty}^{\infty} x p_{\xi_0}(x \mid x_1, \ldots, x_n)\, dx = a_0 + \sum_{k=1}^{n} \hat{c}_k (x_k - a_k)$$

und der Streuung

$$\sigma^2 = \mathsf{M}\left[\xi_0 - a_0 - \sum_{k=1}^{n} \hat{c}_k (\xi_k - a_k)\right]^2.$$

Damit haben wir die bedingte Verteilung der Zufallsgröße ξ_0 bei festgehaltenen Werten von $\xi_1, \ldots, \xi_{n-1}$ und ξ_n gefunden und gleichzeitig folgende wichtige Eigenschaften hergeleitet:

— Sind Gaussssche Zufallsgrößen unkorreliert, dann sind sie auch unabhängig.

— Wenn die $(n + 1)$-dimensionale Zufallsgröße $(\xi_0, \xi_1, \ldots, \xi_n)$ eine Normalverteilung besitzt, dann ist auch die um eine Dimension verringerte Zufallsgröße $(\xi_1, \ldots, \xi_n)$ normalverteilt.

Es gilt insbesondere, daß jede einzelne Komponente $\xi_1, \ldots, \xi_n$ eine Normalverteilung der Form (4.3) besitzt (vgl. (4.13)—(4.15)).

In der Praxis hat man es häufig mit Zufallsgrößen zu tun, die die Summe einer großen Anzahl unabhängiger Komponenten darstellen. Es zeigt sich, daß solche Zufallsgrößen unter sehr allgemeinen Bedingungen normalverteilt sind.

Diese fundamentale Aussage der Wahrscheinlichkeitstheorie wird durch *zentrale Grenzwertsätze* ausgedrückt, deren spezielle Formulierung von den jeweils gestellten Voraussetzungen abhängt. (Ein sehr spezieller zentraler Grenzwertsatz ist der Satz von MOIVRE-LAPLACE.) Als Beispiel sei hier der zentrale Grenzwertsatz für Summen

$$S_n = \sum_{k=1}^{n} \xi_k$$

unabhängiger Zufallsgrößen $\xi_1, \xi_2, \ldots$, genannt, die der sogenannten LJAPUNOW-Bedingung

$$\frac{1}{B_n^3} \sum_{k=1}^{n} \mathsf{M}\, |\xi_k - a_k|^3 \to 0 \qquad \text{für} \quad n \to \infty \tag{4.17}$$

($a_k = \mathsf{M}\xi_k$, $k = 1, 2, \ldots$; $B_n = \sqrt{\mathsf{D}^2 S_n}$) genügen. Für die Wahrscheinlichkeitsverteilung der normierten Summe

$$S_n^* = \frac{S_n - \mathsf{M} S_n}{\sqrt{\mathsf{D}^2 S_n}}$$

gilt nämlich unter der Bedingung (4.17) folgende Grenzbeziehung[1]):

$$\lim_{n \to \infty} \mathsf{P}\{x' \leqq S_n^* \leqq x''\} = \frac{1}{\sqrt{2\pi}} \int_{x'}^{x''} \mathrm{e}^{-\frac{x^2}{2}}\, dx. \tag{4.18}$$

Besitzen alle Zufallsgrößen $\xi_1, \xi_2, \ldots$ die gleiche Wahrscheinlichkeitsverteilung und bezeichnet $F_n(x) = \mathsf{P}\{S_n^* \leqq x\}$ die Verteilungsfunktion von S_n^*, so gilt folgende Abschätzung für die Geschwindigkeit der angegebenen Konvergenz gegen die Normalverteilung:

$$\sup_{-\infty < x < +\infty} |F_n(x) - \Phi(x)| \leqq C_0 \frac{\mu}{\sigma^3} \frac{1}{\sqrt{n}}. \tag{4.19}$$

Dabei bezeichnet

$$\Phi(x) = \frac{1}{\sqrt{2\pi}} \int_{-\infty}^{x} \mathrm{e}^{-\frac{u^2}{2}}\, du$$

die Verteilungsfunktion der standardisierten Normalverteilung, und die Zahlen μ, a und σ haben die Bedeutung

$$\mu = \mathsf{M}\, |\xi_k - a|^3, \qquad a = \mathsf{M}\xi_k, \qquad \sigma = \sqrt{\mathsf{D}^2 \xi_k}, \qquad k = 1, 2, \ldots$$

Die Konstante C_0 ist kleiner als Eins[2]).

---

[1]) Siehe Abschnitt 5 dieses Kapitels.

[2]) Die angegebene Abschätzung mit der absoluten Konstanten $C_0 \leqq 0{,}9051$ ist ein neueres Ergebnis von W. M. SOLOTAREW.

4.2. Die Schätzung der Parameter einer Normalverteilung, die χ^2-Verteilung und die Student-Verteilung

Die Wahrscheinlichkeitsdichte einer Normalverteilung wird durch zwei Parameter, den Mittelwert a und die Standardabweichung σ charakterisiert:

$$p(x) = \frac{1}{\sqrt{2\pi}\,\sigma} e^{-\frac{(x-a)^2}{2\sigma^2}}, \qquad -\infty < x < +\infty$$

(vgl. (4.3)—(4.5)).

Angenommen, wir haben es mit einer normalverteilten Zufallsgröße zu tun, deren Parameter (a, σ) wir aber nicht kennen. Dann ist es möglich, für diese Parameter statistische Schätzungen anzugeben. Sind nämlich $\xi_1, \ldots, \xi_n$ unabhängige Gaussssche Zufallsgrößen mit ein und demselben Erwartungswert a und ein und derselben Streuung σ^2, dann kann man als Schätzung für den unbekannten Erwartungswert a (unter Verwendung der Zufallsgrößen $\xi_1, \ldots, \xi_n$) den sogenannten empirischen Mittelwert

$$\hat{a} = \frac{1}{n} \sum_{k=1}^{n} \xi_k, \tag{4.20}$$

und als Schätzung für die Streuung σ^2 die Größe

$$\hat{\sigma}^2 = \frac{1}{n} \sum_{k=1}^{n} (\xi_k - \hat{a})^2 \tag{4.21}$$

verwenden.

Der empirische Mittelwert $\hat{a} = \frac{1}{n} \sum\limits_{k=1}^{n} \xi_k$, der eine Linearkombination von unabhängigen Gaussschen Zufallsgrößen $\xi_1, \ldots, \xi_n$ darstellt, besitzt eine Normalverteilung mit den Parametern a und $\frac{\sigma}{\sqrt{n}}$ (d. h., es gilt $\mathsf{M}\hat{a} = a$ und $\mathsf{D}^2\hat{a} = \frac{\sigma^2}{n}$).

Um die Wahrscheinlichkeitsverteilung der „empirischen Streuung"

$$\hat{\sigma}^2 = \frac{1}{n} \sum_{k=1}^{n} (\xi_k - \hat{a})^2$$

zu berechnen, gehen wir von der Gleichung

$$n\hat{\sigma}^2 = \sum_{j=1}^{n} \xi_j^2 - n\hat{a}^2 = \sum_{j=1}^{n} \xi_j^2 - \eta^2$$

aus, wobei

$$\eta = \frac{\xi_1}{\sqrt{n}} + \cdots + \frac{\xi_n}{\sqrt{n}}$$

gesetzt wurde. Verwenden wir nun irgendeine orthogonale Transformation

$$\eta_k = \sum_{j=1}^{n} c_{kj}\xi_j, \qquad k = 1, \ldots, n, \tag{4.22}$$

der Zufallsgrößen $\xi_1, \ldots, \xi_n$ mit der zusätzlichen Bedingung

$$\eta_n = \frac{\xi_1}{\sqrt{n}} + \cdots + \frac{\xi_n}{\sqrt{n}},$$

so erhalten wir die Beziehung

$$n\hat{\sigma}^2 = \sum_{j=1}^{n} \xi_j^2 - \eta^2 = \sum_{k=1}^{n} \eta_k^2 - \eta_n^2 = \sum_{k=1}^{n-1} \eta_k^2,$$

denn bei der orthogonalen Transformation geht die Quadratsumme $\sum_{j=1}^{n} \xi_j^2$ in die Quadratsumme $\sum_{k=1}^{n} \eta_k^2$ über.

Offenbar ändert sich die „empirische Streuung“

$$\hat{\sigma}^2 = \frac{1}{n} \sum_{k=1}^{n} \left(\xi_k - \frac{1}{n} \sum_{j=1}^{n} \xi_j\right)^2$$

nicht, wenn man von den Zufallsgrößen $\xi_1, \ldots, \xi_n$ zu den Größen $\xi_1 - a, \ldots, \xi_n - a$ übergeht, so daß man den Erwartungswert a ohne Beschränkung der Allgemeinheit gleich Null setzen kann. Dann besitzt aber die gemeinsame Wahrscheinlichkeitsdichte der unabhängigen GAUSSschen Zufallsgrößen $\xi_1, \ldots, \xi_n$ die Form

$$p(x_1, \ldots, x_n) = \frac{1}{(2\pi)^{n/2}\sigma^n} \exp\left\{-\frac{1}{2\sigma^2} \sum_{j=1}^{n} x_j^2\right\},$$

und für die gemeinsame Wahrscheinlichkeitsdichte der aus der orthogonalen Transformation (4.22) hervorgegangenen Zufallsgrößen $\eta_1, \ldots, \eta_n$ gilt (vgl. Formel (4.11) für die Transformation von Dichten)

$$p(y_1, \ldots, y_n) = \frac{1}{(2\pi)^{n/2}\sigma^n} \exp\left\{-\frac{1}{2\sigma^2} \sum_{k=1}^{n} y_k^2\right\}.$$

Man erkennt leicht, daß die Zufallsgrößen $\eta_1, \ldots, \eta_n$ GAUSSsch und in ihrer Gesamtheit unabhängig sind. Folglich ist

$$n\hat{\sigma}^2 = \sum_{k=1}^{n-1} \eta_k^2$$

eine Summe der Quadrate von $n - 1$ unabhängigen Gaussschen Zufallsgrößen η_k mit den Parametern $(0, \sigma)$, und die betrachteten Schätzungen

$$\hat{a} = \frac{1}{\sqrt{n}} \eta_n \quad \text{und} \quad \hat{\sigma}^2 = \frac{1}{n} \sum_{k=1}^{n-1} \eta_k^2$$

sind voneinander unabhängige Zufallsgrößen.

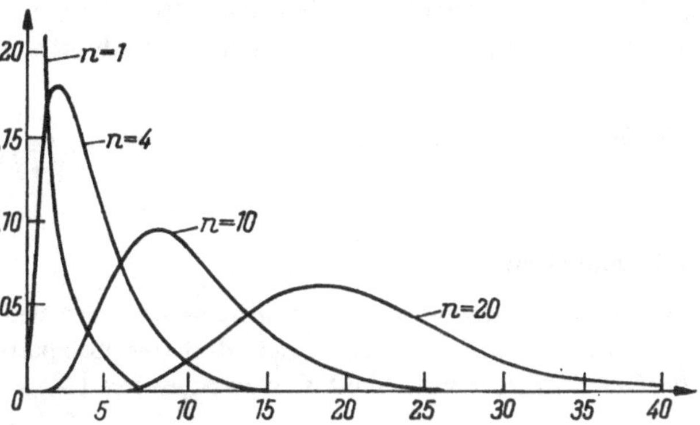

Abb. 18. Allgemeine Form der Dichte einer χ^2-Verteilung mit n Freiheitsgraden ($n = 1, 4, 10, 20$).

Die Wahrscheinlichkeitsverteilung der Summe

$$\chi^2 = \sum_{k=1}^{n} \xi_{0k}^2 \tag{4.24}$$

von n unabhängigen und standardisierten Gaussschen Zufallsgrößen $\xi_{01}, \ldots, \xi_{0n}$ heißt *Chi-Quadrat-Verteilung* mit n Freiheitsgraden und besitzt eine Dichte der Form[1])

$$p(x) = \frac{1}{2^{n/2}\, \Gamma\left(\frac{n}{2}\right)} x^{\frac{n}{2}-1} e^{-\frac{x}{2}}, \qquad 0 \leqq x < +\infty. \tag{4.25}$$

Sie ist ein Spezialfall der Γ-Verteilung (vgl. (2.17) bzw. Abb. 18).

Wir bemerken, daß man aus (4.25) leicht eine Darstellung für die Wahrscheinlichkeitsdichte $p_\chi(x)$ der Zufallsgröße

$$\chi = \sqrt{\sum_{k=1}^{n} \xi_{0k}^2},$$

die den absoluten Betrag des Vektors $(\xi_{01}, \ldots, \xi_{0n})$ angibt, ableiten kann.

---

[1]) Die Beziehung (4.25) wird im Abschnitt 5 hergeleitet, vgl. (5.21.).

Es gilt[1])

$$p_\chi(x) = 2xp(x^2) = \frac{1}{2^{\frac{n-1}{2}}\,\Gamma\left(\frac{n}{2}\right)}\,x^{\frac{n}{2}}\,\mathrm{e}^{-\frac{x^2}{2}}, \qquad 0 \leqq x < +\infty. \tag{4.26}$$

Für $n = 2$ ist (4.26) die Dichte der sogenannten RAYLEIGH-*Verteilung* und für $n = 3$ der sogenannten MAXWELL-*Verteilung*.

Wir fassen noch einmal die wichtigsten Eigenschaften der Schätzungen $\hat{a}$ und $\hat{\sigma}$ für die unbekannten Parameter a bzw. σ einer Normalverteilung (vgl. (4.23)) zusammen:

— $\hat{a}$ besitzt eine Normalverteilung mit den Parametern $\left(a, \frac{\sigma}{\sqrt{n}}\right)$,

— $n\,\frac{\hat{\sigma}^2}{\sigma^2}$ besitzt eine χ^2-Verteilung mit $n - 1$ Freiheitsgraden,

— $\hat{a}$ und $\hat{\sigma}^2$ sind unabhängige Zufallsgrößen.

Wenn der Parameter σ bekannt ist, dann gibt es zu jeder beliebigen, noch so kleinen (positiven) Zahl α eine Zahl Δ derart, daß der unbekannte Parameterwert a sich mit einer Wahrscheinlichkeit von mindestens $1 - \alpha$ in den Grenzen

$$\hat{a} - \frac{\sigma}{\sqrt{n}}\,\Delta \leqq a \leqq \hat{a} + \frac{\sigma}{\sqrt{n}}\,\Delta \tag{4.27}$$

befindet. Die Zahl Δ kann man dabei zu vorgegebenem α aus der Beziehung

$$\mathsf{P}\left\{\left|\frac{\hat{a} - a}{\sigma}\sqrt{n}\right| \leqq \Delta\right\} = 2\Phi(\Delta) - 1 = 1 - \alpha$$

bestimmen (Δ kann man also mit Hilfe einer Tabelle der Verteilungsfunktion $\Phi(x)$ der standardisierten Normalverteilung ermitteln).

Wenn beide Parameter a und σ unbekannt sind, so lassen sich ebenfalls Schranken für den unbekannten Erwartungswert a angeben. Dazu betrachten wir die Zufallsgröße

$$\tau = \sqrt{n-1}\,\frac{(\hat{a} - a)}{\hat{\sigma}} = \frac{\tilde{\eta}_n}{\sqrt{\frac{1}{n-1}\sum_{k=1}^{n-1}\tilde{\eta}_k^2}},$$

wobei $\tilde{\eta}_1, \ldots, \tilde{\eta}_n$ gewisse voneinander unabhängige GAUSSsche Zufallsgrößen mit ein und denselben Parameterwerten $(0, \sigma)$ sind. Man überzeugt sich leicht davon, daß die Verteilung von τ nicht von dem Wert des Parameters σ abhängt, und daß folglich die Wahrscheinlichkeitsverteilung von τ mit der Verteilung des

[1]) $p_\chi(x)$ ist die Dichte der sogenannten Chi-Verteilung (Anm. des Herausgebers).

Quotienten

$$\frac{\xi_{0n}}{\sqrt{\frac{1}{n-1}\sum_{j=1}^{n-1}\xi_{0j}}}$$

zusammenfällt, wobei $\xi_{01} = \frac{\eta_1}{\sigma}, \ldots, \xi_{0n} = \frac{\eta_n}{\sigma}$ voneinander unabhängige standardisierte GAUSSsche Zufallsgrößen sind. Diese Wahrscheinlichkeitsverteilung heißt

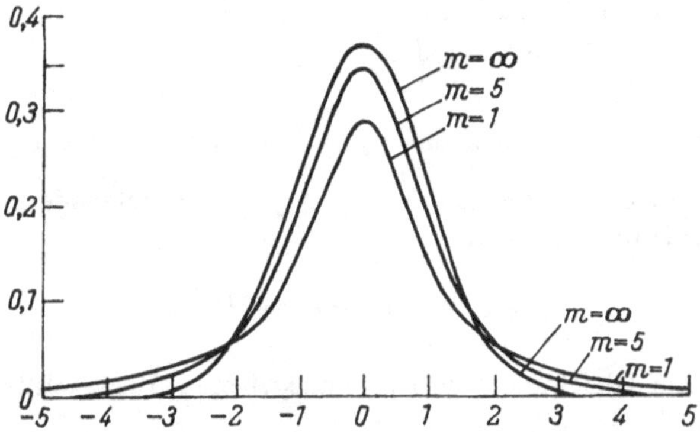

Abb. 19. Allgemeine Form der Wahrscheinlichkeitsdichte der STUDENTschen t-Verteilung mit den Parameterwerten $m = 1$ und $m = 5$; für $m = \infty$ stimmt sie mit der Dichte der standardisierten Normalverteilung überein.

STUDENT-*Verteilung* oder auch *t-Verteilung* (vgl. Abb. 19). Sie wird durch den Parameter $m = n - 1$ bestimmt und besitzt, wie im folgenden nachgewiesen wird, die Dichte

$$p(x) = \frac{1}{\sqrt{\pi m}} \frac{\Gamma\left(\frac{m+1}{2}\right)}{\Gamma\left(\frac{m}{2}\right)} \left(1 + \frac{x^2}{m}\right)^{-\frac{m+1}{2}}, \qquad 0 \leqq x < +\infty. \tag{4.28}$$

Wie bei der Bestimmung des „Vertrauensintervalls“ (4.27) kann man auch hier einen entsprechenden Wert Δ aus der Beziehung

$$\mathsf{P}\left\{\left|\sqrt{n-1}\,\frac{\hat{a}-a}{\hat{\sigma}}\right| \leqq \Delta\right\} = \mathsf{P}\{|\tau| \leqq \Delta\} = 1 - \alpha$$

erhalten. Folglich gilt mit Wahrscheinlichkeit $1 - \alpha$, daß für den Parameterwert a die Ungleichungen

$$\hat{a} - \frac{\hat{\sigma}}{\sqrt{n-1}}\Delta \leqq a \leqq \hat{a} + \frac{\hat{\sigma}}{\sqrt{n-1}}\Delta \tag{4.29}$$

erfüllt sind.

Zum Abschluß leiten wir die Formel (4.28) für die Dichte der t-Verteilung her. Diese Dichte ist nach Definition die Wahrscheinlichkeitsdichte des Quotienten $\eta = \frac{\xi_1}{\xi_2}$ aus zwei unabhängigen Zufallsgrößen, und zwar einer Gaussschen Zufallsgröße ξ_1 mit den Parametern (0, 1) und einer Zufallsgröße $\xi_2 = \sqrt{\frac{1}{m}\chi^2}$, wobei χ^2 eine Chi-Quadrat-Verteilung mit m Freiheitsgraden besitzt.

Aus Formel (4.26) erhalten wir als einfache Folgerung, daß die Wahrscheinlichkeitsdichte $p_2(x)$ der Zufallsgröße ξ_2 die Form

$$p_2(x) = \frac{m^{m/2}}{2^{m/2-1}\,\Gamma\left(\frac{m}{2}\right)}\, x^{m-1}\, \mathrm{e}^{-\frac{mx^2}{2}}, \qquad x > 0$$

besitzt. Unter Berücksichtigung, daß $p_2(x) = 0$ für $x < 0$ gilt, ergibt sich für die Wahrscheinlichkeitsdichte des Quotienten $\eta = \frac{\xi_1}{\xi_2}$ die folgende Darstellung (vgl. auch Formel (3.14) in Kapitel I):

$$p_\eta(y) = \int\limits_0^\infty p_1(yx)\, p_2(x)\, x\, \mathrm{d}x .$$

Wenn wir in dieser Gleichung den oben angegebenen Ausdruck für $p_2(x)$ und die Beziehung

$$p_1(yx) = \frac{1}{\sqrt{2\pi}}\, \mathrm{e}^{-\frac{y^2x^2}{2}}, \qquad -\infty < x < +\infty,$$

einsetzen, so erhalten wir für $p_\eta(y)$ die Darstellung

$$p_\eta(y) = \int\limits_0^\infty \frac{m^{m/2}}{\sqrt{\pi}\, 2^{m/2}\, \Gamma\left(\frac{m}{2}\right)}\, x^{m-1}\, \mathrm{e}^{-\frac{m}{2}x^2\left(1+\frac{y^2}{m}\right)}\, \mathrm{d}x .$$

Mit Hilfe der Substitution $u = \frac{m}{2}\, x^2 \left(1 + \frac{y^2}{m}\right)$ gelangen wir zu dem Ausdruck

$$p_\eta(y) = \frac{1}{\sqrt{\pi m}\, \Gamma\left(\frac{m}{2}\right)} \left(1 + \frac{y^2}{m}\right)^{-\frac{m+1}{2}} \int\limits_0^\infty u^{\frac{m-1}{2}}\, \mathrm{e}^{-u}\, \mathrm{d}u ,$$

in dem

$$\int\limits_0^\infty u^{\frac{m-1}{2}}\, \mathrm{e}^{-u}\, \mathrm{d}u = \Gamma\left(\frac{m+1}{2}\right)$$

den Wert der Γ-Funktion im Punkt $\frac{m+1}{2}$ angibt. Damit ist die Formel (4.28) bewiesen.

5. Wahrscheinlichkeitsverteilungen und charakteristische Funktionen

5.1. Charakteristische Funktionen und ihre grundlegenden Eigenschaften

Es sei ξ irgendeine reellwertige Zufallsgröße. Die Funktion

$$\varphi(t) = \mathsf{M}\, e^{it\xi}, \qquad -\infty < t < +\infty, \tag{5.1}$$

deren Wert im Punkt t mit dem Erwartungswert $\mathsf{M}\, e^{it\xi}$ übereinstimmt, heißt charakteristische Funktion der Zufallsgröße ξ bzw. der entsprechenden Wahrscheinlichkeitsverteilung mit der Verteilungsfunktion $F(x) = \mathsf{P}\{\xi \leqq x\}$.

Wenn die Wahrscheinlichkeitsverteilung auf den ganzen Zahlen $k = 0, \pm 1, \pm 2, \ldots$ konzentriert ist, d. h. wenn

$$P(k) = \mathsf{P}\{\xi = k\}, \qquad k = 0, \pm 1, \pm 2, \ldots, \text{ mit } \sum_{k=-\infty}^{+\infty} P(k) = 1$$

gilt, dann ist die charakteristische Funktion

$$\varphi(t) = \sum_{k=-\infty}^{+\infty} e^{itk}\, P(k) \tag{5.2}$$

eine periodische Funktion mit der Periode 2π, und die Formel (5.2) gibt ihre Entwicklung in eine FOURIER-Reihe mit den Koeffizienten

$$P(k) = \frac{1}{2\pi} \int_{-\pi}^{+\pi} e^{-ikt}\, \varphi(t)\, dt, \qquad k = 0, \pm 1, \pm 2, \ldots, \tag{5.3}$$

an.

Besitzt die Wahrscheinlichkeitsverteilung eine Dichte $p(x)$, dann ist ihre charakteristische Funktion $\varphi(t)$, $-\infty < t < +\infty$, das FOURIER-Integral von $p(x)$, $-\infty < x < +\infty$, d. h., es gilt

$$\varphi(t) = \int_{-\infty}^{+\infty} e^{itx}\, p(x)\, dx, \qquad -\infty < t < +\infty. \tag{5.4}$$

Sofern die charakteristische Funktion $\varphi(t)$ absolut integrierbar ist, sofern also

$$\int_{-\infty}^{\infty} |\varphi(t)|\, dt < +\infty$$

erfüllt ist, kann man die Dichte $p(x)$ mit Hilfe der inversen FOURIER-Transformation erhalten

$$p(x) = \frac{1}{2\pi} \int_{-\infty}^{\infty} e^{-ixt}\, \varphi(t)\, dt, \qquad -\infty < x < +\infty. \tag{5.5}$$

Die allgemeine Umkehrformel[1]), die es ermöglicht, aus der charakteristischen Funktion $\varphi(t)$ die entsprechende Verteilungsfunktion $F(x)$ zu erhalten, lautet

$$F(x'') - F(x') = \lim_{\sigma \to 0} \frac{1}{2\pi} \int_{-\infty}^{\infty} \frac{e^{-ix''t} - e^{-ix't}}{-it} e^{-\frac{\sigma^2 t^2}{2}} \varphi(t) \, dt. \tag{5.6}$$

Dabei sind x' und x'' irgendzwei Punkte, in denen die Verteilungsfunktion $F(x)$ stetig ist (für die also $\mathsf{P}\{\xi = x'\} = \mathsf{P}\{\xi = x''\} = 0$ gilt).

Es ist klar, daß es höchstens n verschiedene x-Werte geben kann, für die die Beziehung $\mathsf{P}\{\xi = x\} \geqq \frac{1}{n}$ gilt. Folglich gibt es höchstens endlich oder abzählbar unendlich viele x-Werte mit $\mathsf{P}\{\xi = x\} > 0$. Also kann man für zwei beliebige Punkte x' und x'' stets zwei solche Folgen (x_n') bzw. (x_n'') finden, daß $x_n' \to x' - 0$ und $x_n'' \to x'' + 0$[2]) gilt und daß die Bedingungen $\mathsf{P}\{\xi = x_n'\} = \mathsf{P}\{\xi = x_n''\} = 0$ für jedes n erfüllt sind. Auf Grund der Stetigkeit der Wahrscheinlichkeit gilt dann

$$\lim_{n \to \infty} \mathsf{P}\{x_n' \leqq \xi \leqq x_n''\} = \mathsf{P}\{x' \leqq \xi \leqq x''\} = F(x'') - F(x' - 0). \tag{5.7}$$

Man erhält daraus zusammen mit der Umkehrformel folgendes Ergebnis: *Die Wahrscheinlichkeitsverteilung wird durch ihre charakteristische Funktion eindeutig bestimmt.*

Wir betrachten die Reihenentwicklung

$$e^{it\xi} = \sum_{k=0}^{n} i^k \frac{\xi^k}{k!} t^k + \theta \frac{\xi^{n+1}}{(n+1)!} t^{n+1}$$

der Funktion $e^{it\xi}$, wobei θ eine gewisse Größe mit $|\theta| \leqq 1$ ist. Existieren die Momente $\mu_k = \mathsf{M}\,|\xi|^k$, $k = 1, \ldots, n+1$, und sind sie endlich, dann gilt offenbar die Beziehung

$$\mathsf{M}\, e^{it} = \sum_{k=0}^{n} i^k \frac{\mathsf{M}\xi^k}{k!} t^k + \frac{\mathsf{M}(\theta\xi^{n+1})}{(n+1)!} t^{n+1}.$$

Somit besitzt die charakteristische Funktion $\varphi(t)$ von ξ eine Entwicklung der Form

$$\varphi(t) = \sum_{k=0}^{n} i^k \frac{\mu_k}{k!} t^k + \frac{R_n}{(n+1)!} t^{n+1}, \qquad -\infty < t < +\infty, \tag{5.8}$$

wobei $|R_n| \leqq \mathsf{M}\,|\xi|^{n+1}$ und $\mu_0 = \varphi(0) = 1$,

$$\mu_k = \frac{\varphi^{(k)}(0)}{i^k}, \qquad k = 1, \ldots, n,$$

gilt.

---

[1]) Ähnliche Umkehrformeln werden auch weiter unten betrachtet, vgl. S. 134.

[2]) Unter $x_n \to x' - 0$ versteht man, daß x_n von links gegen x' konvergiert, d. h., daß $x_n \to x'$ und $x_n \leqq x'$ gilt.

Die Formel (5.8) ermöglicht es, die Momente $\mu_k = \mathsf{M}\xi^k$ aus den Ableitungen der charakteristischen Funktion der Zufallsgröße ξ zu berechnen.

Wir betrachten jetzt einige Beispiele für charakteristische Funktionen:

1. Die gleichmäßige Verteilung

Für die Wahrscheinlichkeitsdichte

$$p(x) = \begin{cases} \dfrac{1}{b-a} & \text{für} \quad a \leqq x \leqq b, \\ 0 & \text{für} \quad x < a, x > b \end{cases}$$

erhält man die charakteristische Funktion

$$\varphi(t) = \frac{1}{b-a} \int_a^b e^{itx}\, dx = \frac{e^{ibt} - e^{iat}}{(b-a)\, it}, \qquad -\infty < t < +\infty.$$

2. Poissonsche Verteilung

Die charakteristische Funktion der Poissonschen Verteilung

$$P(k) = \frac{a^k}{k!} e^{-a}, \qquad k = 0, 1, \ldots,$$

ergibt sich zu

$$\varphi(t) = \sum_{k=0}^{\infty} e^{itk} P(k) = e^{-a} \sum_{k=0}^{\infty} \frac{(a\, e^{it})^k}{k!} = e^{-a}\, e^{ae^{it}} = e^{a(e^{it}-1)}, \quad -\infty < t < +\infty. \quad (5.9)$$

3. Normalverteilung

Wir wollen die charakteristische Funktion einer Normalverteilung mit der Dichte

$$p(x) = \frac{1}{\sqrt{2\pi}} e^{-\frac{x^2}{2}}, \qquad -\infty < x < +\infty,$$

ermitteln. Dazu betrachten wir zunächst das Integral $\int_{-\infty}^{\infty} e^{zx}\, p(x)\, dx$ mit reellem Parameter z:

$$\int_{-\infty}^{\infty} e^{zx}\, p(x)\, dx = \frac{1}{\sqrt{2\pi}} \int_{-\infty}^{\infty} e^{zx - \frac{x^2}{2}}\, dx = e^{\frac{z^2}{2}} \frac{1}{\sqrt{2\pi}} \int_{-\infty}^{\infty} e^{-\frac{(x-z)^2}{2}}\, dx$$

$$= e^{\frac{z^2}{2}} \frac{1}{\sqrt{2\pi}} \int_{-\infty}^{\infty} e^{-\frac{x^2}{2}} dx = e^{\frac{z^2}{2}}.$$

Das Integral $\int\limits_{-\infty}^{\infty} e^{zx}\, p(x)\, dx = e^{\frac{z^2}{2}}$ ist demnach eine analytische Funktion von z, die sich eindeutig auf die gesamte komplexe Ebene (für die Variable z) fortsetzen läßt. Setzt man anstelle von z den Wert it ein, so erhält man für die gesuchte charakteristische Funktion $\varphi(t)$ die Beziehung

$$\varphi(t) = \int\limits_{-\infty}^{\infty} e^{itx}\, p(x)\, dx = e^{-\frac{t^2}{2}}, \qquad -\infty < t < +\infty.$$

Bei einer linearen Transformation $\xi = \sigma\xi_0 + a$ erhält man die charakteristische Funktion $\varphi(t)$ der Zufallsgröße ξ aus der charakteristischen Funktion $\varphi_0(t)$ der Zufallsgröße ξ_0 durch die Formel

$$\varphi(t) = \mathsf{M}\, e^{it(\sigma\xi_0 + a)} = e^{ita}\, \varphi_0(\sigma t). \tag{5.10}$$

Somit ergibt sich für die charakteristische Funktion einer Gaussschen Zufallsgröße ξ mit dem Erwartungswert a und der Streuung σ^2 (die Zufallsgröße ξ besitzt also die Darstellung $\xi = \sigma\xi_0 + a$ für eine Gausssche Zufallsgröße ξ_0 mit den Parametern (0, 1)) die Beziehung

$$\varphi(t) = e^{ita - \frac{\sigma^2 t^2}{2}} \qquad -\infty < t < +\infty. \tag{5.11}$$

4. *Symmetrische Exponentialverteilung und Cauchy-Verteilung*

Wir betrachten die Wahrscheinlichkeitsverteilung mit der Dichte

$$p(x) = \frac{a}{2}\, e^{-a|x|}, \qquad -\infty < x < +\infty \tag{5.12}$$

(a ist irgendein positiver Parameter). Die zugehörige charakteristische Funktion errechnet man folgendermaßen:

$$\begin{aligned}\varphi(t) &= \frac{a}{2}\int\limits_0^{\infty} (e^{itx} + e^{-itx})\, e^{ax}\, dx = \frac{a}{2}\int\limits_0^{\infty} e^{(a+it)x}\, dx + \frac{a}{2}\int\limits_0^{\infty} e^{(a-it)x}\, dx \\ &= \frac{a}{2}\left(\frac{1}{a+it} - \frac{1}{a-it}\right) = \frac{a^2}{a^2+t^2}, \qquad -\infty < t < +\infty.\end{aligned} \tag{5.13}$$

Für $a = 1$ unterscheidet sich die charakteristische Funktion (5.13) nur durch einen konstanten Faktor von der Wahrscheinlichkeitsdichte

$$p(x) = \frac{1}{\pi}\,\frac{1}{1+x^2}, \qquad -\infty < x < +\infty, \tag{5.14}$$

die eine spezielle STUDENT-Verteilung (vgl. (4.28)), und zwar mit dem Parameter $m = 1$, ist. Die angegebene Dichte ist die Wahrscheinlichkeitsdichte des Quotienten zweier unabhängiger GAUSSscher Zufallsgrößen mit den Parametern (0, 1), und ist auch die Wahrscheinlichkeitsdichte der Zufallsgröße $\tan \xi$, wobei ξ eine auf dem Intervall $\left[-\frac{\pi}{2}, +\frac{\pi}{2}\right]$ gleichmäßig verteilte Zufallsgröße darstellt. Auch andere Verteilungen hängen mit ihr zusammen. Die Wahrscheinlichkeitsverteilung mit der Dichte (5.14) heißt CAUCHY-*Verteilung*.

Wenn wir die Formeln (5.12)—(5.14) miteinander vergleichen und die Umkehrformel (5.5) anwenden, so erhalten wir für die charakteristische Funktion $\varphi(t)$ einer CAUCHY-Verteilung den Ausdruck

$$\begin{aligned}\varphi(t) &= \frac{1}{\pi}\int_{-\infty}^{\infty} e^{itx}(1 + x^2)^{-1}\,dx \\ &= 2\left[\frac{1}{2\pi}\int_{-\infty}^{\infty} e^{-itu}(1 + u^2)^{-1}\,du\right] = e^{-|t|}, \quad -\infty < t < +\infty. \qquad (5.15)\end{aligned}$$

Eine sehr wichtige Eigenschaft charakteristischer Funktionen ist die folgende: Die charakteristische Funktion $\varphi(t)$ der Summe $\xi = \xi_1 + \cdots + \xi_n$ von n unabhängigen Zufallsgrößen $\xi_1, \ldots, \xi_n$ ist das Produkt der charakteristischen Funktionen $\varphi_1(t), \ldots, \varphi_n(t)$ der einzelnen Summanden $\xi_1, \ldots, \xi_n$:

$$\varphi(t) = \varphi_1(t) \ldots \varphi_n(t), \qquad -\infty < t < +\infty. \qquad (5.16)$$

Das ist eine Folgerung aus den Eigenschaften des Erwartungswertes, es gilt nämlich

$$\mathsf{M}\, e^{it\xi} = \mathsf{M}(e^{it\xi_1} \ldots e^{it\xi_n}) = (\mathsf{M}\, e^{it\xi_1}) \cdots (\mathsf{M}\, e^{it\xi_n})$$

(vgl. Kapitel I, Formel (4.6)).

5. *Dreieckverteilung*

Wir suchen die charakteristische Funktion einer Wahrscheinlichkeitsverteilung, die die Dichte

$$p(x) = \begin{cases} 1 - |x| & \text{für } |x| \leqq 1, \\ 0 & \text{für } |x| > 1 \end{cases}$$

besitzt. Diese Dichte ist die Wahrscheinlichkeitsdichte der Summe $\xi = \xi_1 + \xi_2$ zweier unabhängiger Zufallsgrößen ξ_1 und ξ_2, die gleichmäßig auf den Intervallen $[-1, 0]$ bzw. $[0, 1]$ verteilt sind. Die Zufallsgrößen ξ_1 und ξ_2 besitzen die charakteristischen Funktionen

$$\varphi_1(t) = \frac{1 - e^{-it}}{it} \quad \text{bzw.} \quad \varphi_2 = \frac{e^{it} - 1}{it}.$$

Nach Formel (5,16) erhält man für die gesuchte Funktion $\varphi(t)$ die Beziehung

$$\varphi(t) = \varphi_1(t)\,\varphi_2(t) = \frac{|1 - e^{it}|^2}{t^2} = \frac{2(1 - \cos t)}{t^2}, \qquad -\infty < t < +\infty. \quad (5.17)$$

6. *Binomialverteilung*

Wir bestimmen die charakteristische Funktion einer Binomialverteilung, d. h. der Verteilung einer Summe $\xi = \xi_1 + \cdots + \xi_n$ unabhängiger Zufallsgrößen mit ein und derselben Verteilung der Form

$$\xi_k = \begin{cases} 1 & \text{mit Wahrscheinlichkeit } p, \\ 0 & \text{mit Wahrscheinlichkeit } 1 - p. \end{cases}$$

Die charakteristische Funktion jedes einzelnen Summanden ist gleich $(1 - p) + e^{it}p$, folglich ergibt sich für die gesuchte charakteristische Funktion $\varphi(t)$ die Beziehung

$$\varphi(t) = [1 + p(e^{it} - 1)]^n, \qquad -\infty < t < +\infty. \quad (5.18)$$

7. *χ^2-Verteilung*[1]

Wir bestimmen jetzt die charakteristische Funktion der Zufallsgröße

$$\chi^2 = \xi_1^2 + \cdots + \xi_n^2,$$

wobei $\xi_1, \ldots, \xi_n$ unabhängige Gausssche Zufallsgrößen mit den Parametern (0, 1) seien. Diese Zufallsgrößen besitzen sämtlich die Wahrscheinlichkeitsdichte

$$p_0(x) = \frac{1}{\sqrt{2\pi}} e^{-\frac{x^2}{2}}, \qquad -\infty < x < +\infty.$$

Die Dichte jeder der Zufallsgrößen ξ_k^2, $k = 1, \ldots, n$, hat dann die Form (vgl. das Beispiel auf Seite 34)

$$p(y) = \begin{cases} \dfrac{1}{\sqrt{2\pi y}} e^{-\frac{x}{2}} & \text{für } 0 \leqq y < +\infty, \\ 0 & \text{für } y < 0, \end{cases}$$

[1]) lies: Chi-Quadrat-Verteilung.

und die charakteristische Funktion jedes Summanden ξ_k^2 ist gleich

$$\int_0^\infty e^{ity}\, p(y)\, dy = \frac{1}{\sqrt{2\pi}} \int_0^\infty y^{-\frac{1}{2}}\, e^{-\frac{(1-2it)y}{2}}\, dy$$

$$= (1 - 2it)^{-\frac{1}{2}} \frac{1}{\sqrt{\pi}} \int_0^\infty x^{-\frac{1}{2}}\, e^{-x}\, dx$$

$$= (1 - 2it)^{-\frac{1}{2}} \frac{\Gamma\left(\frac{1}{2}\right)}{\sqrt{\pi}} = (1 - 2it)^{-\frac{1}{2}}, \qquad (5.19)$$

weil die Γ-Funktion im Punkt $\frac{1}{2}$ den Wert $\sqrt{\pi}$ besitzt. Die charakteristische Funktion der χ^2-Verteilung mit n Freiheitsgraden ist folglich gleich

$$\varphi(t) = (1 - 2it)^{-\frac{n}{2}}, \qquad -\infty < t < +\infty. \qquad (5.20)$$

Für $n > 1$ ist die Funktion $|\varphi(t)|$, $-\infty < t < +\infty$, integrierbar, und folglich könnte man die Dichte der χ^2-Verteilung mit Hilfe der Umkehrformel (5.5) bestimmen. Es ist jedoch einfacher, die Beziehung (5.19) auszunutzen. Hätte man anstelle von $y^{-\frac{1}{2}}$ in der Ausgangsgleichung für die Dichte $p(y)$ die Größe $y^{\frac{n}{2}-1}$ gesetzt, so wäre am Ende, wie man leicht sieht, mit einem passenden Normierungsfaktor D die Beziehung

$$D \int_0^\infty e^{ity}\, y^{\frac{n}{2}-1}\, e^{-\frac{y}{2}}\, dy = (1 - 2it)^{-\frac{n}{2}}$$

entstanden. Weil die charakteristische Funktion $\varphi(t) = (1 - 2it)^{-\frac{n}{2}}$ aber eindeutig die entsprechende χ^2-Verteilung bestimmt, so ergibt sich, daß diese Verteilung die Dichte

$$p_n(x) = \begin{cases} \dfrac{1}{2^{n/2}\,\Gamma\left(\frac{n}{2}\right)}\, x^{\frac{n}{2}-1}\, e^{-\frac{x}{2}} & \text{für} \quad 0 \leq x < +\infty, \\ 0 & \text{für} \quad -\infty < x < 0 \end{cases} \qquad (5.21)$$

besitzt, wobei der Normierungsfaktor $D = \dfrac{1}{2^{n/2}\,\Gamma\left(\frac{n}{2}\right)}$ aus der Bedingung

$$\int_0^\infty p_n(x)\, dx = D \int_0^\infty x^{\frac{n}{2}-1}\, e^{-\frac{x}{2}}\, dx = D 2^{\frac{n}{2}} \int_0^\infty y^{\frac{n}{2}-1}\, e^{-y}\, dy = D 2^{\frac{n}{2}}\, \Gamma\left(\frac{n}{2}\right) = 1$$

bestimmt wird.

8. Stabilität der Cauchy-Verteilung

Es sei $\xi_1, \xi_2, \ldots$ eine Folge unabhängiger Zufallsgrößen, die alle eine CAUCHY-Verteilung besitzen mögen. Die charakteristische Funktion jedes Gliedes der Folge ist (vgl. (5.15))

$$\varphi(t) = \mathrm{e}^{-|t|}, \qquad -\infty < t < +\infty.$$

Wir betrachten das arithmetische Mittel

$$\xi = \frac{1}{n} \sum_{k=1}^{n} \xi_k.$$

Die charakteristische Funktion $\varphi_\xi(t)$ der Zufallsgröße ξ hat die Form

$$\varphi_\xi(t) = \left[\varphi\left(\frac{t}{n}\right)\right]^n = \mathrm{e}^{-|t|},$$

und somit besitzt das arithmetische Mittel $\frac{1}{n} \sum_{k=1}^{n} \xi_k$ bei beliebigem n dieselbe Wahrscheinlichkeitsverteilung wie jedes Element ξ_k, $k = 1, 2, \ldots$, der Folge selbst. (Für die angegebenen Zufallsgrößen existiert der Erwartungswert nicht; vgl. mit dem Gesetz der großen Zahlen.)

5.2. Konvergenz von Wahrscheinlichkeitsverteilungen

Die Wahrscheinlichkeitsverteilungen der Zufallsgrößen ξ_n, $n = 1, 2, \ldots$, heißen *schwach konvergent* gegen eine Wahrscheinlichkeitsverteilung mit der Verteilungsfunktion $F(x)$, wenn für je zwei Punkte x' und x'', in denen $F(x)$ stetig ist, die Beziehung

$$\mathsf{P}\{x' \leqq \xi_n \leqq x''\} \to F(x'') - F(x') \qquad \text{für } n \to \infty \tag{5.22}$$

gilt.

Ein Beispiel ist die schwache Konvergenz der Verteilungen der normierten Summen

$$S_n{}^* = \frac{S_n - \mathsf{M}S_n}{\sqrt{\mathsf{D}^2 S_n}}, \qquad n = 1, 2, \ldots,$$

beim BERNOULLIschen Versuchsschema gegen eine Normalverteilung mit der Verteilungsfunktion

$$F(x) = \frac{1}{\sqrt{2\pi}} \int_{\infty}^{x} \mathrm{e}^{-\frac{u^2}{2}} \, \mathrm{d}u$$

(vgl. Formel (3.6)).

Aus (5.22) folgt für jeden Stetigkeitspunkt x von $F(x)$ und für $x' = x'' = x$ die Beziehung

$$\mathsf{P}\{\xi_n = x\} \to 0 \qquad \text{bei } n \to \infty .$$

Somit ist bei der schwachen Konvergenz für beliebige Stetigkeitspunkte x' und x'' von $F(x)$ auch die Beziehung

$$\mathsf{P}\{x' < \xi_n \leqq x''\} = F_{\xi_n}(x'') - F_{\xi_n}(x') \to F(x'') - F(x') \tag{5.23}$$

richtig.

Wir betrachten jetzt speziell ganzzahlige Zufallsgrößen, d. h. solche Zufallsgrößen, die nur die ganzen Zahlen $k = 0, \pm 1, \pm 2, \ldots$ als Werte annehmen können. In diesem Fall muß die Grenzwahrscheinlichkeitsverteilung ebenfalls auf den ganzzahligen Punkten konzentriert sein (das bedeutet, es gilt $F(x) = \sum_{k \leqq x} P(k)$ und $\sum_k P(k) = 1$), und die Beziehung (5.22) ist gleichbedeutend damit, daß

$$\mathsf{P}\{\xi_n = k\} \to P(k) \tag{5.24}$$

für jedes k gilt ($P(k)$, $k = 0, \pm 1, \pm 2, \ldots$, sind die Einzelwahrscheinlichkeiten der Grenzwahrscheinlichkeitsverteilung).

In einem beliebigen endlichen Intervall $[x', x'']$ liegen nämlich nur endlich viele ganze Zahlen, und aus der Beziehung (5.22) folgt, daß die Konvergenz

$$\mathsf{P}\{x' \leqq \xi_n \leqq x''\} = \sum_{x' \leqq k \leqq x''} \mathsf{P}\{\xi_n = k\} \to \sum_{x' \leqq k \leqq x''} P(k) = F(x'') - F(x')$$

erfüllt ist. Andererseits sind die Werte $k - \varepsilon$ und $k + \varepsilon$ bei beliebigem k und $0 < \varepsilon < 1$ Stetigkeitspunkte der Funktion $F(x) = \sum_{x \leqq k} P(k)$, wobei $\mathsf{P}\{k - \varepsilon \leqq \xi_n \leqq k + \varepsilon\} = \mathsf{P}\{\xi_n = k\}$ gilt. Folglich muß bei der schwachen Konvergenz die Grenzbeziehung (5.24) gelten.

Betrachten wir ein Beispiel. Es sei ξ_n die Anzahl der Erfolge in einem Bernoullischen Versuchsschema mit n Versuchen. Die Verteilungen der Zufallsgrößen ξ_n konvergieren für $n \to \infty$ sofern die mittlere Anzahl $a = np$ der Erfolge konstant bleibt, schwach gegen eine Poissonsche Verteilung:

$$\mathsf{P}\{\xi_n = k\} \to \frac{a^k}{k!} \mathrm{e}^{-a}, \qquad k = 0, 1, \ldots$$

(vgl. Formel (3.4)).

Wir geben im weiteren einige Sätze über die schwache Konvergenz von Wahrscheinlichkeitsverteilungen an.

Der Anschaulichkeit halber nehmen wir an, daß ξ eine Zufallsgröße ist, deren Wahrscheinlichkeitsverteilung gerade die zu betrachtende Grenzverteilung bildet. Dabei wird natürlich nur die Frage nach der Konvergenz der Wahrscheinlichkeitsverteilungen der Zufallsgrößen ξ_n, $n = 1, 2, \ldots$, gestellt, und nichts über die Konvergenz dieser Zufallsgrößen selbst ausgesagt.

Satz 1. *Wenn die Folge der Wahrscheinlichkeitsverteilungen der Zufallsgrößen ξ_n, $n = 1, 2, \ldots$, schwach gegen die Verteilung der Zufallsgröße ξ konvergiert, dann gilt für jede beschränkte stetige Funktion $u = u(x)$, $-\infty < x < +\infty$, die Beziehung*

$$\lim_{n\to\infty} \mathsf{M}u(\xi_n) = \mathsf{M}u(\xi). \tag{5.25}$$

Beweis: Da die betrachteten Wahrscheinlichkeitsverteilungen schwach konvergieren, sind sie in folgendem Sinne *kompakt*. Für jedes $\varepsilon > 0$ existiert eine endliche Zahl a derart, daß für jedes $n = 1, 2, \ldots$ die Abschätzung

$$\mathsf{P}\{|\xi_n| \leqq a\} > 1 - \varepsilon \tag{5.26}$$

gilt.

Nehmen wir ein genügend großes Intervall $[-a_0, a_0]$, für das die Abschätzung $\mathsf{P}\{|\xi| \leqq a_0\} \geqq 1 - \frac{\varepsilon}{2}$ und die Beziehung $\mathsf{P}\{|\xi_n| \leqq a_0\} \to \mathsf{P}\{|\xi| \leqq a_0\}$ richtig sind, so erhalten wir nämlich, daß für alle genügend großen n ($n \geqq n_0$) und alle $a \geqq a_0$ die Ungleichung (5.26) erfüllt ist. Bei geeigneter Wahl von a ist (5.26) auch für jede Zahl $n = 1, \ldots, n_0$ richtig.

Es sei $u = u(x)$ irgendeine stetige, beschränkte Funktion, $|u(x)| \leqq K$. Auf dem Intervall $[-a, a]$ kann man sie beliebig genau durch „Treppenfunktionen" der Form

$$u_\varepsilon(x) = \begin{cases} u(x_k) & \text{für} \quad x_{k-1} < x \leqq x_k \quad (k = 1, \ldots, N), \\ 0 & \text{für} \quad x < -a, x > a \end{cases}$$

annähern, wobei $-a = x_0 \leqq x_1 \leqq \cdots \leqq x_N = a$ Stetigkeitspunkte der Funktion $F(x)$ seien, für die $|u(x) - u(x_k)| \leqq \varepsilon$, $(x_{k-1} < x \leqq x_k)$ gilt. Aus der Kompaktheitseigenschaft (5.26) folgt, daß für alle $n = 1, 2, \ldots$ die Abschätzung

$$|\mathsf{M}u(\xi_n) - \mathsf{M}u_\varepsilon(\xi_n)| \leqq \mathsf{M}\,|u(\xi_n) - u_\varepsilon(\xi_n)| \leqq K\mathsf{P}\{|\xi_n| > a\} + \varepsilon \leqq (K + 1)\,\varepsilon$$

richtig ist. Analog erhält man

$$|\mathsf{M}u(\xi) - \mathsf{M}u_\varepsilon(\xi)| \leqq (K + 1)\,\varepsilon.$$

Bei beliebigem aber festem N folgt aus (5.23) die Grenzbeziehung

$$\mathsf{M}u_\varepsilon(\xi_n) = \sum_{k=1}^{N} u(x_k)\,\mathsf{P}\{x_{k-1} < \xi_n \leqq x_k\} \to \sum_{k=1}^{N} u(x_k)\,\mathsf{P}\{x_{k-1} < \xi \leqq x_k\} = \mathsf{M}u_\varepsilon(\xi).$$

Somit ergibt sich, daß für jedes $\varepsilon > 0$ die Beziehung

$$\lim_{n\to\infty} |\mathsf{M}u(\xi_n) - \mathsf{M}u(\xi)| \leqq 2(K + 1)\,\varepsilon$$

gilt, woraus man die Gleichung (5.25) erhält.

Satz 2. *Es sei ξ_n, $n = 1, 2, \ldots$, eine Folge von Zufallsgrößen, die im quadratischen Mittel gegen eine Zufallsgröße ξ konvergiert. Dann konvergieren die Wahrscheinlichkeitsverteilungen der Zufallsgrößen ξ_n schwach gegen die Verteilung der Zufallsgröße ξ.*

Beweis: Für beliebig kleine Werte ε und δ gilt bei genügend großem n aufgrund der Voraussetzung und der Tschebyschewschen Ungleichung die Abschätzung

$$\mathsf{P}\{|\xi_n - \xi| > \varepsilon\} \leqq \frac{\mathsf{M}\,|\xi_n - \xi|^2}{\varepsilon^2} \leqq \delta.$$

Aus dieser Abschätzung ergeben sich die Ungleichungen

$$\mathsf{P}\{x' + \varepsilon \leqq \xi \leqq x' - \varepsilon\} - \delta \leqq \mathsf{P}\{x' \leqq \xi_n \leqq x''\} \leqq \mathsf{P}\{x' - \varepsilon \leqq \xi \leqq x'' + \varepsilon\} + \delta,$$

woraus wir für irgendzwei Stetigkeitspunkte x' und x'' der Verteilungsfunktion $F_\xi(x)$ bei $\varepsilon \to 0$ die Beziehungen

$$\mathsf{P}\{x' \leqq \xi \leqq x''\} - \delta \leqq \mathsf{P}\{x' \leqq \xi_n \leqq x''\} \leqq \mathsf{P}\{x' \leqq \xi \leqq x''\} + \delta$$

erhalten. Folglich gilt für $n \to \infty$

$$\mathsf{P}\{x' \leqq \xi_n \leqq x''\} \to \mathsf{P}\{x' \leqq \xi \leqq x''\}.$$

Unter Verwendung von Satz 2 leiten wir nun die Umkehrformel (5.6) her. Dazu betrachten wir eine Folge ξ_n, $n = 1, 2, \ldots$, von Zufallsgrößen der Form $\xi_n = \xi + \Delta_n$, wobei Δ_n, $n = 1, 2, \ldots$, von ξ unabhängige Zufallsgrößen seien, die im quadratischen Mittel gegen Null konvergieren und absolut integrierbare charakteristische Funktionen $\delta_n(t)$ besitzen:

$$\int_{-\infty}^{\infty} |\delta_n(t)| \, \mathrm{d}t < \infty.$$

(Beispielsweise können die Δ_n, $n = 1, 2, \ldots$, Gausssche Zufallsgrößen mit den Parametern $(0, \sigma_n)$ sein, für die $\sigma_n \to 0$ gilt; in diesem Fall ergibt sich [vgl. (5.11)] $\delta_n(t) = \mathrm{e}^{-\frac{\sigma_n^2 t^2}{2}}$). Es sei $\varphi(t)$ die charakteristische Funktion der uns interessierenden Zufallsgröße ξ. Dann sind die charakteristischen Funktionen $\varphi_n(t) = \varphi(t)\,\delta_n(t)$ der Zufallsgrößen $\xi_n = \xi + \Delta_n$, $n = 1, 2, \ldots$, ebenfalls absolut integrierbar, weil die Abschätzungen $|\varphi(t)| \leqq 1$ und $|\varphi_n(t)| \leqq |\delta_n(t)|$ gelten. Folglich besitzen die Zufallsgrößen ξ_n die Wahrscheinlichkeitsdichten $p_n(x)$, die mit den Funktionen $\varphi_n(t)$ über die Fourier-Transformation (vgl. Formel (5.5)) zusammenhängen:

$$p_n(x) = \frac{1}{2\pi} \int_{-\infty}^{\infty} \mathrm{e}^{ixt}\, \varphi_n(t) \, \mathrm{d}t.$$

Wenn wir bezüglich x ($x' \leqq x \leqq x''$) integrieren, so erhalten wir

$$\mathsf{P}\{x' \leqq \xi_n \leqq x''\} = \int_{x'}^{x''} p_n(x)\,\mathrm{d}x = \frac{1}{2\pi} \int_{-\infty}^{\infty} \left[\int_{x'}^{x''} \mathrm{e}^{-itx}\,\mathrm{d}x \right] \varphi_n(t)\,\mathrm{d}t$$

$$= \frac{1}{2\pi} \int_{-\infty}^{\infty} \frac{\mathrm{e}^{-ix''t} - \mathrm{e}^{-ix't}}{-it}\, \varphi(t)\, \delta_n(t)\,\mathrm{d}t,$$

und unter Verwendung von Satz 2 folgt

$$\mathsf{P}\{x' \leqq \xi \leqq x''\} = \lim_{n\to\infty} \mathsf{P}\{x' \leqq \xi_n \leqq x''\} = \lim_{n\to\infty} \frac{1}{2\pi} \int_{-\infty}^{\infty} \frac{\mathrm{e}^{-ix''t} - \mathrm{e}^{-ix't}}{-it}\, \varphi(t)\, \delta_n(t)\,\mathrm{d}t \tag{5.27}$$

für beliebige Stetigkeitspunkte x' und x'' der Verteilungsfunktion $F(x)$ von ξ.

Die Grenzbeziehung (5.27) stellt eine allgemeinere Umkehrformel als (5.6) dar, letztere ergibt sich als Spezialfall.

Es seien $p_1(x)$ und $p_2(x)$ zwei beliebige absolut integrierbare Funktionen und $\varphi_1(t)$ bzw. $\varphi_2(t)$ ihre entsprechenden durch Formel (5.4) definierten Fourier-Transformierten. Wir setzen voraus, daß das Produkt $\varphi(t) = \varphi_1(t)\,\varphi_2(t)$ auch eine absolut integrierbare Funktion ist. Dann lautet die aus der Theorie der Fourier-Transformation bekannte sogenannte Parseval*sche Gleichung* folgendermaßen:

$$\frac{1}{2\pi} \int_{-\infty}^{\infty} \mathrm{e}^{-itx}\, \varphi_1(t)\, \varphi_2(t)\,\mathrm{d}t = \int_{-\infty}^{\infty} p_1(x-y)\, p_2(y)\,\mathrm{d}y. \tag{5.28}$$

Wir wollen diese Gleichung herleiten. Das Produkt $\varphi_1(t)\,\varphi_2(t)$ stellt die Fourier-Transformierte der Faltung

$$p(x) = \int_{-\infty}^{\infty} p_1(x-y)\, p_2(y)\,\mathrm{d}y$$

dar; es gilt nämlich

$$\int_{-\infty}^{\infty} \mathrm{e}^{itx} \left[\int_{-\infty}^{\infty} p_1(x-y)\, p_2(y)\,\mathrm{d}y \right] \mathrm{d}x = \int_{-\infty}^{\infty} \mathrm{e}^{ity} \left[\int_{-\infty}^{\infty} \mathrm{e}^{it(x-y)}\, p_1(x-y)\,\mathrm{d}x \right] p_2(y)\,\mathrm{d}y$$

$$= \varphi_1(t) \int_{-\infty}^{\infty} \mathrm{e}^{ity}\, p_2(y)\,\mathrm{d}y = \varphi_1(t)\,\varphi_2(t).$$

Somit ist wegen der Bedingung der absoluten Integrierbarkeit der Funktion $\varphi(t) = \varphi_1(t)\,\varphi_2(t)$ die Gleichung (5.28) nichts anderes als die Formel (5.5) für die inverse Fourier-Transformation.

Ist die Funktion $p_2(x)$ reell, so besitzt ihre FOURIER-Transformierte $\varphi_2(t)$ die Eigenschaft $\varphi_2(-t) = \overline{\varphi_2(t)}$. Die PARSEVALsche Gleichung kann man dann auch in folgender Form aufschreiben[1]):

$$\frac{1}{2\pi}\int_{-\infty}^{\infty} e^{-itx}\,\varphi_1(t)\,\overline{\varphi_2(t)}\,dt = \int_{-\infty}^{\infty} p_1(x+y)\,p_2(y)\,dy.$$

Daraus ergibt sich für $x = 0$, $p_1 = p_2 = p$ und $\varphi_1 = \varphi_2 = \varphi$ die sogenannte PLANCHERELsche *Identität*

$$\frac{1}{2\pi}\int_{-\infty}^{\infty} |\varphi|^2\,dt = \int_{-\infty}^{\infty} |p(x)|^2\,dx \tag{5.29}$$

(wobei natürlich vorausgesetzt werden muß, daß die Beziehung

$$\int_{-\infty}^{\infty} |\varphi(t)|^2\,dt < \infty$$

erfüllt ist).

Aufgrund dieser Identität unterscheidet sich der Quadratmittelabstand

$$\|p_1(x) - p_2(x)\| = \sqrt{\int_{-\infty}^{\infty} |p_1(x) - p_2(x)|^2\,dx}$$

zwischen zwei Funktionen $p_1(x)$ und $p_2(x)$ nur durch einen konstanten Faktor von dem Quadratmittelabstand zwischen ihren FOURIER-Transformierten $\varphi_1(t)$ und $\varphi_2(t)$. Setzt man nämlich in der Formel (5.29) $p(x) = p_1(x) - p_2(x)$ und $\varphi(t) = \varphi_1(t) - \varphi_2(t)$, so erhält man

$$\int_{-\infty}^{\infty} |p_1(x) - p_2(x)|^2\,dx = \frac{1}{2\pi}\int_{-\infty}^{\infty} |\varphi_1(t) - \varphi_2(t)|^2\,dt. \tag{5.30}$$

Unter Verwendung dieser Beziehung beweisen wir nun folgende Aussage.

Satz 3. *Genau dann konvergiert eine Folge von Wahrscheinlichkeitsverteilungen mit den charakteristischen Funktionen $\varphi_n(t)$, $n = 1, 2, \ldots$, schwach gegen eine Verteilung mit der charakteristischen Funktion $\varphi(t)$, wenn die Beziehung*

$$\varphi_n(t) \to \varphi(t) \quad \text{für } n \to \infty \tag{5.31}$$

gleichmäßig bezüglich aller t aus jedem endlichen Intervall gilt.

---

[1]) Man definiere eine Funktion $\tilde{p}_2$ durch $\tilde{p}_2(y) = p_2(-y)$, berücksichtige, daß ihre FOURIER-Transformierte $\tilde{\varphi}_2(t)$ gleich $\varphi_2(-t)$ ist, und schreibe (5.28) mit $\tilde{p}_2$ und $\tilde{\varphi}_2$ anstelle von p_2 und φ_2 auf (Anm. des Herausgebers).

Beweis: Wir nehmen an, daß die in der Aussage des Satzes betrachteten Wahrscheinlichkeitsverteilungen die Verteilungen gewisser Zufallsgrößen ξ, ξ_1, $\xi_2, \ldots$ sind, mit anderen Worten, die Verteilungen von ξ_n, $n = 1, 2, \ldots$, mögen schwach gegen die Verteilung der Zufallsgröße ξ konvergieren. Aus dem Beweis von Satz 1 folgt, daß für die stetige Funktion $u(x) = e^{itx}$ (wobei der Parameter t in irgendeinem endlichen Intervall $|t| \leqq T$ variiert) die Konvergenz

$$\varphi_n(t) = \mathsf{M}\, e^{it\xi_n} \to \mathsf{M}\, e^{it\xi} = \varphi(t)$$

gleichmäßig bezüglich t erfolgt. Es gilt nämlich die Abschätzung

$$|e^{itx} - e^{itx_k}| \leqq C\, |x - x_k|, \qquad k = 1, 2, \ldots, N.$$

Dabei ist C eine nur von T abhängige Konstante.

Wenn andererseits die Bedingung (5.31) erfüllt ist, dann erhalten wir mit derselben Methode wie bei der Herleitung der Umkehrformel (5.27) für die Zufallsgrößen $\eta_n = \xi_n + \Delta$ und $\eta = \xi + \Delta$ mit den charakteristischen Funktionen $\psi_n(t) = \varphi_n(t)\, \delta(t)$ und $\psi(t) = \varphi(t)\, \delta(t)$ (hierbei sei Δ eine von ξ und allen ξ_n unabhängige Gausssche Zufallsgröße und $\delta(t) = e^{-\frac{\sigma^2 t^2}{2}}$ ihre charakteristische Funktion) die Beziehung

$$\int_{-\infty}^{\infty} |\psi_n(t) - \psi(t)|^2\, dt = \int_{-\infty}^{\infty} |\varphi_n(t) - \varphi(t)|^2\, [\delta(t)]^2\, dt \to 0 \qquad \text{für } n \to \infty.$$

Es läßt sich nämlich für jedes $\varepsilon > 0$ eine Zahl T finden, so daß die Abschätzung

$$\int_{|t|>T} |\varphi_n(t) - \varphi(t)|^2\, [\delta(t)]^2\, dt \leqq 2 \int_{|t|>T} [\delta(t)]^2\, dt \leqq \varepsilon$$

gilt. Wegen $\varphi_n(t) \to \varphi(t)$ gleichmäßig bezüglich aller t mit $|t| \leqq T$ haben wir

$$\int_{-T}^{T} |\varphi_n(t) - \varphi(t)|^2\, [\delta(t)]^2\, dt \to 0.$$

Insgesamt erhalten wir für die Dichten $p_n(x)$ und $p(x)$ der Zufallsgrößen η_n und η die Beziehung

$$\int_{-\infty}^{\infty} |p_n(x) - p(x)|^2\, dx = \frac{1}{2\pi} \int_{-\infty}^{\infty} |\psi_n(t) - \psi(t)|^2\, dt \to 0,$$

aus der sich nun die schwache Konvergenz der entsprechenden Verteilungen ergibt: Für jedes endliche Intervall $[x', x'']$ gilt

$$\mathsf{P}\{x' \leqq \eta_n \leqq x''\} = \int_{x'}^{x''} p_n(x)\, dx \to \int_{x'}^{x''} p(x)\, dx = \mathsf{P}\{x' \leqq \eta \leqq x''\}.$$

Weil sich die Zufallsgrößen $\eta_n = \xi_n + \Delta$ und $\eta = \xi + \Delta$ bezüglich des Abstandes im quadratischen Mittel nur durch den beliebig klein wählbaren Wert $\sigma = \sqrt{\mathsf{M}\Delta^2}$ von den ursprünglichen Zufallsgrößen ξ_n und ξ unterscheiden, erfolgt die schwache Konvergenz auch für die Wahrscheinlichkeitsverteilungen der Zufallsgrößen ξ_n, $n = 1, 2, \ldots$ (vgl. Satz 2), was zu zeigen war.

Abschließend beweisen wir einen zentralen Grenzwertsatz der folgenden Form. Es sei

$$S_n^*,\ n = 1, 2, \ldots,\ \text{mit}\ S_n^* = \sum_{k=1}^{n} \xi_{kn}$$

eine Folge von Summen unabhängiger Zufallsgrößen ξ_{kn}, $k = 1, \ldots, n$, mit den Eigenschaften

$$\mathsf{M}\xi_{kn} = 0, \quad \sigma_{kn}^2 = \mathsf{M}\xi_{kn}^2 \to 0 \quad \text{für } n \to \infty \text{ (gleichmäßig bzgl. } k\text{) und} \quad \sum_{k=1}^{n} \sigma_{kn}^2 = 1.$$

Gilt die sogenannte Ljapunow-Bedingung

$$\sum_{k=1}^{n} \mathsf{M}\, |\xi_{kn}|^3 \to 0 \qquad \text{für } n \to \infty, \tag{5.32}$$

so konvergieren die Wahrscheinlichkeitsverteilungen der Zufallsgrößen S_n^*, $n = 1, 2, \ldots$, schwach gegen die standardisierte Normalverteilung, d. h., es gilt

$$\lim_{n\to\infty} \mathsf{P}\{x' \leqq S_n^* \leqq x''\} = \frac{1}{\sqrt{2\pi}} \int_{x'}^{x''} \mathrm{e}^{-\frac{a^2}{2}}\, \mathrm{d}x$$

(vgl. Formel (4.17), in der die Zufallsgrößen ξ_{kn} die Form $\xi_{kn} = (\xi_k - a_k)/B_n$, $k = 1, 2, \ldots$, besitzen).

Wir beweisen die Behauptung mittels Satz 3, und zwar zeigen wir, daß die charakteristischen Funktionen $\varphi_n(t)$ der Zufallsgrößen S_n^*, $n = 1, 2, \ldots$, gegen die charakteristische Funktion $\varphi(t) = \mathrm{e}^{-\frac{t^2}{2}}$ der standardisierten Normalverteilung konvergieren.

Für die charakteristischen Funktionen $\varphi_{kn}(t)$ der unabhängigen Summanden ξ_{kn} erhalten wir aufgrund von Formel (5.8)

$$\varphi_{kn}(t) = 1 - \frac{\sigma_{kn}^2}{2} t^2 + \frac{R_{kn}}{6} t^3,$$

wobei $|R_{kn}| \leqq \mathsf{M}\, |\xi_{kn}|^3$ gilt. Weil für $n \to \infty$ die Beziehungen $\sigma_{kn}^2 \to 0$ und $R_{kn} \to 0$ gleichmäßig bezüglich k gelten, ergibt sich auch die Konvergenz $\varphi_{kn}(t) \to 1$ gleichmäßig bezüglich k und bezüglich t aus jedem endlichen Intervall. Insbesondere gilt $|\varphi_{kn}(t) - 1| \leqq \frac{1}{2}$ für genügend große n und folglich ist der Logarithmus der

Funktion $\varphi_{kn}(t)$ definiert. Es gilt

$$\varphi_n(t) = \prod_{k=1}^{n} \varphi_{kn}(t),$$

und für $n \to \infty$ erhalten wir

$$\ln \varphi_n(t) = \sum_{k=1}^{n} \ln \varphi_{kn}(t) = \sum_{k=1}^{n} \ln\left(1 - \frac{\sigma_{kn}^2}{2} t^2 + \frac{R_{kn}}{6} t^3\right)$$
$$\sim \sum_{k=1}^{n} \left(-\frac{\sigma_{kn}^2}{2} t^2 + \frac{R_{kn}}{6} t^3\right) = -\frac{t^2}{2} + \left(\sum_{k=1}^{n} R_{kn}\right) \frac{t^3}{6} \sim -\frac{t^2}{2}$$

gleichmäßig bezüglich aller t aus jedem endlichen Intervall, weil unter der Bedingung (5.32) die Beziehung

$$\left|\sum_{k=1}^{n} R_{kn}\right| \leqq \sum_{k=1}^{n} \mathsf{M}\, |\xi_{kn}|^3 \to 0$$

gilt. Folglich ergibt sich

$$\varphi_n(t) \to \mathrm{e}^{-\frac{t^2}{2}} \quad \text{für} \quad n \to \infty$$

gleichmäßig bezüglich aller t aus jedem endlichen Intervall, was zu beweisen war.

KAPITEL III

STOCHASTISCHE PROZESSE

1. Definitionen und Beispiele

1.1. Allgemeine Definition stochastischer Prozesse

Wenn von einem stochastischen Prozeß gesprochen wird, so versteht man in der Regel darunter eine „Zufallsgröße $\xi(t)$, die sich im Verlauf der Zeit t ändern kann". Wir definieren einen *stochastischen Prozeß* $\xi = \xi(t)$ als eine Funktion des reellwertigen Parameters $t \in T$, deren Wert $\xi(t)$ für jedes $t \in T$ eine Zufallsgröße ist.

Die „Gesetzmäßigkeiten" eines stochastischen Prozesses $\xi(t)$, $t \in T$, werden durch die gemeinsamen Wahrscheinlichkeitsverteilungen je endlich vieler Werte $\xi(t_1), \ldots, \xi(t_n)$, bestimmt, wobei über alle natürlichen Zahlen n und alle möglichen Parameterwerte $t_1, \ldots, t_n \in T$ variiert wird (die Gesamtheit dieser Verteilungen nennt man die *endlichdimensionalen Verteilungen* des stochastischen Prozesses).

So können die endlichdimensionalen Verteilungen zum Beispiel Normalverteilungen mit der Wahrscheinlichkeitsdichte (vgl. (4.10) aus Kap. II)

$$p_{t_1,\ldots,t_n}(x_1, \ldots, x_n) = \frac{1}{(2\pi)^{n/2}\,|B|^{1/2}} \exp\left\{-\frac{1}{2} \sum_{k,j=1}^{n} b_{kj}\big(x_k - A(t_k)\big)\big(x_j - A(t_j)\big)\right\}$$

sein. Dabei sind $A(t_1), \ldots, A(t_n)$ Werte der sogenannten *Mittelwertfunktion*

$$A(t) = \mathsf{M}\,\xi(t), \qquad t \in T,$$

des stochastischen Prozesses ξ, und die Kovarianzmatrix $B = \big(B(t_k, t_j)\big)$ wird aus Werten der sogenannten *Kovarianzfunktion*

$$B(s, t) = \mathsf{M}\big(\xi(s) - A(s)\big)\big(\xi(t) - A(t)\big), \qquad s, t \in T,$$

dieses Prozesses gebildet (wir erinnern, daß die Matrix (b_{kj}) durch Inversion der Kovarianzmatrix $\big(B(t_k, t_j)\big)$ der Zufallsgrößen $\xi(t_1), \ldots, \xi(t_n)$ erhalten wird). Ein stochastischer Prozeß $\xi(t)$, $t \in T$, dessen endlichdimensionale Verteilungen Normalverteilungen sind, heißt ein GAUSS*scher Prozeß*.

Jeder Wert $\xi(t)$ eines stochastischen Prozesses ist eine Zufallsgröße und hängt daher vom Elementarereignis ω ab: $\big(\xi(t)\big)(\omega) = \xi(\omega, t)$. Wird der stochastische Prozeß bei einem festen Elementarereignis ω betrachtet, so ergibt sich eine reelle Funktion $\xi(\omega, \cdot) = \xi(\omega, t)$ des Parameters $t \in T$. Sie heißt *Trajektorie* oder auch *Realisierung* von ξ. Bei jeder konkreten Beobachtung eines stochastischen Porzesses hat man es mit einer seiner möglichen Realisierungen $x = x(t)$, $t \in T$, zu tun.

Man kann sich einen stochastischen Prozeß folgendermaßen veranschaulichen: Aus einer vorliegenden Menge X von möglichen Trajektorien $x = x(t)$, $t \in T$, wählt ein „Zufallsmechanismus" eine dieser Funktionen $x \in X$ aus. Jede solche zufällige Auswahl einer Trajektorie $x = x(t)$, $t \in T$, ist dann ein Elementarereignis. Es sei daran erinnert, daß wir eine solche Betrachtungsweise bereits in Kap. I, Abschnitt 3.1. im Zusammenhang mit Zufallsgrößen durchführten (eine n-dimensionale Zufallsgröße läßt sich als stochastischer Prozeß $\xi(t)$ auffassen, wobei der Parameter t die endlich vielen Werte $t = 1, 2, \ldots, n$ durchläuft). Wir hatten festgestellt, daß man bei einem zufälligen Vektor $(\xi(1), \ldots, \xi(n))$ eine Menge X von Vektoren $x = (x(1), \ldots, x(n))$ als Raum der Elementarereignisse betrachten kann; und zwar tritt das Elementarereignis $x = (x(1), \ldots, x(n)) \in X$ genau dann ein, wenn der zufällige Vektor $\xi = (\xi(1), \ldots, \xi(n))$ (in Abhängigkeit vom Zufall) diesen Wert annimmt. Die gemeinsame Wahrscheinlichkeitsverteilung von ξ beschreibt den dabei wirkenden „Zufallsmechanismus".

1.2. Markowsche Prozesse

Ein stochastischer Prozeß $\xi = \xi(t)$, $t \in T$, heißt MARKOW*scher Prozeß*, wenn für jeden Zeitpunkt u bei beliebig vorgegebenem Wert $x = \xi(u)$ die Zufallsgrößen $\xi(t)$, $t \geqq u$, von den Zufallsgrößen $\xi(s)$, $s \leqq u$, unabhängig sind. Wird $\xi(t)$ als Zustand eines physikalischen Systems zum Zeitpunkt t interpretiert, so läßt sich ein das System beschreibender MARKOWscher Prozeß $\xi = \xi(t)$, $t \in T$, folgendermaßen charakterisieren: Zu jedem Zeitpunkt u hängt das weitere Verhalten des Systems bei bekanntem Zustand $x = \xi(u)$ nicht von seiner Entwicklung bis zu diesem Zeitpunkt u ab.

Ein sehr einfaches Beispiel zur Demonstration der charakteristischen Eigenschaft MARKOWscher Prozesse ist jedes Kinderspiel, das folgendermaßen beschrieben werden kann: Eine Spielmarke muß eine bestimmte Anzahl von Feldern $1, 2, \ldots$ passieren, um ein gestecktes Ziel zu erreichen. Dabei hängt jeder Übergang vom Wurfergebnis eines Spielwürfels und den (von vornherein festgelegten) Spielregeln ab. Befindet sich also die Spielmarke nach dem n-ten Schritt im Feld $\xi(n) = i$, so wird $\xi(n+1)$ bei Berücksichtigung der Spielregeln durch die erhaltene Augenzahl eines zu werfenden Würfels bestimmt. Die Spielmarke gelangt vom Feld i mit einer bestimmten Wahrscheinlichkeit p_{ij} im Verlauf eines „Schrittes" in das Feld j. Nach dem beschriebenen Sachverhalt ist die Folge der Zustände $\xi(n)$, $n = 0, 1, 2, \ldots$, offenbar ein MARKOWscher Prozeß (wobei anstelle der reellen „Zeit" t die Anzahl n der durchgeführten Übergänge zu setzen ist; man nimmt dabei an, daß jeder Übergang eine Zeiteinheit benötigt).

Beispiel 1 (*zufälliges Wandern*): Wir betrachten das zufällige Wandern eines Teilchens auf den ganzzahligen Punkten der reellen Achse, wobei das Teilchen bei jedem Schritt mit der Wahrscheinlichkeit p um eine Einheit nach rechts und mit der Wahrscheinlichkeit $q = 1 - p$ um eine Einheit nach links verschoben wird. Wir bezeichnen mit $\xi(n)$ die (zufällige) Position des Teilchens nach dem n-ten Schritt. Die Folge $\xi(0), \xi(1), \xi(2), \ldots$ ist ein MARKOWscher Prozeß: Befindet sich das Teilchen im Punkt i, so wird sein weiteres Verhalten nicht davon beeinflußt, wo es sich vorher befand. Nach dem Verlauf weiterer n Schritte gelangt es mit einer Wahrscheinlichkeit $p_{ij}(n)$ in den Zustand j.

Offensichtlich ist für $|i - j| > n$ ein Übergang von i nach j in n Schritten nicht möglich, es gilt also in diesem Fall $p_{ij}(n) = 0$. Weiterhin kann das Teilchen in n Schritten von i nach j nur dann gelangen, wenn $|i - j| + n$ eine gerade Zahl ist, d. h. wenn

$$m = \frac{n + |i - j|}{2}$$

eine ganze Zahl ist. Im Fall $j \geqq i$ gelangen wir in n Schritten von i nach j genau dann, wenn dabei genau $m = \frac{n + (j - i)}{2}$ Übergänge in positive Richtung erfolgen. Die Wahrscheinlichkeit dafür beträgt (vgl. (3.1) aus Kap. II)

$$p_{ij}(n) = \binom{n}{m} p^m q^{n-m}, \qquad j \geqq i. \tag{1.1}$$

Analog erhält man im Fall $j \leqq i$

$$p_{ij}(n) = \binom{n}{m} p^{n-m} q^m.$$

Beispiel 2 (radioaktiver Zerfall): Wir setzen voraus (vgl. S. 86), daß sich jedes Ra-Atom unabhängig von der „Vorgeschichte" nach der Zeit t mit der Wahrscheinlichkeit $p(t) = 1 - e^{-\lambda t}$ ($\lambda = \frac{\log 2}{T}$, dabei bezeichnet T die Halbwertszeit) in ein Rn-Atom verwandelt. Die Anzahl $\nu(t)$ der insgesamt im Verlauf der Zeit t zerfallenen Ra-Atome — diese stimmt mit der Anzahl der in dieser Zeit abgestrahlten α-Teilchen überein — ist dann POISSONsch verteilt:

$$\mathsf{P}\{\nu(t) = k\} = \frac{a^k}{k!} e^{-a}, \qquad k = 0, 1, 2, \ldots,$$

wobei $a = np(t)$ gilt und n die ursprüngliche Anzahl von Ra-Atomen ist. Die Anzahl der zur Zeit t noch vorhandenen Ra-Atome beträgt $\xi(t) = n - \nu(t)$. Bei bekannter Radiummenge zur Zeit $s: \xi(s) = i$, werden unabhängig vom Zerfallsprozeß bis zur Zeit s zwischen den Zeitpunkten s und t mit der Wahrscheinlichkeit $\frac{a^k}{k!} e^{-a}$, $a = ip(t - s)$, genau k α-Teilchen abgestrahlt. Der Prozeß $\xi(t)$ ist somit ein MARKOWscher Prozeß, und für seine Übergangswahrscheinlichkeit vom Zustand $\xi(s) = i$ in den Zustand $\xi(t) = j$ $(t > s)$ gilt

$$p_{ij}(t-s) = \frac{a^{i-j}}{(i-j)!}\,e^{-a}, \qquad a = ip(t-s), \qquad j \leqq i \tag{1.2}$$

(im Fall $j > i$ ist ein Übergang von i nach j nicht möglich).

Beispiel 3 (POISSON*scher Prozeß*): Wir betrachten einen POISSONschen Strom von Ereignissen, für den bekanntlich die Anzahl der in einem beliebigen Zeitintervall (s, t) stattfindenden Ereignisse nicht von der Anzahl der bis zum Zeitpunkt s auftretenden Ereignisse abhängt (vgl. Kap. II, Abschn. 2.1.). Wir bezeichnen mit $\xi(t)$ die zufällige Anzahl der bis zur Zeit t eintretenden Ereignisse. Dann ist $\xi(t)$, $t \in [0, \infty)$, offenbar ein MARKOWscher Prozeß, wobei die Übergangswahrscheinlichkeit vom Zustand $\xi(s) = i$ in den Zustand $\xi(t) = j$ $(t > s)$ durch

$$p_{ij}(t-s) = \frac{[\lambda(t-s)]^{j-i}}{(j-i)!}\,e^{-\lambda(t-s)}, \qquad j \geqq i \tag{1.3}$$

(für $j < i$ ist ein Übergang von i nach j nicht möglich) gegeben ist.

Beispiel 4 (*Prozeß der* BROWN*schen Bewegung*): Den Prozeß der BROWNschen Bewegung haben wir in Kapitel II, Abschnitt 3.2. beschrieben. Aus diesen Betrachtungen ist ersichtlich (insbesondere aus dem zugehörigen diskreten Modell), daß die weitere Bewegung eines sich zur Zeit s bei $x = \xi(s)$ befindlichen BROWNschen Teilchens — wobei $s \in [0, \infty)$ und $x \in R^1$ beliebig gewählt werden können — nicht von seiner Bewegung bis zur Zeit s beeinflußt wird (im diskreten Modell wandert es im nächsten Schritt mit jeweils der Wahrscheinlichkeit $\frac{1}{2}$ in einen der Zustände $x + \Delta x$, $x - \Delta x$). Die (bedingte) Wahrscheinlichkeitsverteilung der Koordinate $\xi(t)$ des BROWNschen Teilchens zum Zeitpunkt t unter der Bedingung $\xi(s) = x$ $(s < t)$ besitzt die Dichte

$$p(t-s, x, y) = \frac{1}{\sqrt{2\pi(t-s)}\,\sigma}\,e^{-\frac{(y-x)^2}{2(t-s)\sigma^2}}, \qquad -\infty < y < \infty. \tag{1.4}$$

Es sei nun $\xi = \xi(t)$, $t \in T$, ein MARKOWscher Prozeß, der das Verhalten eines gewissen physikalischen Systems im Verlauf der Zeit t beschreibt ($\xi(t)$ bezeichnet den Phasenzustand dieses Systems zur Zeit t). Wir setzen voraus, daß nur eine endliche oder abzählbar unendliche Anzahl verschiedener Phasenzustände möglich ist. Ist das System zur Zeit s im Zustand $x = \xi(s)$, so gelangt es mit einer bestimmten Wahrscheinlichkeit — wir werden sie mit $P(s, x; t, y)$ bezeichnen — nach dem Verlauf der Zeit $t - s$ in den Zustand y. Diese Wahrscheinlichkeit hängt wegen der vorausgesetzten MARKOWschen Eigenschaft von ξ nicht vom Verhalten des Systems bis zur Zeit s ab. Formal ist $P(s, x; t, y)$ die bedingte Wahrscheinlichkeit für $\xi(t) = y$ unter der Bedingung $\xi(s) = x$. Man sagt, $P(s, x; t, y)$ sei die Übergangswahrscheinlichkeit, mit der das System vom Zustand x, in dem es sich zur Zeit s befand, während der Zeit $t - s$ in den Zustand y übergeht.

Im allgemeinen Fall eines beliebigen Zustandsraumes führt man die sogenannten Übergangswahrscheinlichkeiten $P(s, x; t, B)$ ein; $P(s, x; t, B)$ bezeichnet die Wahrscheinlichkeit dafür, daß das System im Verlaufe der Zeit $t - s$ vom Zustand $x = \xi(s)$ in einen (beliebigen) zur betrachteten Menge B gehörigen Zustand y gelangt (formal ist $P(s, x; t, B)$ die bedingte Wahrscheinlichkeit für $\xi(t) \in B$ unter der Bedingung $\xi(s) = x$). Im oben betrachteten Spezialfall endlich oder abzählbar unendlich vieler möglicher Zustände erhalten wir

$$P(s, x; t, B) = \sum_{y \in B} P(s, x; t, y).$$

Eine analoge Beziehung besteht bei stetigem Zustandsraum E^n:

$$P(s, x; t, B) = \int_B p(s, x; t, y)\, dy.$$

Dabei wird angenommen, daß $\xi(t)$ (für jedes t) ein zufälliger Vektor im n-dimensionalen Raum E^n ist und seine bedingte Wahrscheinlichkeitsverteilung unter der Bedingung $\xi(s) = x$ eine Dichte $p(s, x; t, y)$, $y \in E^n$, besitzt (die bedingte Wahrscheinlichkeitsdichte $p(s, x; t, y)$, $y \in E^n$, nennt man auch *Übergangsdichte* des Markowschen Prozesses $\xi(t)$).

Durch die Übergangswahrscheinlichkeiten $P(s, x; t, B)$ des Markowschen Prozesses im n-dimensionalen Vektorraum E^n sind auch die bedingten Verteilungen der Zuwächse $\xi(t) - \xi(s)$ bei festem $\xi(s) = x$ gegeben. Bezeichnen wir mit $B + x$ die Menge aller $y \in E^n$ mit $y - x \in B$, so ist nämlich $P(s, x; t, B + x)$ die bedingte Wahrscheinlichkeit von $\xi(t) - \xi(s) \in B$ unter der Bedingung $\xi(s) = x$. In diesem Zusammenhang sei die wichtige Klasse der *Prozesse mit unabhängigen Zuwächsen* erwähnt. Diese Prozesse zeichnen sich dadurch aus, daß für beliebige $s \leqq t_0 \leqq t$ der Zuwachs $\xi(t) - \xi(t_0)$ unabhängig von der Gesamtheit der Zufallsgrößen $\xi(s)$, $s \leqq t_0$, ist. Beispiele solcher Prozesse im eindimensionalen Fall sind der Poissonsche Prozeß und der Prozeß der Brownschen Bewegung.

Ein Markowscher Prozeß $\xi = \xi(t)$, $t \in T$, heißt *homogen*, wenn seine „bedingten Verteilungsgesetze" gegenüber Zeitverschiebung invariant sind, genauer, wenn die zeitliche Änderung sämtlicher Übergangswahrscheinlichkeiten $P(s, x; t, B)$ nur von der Differenz $t - s$ abhängt, d. h. wenn

$$P(s, x; t, B) = P(s + u, x; t + u, B) = P(0, x; t - s, B) = P(t - s, x, B)$$

für alle u gilt.

Die in den obigen Beispielen betrachteten Markowschen Prozesse sind alle homogen. Beim Überprüfen beachte man die aus Bequemlichkeit jeweils speziell gewählten Bezeichnungen (vgl. die Übergangswahrscheinlichkeiten in den Beispielen 1—3, oder die Übergangsdichte im Beispiel 4). Diese Markowschen Prozesse besitzen die sogenannte *streng Markowsche Eigenschaft,* die sich grob folgendermaßen formulieren läßt: Beim Erreichen eines beliebigen betrachteten Zustandes x hängt das weitere Verhalten des Prozesses (bei bekanntem x) nicht von seiner Entwicklung bis zum Erreichen dieses Zustandes ab. Zur Präzisierung benötigen wir den Begriff des sogenannten *von der Zukunft unabhängigen Moments* τ. Es ist dies eine Zufallsgröße, die dadurch charakterisiert wird, daß bei beliebigem t und Kenntnis der Trajektorie $\xi(s)$, $s \leqq t$, bis zur Zeit t eindeutig entschieden werden kann, ob $\tau \leqq t$ oder $\tau > t$ gilt (eine solche Zufallsgröße τ nennt man auch MARKOW*sches Moment*). So ist zum Beispiel der Zeitpunkt τ des ersten Erreichens eines gegebenen Zustandes x ein MARKOWsches Moment, oder auch allgemeiner der Zeitpunkt des ersten Erreichens von x nach einem gegebenem MARKOWschen Moment τ_0. Im Gegensatz dazu ist zum Beispiel die folgende — von der Zukunft abhängende — zufällige Zeit τ kein MARKOWsches Moment: Wir bezeichnen zunächst mit τ_1 den Zeitpunkt des ersten Erreichens eines betrachteten Zustandes x nach einem fest gewählten Zeitpunkt t_0. Wir setzen nun $\tau = \tau_1$, wenn $\tau_1 \leqq t_1 = t_0 + h$ (die Konstante $h > 0$ wird beliebig fest gewählt) gilt, und im anderen Fall $\tau_1 > t_1$ setzen wir $\tau = \tau_1 - h$. Man kann dann offenbar bei Kenntnis von $\xi(s)$ im Zeitintervall $t_0 \leqq s \leqq t_1$ nicht entscheiden, ob $\tau \leqq t_1$ (d. h. $\tau_1 \leqq t_1 + h$) gilt oder nicht. Ein MARKOWscher Prozeß $\xi(t)$ wird *streng* MARKOW*sch* genannt, wenn für ein beliebiges MARKOWsches Moment τ bei bekanntem $\xi(\tau) = x$ (dabei ist x ein beliebig gewählter Zustand) die weitere Entwicklung des Prozesses für $t > \tau$ nicht von seinem Verhalten bis zur Zeit τ abhängt. Überdies sollen die Übergänge von $x = \xi(\tau)$ in eine (beliebige) Zustandsmenge B im weiteren Verlaufe einer Zeit h mit der gleichen Wahrscheinlichkeit wie bei festem $\tau = s$ erfolgen. Genauer formuliert, bedeutet diese Forderung, daß die (bedingte) Wahrscheinlichkeit von $\xi(\tau + h) \in B$ unter der Bedingung $\xi(\tau) = x$ gleich $P(\tau, x; \tau + h, B)$ ist, wobei $P(s, x; t, B)$ die Übergangswahrscheinlichkeit des betrachteten Prozesses ξ bezeichnet.

Wir werden im weiteren stets voraussetzen, daß sämtliche zu betrachtenden MARKOWschen Prozesse (vgl. z. B. die Abschnitte über MARKOWsche Ketten usw.) die streng MARKOWsche Eigenschaft in dem eben formulierten Sinne besitzen.

2. Markowsche Ketten, Klassifikation der Zustände, stationäre Verteilungen

2.1. Übergangswahrscheinlichkeiten

Wie im vorangegangenen Abschnitt wollen wir im weiteren einen stochastischen Prozeß $\xi(t)$ stets als Beschreibung eines Systems interpretieren, dessen Phasenzustand zur Zeit t gleich $\xi(t)$ ist.

Es sei nun $\xi(t)$, $t \geqq 0$, ein homogener MARKOWscher Prozeß mit endlich oder abzählbar unendlich vielen möglichen Zuständen, für die wir ohne Beschränkung der Allgemeinheit die natürlichen Zahlen $i = 1, 2, \ldots$ setzen können. Weiterhin setzen wir voraus, daß t nur ganzzahlige Werte $t = 0, 1, 2, \ldots$ annimmt; es liegt also eine Kette von Übergängen

$$\xi(0) \to \xi(1) \to \xi(2) \to \cdots$$

vor. Ein Prozeß mit den genannten Eigenschaften wird gewöhnlich Markow*sche Kette* genannt.

Es werde nun vorausgesetzt, daß die *Übergangswahrscheinlichkeiten* p_{ij}, $i = 1, 2, \ldots$; $j = 1, 2, \ldots$, gegeben sind. Dabei bezeichnet p_{ij} die Wahrscheinlichkeit dafür, daß das System in einem Schritt vom Zustand i in den Zustand j „übergeht"; genauer formuliert ist p_{ij} die bedingte — von der Zeit n unabhängige — Wahrscheinlichkeit dafür, daß sich das System zur Zeit n im Zustand j befindet, unter der Bedingung, daß es zur Zeit $n - 1$ bei i war:

$$p_{ij} = \mathsf{P}\{\xi(n) = j \mid \xi(n-1) = i\}.$$

(Offenbar gilt $\sum_j p_{ij} = 1$; $i = 1, 2, \ldots$)

Des weiteren setzen wir voraus, daß sich das System zum Anfangszeitpunkt $t = 0$ mit der Wahrscheinlichkeit p_i^0 im Zustand i befindet ($i = 1, 2, \ldots$). Es gilt dann $\sum_{i=1}^{\infty} p_i^0 = 1$, und im Spezialfall $p_i^0 = 1$, $p_k^0 = 0$ für alle $k \neq i$ startet das System im Punkt i. Die Verteilung (p_i^0), $i = 1, 2, \ldots$, nennt man auch *Anfangsverteilung* der Markowschen Kette.

Wir wollen nun die Wahrscheinlichkeit dafür bestimmen, daß sich das System nach n Schritten (d. h. zur Zeit n) im Zustand $j \in \{1, 2, \ldots\}$ befindet. Wir bezeichnen sie mit $p_j(n)$, es ist also $p_j(n) = \mathsf{P}\{\xi(n) = j\}$. Nach $n - 1$ Schritten befindet sich das System notwendig in einem der Zustände $k = 1, 2, \ldots$, wobei es sich — entsprechend unserer Bezeichnung — mit der Wahrscheinlichkeit $p_k(n-1)$ in k befindet. Die bedingte Wahrscheinlichkeit dafür, nach n Schritten im Zustand j zu sein, unter der Bedingung, daß sich das System nach $n - 1$ Schritten in k befindet, ist gleich p_{kj}. Mithin erhalten wir unter Benutzen der Formel der totalen Wahrscheinlichkeit die Gleichung

$$\mathsf{P}\{\xi(n) = j\} = \sum_{k=1}^{\infty} \mathsf{P}\{\xi(n) = j \mid \xi(n-1) = k\}\, \mathsf{P}\{\xi(n-1) = k\}.$$

Damit ergibt sich eine rekursive Beziehung zur Berechnung der Wahrscheinlichkeiten $p_j(n)$, $j = 1, 2, \ldots$:

$$p_j(0) = p_j^0, \qquad p_j(n) = \sum_{k=1}^{\infty} p_k(n-1)\, p_{kj},$$
$$j = 1, 2, \ldots, \qquad n = 1, 2, \ldots. \tag{2.1}$$

Befindet sich speziell das System zum Anfangszeitpunkt in einem bestimmten Zustand i (d. h. wird die Anfangsverteilung durch $p_i^0 = 1$, $p_k^0 = 0$ für alle $k \neq i$, gegeben), so fällt die Wahrscheinlichkeit $p_j(n)$ mit der Überg angswahrscheinlich keit $p_{ij}(n)$, in n Schritten vom Zustand i in den Zustand j zu gelangen, zusammen:

$$p_{ij}(n) = \mathsf{P}\{\xi(n) = j \mid \xi(0) = i\}, \qquad i, j = 1, 2, \ldots.$$

Aus Formel (2.1) erhalten wir dann die folgende Beziehung für die *Übergangswahrscheinlichkeiten* $p_{ij}(n)$, $i, j = 1, 2, \ldots$:

$$p_{ij}(0) = \begin{cases} 1 & \text{für} \quad i = j, \\ 0 & \text{für} \quad i \neq j; \end{cases} \tag{2.2}$$

$$p_{ij}(n) = \sum_{k=1}^{\infty} p_{ik}(n-1)\, p_{kj} \qquad (n = 1, 2, \ldots).$$

Es erscheint hier zweckmäßig, Matrizenschreibweise einzuführen. Wir setzen $P(n) = \{p_{ij}(n)\}$, $n = 0, 1, 2, \ldots$, und aus Formel (2.2) ergibt sich dann

$$P(0) = I, \quad P(1) = P, \quad P(2) = P(1)\, P = P^2, \ldots$$

und allgemein

$$P(n) = P^n, \qquad n = 0, 1, 2, \ldots.$$

Dabei bezeichnen I die Einheitsmatrix und $P = \{p_{ij}\}$ die Matrix der Übergangswahrscheinlichkeiten in einem Schritt.

Bei bekannten Übergangswahrscheinlichkeiten $p_{ij}(n)$ (vgl. (2.1), (2.2)) lassen sich die *endlichdimensionalen Verteilungen* der betrachteten MARKOWschen Kette folgendermaßen bestimmen: Es seien k eine beliebige natürliche Zahl, $n_1 \leqq \cdots \leqq n_k$ irgendwelche Zeitpunkte und $i_1, \ldots, i_k$ beliebig gewählte Zustände. Dann erhält man zunächst für die bedingte Wahrscheinlichkeit, zur Zeit n_k im Zustand i_k zu sein unter der Bedingung $\xi(n_1) = i_1, \ldots, \xi(n_{k-1}) = i_{k-1}$ durch Verwenden der MARKOWschen Eigenschaft den Wert $p_{i_{k-1}i_k}(n_k - n_{k-1})$:

$$\mathsf{P}\{\xi(n_k) = i_k \mid \xi(n_1) = i_1, \ldots, \xi(n_{k-1}) = i_{k-1}\} = p_{i_{k-1}i_k}(n_k - n_{k-1});$$

damit folgt

$$\mathsf{P}\{\xi(n_1) = i_1, \ldots, \xi(n_k) = i_k\} = \mathsf{P}\{\xi(n_1) = i_1, \ldots, \xi(n_{k-1}) = i_{k-1}\}\, p_{i_{k-1}i_k}(n_k - n_{k-1})$$

und analog

$$\mathsf{P}\{\xi(n_1) = i_1, \ldots, \xi(n_{k-1}) = i_{k-1}\}$$
$$= \mathsf{P}\{\xi(n_1) = i_1, \ldots, \xi(n_{k-2}) = i_{k-2}\}\, p_{i_{k-2}i_{k-1}}(n_{k-1} - n_{k-2}), \ldots,$$

woraus sich schließlich

$$\mathsf{P}\{\xi(n_1) = i_1, \xi(n_2) = i_2, \ldots, \xi(n_k) = i_k\}$$
$$= p_{i_1}(n_1)\, p_{i_1i_2}(n_2 - n_1) \ldots p_{i_{k-1}i_k}(n_k - n_{k-1}) \tag{2.3}$$

ergibt.

Wir betrachten nunmehr einen homogenen MARKOWschen Prozeß $\xi(t)$, $t \geqq 0$, mit stetiger Zeit $t \geqq 0$ und beobachten seine Zustandsänderungen. Mit ξ_n werde der nach der n-ten Zustandsänderung erreichte Zustand bezeichnet, und τ_n sei der Zeitpunkt des Erreichens von ξ_n (mit anderen Worten, τ_n ist diejenige zufällige Zeit, die bis zum n-ten Übergang $\xi_{n-1} \to \xi_n$ verstreicht, $n = 1, 2, \ldots$); wir setzen darüber hinaus $\tau_0 = 0$. Die Zufallsgröße τ_n ist ein von der Zukunft unabhängiges Moment ($n = 1, 2, \ldots$), und aus der streng MARKOWschen Eigenschaft von $\xi(t)$, $t \geqq 0$, folgt, daß der durch die (eingebettete) Kette

$$\xi_0 \to \xi_1 \to \xi_2 \to \cdots$$

gegebene Prozeß der Übergänge von einem Zustand in den anderen eine MARKOWsche Kette ist. Wir wollen nun die Übergangswahrscheinlichkeiten π_{ij} dieser MARKOWschen Kette $\xi_n = \xi(\tau_n)$, $n = 0, 1, 2, \ldots$, berechnen.

Dazu bestimmen wir zunächst die bedingte Wahrscheinlichkeitsverteilung der Zufallsgrößen $\tau_{n+1} - \tau_n$ unter der Bedingung, daß ξ_n gegeben ist. Aus der zeitlichen Homogenität des Prozesses $\xi(t)$, $t \geqq 0$, folgt, daß die bedingte Verteilung von $\tau_{n+1} - \tau_n$ unter der Bedingung $\xi(n) = i$ mit der Verteilung von $\tau = \tau_1$ übereinstimmt, wobei im Punkt $\xi(0) = i$ gestartet wird (τ ist nichts anderes, als die Zeit bis zum ersten Verlassen des Zustandes i).

Infolge der streng MARKOWschen Eigenschaft ist das Verhalten des Prozesses $\xi = \xi(t)$ nach dem Zeitpunkt τ_n bei gegebenem Zustand $i = \xi(\tau_n)$ unabhängig von seiner Entwicklung bis zu diesem Zeitpunkt. Insbesondere ist die Aufenthaltszeit $\tau_{n+1} - \tau_n$ im Zustand $i = \xi(\tau_n)$ unabhängig von den Zufallsgrößen $\tau_{k+1} - \tau_k$ für $k \leqq n - 1$ (hieraus folgt unschwer, daß die Differenzen $\tau_{n+1} - \tau_n$, $n = 0, 1, 2, \ldots$, unabhängige Zufallsgrößen sind).

Wir nehmen an, daß sich der Prozeß zur Zeit s in einem bestimmten Zustand i befindet $(\xi(s) = i)$ und betrachten die Zeit τ (nach s) bis zum ersten Verlassen des Zustandes i. Im Fall $\tau > t$ ist der Prozeß zur Zeit $s_1 = s + t$ immer noch im Zustand i: $\xi(s_1) = i$, und die Zeit τ_1 (nach s_1) bis zur nächsten Zustandsänderung hat die gleiche Wahrscheinlichkeitsverteilung wie τ, weil der Prozeß zeitlich homogen ist und damit sein Verhalten nach s_1 den gleichen Gesetzen unterliegt, wie nach s (in beiden Fällen ist i der Ausgangszustand). Wir erhalten

$$\mathsf{P}\{\tau > u \mid \xi(s) = i\} = \mathsf{P}\{\tau_1 > u \mid \xi(s_1) = i\} = \mathsf{P}\{\tau > t + u \mid \xi(s) = i, \tau > t\};$$

dabei besteht die letzte der beiden Gleichungen deshalb, weil das zufällige Ereignis $\{\xi(s) = i, \tau > t\}$ im Ereignis $\{\xi(s_1) = i\}$ enthalten ist und unter der Bedingung $\xi(s_1) = i$ das weitere Verhalten des MARKOWschen Prozesses $\xi(t)$ nicht von seiner Entwicklung bis zum Zeitpunkt s_1 abhängt. Analog zur Herleitung der Formel (2.8) in Kapitel II ergibt sich *für die Wartezeit τ bis zur nächsten Zustandsänderung eine Exponentialverteilung*:

$$\mathsf{P}\{\tau > t \mid \xi(s) = i\} = e^{-\lambda_i t}, \qquad t \geqq 0, \tag{2.4}$$

dabei ist $\lambda_i \geqq 0$ eine gewisse Konstante ($\frac{1}{\lambda_i} = \mathsf{M}\tau$ ist die mittlere Verweilzeit im Zustand i), die man mitunter auch *Änderungsintensität* des Zustandes i nennt.

Im Fall $\lambda_i = 0$ verbleibt der Prozeß $\xi(t)$ — wenn er ihn einmal erreicht hat — für immer im Zustand i; ein solcher Zustand heißt *absorbierend*. Im Fall $0 < \lambda_i < \infty$ beträgt die Wahrscheinlichkeit für eine Zustandsänderung in einem kleinen Zeitintervall Δt

$$\lambda_i \, \Delta t + o(\Delta t), \tag{2.5}$$

dabei ist $o(\Delta t)$ eine von Δt abhängende Funktion, die im Vergleich zu Δt von höherer Ordnung klein ist, d. h. für die $\frac{o(\Delta t)}{\Delta t} \to 0$ für $\Delta t \to 0$ gilt.

Wir betrachten nun die ursprünglich gestellte Aufgabe nach der Berechnung der Übergangswahrscheinlichkeiten π_{ij}. Dazu setzen wir voraus, daß während einer kurzen Zeitspanne Δt der Übergang des Prozesses $\xi(t)$ vom Zustand i in den Zustand j ($j \neq i$) mit der Wahrscheinlichkeit

$$\lambda_{ij} \, \Delta t + o(\Delta t)$$

erfolgt, wobei $\frac{o(\Delta t)}{\Delta t} \to 0$ für $\Delta t \to 0$ gilt.

Im Fall $\lambda_i = 0$ (d. h. wenn der Zustand i absorbierend ist) verbleibt das System nach dem Erreichen von i in diesem Zustand, folglich gilt dann $\pi_{ij} = 0$ für alle $j \neq i$. Gilt jedoch $\lambda_i \neq 0$, so verläßt das System mit Wahrscheinlichkeit Eins den Zustand i nach endlicher Zeit τ. (Wir erinnern daran, daß $\mathsf{P}\{\tau < t\} = 1 - e^{-\lambda_i t}$ gilt.) Unter der Bedingung $\tau > t$ gilt $\xi(t) = i$, und die Wahrscheinlichkeit für den Übergang ist nach Voraussetzung $\lambda_{ij} \, \Delta t + o(\Delta t)$; damit erhalten wir für die absolute Wahrscheinlichkeit $\pi_{ij}(t, t + \Delta t)$ des (ersten) Überganges $i \to j$ im Zeitintervall $(t, t + \Delta t)$ den Wert

$$\pi_{ij}(t, t + \Delta t) = \big(\lambda_{ij} \, \Delta t + o(\Delta t)\big) \, \mathsf{P}\{\tau > t\} = \big(\lambda_{ij} \, \Delta t + o(\Delta t)\big) \, e^{-\lambda_i t}.$$

Wir zerlegen nun die Halbachse $0 \leqq t < \infty$ durch die Punkte $t_k = k \, \Delta t$, $k = 0, 1, 2, \ldots$, in (gleichlange) Intervalle und erhalten durch Summation

$$\pi_{ij} = \sum_{k=0}^{\infty} \pi_{ij}\big(k \, \Delta t, (k+1) \, \Delta t\big) = \sum_{k=0}^{\infty} \big(\lambda_{ij} \, \Delta t + o(\Delta t)\big) \, e^{-\lambda_i k \Delta t} \sim \lambda_{ij} \int_0^{\infty} e^{-\lambda_i t} \, dt.$$

Daraus ergibt sich schließlich

$$\pi_{ij} = \lambda_{ij} \int_0^{\infty} e^{-\lambda_i t} \, dt = \frac{\lambda_{ij}}{\lambda_i}, \qquad j \neq i. \tag{2.6}$$

(Der Prozeß $\xi_n = \xi(\tau_n)$, $n = 0, 1, \ldots$, ist der Prozeß der Zustandsänderungen, und deshalb unterscheidet sich jeder Folgezustand von seinem vorhergehenden Zustand, insbesondere gilt also $\pi_{ii} = 0$.)

2.2. Rekurrente und transiente Zustände

Wir betrachten eine MARKOWsche Kette mit den Zuständen $1, 2, \ldots$ und den Übergangswahrscheinlichkeiten $p_{ij}(n)$ $(i, j = 1, 2, \ldots, n = 0, 1, 2, \ldots)$.

Zur Zeit 0 befinde sich das System im Zustand i, und es kehre mit der Wahrscheinlichkeit v_n genau nach n Schritten zum ersten Mal in den Ausgangszustand i zurück. Die Summe

$$v = \sum_{n=1}^{\infty} v_n$$

ist dann die Wahrscheinlichkeit dafür, daß das System nach einer endlichen Schrittzahl jemals wieder in den Zustand i gelangt, d. h., v ist die *Rückkehrwahrscheinlichkeit* in den Zustand i.

Der Zustand i wird *rekurrent* genannt, wenn seine Rückkehrwahrscheinlichkeit gleich Eins ist, im anderen Fall $(v < 1)$ heißt i *transient*.

Satz 1. *Der Zustand i ist genau dann rekurrent, wenn*

$$\sum_{n=1}^{\infty} p_{ii}(n) = \infty \tag{2.7}$$

gilt.

Beweis: Mit den Bezeichnungen $u_k = p_{ii}(k)$, $k = 1, 2, \ldots$, und $u_0 = 1$, $v_0 = 0$ gilt die Gleichung

$$u_n = u_0 v_n + u_1 v_{n-1} + \cdots + u_n v_0, \qquad n = 1, 2, \ldots. \tag{2.8}$$

Sie folgt aus der Formel der totalen Wahrscheinlichkeit; bezeichnen wir nämlich mit B_k das Ereignis „Das System kehrt nach k Schritten das erste Mal in den Ausgangszustand i zurück" $(k = 1, 2, \ldots, n)$ und mit B_{n+1} das Ereignis „Das System gelangt im Verlauf der ersten n Schritte kein einziges Mal nach i", so bilden die Ereignisse $B_1, \ldots, B_{n+1}$ ein vollständiges Ereignissystem. Die Wahrscheinlichkeit des Ereignisses A: „Das System befindet sich nach n Schritten im Zustand i" läßt sich dann nach der Formel der totalen Wahrscheinlichkeit in der Form

$$\mathsf{P}(A) = \sum_{k=1}^{n+1} \mathsf{P}(A \mid B_k)\, \mathsf{P}(B_k)$$

darstellen, wobei $\mathsf{P}(B_k) = v_k$, $\mathsf{P}(A \mid B_k) = u_{n-k}$, $k = 1, \ldots, n$, und $\mathsf{P}(A \mid B_{n+1}) = 0$ gilt.

Wir betrachten nun die sogenannten *erzeugenden Funktionen*

$$U(z) = \sum_{k=0}^{\infty} u_k z^k, \qquad V(z) = \sum_{k=0}^{\infty} v_k z^k,$$

dabei ist z eine komplexe Veränderliche mit $|z| \leqq 1$. Diese Funktionen sind im Kreis $|z| < 1$ analytisch. Die Beziehung (2.8) läßt sich mit Hilfe von U und V in der Form

$$U(z) - u_0 = U(z)\, V(z), \qquad u_0 = 1,$$

schreiben, woraus

$$U(z) = \frac{1}{1 - V(z)} \tag{2.9}$$

folgt. Die Rekurrenz des Zustandes i bedeutet

$$v = \sum_{k=1}^{\infty} v_k = \lim_{z \to 1} V(z) = 1.$$

Aus (2.9) ist nun sofort ersichtlich, daß diese Beziehung zu

$$\lim_{z \to 1} U(z) = \lim_{z \to 1} \frac{1}{1 - V(z)} = \infty$$

äquivalent ist. Andererseits gilt

$$\lim_{z \to 1} U(z) = \lim_{z \to 1} \sum_{n=0}^{\infty} u_n z^n = \sum_{n=0}^{\infty} u_n.$$

Somit ist also der Zustand i genau dann rekurrent, wenn die Reihe $\sum_{n=0}^{\infty} u_n$ divergiert. Wegen $u_n = p_{ii}(n)$ ist damit der Satz bewiesen.

Satz 2. *Startet das System im Zustand i und ist i rekurrent, so kehrt es mit Wahrscheinlichkeit Eins unendlich oft nach i zurück. Im anderen Fall (i transient) weilt das System höchstens endlich viele Male im Zustand i, d. h. nach einer gewissen endlichen Anzahl von Schritten wird der Zustand i nie mehr erreicht.*

Beweis: Wir bezeichnen mit ν_1 die Anzahl der Schritte bis zur ersten Rückkehr nach i, mit ν_2 die Anzahl der Schritte bis zur zweiten Rückkehr nach i, usw. Dabei setzen wir $\nu_k = \infty$, wenn das System (überhaupt) weniger als k-mal nach i zurückkehrt. Das Ereignis $\{\nu_k < \infty\}$ bedeutet dann, daß der Prozeß mindestens k-mal nach i zurückgekehrt ist. Entsprechend unserer Bezeichnung gilt $v = \mathsf{P}\{\nu_1 < \infty\}$. Unter der Bedingung $\nu_1 < \infty$ gelangt das System nach der endlichen Schrittzahl ν_1 in den Ausgangszustand i zurück, und nach diesem Zeitpunkt unterliegt es — infolge der streng Markowschen Eigenschaft und der zeitlichen Homogenität — den gleichen Gesetzmäßigkeiten wie zu Beginn. Daher ist die bedingte Wahrscheinlichkeit des Ereignisses $\{\nu_2 < \infty\}$ unter der Bedingung $\{\nu_1 < \infty\}$ ebenfalls gleich v:

$$\mathsf{P}\{\nu_2 < \infty \mid \nu_1 < \infty\} = v.$$

Offenbar gilt im Fall $\nu_1 = \infty$ auch $\nu_2 = \infty$, so daß

$$\mathsf{P}\{\nu_2 < \infty\} = \mathsf{P}\{\nu_2 < \infty \mid \nu_1 < \infty\}\, \mathsf{P}\{\nu_1 < \infty\} = v^2$$

folgt. Völlig analog ergibt sich

$$\mathsf{P}\{\nu_k < \infty \mid \nu_{k-1} < \infty\} = v, \quad \mathsf{P}\{\nu_k < \infty\} = v^k, \quad k = 3, 4, \ldots.$$

Der Zustand i ist transient, wenn $v < 1$ gilt; in diesem Fall erhalten wir

$$\sum_{k=1}^{\infty} \mathsf{P}\{\nu_k < \infty\} = \sum_{k=1}^{\infty} v^k < \infty.$$

Aus dem Lemma von BOREL-CANTELLI folgt (vgl. S. 58), daß mit Wahrscheinlichkeit 1 nur endlich viele der Ereignisse $\{\nu_k < \infty\}$ eintreten können, d. h., das System verweilt mit Wahrscheinlichkeit 1 nur endlich oft im Zustand i.

Ist i rekurrent, so erhalten wir wegen $v = 1$ die Beziehung

$$\mathsf{P}\{\nu_k < \infty\} = 1 \text{ für alle } k = 1, 2, \ldots.$$

Es bezeichne $\varkappa$ die absolute Häufigkeit, mit der das System nach i zurückkehrt. Dann gilt $\{\nu_k < \infty\} = \{\varkappa \geqq k\}$ und $\{\varkappa = \infty\} = \bigcap_k \{\nu_k < \infty\}$. Wegen der Stetigkeit der Wahrscheinlichkeit folgt

$$\mathsf{P}\{\varkappa = \infty\} = \lim_{k\to\infty} \mathsf{P}\{\nu_k < \infty\} = 1,$$

womit der Satz bewiesen ist.

Beispiel (zufälliges Wandern): Wir betrachten das zufällige Wandern eines Teilchens auf den ganzzahligen Punkten der reellen Achse, wobei nach jeder Zeiteinheit eine Ortsänderung mit der Wahrscheinlichkeit p um eine Einheit nach rechts und mit der Wahrscheinlichkeit $q = 1 - p$ um eine Einheit nach links erfolgt. Nach Formel (1.1) gilt

$$p_{ii}(2n) = \frac{(2n)!}{n!\,n!}(pq)^n \approx \frac{(4pq)^n}{\sqrt{\pi n}}.$$

Im Fall einer symmetrischen Irrfahrt $\left(p = q = \dfrac{1}{2}\right)$ ergibt sich $p_{ii}(2n) \approx \dfrac{1}{\sqrt{\pi n}}$; die Reihe $\sum_n p_{ii}(2n)$ divergiert also für jeden Zustand i, d. h., alle Zustände sind rekurrent. Für $p \neq q$ erhalten wir $4pq < 1$ und daher $\sum_n p_{ii}(2n) < \infty$, alle Zustände sind deshalb in diesem Fall transient.

Wir wollen nun die Rückkehrwahrscheinlichkeit berechnen. Dazu nehmen wir an, daß der Punkt 0 ein sogenannter absorbierender Rand ist: Ein nach 0 gelangendes Teilchen verbleibe für immer dort. Offenbar kann man von einem beliebigen Zustand $i > 0$ in jeden anderen beliebigen Zustand $j > 0$ mit positiver Wahrscheinlichkeit nach einer gewissen Anzahl von Schritten gelangen. Wir bezeichnen mit v_{ij} die Wahrscheinlichkeit dafür, irgendwann einmal von i nach j zu kommen und erhalten damit aus der Formel der totalen Wahrscheinlichkeit die Gleichung

$$v_{ij} = p v_{i+1,j} + q v_{i-1,j}.$$

Sie ist eine Differenzengleichung für v_{ij}, wenn über $i = 1, 2, \ldots$ variiert wird. Zur Bestimmung der Lösung v_{ij} $(i = 1, 2, \ldots)$ ist die Vorgabe von „Randbedingungen" erforderlich, die wir aus der folgenden Überlegung erhalten: Offenbar ändert sich für $i \neq j$ die Wahrscheinlichkeit v_{ij} nicht, wenn wir j ebenfalls als absorbierenden Rand annehmen. Dann gilt aber $v_{0j} = 0$, $v_{jj} = 1$. Unter Berücksichtigung dieser „Randbedingungen" erhalten wir für v_{ij} $(i = 1, 2, \ldots, j-1)$ im Fall $p \neq q$ als Lösung

$$v_{ij} = A_j + B_j \left(\frac{q}{p}\right)^i, \qquad 0 < i < j,$$

wobei

$$A_j = \frac{1}{1 - \left(\frac{q}{p}\right)^j}, \qquad B_j = -\frac{1}{1 - \left(\frac{q}{p}\right)^j}$$

gilt, und im Fall $p = q = \frac{1}{2}$ ergibt sich

$$v_{ij} = \frac{i}{j}, \qquad 0 < i < j.$$

Analoge Beziehungen erhält man, wenn sich die absorbierende Wand statt bei 0 im Punkt k befindet und $k < i < j$ gilt (man hat dann auf den rechten Seiten der angegebenen Formeln i durch $i - k$ und j durch $j - k$ zu ersetzen). Durch Grenzübergang $k \to -\infty$ verschwindet der Einfluß des absorbierenden Zustandes k, und aus obigen Formeln erhalten wir schließlich die Wahrscheinlichkeiten v_{ij} mit $j > i$ für das ursprünglich betrachtete zufällige Wandern (d. h. ohne jegliche absorbierende Ränder):

$$v_{ij} = \begin{cases} \left(\frac{p}{q}\right)^{j-i} & \text{für } p < \frac{1}{2} \\ 1 & \text{für } p \geqq \frac{1}{2} \end{cases} \qquad (i \leqq j).$$

Durch Vertauschen von p und q ergeben sich die Wahrscheinlichkeiten v_{ij} im Fall $i > j$ zu

$$v_{ij} = \begin{cases} \left(\frac{q}{p}\right)^{i-j} & \text{für } p > \frac{1}{2} \\ 1 & \text{für } p \leqq \frac{1}{2} \end{cases} \qquad (i > j).$$

Bei der Herleitung dieser Formeln haben wir stets j als absorbierenden Randzustand betrachtet; aus diesem Grunde erhalten wir für $i = j$ den (falschen) Wert $v_{ij} = 1$. Der richtige Wert v der Rückkehrwahrscheinlichkeit in den Ausgangszustand $j = i$ läßt sich mit Hilfe der soeben bestimmten Wahrscheinlichkeiten

v_{ij}, $i \neq j$, unmittelbar berechnen: Es gilt nämlich

$$v = pv_{i+1,i} + qv_{i-1,i}, \qquad \text{d. h. also}$$

$$v = \begin{cases} 2p & \text{für } p < \frac{1}{2} \\ 2q & \text{für } q < \frac{1}{2} \\ 1 & \text{für } p = q \end{cases} = 1 - |p - q|.$$

2.3. Mittlere Verweilzeit in einem Zustand, Klassifikation der Zustände

Wir betrachten wieder eine allgemeine Markowsche Kette $\xi(n)$, $n = 0, 1, \ldots$, und nehmen an, daß sich das entsprechende System zum Anfangszeitpunkt im Zustand $\xi(0) = i$ befindet. Es sei ν die (zufällige) Schrittzahl bis zur ersten Rückkehr in den Ausgangszustand i (wenn jeder Schritt eine Zeiteinheit benötigt, dann ist ν die Rückkehrzeit zum Zustand i). Ist i rekurrent, so ist die Rückkehrzeit mit Wahrscheinlichkeit 1 endlich: $\mathsf{P}\{\nu < \infty\} = 1$; im anderen Fall ist i transient, und es gilt

$$\mathsf{P}\{\nu < \infty\} = v < 1, \quad \mathsf{P}\{\nu = \infty\} = 1 - v > 0. \tag{2.10}$$

Wir betrachten den Mittelwert

$$\mu = \mathsf{M}\nu = \sum_{n=1}^{\infty} n\mathsf{P}\{\nu = n\} \tag{2.11}$$

und setzen $\mu = \infty$, falls der Zustand i transient ist.

Es gelte vorerst $\mu < \infty$. Nach Satz 2 kehrt das System unendlich oft in den Zustand i zurück. Wir bezeichnen mit ν_1 $(= \nu)$ den Zeitpunkt der ersten Rückkehr, mit ν_2 den Zeitpunkt der zweiten Rückkehr, ..., mit ν_n den Zeitpunkt der n-ten Rückkehr nach i $(n = 3, 4, \ldots)$. Beim Beweis von Satz 2 haben wir festgestellt, daß das weitere Verhalten des Systems nach einer Rückkehr in den Zustand i zu einem der Zeitpunkte ν_k (unter der Bedingung $\xi(\nu_k) = i$) nicht von seiner Entwicklung bis zur Zeit ν_k abhängt und denselben „Verteilungsgesetzen" unterliegt, wie der zum Zeitpunkt 0 bei i startende Prozeß. Insbesondere sind die Zufallsgrößen $\tau_1 = \nu_1$ („Zeitdauer der ersten Rückkehr"), $\tau_2 = \nu_2 - \nu_1$ („Zeitdauer der zweiten Rückkehr"), ..., $\tau_n = \nu_n - \nu_{n-1}$ („Zeitdauer der n-ten Rückkehr" in den Zustand i) unabhängige, identisch verteilte Zufallsgrößen mit (folglich) ein und demselben Mittelwert μ. Nach dem starken Gesetz der großen Zahlen gilt daher (vgl. (5.7) aus Kap. I)

$$\frac{1}{n} \sum_{k=1}^{n} \tau_k \to \mu \qquad \text{für } n \to \infty \tag{2.12}$$

mit Wahrscheinlichkeit 1.

Dabei ist $\nu_n = \sum_{k=1}^{n} \tau_k$ diejenige Zeit, die bis zur n-ten Rückkehr in den Zustand i verstreicht (wir erinnern daran, daß für jeden Schritt eine Zeiteinheit benötigt wird). Also beträgt die Gesamtzeit, die das System während des Zeitintervalls von 1 bis ν_n im Zustand i verweilt, gleich n. Es sei n_N diejenige Zeitdauer, in der sich das System im Zeitintervall von 1 bis N ($N = 1, 2, \ldots$) im Zustand i aufhält ($n = n_N$ stimmt mit der Anzahl derjenigen Male überein, für die der Prozeß im Zeitraum von 1 bis N in den Zustand i gelangt). Wegen Satz 2 gilt $n = n_N \to \infty$ für $N \to \infty$ und aus (2.12) erhalten wir

$$\frac{\nu_n}{n} \to \mu, \qquad \frac{n}{n+1} \to 1, \qquad \frac{\nu_{n+1}}{n} \to \mu \quad \text{für } N \to \infty$$

mit Wahrscheinlichkeit 1. Aus der Definition von n_N folgt $\nu_{n_N} \leqq N \leqq \nu_{n_N+1}$ und somit gilt

$$\frac{N}{n_N} \to \mu \quad \text{für} \quad N \to \infty \tag{2.13}$$

mit Wahrscheinlichkeit 1.

Wir wollen uns nun überlegen, daß die asymptotische Beziehung (2.13) auch dann noch gilt, wenn der durch (2.11) definierte Mittelwert unendlich wird ($\mu = \infty$). Für einen transienten Zustand i folgt (2.13) unmittelbar aus dem zweiten Teil von Satz 2 (n_N bleibt für $N \to \infty$ mit Wahrscheinlichkeit 1 beschränkt). Wir nehmen also an, daß i rekurrent ist, und betrachten wieder die unabhängigen Zufallsgrößen $\tau_k = \nu_k - \nu_{k-1}$, $k = 1, 2, \ldots$. Für jede natürliche Zahl m definieren wir „abgeschnittene Zufallsgrößen" τ_k^m durch

$$\tau_k^m = \begin{cases} \tau_k & \text{für } \tau_k \leqq m, \\ 0 & \text{für } \tau_k > m. \end{cases}$$

(Offenbar gilt $\tau_k^m \leqq \tau_k$.)

Wegen $\sum_{n=1}^{\infty} n \mathsf{P}\{\tau_k = n\} = \infty$ wird der Mittelwert

$$\mu^m = \mathsf{M}\tau_k^m = \sum_{n=1}^{m} n \mathsf{P}\{\tau_k^m = n\}$$

mit wachsendem m beliebig groß. Nach dem starken Gesetz der großen Zahlen gilt mit Wahrscheinlichkeit 1

$$\lim_{n\to\infty} \frac{1}{n} \sum_{k=1}^{n} \tau_k^m = \mu^m,$$

und daher auch

$$\lim_{n\to\infty} \frac{1}{n} \sum_{k=1}^{n} \tau_k \geqq \lim_{n\to\infty} \frac{1}{n} \sum_{k=1}^{n} \tau_k^m = \mu^m.$$

Da diese Abschätzung für jede natürliche Zahl m gültig ist und μ^m bei wachsendem

m beliebig groß wird, folgt

$$\frac{1}{n} \sum_{k=1}^{n} \tau_k \to \infty \quad \text{für} \quad n \to \infty \tag{2.14}$$

mit Wahrscheinlichkeit 1. Die Beziehung (2.13) erhält man nun analog zu oben (anstelle von (2.12) wird von (2.14) ausgegangen).

Der in (2.13) auftretende Quotient $\frac{n_N}{N}$ ist derjenige Teil des Zeitintervalls von 1 bis N, zu dem sich das System im Zustand i befindet. Die Beziehung (2.13) läßt sich auch folgendermaßen schreiben.

Satz 3. *Mit Wahrscheinlichkeit* 1 *gilt*

$$\frac{n_N}{N} \to \frac{1}{\mu} \quad \textit{für} \quad N \to \infty, \tag{2.15}$$

wobei μ *die mittlere Rückkehrzeit in den Zustand* i *ist.*

Die Beziehung (2.15) gilt für einen beliebigen Zustand i (i braucht nicht notwendig Anfangszustand zu sein), wenn nur das System nach endlicher Zeit diesen Zustand erreicht. (Nach diesem Zeitpunkt unterliegt nämlich das System den gleichen Gesetzen, als wäre i der Anfangszustand.)

Aus (2.15) folgt (vgl. Kap. I, Abschnitt 4.5.), daß der Grenzwert $\lim\limits_{N\to\infty} \mathsf{M} \frac{n_N}{N}$ der Erwartungswerte der beschränkten Zufallsgrößen $\frac{n_N}{N}$ existiert und gleich $\frac{1}{\mu}$ ist. Wir wollen für die Zeitdauer n_N, während der sich das System im Zeitintervall von 1 bis N im Zustand i aufhält, den Erwartungswert $\mathsf{M}n_N$ berechnen und führen zu diesem Zweck die Zufallsgrößen

$$\chi_k = \begin{cases} 1 & \text{für} \quad \xi(k) = i, \\ 0 & \text{in allen übrigen Fällen} \end{cases}$$

ein. Wir erhalten

$$n_N = \sum_{k=1}^{N} \chi_k, \qquad \mathsf{M}n_N = \sum_{k=1}^{N} \mathsf{M}\chi_k = \sum_{k=1}^{N} p_{ii}(k). \tag{2.16}$$

Es gilt somit die Beziehung

$$\lim_{N\to\infty} \frac{1}{N} \sum_{k=1}^{N} p_{ii}(k) = \frac{1}{\mu}. \tag{2.17}$$

Der Zustand i heißt *positiv-rekurrent*, wenn $\frac{1}{\mu} > 0$ gilt und *null-rekurrent*, wenn er rekurrent ist und $\frac{1}{\mu} = 0$ gilt. (Wir erinnern, daß wegen (2.15) $\frac{1}{\mu}$ der Anteil derjenigen Zeit ist, „die das System im Zustand i im Verlaufe unendlich langer Zeit verbringt".)

Man nennt einen Zustand j *von i aus erreichbar*, wenn das System nach einer gewissen endlichen Anzahl von Schritten mit positiver Wahrscheinlichkeit von i nach j gelangt, d. h. wenn $p_{ij}(M) > 0$ für eine gewisse natürliche Zahl M gilt. Wenn sowohl j von i aus, als auch i von j aus erreichbar sind, nennt man die beiden Zustände i und j *miteinander verbunden*.

Es sei nun i ein rekurrenter Zustand und j von i aus erreichbar. Dann muß notwendig auch i von j aus erreichbar sein, weil sonst einerseits das System nach einer gewissen Schrittzahl M mit positiver Wahrscheinlichkeit $p_{ij}(M) = \alpha > 0$ in den Zustand j gelangen könnte, ohne jemals wieder zurückzukehren. Somit wäre die Rückkehrwahrscheinlichkeit in den Zustand i nicht größer als $1 - \alpha$. Das steht im Widerspruch zur vorausgesetzten Rekurrenz von i. Somit gibt es also eine Schrittzahl N mit $p_{ji}(N) = \beta > 0$. Unter den genannten Voraussetzungen sind daher i und j miteinander verbunden.

Es bezeichne $P(n) = \{p_{ij}(n)\}$ die Matrix der Übergangswahrscheinlichkeiten in n Schritten, $n = 1, 2, \ldots$ (vgl. (2.2) und die darauffolgenden Überlegungen). Für zwei beliebige, miteinander verbundene Zustände i und j gibt es natürliche Zahlen M und N mit $p_{ij}(M) = \alpha > 0$ und $p_{ji}(N) = \beta > 0$. Aus den Gleichungen

$$P(M + k + N) = P(M)\, P(k)\, P(N) = P(N)\, P(k)\, P(M)$$

folgen für jede natürliche Zahl k die Abschätzungen

$$\begin{aligned} p_{ii}(k + M + N) &\geqq p_{ij}(M)\, p_{jj}(k)\, p_{ji}(N) = \alpha\beta p_{jj}(k) \\ p_{jj}(k + M + N) &\geqq p_{ji}(N)\, p_{ii}(k)\, p_{ij}(M) = \alpha\beta p_{ii}(k). \end{aligned}$$

Daraus ergeben sich zwei Schlußfolgerungen: Erstens konvergieren die Reihen

$$\sum_{k=1}^{\infty} p_{ii}(k), \qquad \sum_{k=1}^{\infty} p_{jj}(k)$$

entweder beide, oder sie konvergieren beide nicht, und zweitens sind die Grenzwerte

$$\lim_{N\to\infty} \frac{1}{N} \sum_{k=1}^{N} p_{ii}(k), \qquad \lim_{N\to\infty} \frac{1}{N} \sum_{k=1}^{N} p_{jj}(k)$$

entweder beide gleich Null oder beide positiv. Unter Beachtung von Satz 2 folgt also, daß jene Zustände, die von einem rekurrenten Zustand aus erreichbar sind, selbst rekurrent sind. Weiterhin besitzen alle miteinander verbundenen Zustände „den gleichen Charakter", genauer, sie sind entweder alle rekurrent oder alle transient, alle positiv-rekurrent oder alle null-rekurrent (vgl. auch (2.7), (2.17)).

Es sei nun wieder i ein rekurrenter Zustand. Wir haben uns soeben davon überzeugt, daß jeder von i aus erreichbare Zustand j mit i verbunden und rekurrent ist. Alle diese Zustände j bilden eine sogenannte *abgeschlossene Klasse* von

Zuständen (sie werde mit E bezeichnet). Eine solche Klasse E wird dadurch charakterisiert, daß das System für immer in der Zustandsmenge E verbleibt, wenn es nur nach einer gewissen Anzahl von Schritten einen Zustand $j \in E$ erreicht hat (jeder aus einem beliebigen Zustand $j \in E$ erreichbare Zustand gehört notwendig zu E). Bei beliebig vorgegebenem $j \in E$ läßt sich E als Menge aller derjenigen Zustände definieren, die von j aus erreichbar sind.

Es seien E_1 und E_2 zwei beliebige abgeschlossene Klassen rekurrenter Zustände. Wir nehmen an, daß es einen Zustand j gibt, der sowohl zu E_1 als auch zu E_2 gehört. Dann fallen diese beiden Klassen zusammen ($E_1 = E_2$), weil jede von ihnen genau aus den von j aus erreichbaren Zuständen besteht. Folglich sind zwei abgeschlossene rekurrente Klassen entweder identisch oder disjunkt (d. h., es gibt keinen Zustand, der in beiden zugleich liegt).

Wir bezeichnen mit E_0 die Menge aller transienten Zustände und zerlegen die Menge der verbleibenden rekurrenten Zustände in disjunkte abgeschlossene Klassen $E_1, E_2, \ldots$ (jede der Klassen E_k, $k = 1, 2, \ldots$, ist eine bestimmte Menge miteinander verbundener, rekurrenter Zustände).

Wie das Beispiel des zufälligen Wanderns (vgl. S. 151) zeigt, ist es durchaus möglich, daß das System im Verlaufe der Zeit nach „Unendlich" wandert, indem es eine Reihe transienter Zustände (aus E_0) durchläuft (offensichtlich muß dann E_0 unendlich viele Zustände enthalten). Diese Möglichkeit besteht nicht mehr, wenn das System nur endlich viele transiente Zustände besitzt. In diesem Fall verweilt das System eine endliche Zeit in der Menge der transienten Zustände und gelangt dann in einen gewissen rekurrenten Zustand, in dessen zugehöriger abgeschlossener Klasse E es für immer verbleibt und „zirkuliert". (Speziell treffen die eben durchgeführten Überlegungen für Ketten mit endlich vielen Zuständen zu.)

2.4. Ein Ergodensatz (Konvergenz gegen die stationäre Wahrscheinlichkeitsverteilung)

Man nennt eine Wahrscheinlichkeitsverteilung p_i^*, $i = 1, 2, \ldots$, *stationär* bezüglich einer MARKOWschen Kette mit den Übergangswahrscheinlichkeiten p_{ij}, wenn die Gleichungen

$$p_j^* = \sum_i p_i^* p_{ij}, \qquad j = 1, 2, \ldots, \tag{2.18}$$

gelten. Unter Berücksichtigung der allgemeinen Rekursionsformeln (2.1) läßt sich (2.18) auch folgendermaßen formulieren: Besitzt der Prozeß $\xi(n)$, $n = 0, 1, 2, \ldots$, zu einem gewissen Zeitpunkt n_0 die Verteilung $p_i(n_0) = p_i^*$, $i = 1, 2, \ldots$, so ändern sich für jeden Zustand $j = 1, 2, \ldots$, nach der Zeit n_0 die Wahrscheinlichkeiten $p_j(n)$, $n = n_0 + 1, n_0 + 2, \ldots$, nicht:

$$p_j(n) = p_j^*, \qquad j = 1, 2, \ldots; \; n = n_0, n_0 + 1, \ldots. \tag{2.19}$$

Wir setzen nun voraus, daß die Zustände der betrachteten MARKOWschen Kette sämtlich positiv-rekurrent sind und eine einzige abgeschlossene Klasse bilden. Überdies gebe es eine natürliche Zahl n_0, so daß der sogenannte *Ergodizitätskoeffizient*

$$k(n_0) = 1 - \frac{1}{2} \sup_{i,j} \sum_m |p_{im}(n_0) - p_{jm}(n_0)|$$

positiv ist: $k(n_0) > 0$.

Wir vermerken, daß wegen der für den Ergodizitätskoeffizienten $k(n_0)$ gültigen Abschätzung

$$k(n_0) \geqq \sup_j \inf_i p_{ij}(n_0) \tag{2.20}$$

die Bedingung $k(n_0) > 0$ sicher dann erfüllt ist, wenn es einen Zustand j gibt, der von jedem beliebigen Zustand i aus (nach einer gewissen, für alle i gleich großen Schrittzahl n_0) mit „gleichmäßig positiver" Wahrscheinlichkeit erreicht wird, d. h. wenn es eine Konstante $\delta > 0$ gibt mit $p_{ij}(n_0) \geqq \delta > 0$ für alle $i = 1, 2, \ldots$.

Offenbar ist die Bedingung $k(n_0) > 0$ nicht immer erfüllt. Als einfaches Gegenbeispiel dient eine MARKOWsche Kette mit zwei Zuständen 1 und 2, die periodisch (nach jedem Schritt) ihren Zustand wechselt (genauer heißt dies, daß $p_{11}(n) = 1$, $p_{12}(n) = 0$, $p_{22}(n) = 1$, $p_{21}(n) = 0$ für alle geraden n und $p_{11}(n) = 0$, $p_{12}(n) = 1$, $p_{21}(n) = 1$, $p_{22}(n) = 0$ für alle ungeraden n gilt; wegen $\sum_k |p_{1k}(n) - p_{2k}(n)| = 2$ für jedes n ist der Ergodizitätskoeffizient für jedes n gleich Null).

Satz 4. *Es gelte $k(n_0) > 0$ für eine gewisse natürliche Zahl n_0. Dann existieren die Grenzwerte*

$$\lim_{n\to\infty} p_j(n) = p_j^*, \qquad j = 1, 2, \ldots, \tag{2.21}$$

und bilden eine stationäre Wahrscheinlichkeitsverteilung. Die Grenzwahrscheinlichkeiten p_j^*, $j = 1, 2, \ldots$, sind unabhängig von der Wahl der Anfangsverteilung p_i^0, $i = 1, 2, \ldots$. Für die Konvergenzgeschwindigkeit in (2.21) *gilt die Abschätzung*

$$\sup |p_j(n) - p_j^*| \leqq C\, e^{-Dn}, \tag{2.22}$$

wobei das Supremum auf der linken Seite von (2.22) *über alle Zustände j und alle Anfangsverteilungen p_i^0, $i = 1, 2, \ldots$, gebildet wird und die Konstanten C und D durch*

$$C = \frac{1}{1 - k(n_0)}, \qquad D = \frac{1}{n_0} \ln \frac{1}{1 - k(n_0)}$$

definiert sind.

Beweis: Mit den Bezeichnungen

$$r_j(n) = \inf_i p_{ij}(n), \qquad R_j(n) = \sup_i p_{ij}(n)$$

erhalten wir

$$r_j(n+1) = \inf_i p_{ij}(n+1) = \inf_i \sum_k p_{ik}\, p_{kj}(n)$$
$$\geqq \inf_i \sum_k p_{ik}\, r_j(n) = r_j(n),$$
$$R_j(n+1) = \sup_i p_{ij}(n+1) = \sup_i \sum_k p_{ik}\, p_{kj}(n)$$
$$\leqq \sup_i \sum_k p_{ik}\, R_j(n) = R_j(n).$$

Es gilt folglich die Ungleichungskette

$$r_j(1) \leqq r_j(2) \leqq \cdots \leqq r_j(n) \leqq \cdots \leqq R_j(n) \leqq \cdots \leqq R_j(2) \leqq R_j(1).$$

Für beliebige Zustände α und β besteht die Beziehung

$$\sum_k p_{\alpha k}(n_0) - \sum_k p_{\beta k}(n_0) = \sum_k{}^{+} \big(p_{\alpha k}(n_0) - p_{\beta k}(n_0)\big) + \sum_k{}^{-} \big(p_{\alpha k}(n_0) - p_{\beta k}(n_0)\big) = 0,$$

wobei $\sum_k^{+}$ die Summierung über alle diejenigen k bezeichnet, für die $p_{\alpha k}(n_0) - p_{\beta k}(n_0)$ positiv ist und entsprechend $\sum_k^{-}$ die Summierung über alle negativen Differenzen $p_{\alpha k}(n_0) - p_{\beta k}(n_0)$ bedeutet. Es gilt

$$\sup_{\alpha,\beta} \sum_k{}^{+} \big(p_{\alpha k}(n_0) - p_{\beta k}(n_0)\big) = 1 - k(n_0).$$

Wir können nun Differenzen von der Form $R_j(k) - r_j(k)$ wie folgt abschätzen:

$$R_j(n_0) - r_j(n_0) = \sup_\alpha p_{\alpha j}(n_0) - \inf_\beta p_{\beta j}(n_0)$$
$$= \sup_{\alpha,\beta} \big(p_{\alpha j}(n_0) - p_{\beta j}(n_0)\big) \leqq \sup_{\alpha,\beta} \sum_k{}^{+} \big(p_{\alpha k}(n_0) - p_{\beta k}(n_0)\big) = 1 - k(n_0)$$

und

$$R_j(n_0+n) - r_j(n_0+n) = \sup_{\alpha,\beta} \big(p_{\alpha j}(n_0+n) - p_{\beta j}(n_0+n)\big)$$
$$= \sup_{\alpha,\beta} \sum_k \big(p_{\alpha k}(n_0) - p_{\beta k}(n_0)\big)\, p_{kj}(n)$$
$$\leqq \sup_{\alpha,\beta} \Big[\sum_k{}^{+} \big(p_{\alpha k}(n_0) - p_{\beta k}(n_0)\big)\, R_j(n) + \sum_k{}^{-} \big(p_{\alpha k}(n_0) - p_{\beta k}(n_0)\big)\, r_j(n)\Big]$$
$$= \sup_{\alpha,\beta} \Big[\sum_k{}^{+} \big(p_{\alpha k}(n_0) - p_{\beta k}(n_0)\big) \big(R_j(n) - r_j(n)\big)\Big]$$
$$= \big(1 - k(n_0)\big)\big(R_j(n) - r_j(n)\big).$$

Durch wiederholtes Anwenden dieser Abschätzung ergibt sich

$$R_j(Nn_0) - r_j(Nn_0) \leqq \big(1 - k(n_0)\big)^N \qquad \text{für jedes } N = 1, 2, \ldots.$$

Die Folge $r_j(n)$, $n = 1, 2, \ldots$, ist monoton wachsend und die Folge $R_j(n)$, $n = 1$,

2, ..., ist monoton fallend, wobei $r_j(n) \leqq R_j(n)$ für jedes n gilt. Aus der soeben hergeleiteten Abschätzung für die Differenzen $R_j(Nn_0) - r_j(Nn_0)$ folgt insbesondere, daß die beiden Folgen den gleichen Grenzwert besitzen, den wir mit p_j^* bezeichnen wollen:

$$p_j^* = \lim_{n\to\infty} r_j(n) = \lim_{n\to\infty} R_j(n).$$

Des weiteren gilt

$$|p_{ij}(n) - p_j^*| \leqq R_j(n) - r_j(n) \leqq \big(1 - k(n_0)\big)^{\frac{n}{n_0}-1},$$

und für jede beliebige Anfangsverteilung p_j^0, $j = 1, 2, \ldots$, haben wir

$$\begin{aligned} |p_j(n) - p_j^*| &= \Big|\sum_i p_i^0\, p_{ij}(n) - p_j^*\Big| \\ &\leqq \sum_i p_i^0\, |p_{ij}(n) - p_j^*| \leqq \sum_i p_i^0\big(R_j(n) - r_j(n)\big) \\ &= R_j(n) - r_j(n) \leqq \big(1 - k(n_0)\big)^{\frac{n}{n_0}-1}. \end{aligned}$$

Diese Ungleichungen lassen sich in der Form (2.22) schreiben, wenn man

$$C = \frac{1}{1 - k(n_0)} \quad \text{und} \quad D = \frac{1}{n_0} \ln \frac{1}{1 - k(n_0)}$$

setzt.

Wir zeigen nun, daß die Grenzwahrscheinlichkeiten p_j^*, $j = 1, 2, \ldots$, dem Gleichungssystem (2.18) genügen. Zunächst gilt $\sum_j p_j^* \leqq 1$, da für jedes m

$$\sum_{j\leqq m} p_j^* = \lim_{n\to\infty} \sum_{j\leqq m} p_j(n) \leqq 1$$

ist. Weiterhin erhalten wir für jedes m aus der Ungleichung

$$p_j(n+1) \geqq \sum_{i\leqq m} p_i(n)\, p_{ij}$$

(vgl. (2.1)) durch Grenzübergang

$$p_j^* \geqq \sum_{i\leqq m} p_i^*\, p_{ij}$$

und damit auch

$$p_j^* \geqq \sum_i p_i^*\, p_{ij}, \qquad j = 1, 2, \ldots. \tag{2.23}$$

Durch Summation über j folgt aus (2.23)

$$\sum_j p_j^* \geqq \sum_j \sum_i p_i^*\, p_{ij} = \sum_i p_i^* \sum_j p_{ij} = \sum_i p_i^*,$$

es muß also in (2.23) notwendigerweise für alle j das Gleichheitszeichen stehen.

Abschließend überlegen wir uns, daß alle p_j^* positiv sind und $\sum_j p_j^* = 1$ gilt. Man überzeugt sich leicht davon, daß

$$p_j^* = \lim_{n\to\infty} p_{ij}(n) = \lim_{n\to\infty} \frac{1}{n} \sum_{k=1}^{n} p_{ij}(k)$$

gilt. Also folgt $p_j^* = \frac{1}{\mu_j}$, $j = 1, 2, \ldots$, und da nach Voraussetzung[1]) sämtliche Zustände positiv-rekurrent sind, erhalten wir

$$p_j^* = \frac{1}{\mu_j} > 0, \qquad j = 1, 2, \ldots \tag{2.24}$$

(μ_j bezeichnet die mittlere Rückkehrzeit in den Zustand j — vgl. (2.17)). Wählen wir nun speziell

$$p_i^0 = p_i^* \frac{1}{\sum_i p_j^*}, \qquad i = 1, 2, \ldots,$$

als Anfangsverteilung, so genügt diese, da sie sich nur durch den konstanten Faktor $\left(\sum_j p_j^*\right)^{-1}$ von p_i^*, $i = 1, 2, \ldots$, unterscheidet, offenbar dem Gleichungssystem (2.18)

$$p_j^0 = \sum_i p_i^0 \, p_{ij}, \qquad j = 1, 2, \ldots,$$

d. h., p_j^0, $j = 1, 2, \ldots$, ist eine stationäre Wahrscheinlichkeitsverteilung. In diesem Fall gilt aber (vgl. (2.19))

$$p_j(n) = p_j^0 \qquad \text{für jedes } n$$

und folglich auch

$$p_j^* = \lim_{n\to\infty} p_j(n) = p_j^0, \qquad j = 1, 2, \ldots,$$

d. h., es muß $\sum_j p_j^* = 1$ sein. Die Grenzwahrscheinlichkeiten p_j^*, $j = 1, 2, \ldots$, bilden also eine stationäre Wahrscheinlichkeitsverteilung (aus der eben durchgeführten Überlegung ist ersichtlich, daß p_j^*, $j = 1, 2, \ldots$, die einzige stationäre Wahrscheinlichkeitsverteilung ist).

Wir vermerken, daß sich die Grenzwerte p_j^*, $j = 1, 2, \ldots$, durch Lösen des Gleichungssystems (2.18) unter Berücksichtigung der Randbedingung $\sum_j p_j^* = 1$ berechnen lassen. Damit sind alle Aussagen des Satzes bewiesen.

Beispiel (*Umstapeln von Büchern*): Auf einem Schreibtisch liege ein Stapel von m Büchern. Wird jedes Buch mit einer entsprechenden Nummer versehen (wir verwenden die Zahlen von 1 bis m), so läßt sich jede Anordnung — gezählt von oben nach unten — durch eine geordnete Folge $(i_1, i_2, \ldots, i_m)$ von m Zahlen

---

[1]) Diese Voraussetzung ist in der Formulierung von Satz 4 nicht explizit enthalten, sie wurde zu Beginn dieses Abschnittes getroffen (Anm. des Herausgebers).

charakterisieren, wobei i_1 die Nummer des zuoberst gelegenen Buches, i_2 die Nummer des nächsttieferliegenden Buches, ..., i_m die Nummer des zuunterst liegenden Buches sind. Wir nehmen an, daß das mit der Nummer k versehene Buch mit der Wahrscheinlichkeit p_k herausgenommen wird ($k = 1, \ldots, m$) und anschließend auf den verbleibenden Stapel oben aufgelegt wird.

Der „Prozeß" befinde sich in dem (beliebig gewählten) Zustand $(i_1, i_2, \ldots, i_m)$. Im darauffolgenden Schritt bleibt entweder dieser Zustand erhalten — dies passiert, wenn das Buch mit der Nummer i_1 gewählt wird, also mit der Wahrscheinlichkeit p_1 — oder er geht in einen der $m - 1$ Zustände der Gestalt $(i_k, i_1, \ldots)$ über — letzteres tritt ein, wenn das Buch mit der Nummer $i_k \neq i_1$ gewählt wird, und zwar mit der Wahrscheinlichkeit p_k.

Der betrachtete stochastische Prozeß ist eine MARKOWsche Kette, deren Zustände die Menge aller möglichen Anordnungen $(i_1, i_2, \ldots, i_m)$ der Zahlen $1, \ldots, m$ ist (es gibt insgesamt $m!$ Zustände) und deren Übergangswahrscheinlichkeiten in der soeben beschriebenen Weise gegeben sind. Wird ein gewisses Buch, sagen wir das mit der Nummer i, nie herausgenommen, gilt also $p_i = 0$, dann sind alle Zustände $(i_1, \ldots, i_m)$ mit $i_1 = i$ transient, weil bereits im nächsten Schritt garantiert ein anderes Buch gewählt wird und auch danach der Zustand $(i, i_2, \ldots, i_m)$ nie wieder erreicht werden kann. Das Buch Nummer i wird nie herausgegriffen und wandert im Stapel nach unten. Wenn dagegen $p_i > 0$ für alle i gilt, d. h., wenn jedes Buch mit positiver Wahrscheinlichkeit herausgenommen wird, dann ist jeder Zustand von jedem anderen aus erreichbar, alle Zustände sind positivrekurrent und bilden eine abgeschlossene Klasse. In m Schritten gelangt man von jedem Zustand $(i_1, \ldots, i_m)$ in jeden anderen $(j_1, \ldots, j_m)$ mindestens mit der Wahrscheinlichkeit $p_1 p_2 \ldots p_m$ (dieses Produkt ist die Wahrscheinlichkeit des Überganges von $(i_1, \ldots, i_m)$ nach $(j_1, \ldots, j_m)$, wenn im ersten Schritt das Buch Nr. j_m, im zweiten Schritt das Buch Nr. $j_{m-1}, \ldots$, im m-ten Schritt das Buch Nr. j_1 gewählt werden). Folglich ist der Ergodizitätskoeffizient $k(m)$ positiv ($k(m) \geqq p_1 p_2 \cdots p_m$, vgl. (2.20)) und im Laufe der Zeit stellt sich die stationäre Wahrscheinlichkeitsverteilung ein.

Wir wollen die stationäre Wahrscheinlichkeitsverteilung berechnen und betrachten zunächst den Spezialfall $m = 2$. Es gibt dann nur die beiden Zustände $(1, 2)$ und $(2, 1)$, die Übergangswahrscheinlichkeiten lauten

$$p_{(1,2),(1,2)} = p_{(2,1),(1,2)} = p_1, \qquad p_{(1,2),(2,1)} = p_{(2,1),(2,1)} = p_2,$$

und die Übergangsmatrix P hat die Gestalt

$$p = \begin{pmatrix} p_1 & p_2 \\ p_1 & p_2 \end{pmatrix}.$$

Für die Übergangswahrscheinlichkeiten in zwei Schritten erhalten wir

$$p_{(1,2),(1,2)}(2) = p_{(2,1),(1,2)}(2) = p_1 p_1 + p_2 p_1 = p_1(p_1 + p_2) = p_1$$
$$p_{(1,2),(2,1)}(2) = p_{(2,1),(2,1)}(2) = p_1 p_2 + p_2 p_2 = p_2(p_1 + p_2) = p_2,$$

d. h., es gilt $P^2 = P$ und somit auch $P^n = P$ für jede natürlich Zahl n. Bei beliebiger Wahl der Anfangsverteilung $p^0_{(1,2)}, p^0_{(2,1)}$ ergibt sich

$$p_{(1,2)}(n) = p^0_{(1,2)} p_{(1,2),(1,2)}(n) + p^0_{(2,1)} p_{(2,1),(1,2)}(n) = p_1(p^0_{(1,2)} + p^0_{(2,1)}) = p_1 ,$$
$$p_{(2,1)}(n) = p^0_{(1,2)} p_{(1,2),(2,1)}(n) + p^0_{(2,1)} p_{(2,1),(2,1)}(n) = p_2(p^0_{(1,2)} + p^0_{(1,2)}) = p_2 ,$$

und somit stellt sich bereits nach dem ersten Schritt die stationäre Verteilung ein.

Es sei nun m beliebig. Wir bezeichnen analog zum Fall $m = 2$ mit $p_{(i_1,\dots,i_m),(j_1,\dots,j_m)}$ die Wahrscheinlichkeit des Überganges vom Zustand $(i_1, \dots, i_m)$ in den Zustand $(j_1, \dots, j_m)$. Bereits weiter oben haben wir uns überlegt, daß

$$p_{(i_1,\dots,i_m),(j_1,\dots,j_m)} = \begin{cases} p_{i_k} & \text{für } (j_1, \dots, j_m) = (i_k, \dots) \\ 0 & \text{sonst} \end{cases}$$

gilt, wobei die Anordnung $(j_1, \dots, j_m) = (i_k, \dots)$ aus $(i_1, \dots, i_m)$ durch Herausnehmen und Voranstellen von i_k (und entsprechendes „Weiterrücken" der anderen Zahlen) entsteht. Die stationäre Wahrscheinlichkeitsverteilung $p^*_{(j_1,\dots,j_m)}$ erhält man als Lösung des folgenden Gleichungssystems (vgl. (2.18)):

$$p^*_{(j_1,\dots,j_m)} = p_{j_1} \sum_{k=1}^{m} p^*_{(j_2,\dots,j_{k-1},j_1,j_k,\dots)} . \tag{2.25}$$

Natürlich wird man sich dafür interessieren, mit welcher Wahrscheinlichkeit ein betrachtetes Buch oben liegt, nachdem sich nach hinreichend großer Schrittzahl die stationäre Verteilung „praktisch" eingestellt hat (d. h., wenn sich die Zustandswahrscheinlichkeiten $p^*_{(i_1,\dots,i_m)}$ des Bücherstapels nicht mehr ändern).

Die Wahrscheinlichkeit p_i^* dafür, daß das Buch mit der Nummer i oben liegt, erhalten wir aus

$$p_i^* = \sum_{i_2,\dots,i_m} p^*_{(i,i_2,\dots,i_m)} ,$$

wobei die Summation über alle Zustände zu bilden ist, bei denen an der ersten Stelle die Zahl i steht. Unter Benutzung von (2.25) erhalten wir

$$p_i^* = \sum_{i_2,\dots,i_m} p_i \sum_k p^*_{(i_2,\dots,i_{k-1},i,i_k,\dots,i_m)} = p_i \sum_{i_1,\dots,i_m} p^*_{(i_1,\dots,i_m)} = p_i , \qquad i = 1, \dots, m,$$

d. h. die Wahrscheinlichkeit p_i^* dafür, daß im stationären Gleichgewicht das Buch mit der Nummer i zuoberst liegt, ist gleich der Wahrscheinlichkeit p_i, mit der dieses Buch aus dem Stapel herausgegriffen wird. Ein Buch wird folglich mit um so größerer Wahrscheinlichkeit oben liegen, je häufiger es herausgenommen wird.

Beispiel 2 (*zufälliges Wandern*): Wir betrachten einen Prozeß des zufälligen Wanderns, bei dem das Teilchen in jedem Schritt mit der Wahrscheinlichkeit p_i vom Punkt i in den Nachbarpunkt $j = i + 1$ und mit der Wahrscheinlichkeit $q_i = 1 - p_i$ in den Punkt $j = 0$ gelangen kann, dabei setzen wir $0 < p_i < 1$ für jedes $i = 0, 1, \ldots$ voraus. Offenbar sind alle Zustände miteinander verbunden und entweder sämtlich rekurrent oder transient, im rekurrenten Fall sind sie alle null-rekurrent oder alle positiv-rekurrent.

Zur Zeit 0 befinde sich das Teilchen im Zustand 0. Die Wahrscheinlichkeit dafür, daß das Teilchen in den nächsten n Schritten den Zustand 0 nicht wieder erreicht, beträgt $p_0 p_1 \ldots p_{n-1}$ — dieses Ereignis tritt nämlich genau dann ein, wenn aufeinanderfolgend die Zustände $0 \to 1 \to \cdots \to n$ durchlaufen werden. Damit erhält man für die Wahrscheinlichkeit, daß der Zustand 0 nie wieder erreicht wird, den Wert

$$\prod_{k=0}^{\infty} p_k = \lim_{n\to\infty} p_0 p_1 \ldots p_n .$$

Im Fall $\lim\limits_{n\to\infty} p_0 p_1 \ldots p_n = 0$ ist der Zustand $i = 0$ rekurrent, im anderen Fall gilt für die Rückkehrwahrscheinlichkeit v die Beziehung

$$v = 1 - \lim_{n\to\infty} p_0 p_1 \cdots p_n < 1 ,$$

und $i = 0$ ist transient.

Dieses Resultat läßt sich auch anders herleiten. Es sei v_n die Wahrscheinlichkeit dafür, genau nach n Schritten zum ersten Mal in den Zustand 0 zurückzukehren ($n = 1, 2, \ldots$). Offenbar gelangt das Teilchen genau dann nach n Schritten zum ersten Mal wieder in den Zustand 0, wenn in den ersten $n - 1$ Schritten aufeinanderfolgend die Zustände $0 \to 1 \to \cdots \to n - 1$ durchlaufen werden und im n-ten Schritt der Übergang $n - 1 \to 0$ erfolgt. Also gilt

$$v_1 = 1 - p_0, \qquad v_n = p_0 \cdots p_{n-2}(1 - p_{n-1}), \qquad n = 2, 3, \ldots .$$

Die Rückkehrwahrscheinlichkeit v in den Zustand 0 ist die Summe $v = \sum\limits_{n=1}^{\infty} v_n$ und beträgt

$$\begin{aligned} v &= \lim_{n\to\infty} \sum_{k=1}^{n} v_k \\ &= \lim_{n\to\infty} [(1 - p_0) + p_0(1 - p_1) + \cdots + p_0 \cdots p_{n-2}(1 - p_{n-1})] \\ &= 1 - \lim_{n\to\infty} p_0 p_1 \cdots p_{n-1} . \end{aligned}$$

Im transienten Fall, d. h. bei $v < 1$, wandert das Teilchen für $n \to \infty$ mit Wahrscheinlichkeit 1 nach $+\infty$; im rekurrenten Fall kehrt es unendlich oft in jeden Zustand zurück. Für die mittlere Rückkehrzeit μ in den Anfangszustand $i = 0$ erhalten wir den Ausdruck

$$\begin{aligned} \mu = \sum_{n=1}^{\infty} n v_n &= (1 - p_0) + 2p_0(1 - p_1) + 3p_0 p_1(1 - p_2) \\ &\quad + n p_0 p_1 \cdots p_{n-2}(1 - p_{n-1}) + \cdots \\ &= 1 + p_0 + p_0 p_1 + \cdots + p_0 p_1 \cdots p_{n-1} + \cdots , \end{aligned}$$

insbesondere sind im Fall

$$\mu = 1 + \sum_{n=1}^{\infty} p_0 p_1 \cdots p_{n-1} < \infty$$

sämtliche Zustände positiv-rekurrent.

Sind speziell die Wahrscheinlichkeiten $1 - p_i$ des Überganges von i nach 0 bezüglich i „gleichmäßig positiv", d. h., gibt es ein $\delta > 0$ mit $1 - p_i \geqq \delta$ für alle $i = 0, 1, \ldots$, so erhalten wir für den Ergodizitätskoeffizienten $k(1)$ die Beziehung

$$k(1) \geqq \inf_i (1 - p_i) \geqq \delta > 0$$

(vgl. (2.20)) und somit auch eine Abschätzung der Geschwindigkeit bei der Konvergenz gegen die stationäre Verteilung $p_j^*, j = 0, 1, \ldots$ (vgl. (2.22)). Letztere genügt dem Gleichungssystem (2.18), das in diesem Fall die Form

$$p_j^* = p_{j-1}^* p_{j-1}, \qquad j = 1, 2, \ldots,$$

besitzt. Wir erhalten zunächst

$$p_1^* = p_0^* p_0, \qquad p_2^* = p_0^* p_0 p_1, \ldots, p_n^* = p_0^* p_0 \cdots p_{n-1}, \ldots$$

und aus

$$1 = \sum_{n=0}^{\infty} p_n^* = p_0^* \left(1 + \sum_{n=1}^{\infty} p_0 \cdots p_{n-1}\right) = p_0^* \mu$$

schließlich

$$p_0^* = \frac{1}{\mu}, \quad p_1^* = \frac{p_0}{\mu}, \ldots, p_n^* = \frac{p_0 \cdots p_{n-1}}{\mu}, \ldots. \tag{2.26}$$

3. Markowsche Ketten mit stetiger Zeit

3.1. Differentialgleichungen für die Übergangswahrscheinlichkeiten

Wir betrachten einen homogenen Markowschen Prozeß $\xi(t)$, $t \in T = [0, \infty)$, mit endlich oder abzählbar unendlich vielen möglichen Zuständen $1, 2, \ldots$ und setzen voraus — dies ist der einzige Unterschied zu den im vorhergehenden Abschnitt betrachteten Markowschen Ketten —, daß der Parameter t (die Zeit) in einer „stetigen Menge" $T = [0, \infty)$ variiert, der Übergang zwischen zwei einzelnen Zuständen also zu einem beliebigen Zeitpunkt t möglich ist. Wir interpretieren einen stochastischen Prozeß wieder als physikalisches System, dessen Phasenzustand zur Zeit t durch $\xi(t)$ beschrieben wird.

Wir bezeichnen mit $p_{ij}(t)$ die Wahrscheinlichkeit des Überganges vom Zustand i in den Zustand j nach dem Verlaufe der Zeit t, genauer, wir setzen $p_{ij}(t)$ für die (nach Voraussetzung von s unabhängige) bedingte Wahrscheinlichkeit dafür, daß sich der Prozeß zur Zeit $t + s$ im Zustand j befindet, wenn er zur Zeit s im Zustand i war:

$$p_{ij}(t) = \mathsf{P}\{\xi(t+s) = j \mid \xi(s) = i\}, \qquad i, j = 1, 2, \ldots .$$

Es sei p_i^0, $i = 1, 2, \ldots$, die Anfangsverteilung. Die Wahrscheinlichkeit $p_j(t)$ dafür, daß sich das System zur Zeit t im Zustand j befindet ($j = 1, 2, \ldots$) erhalten wir analog zu (2.1) aus der Beziehung

$$p_j(t) = \sum_i p_i^0 p_{ij}(t), \qquad j = 1, 2, \ldots .$$

Überdies gilt für beliebige $t \geqq 0$ und $s \geqq 0$

$$p_{ij}(t+s) = \sum_k p_{ik}(t)\, p_{kj}(s), \qquad i, j = 1, 2, \ldots, \tag{3.1}$$

wobei wir

$$p_{ij}(0) = \begin{cases} 1 & \text{für } i = j \\ 0 & \text{für } i \neq j \end{cases} \tag{3.2}$$

gesetzt haben.

Wir nehmen nun an, daß sämtliche Übergangswahrscheinlichkeiten $p_{ij}(t)$, $i, j = 1, 2, \ldots$, den folgenden Bedingungen[1]) genügen (vgl. (2.5) ff.):

$$1 - p_{ii}(\Delta t) = \lambda_i\, \Delta t + o(\Delta t) \tag{3.3}$$

$$p_{ij}(\Delta t) = \lambda_{ij}\, \Delta t + o(\Delta t), \qquad j \neq i,$$

wobei $\dfrac{o(\Delta t)}{\Delta t} \to 0$ für $\Delta t \to 0$ gilt und $\lambda_i, \lambda_{ij}, i, j = 1, 2, \ldots$, gewisse Konstanten sind (λ_i nennen wir *Änderungsintensität des Zustandes i* und λ_{ij}, $i \neq j$, *Übergangsintensität von i nach j*). Wir setzen im weiteren $\lambda_{ii} = -\lambda_i$, $i = 1, 2, \ldots$, aus (3.3.) folgt damit $\sum_j \lambda_{ij} = 0$, $i = 1, 2, \ldots$.

Satz 1. *Der betrachtete* MARKOW*sche Prozeß besitze nur endlich viele Zustände und erfülle die Bedingungen* (3.3). *Dann sind die Übergangswahrscheinlichkeiten $p_{ij}(t)$ nach t differenzierbar und genügen den Differentialgleichungen*

$$p'_{ij}(t) = \sum_k \lambda_{ik}\, p_{kj}(t), \qquad i, j = 1, 2, \ldots, t > 0, \tag{3.4}$$

$$p'_{ij}(t) = \sum_k p_{ik}(t)\, \lambda_{kj}, \qquad i, j = 1, 2, \ldots, t > 0, \tag{3.5}$$

sowie den Anfangsbedingungen (3.2).

Man nennt (3.5) *bzw.* (3.4) *die* KOLMOGOROW*sche Vorwärts- bzw. Rückwärtsgleichung.*

---

[1]) Wir bemerken, daß die Beziehung (3.3) dann erfüllt ist, wenn (wie auch bei der Herleitung von Formel (2.6) für die Wahrscheinlichkeit π_{ij} eines Überganges von i nach j) die Wahrscheinlichkeit eines solchen Überganges in der kleinen Zeitspanne Δt gleich $\lambda_{ij}\,\Delta t + o(\Delta t)$ ist und die Wahrscheinlichkeit von mehr als einem Übergang im Verlaufe der Zeit Δt klein von höherer Ordnung, d. h. $o(\Delta t)$, ist.

Beweis: Aus der Beziehung (3.1)

$$p_{ij}(t + \Delta t) = \sum_k p_{ik}(\Delta t)\, p_{kj}(t) = \sum_k p_{ik}(t)\, p_{kj}(\Delta t)$$

erhält man durch Benutzen der asymptotischen Ausdrücke (3.3) die Gleichungen

$$\frac{p_{ij}(t + \Delta t) - p_{ij}(t)}{\Delta t} = \sum_k \left(\lambda_{ik} + \frac{o(\Delta t)}{\Delta t}\right) p_{kj}(t) = \sum_k p_{ik}(t) \left(\lambda_{kj} + \frac{o(\Delta t)}{\Delta t}\right).$$

Für $\Delta t \to 0$ konvergieren die rechten Seiten dieser Gleichungen entsprechend gegen

$$\sum_k \lambda_{ik}\, p_{kj}(t) = \lim_{\Delta t \to 0} \sum_k \left(\lambda_{ik} + \frac{o(\Delta t)}{\Delta t}\right) p_{kj}(t),$$

$$\sum_k p_{ik}(t)\, \lambda_{kj} = \lim_{\Delta t \to 0} \sum_k p_{ik}(t) \left(\lambda_{kj} + \frac{o(\Delta t)}{\Delta t}\right).$$

Folglich muß auch der Grenzwert

$$\lim_{\Delta t \to 0} \frac{p_{ij}(t + \Delta t) - p_{ij}(t)}{\Delta t} = p'_{ij}(t)$$

existieren und den Gleichungen (3.4) und (3.5) genügen. Damit ist der Satz bewiesen.

Wir vermerken, daß unter gewissen zusätzlichen Voraussetzungen die hergeleiteten Differentialgleichungen für die Übergangswahrscheinlichkeiten $p_{ij}(t)$ auch im Fall abzählbar-unendlich vieler Zustände gültig sind. Der Beweis von Satz 1 bleibt dann zum Beispiel richtig, wenn die Restglieder $o(\Delta t)$ in den Ausdrücken (3.3) gleichmäßig bezüglich i klein sind, d. h. wenn

$$\frac{o(\Delta t)}{\Delta t} \to 0 \quad \text{für} \quad \Delta t \to 0 \quad \text{gleichmäßig bezüglich } i = 1, 2, \ldots$$

gilt, und wenn überdies die Übergangsintensitäten λ_{ij} gleichmäßig bezüglich i beschränkt sind

$$\lambda_{ij} \leqq \Lambda_j < \infty, \qquad i = 1, 2, \ldots \quad (j = 1, 2, \ldots). \tag{3.6}$$

Wir bemerken weiterhin, daß das System (3.5) der Vorwärtsgleichungen auch für die absoluten Wahrscheinlichkeiten $p_j(t)$ gilt, wobei die Anfangsverteilung beliebig sein kann; und zwar erhält man aus (3.1) und (3.5) unmittelbar

$$p_j'(t) = \sum_k p_k(t)\, \lambda_{kj}, \qquad j = 1, 2, \ldots. \tag{3.7}$$

Wir wenden uns nun einigen Beispielen zu.

Beispiel 1 (POISSON*scher Strom von Forderungen*): Angenommen, in einem Bedienungssystem treffen im Verlaufe der Zeit Forderungen ein, wobei die (zufällige) Anzahl $\xi(t)$ der im Zeitintervall $[0, t]$ ankommenden Forderungen ein homogener MARKOWscher Prozeß (mit den Zuständen $0, 1, \ldots$) ist. Man kann dann offenbar von einem (beliebigen) Zustand i aus „unmittelbar" nur in den nächsten Zustand $i + 1$ übergehen ($i = 0, 1, 2, \ldots$). Wir setzen voraus, daß die Änderungsintensitäten unabhängig vom Zustand i sind, d. h. daß $\lambda_i = \lambda$ ($i = 0, 1, \ldots$) gilt. Unter diesen Annahmen ist $p_{ii}(\Delta t)$ die Wahrscheinlichkeit dafür, daß das System im Verlaufe der Zeit Δt im Zustand i verbleibt; aus der allgemeinen Formel (1.7) erhalten wir

$$1 - p_{ii}(\Delta t) = \lambda\,\Delta t + o(\Delta t).$$

Des weiteren fällt für jedes i die Übergangsintensität in den nächsten Zustand $i + 1$ mit der Änderungsintensität λ des Zustandes i zusammen. Die Beziehungen (3.3) sind erfüllt, und es gilt

$$\lambda_i = \lambda, \quad \lambda_{ii+1} = \lambda, \quad \lambda_{ij} = 0 \quad \text{für alle } j \neq i, j \neq i + 1, i = 0, 1, 2, \ldots.$$

Die Übergangswahrscheinlichkeiten $p_{ij}(t)$ erhalten wir aus dem Differentialgleichungssystem (3.5). Offenbar gilt $p_{ij}(t) = p_{0j-i}(t)$ für alle i, j, t. Setzt man

$$\pi_j(t) = p_{0j}(t), \qquad j = 0, 1, \ldots, t \geqq 0,$$

so lauten die Differentialgleichungen (3.5)

$$\pi_0'(t) = -\lambda\pi_0(t),$$
$$\pi_k'(t) = \lambda\pi_{k-1}(t) - \lambda\pi_k(t), \qquad k = 1, 2, \ldots; \; t > 0.$$

Wir führen die Funktionen $f_k(t) = e^{\lambda t}\pi_k(t)$, $k = 0, 1, \ldots, t \geqq 0$, ein und erhalten

$$f_0'(t) = \lambda f_0(t) + e^{\lambda t}\pi_0'(t) = \lambda f_0(t) - \lambda e^{t\lambda}\pi_0(t) = 0,$$
$$f_k'(t) = \lambda f_k(t) + e^{\lambda t}\pi_k'(t) = \lambda f_k(t) + \lambda\, e^{\lambda t}\pi_{k-1}(t) - \lambda\, e^{t\lambda}\pi_k(t) = \lambda f_{k-1}(t),$$
$$t > 0, k = 1, 2, \ldots,$$

wobei $f_0(0) = 1$, $f_k(0) = 0$ für $k = 1, 2, \ldots$, gilt. Unter Berücksichtigung dieser Anfangsbedingungen besitzt das für $f_k(t)$, $k = 0, 1, \ldots$, angegebene Differentialgleichungssystem die Lösung

$$f_0(t) = 1, \; f_1(t) = \lambda t, \ldots, f_n(t) = \frac{(\lambda t)^n}{n!}, \ldots \; (t \geqq 0).$$

Die Funktionen $\pi_k(t) = e^{-\lambda t} f_k(t)$ haben somit die Form

$$\pi_k(t) = \frac{(\lambda t)^k}{k!} e^{-\lambda t}, \qquad t \geqq 0, \qquad k = 0, 1, \ldots,$$

d. h., der betrachtete Strom von Forderungen ist POISSONsch.

Beispiel 2 (*ein System mit exponentialverteilter Bedienungszeit*): Wir nehmen an, daß in ein Bedienungssystem ein POISSONscher Strom von Forderungen (mit dem

Parameter λ_0) eintritt (die einzelnen Forderungen treffen unabhängig voneinander ein, und die Wahrscheinlichkeit für die Ankunft einer Forderung in einem kleinen Zeitintervall der Länge Δt beträgt $\lambda_0 \Delta t + o(\Delta t)$, und setzen voraus, daß zur Bedienung einer jeden Forderung eine zufällige Zeit τ benötigt wird, die exponentialverteilt mit dem Parameter λ_1 ist, d. h., es gelte

$$\mathsf{P}\{\tau > t\} = e^{-\lambda_1 t}, \qquad t \geqq 0.$$

Wir führen die folgenden beiden Zustände des Bedienungssystems ein:

0 — das System ist frei,

1 — das System ist besetzt.

Es wird nun weiterhin vorausgesetzt, daß ankommende Forderungen, die das Gerät besetzt vorfinden, das Bedienungssystem sofort für immer verlassen.

Es sei t_0 ein (beliebig) fest gewählter Zeitpunkt, und das System befinde sich zur Zeit t_0 im Zustand 0. Da die Forderungen unabhängig voneinander eintreffen, hängt das weitere Verhalten des Systems nicht von seiner Entwicklung bis zum Zeitpunkt t_0 ab. Insbesondere geht es im Verlaufe der Zeit Δt mit der Wahrscheinlichkeit $\lambda_0 \Delta t + o(\Delta t)$ in den Zustand 1 über. Unter der Hypothese, daß sich das System zur Zeit t_1 ($\geqq t_0$) im Zustand 1 befindet, besitzt die (zufällige) Zeit τ_1 des ersten Überganges von 1 nach 0 (sie fällt mit der Zeit der Beendigung der Bedienung des sich gerade im System befindlichen Kunden zusammen) eine Exponentialverteilung, und es gilt die folgende Beziehung (vgl. Kap. II, Abschnitt 2.2.):

$$\mathsf{P}\{\tau_1 > t \mid \tau_1 > t_1\} = e^{-\lambda_1 (t - t_1)}, \qquad t \geqq t_1.$$

Offenbar hängt der Übergang in den Zustand 0 und die weitere Entwicklung des Systems nicht von seinem Verhalten bis zur Zeit t_1 ab. Speziell erfolgt im Zeitintervall $[t_1, t_1 + \Delta t]$ mit der Wahrscheinlichkeit $\lambda_1 \Delta t + o(\Delta t)$ ein Übergang in den Zustand 0. Aus den angegebenen Gründen wird die Entwicklung des Systems durch einen Markowschen Prozeß mit den beiden Zuständen 0, 1 und den entsprechenden Übergangsintensitäten λ_0, λ_1 beschrieben.

Wir wollen nun die Übergangswahrscheinlichkeiten $p_{ij}(t)$ berechnen. In unserem Fall gilt $p_{01}(t) = 1 - p_{00}(t)$, $p_{10}(t) = 1 - p_{11}(t)$, so daß die Differentialgleichungen (3.5) folgendermaßen geschrieben werden können:

$$p'_{00}(t) + (\lambda_0 + \lambda_1)\, p_{00}(t) = \lambda_1,$$
$$p'_{11}(t) + (\lambda_0 + \lambda_1)\, p_{11}(t) = \lambda_0.$$

Unter Berücksichtigung der Anfangsbedingungen $p_{00}(0) = p_{11}(0) = 1$ ergeben sich die Lösungen zu

$$p_{00}(t) = \left(1 - \frac{\lambda_1}{\lambda_0 + \lambda_1}\right) e^{-(\lambda_0 + \lambda_1)t} + \frac{\lambda_1}{\lambda_0 + \lambda_1},$$
$$p_{11}(t) = \left(1 - \frac{\lambda_0}{\lambda_0 + \lambda_1}\right) e^{-(\lambda_0 + \lambda_1)t} + \frac{\lambda_0}{\lambda_0 + \lambda_1}.$$

Wir weisen abschließend darauf hin, daß die Lösung des Differentialgleichungssystems (3.5) unter Umständen nicht gleich den Übergangswahrscheinlichkeiten $p_{ij}(t)$ des MARKOWschen Prozesses mit den entsprechenden Übergangsintensitäten λ_{ij} ist. Das kann jedoch nur vorkommen, wenn folgende Stabilitätsbedingung verletzt ist: In endlicher Zeit erfolgen mit Wahrscheinlichkeit 1 höchstens endlich viele Übergänge.

Beispiel 3 (*reiner Geburtsprozeß*): Wir stellen uns vor, daß der betrachtete homogene MARKOWsche Prozeß $\xi(t)$, $t \geqq 0$, den „Wachstumsprozeß einer Teilchenkolonie" beschreibt, die Zufallsgröße $\xi(t)$ gibt dabei die zufällige Anzahl der zur Zeit t vorhandenen Teilchen an. Sind zur Zeit t genau i Teilchen vorhanden, so soll im darauffolgenden Zeitintervall der Länge Δt mit der Wahrscheinlichkeit $\lambda_i \Delta t + o(\Delta t)$ ein Teilchen dazukommen, und die Wahrscheinlichkeit für die „Geburt" von mehr als einem Teilchen soll eine kleine Größe $o(\Delta t)$ höherer Ordnung sein. Die Übergangsintensitäten lauten also

$$\lambda_{ij} = \begin{cases} \lambda_i & \text{für } j = i + 1, \\ 0 & \text{für alle übrigen } j \end{cases} \quad (j = 1, 2, \ldots).$$

Die am Ende des vorangegangenen Beispiels angeführte Stabilitätsbedingung besagt in diesem Fall, daß die für unendlich viele Übergänge $1 \to 2 \to \cdots$ (von 1 bis ∞) benötigte Zeit τ unendlich ist: $\tau = \infty$. Es sei τ_i die Verweilzeit im Zustand i, $i = 1, 2, \ldots$ (τ_i fällt mit der Wartezeit bis zur nächsten Zustandsänderung von i zusammen). Es gilt dann

$$\tau = \tau_1 + \tau_2 + \cdots = \lim_{n\to\infty} \sum_{i=1}^{n} \tau_i,$$

wobei τ_i, $i = 1, 2, \ldots$, unabhängige Zufallsgrößen sind, und τ_i exponentialverteilt mit dem Parameter λ_i ist ($i = 1, 2, \ldots$, vgl. (1.6)). Die Stabilitätsbedingung $\tau = \infty$ ist äquivalent zu

$$e^{-\tau} = \lim_{n\to\infty} \prod_{i=1}^{n} e^{-\tau_i} = 0.$$

Da nun $e^{-\tau}$ nichtnegativ ist, gilt $e^{-\tau} = 0$ offenbar genau dann, wenn der Erwartungswert $\mathsf{M}\, e^{-\tau}$ verschwindet. Wegen Satz 5 aus Kap. I, Abschnitt 4 gilt

$$\mathsf{M}\, e^{-\tau} = \lim_{n\to\infty} \mathsf{M}\left(\prod_{i=1}^{n} e^{-\tau_i}\right) = \lim_{n\to\infty} \prod_{i=1}^{n} \mathsf{M}\, e^{-\tau_i};$$

mit

$$\mathsf{M}\, e^{-\tau_i} = \int_0^\infty e^{-t} \lambda_i e^{-\lambda_i t}\, dt = \frac{\lambda_i}{1 + \lambda_i} = 1 - \frac{1}{1 + \lambda_i}$$

folgt

$$\mathsf{M}\, e^{-\tau} = \lim_{n\to\infty} \prod_{i=1}^{n} \left(1 - \frac{1}{1 + \lambda_i}\right) = \prod_{i=1}^{\infty} \left(1 - \frac{1}{1 + \lambda_i}\right).$$

Die Stabilitätsbedingung ist also genau dann erfüllt, wenn

$$\prod_{i=1}^{\infty}\left(1-\frac{1}{1+\lambda_i}\right)=0$$

gilt, oder, äquivalent dazu, wenn die Reihe $\sum\limits_{i=1}^{\infty}\frac{1}{1+\lambda_i}$ divergiert:

$$\sum_{i=1}^{\infty}\frac{1}{1+\lambda_i}=\infty.$$

Letztere Bedingung ist aber äquivalent zu $\sum\limits_{i=1}^{\infty}\lambda_i^{-1}=\infty$. Der betrachtete Geburtsprozeß erfüllt somit die Stabilitätsbedingung genau dann, wenn

$$\sum_{i=1}^{\infty}\frac{1}{\lambda_i}=\infty$$

gilt.

Divergiert die Reihe $\sum\limits_{i=1}^{\infty}\frac{1}{\lambda_i}$ nicht, so entstehen in einem gewissen endlichen Zeitintervall $[0, t]$ mit positiver Wahrscheinlichkeit unendlich viele Teilchen: $\mathsf{P}\{\tau < t\} > 0$. Der Einfachheit halber nehmen wir an, daß zum Anfangszeitpunkt genau ein Teilchen vorhanden ist. Wir führen zusätzlich einen Zustand ∞ ein und sagen, der Prozeß befinde sich in diesem Zustand, wenn bereits unendlich viele Teilchen „geboren" wurden. Die Übergangswahrscheinlichkeit $p_{1\infty}(t) = \mathsf{P}\{\tau < t\}$ ist dann also positiv, obwohl die entsprechenden Übergangsintensitäten $\lambda_{i\infty}$ alle gleich 0 sind, und sich aus den Differentialgleichungen (3.5) für $p_{1\infty}(t)$, $t \geqq 0$, die Anfangswertaufgabe

$$p'_{1\infty}(t)=0, \qquad p_{1\infty}(0)=0$$

ergibt, deren Lösung die Funktion $p_{1\infty}(t)\equiv 0$ ist.

3.2. Ergodizitätskoeffizient und Konvergenz gegen die stationäre Verteilung

Analog zum Fall diskreter Zeit gilt folgender

Satz 2. *Wenn für einen Zeitpunkt $t_0 > 0$ der Ergodizitätskoeffizient*

$$k(t_0)=1-\frac{1}{2}\sup_{i,j}\sum_k|p_{ik}(t_0)-p_{jk}(t_0)|$$

positiv ist, so konvergieren die Einzelwahrscheinlichkeiten $p_j(t)$, $j=1,2,\ldots$, des Prozesses ($p_j(t)$ ist die Wahrscheinlichkeit dafür, daß sich das System zur Zeit t im Zustand j befindet) für $t\to\infty$ gegen gewisse Grenzwerte:

$$p_j^*=\lim_{t\to\infty}p_j(t), \qquad j=1,2,\ldots. \tag{3.8}$$

Diese Grenzwerte p_j^* hängen nicht von der Anfangsverteilung p_i^0, $i = 1, 2, \ldots$, ab, und es gilt die Abschätzung

$$\sup |p_j(t) - p_j^*| \leqq C\, e^{-Dt} \tag{3.9}$$

mit $C = \dfrac{1}{1 - k(t_0)}$, $D = \dfrac{1}{t_0} \ln \dfrac{1}{1 - k(t_0)}$.

Dabei wird das Supremum auf der linken Seite von (3.9) *über alle Zustände $j = 1, 2, \ldots$, und über alle Anfangsverteilungen p_i^0, $i = 1, 2, \ldots$, gebildet.* (Der Beweis verläuft völlig analog zum Beweis von Satz 4 in Abschnitt 2.4.)

Im Zusammenhang mit der Bedingung $k(t_0) > 0$ ist die folgende bei MARKOWschen Ketten mit stetiger Zeit zusätzlich vorhandene Eigenschaft von Bedeutung: Ist ein betrachteter Zustand j von einem anderen Zustand i aus erreichbar, d. h., gibt es ein t_0 mit $p_{ij}(t_0) > 0$, so gilt $p_{ij}(t) > 0$ für jedes $t > 0$ (im Fall einer Kette mit endlich vielen miteinander verbundenen Zuständen folgt dann bereits, daß alle Übergangswahrscheinlichkeiten und Ergodizitätskoeffizienten $k(t) \geqq \max_j \min_i p_{ij}(t)$ für jedes $t > 0$ positiv sind).

Wir wollen nun diese Eigenschaft im Fall einer MARKOWschen Kette mit endlich vielen Zuständen beweisen und betrachten zunächst die Wahrscheinlichkeit $p_{ii}(t)$, von der wir voraussetzen, daß sie als Funktion von t stetig ist. Wegen $p_{ii}(0) = 1$ ist $p_{ii}(t)$ für hinreichend kleine t positiv. Da sich aus (3.1) für beliebige s und t die Abschätzung

$$p_{ii}(s + t) \geqq p_{ii}(s)\, p_{ii}(t)$$

ergibt, ist folglich $p_{ii}(t) > 0$ für jedes $t \geqq 0$. Es sei nun j ein von i aus erreichbarer Zustand, d. h., es gelte $p_{ij}(s) > 0$ für ein gewisses $s > 0$. Wir zeigen, daß dann die Beziehung $p_{ij}(t) > 0$ für jedes $t > 0$ besteht. Zunächst gilt für jedes $t > 0$

$$p_{ij}(t) \geqq p_{ij}(u)\, p_{jj}(t - u) \qquad \text{für alle } u \leqq t.$$

Da $p_{jj}(t - u)$ positiv ist, genügt es zu beweisen, daß man zu jedem vorgegebenen $t > 0$ (mindestens) ein $u \leqq t$ mit $p_{ij}(u) > 0$ findet. Es sei m die Anzahl der möglichen Zustände und n werde so gewählt, daß $m \dfrac{s}{n} \leqq t$ gilt. Wir betrachten eine MARKOWsche Kette mit diskreter Zeit und den Übergangswahrscheinlichkeiten $p_{ij} = p_{ij}\left(\dfrac{s}{n}\right)$, $i, j = 1, 2, \ldots, m$. Man kann sich nun überlegen, daß $p_{ij}^{(k)} = 0$ für $k = 1, 2, \ldots, m$ die Beziehung $p_{ij}^{(k)} = 0$ für alle k zur Folge hat. Mit anderen Worten, ist der Zustand j von i aus erreichbar, so gibt es ein $n_0 \leqq m$ mit $p_{ij}^{(n_0)} > 0$. Wegen $p_{ij}^{(n)} = p_{ij}\left(n \dfrac{s}{n}\right) = p_{ij}(s) > 0$ ist dies hier der Fall, und wir erhalten $p_{ij}^{(n_0)} = p_{ij}\left(n_0 \dfrac{s}{n}\right) > 0$, d. h. $p_{ij}(u) > 0$ für $u = n_0 \dfrac{s}{n} \leqq t$. Damit ist die Behauptung bewiesen.

Abschließend sei auf die folgende Tatsache hingewiesen: Manchmal erscheint es zweckmäßig, irgendeine Zeiteinheit Δ zu wählen und den Markowschen Prozeß $\xi(t)$, $t \geqq 0$, nur zu den Zeitpunkten $k\Delta$, $k = 0, 1, \ldots$, zu betrachten. Man erhält auf diese Weise eine Markowsche Kette $\bar{\xi}(k) = \xi(k\,\Delta)$, $k = 0, 1, \ldots$, mit den Übergangswahrscheinlichkeiten $\bar{p}_{ij}^{(k)} = p_{ij}(k\,\Delta)$. Existieren die Grenzwahrscheinlichkeiten p_j^*, $j = 1, 2, \ldots$, dieser Kette, so stimmen sie natürlich mit denen des Ausgangsprozesses $\xi(t)$, $t \geqq 0$, überein. Man nennt einen Zustand j des Prozesses $\xi(t)$, $t \geqq 0$, rekurrent bzw. transient, positiv-rekurrent bzw. null-rekurrent, je nachdem, ob dieser Zustand die entsprechende Eigenschaft bezüglich der Kette $\bar{\xi}(k)$, $k = 0, 1, \ldots$, hat.

Bilden die Zustände der Markowschen Kette $\xi(t)$, $t \in [0, \infty)$, eine einzige abgeschlossene Menge und sind sie alle positiv-rekurrent, so folgt aus der Beziehung (3.8) (ebenso, wie aus (2.21) im Fall diskreter Zeit), daß die Grenzwahrscheinlichkeiten (3.8) die einzige stationäre Verteilung

$$p_j^* = \sum_i p_i^*\, p_{ij}(t), \qquad j = 1, 2, \ldots, t \geqq 0, \tag{3.10}$$

darstellen.

Aus den Differentialgleichungen (3.7) ergibt sich, daß die stationären Wahrscheinlichkeiten $p_j(t) = p_j^*$ wegen $p_j'(t) = 0$ dem linearen Gleichungssystem

$$\sum_i p_i^*\, \lambda_{ij} = 0, \qquad j = 1, 2, \ldots, \tag{3.11}$$

genügen.

Beispiel (ein Bedienungssystem, die Erlangschen Formeln):

Wir betrachten ein System, das gleichzeitig m Forderungen bedienen kann und stellen uns dabei vor, daß m „Bedienungsgeräte" vorhanden sind und jede eintreffende Forderung in eines der gerade freien Geräte gelangt; ist kein solches vorhanden, so wird die Forderung abgelehnt und verläßt das Bedienungssystem sofort wieder. Es werde vorausgesetzt, daß der Eingangsstrom ein Poissonscher Prozeß mit dem Parameter λ_0 ist, die Forderungen unabhängig voneinander bedient werden und die Bedienungszeit jeder Forderung (in jedem der m Geräte) exponentialverteilt mit dem Parameter λ ist.

Wir sagen, das System befinde sich im Zustand k, wenn genau k Bedienungsgeräte besetzt sind ($k = 0, 1, \ldots, m$). Die Zahl $\xi(t)$ der zur Zeit t besetzten Geräte ($t \geqq 0$) ist dann ein Markowscher Prozeß mit stetiger Zeit $t \geqq 0$ und den Übergangsintensitäten

$$\lambda_{0j} = \begin{cases} \lambda_0 & \text{für } j = 1, \\ 0 & \text{für } j \neq 1, \end{cases} \quad \lambda_{kj} = \begin{cases} \lambda_0 & \text{für } j = k + 1, \\ k\lambda & \text{für } j = k - 1, \\ 0 & \text{sonst.} \end{cases}$$

Ein Übergang von k nach $k + 1$ erfolgt nämlich beim Eintreffen genau einer Forderung und dies geschieht im (kleinen) Zeitintervall der Länge Δt mit der Wahrscheinlichkeit $\lambda_0\,\Delta t + o(\Delta t)$. Die Wahrscheinlichkeit dafür, daß keines von

k besetzten Geräten in der Zeit t frei wird, beträgt $(1 - \lambda\,\Delta t - o(\Delta t))^k$, da die Geräte unabhängig voneinander bedienen. Folglich ergibt sich für die Wahrscheinlichkeit des Überganges von k nach $k - 1$, d. h. für die Wahrscheinlichkeit des Freiwerdens genau eines Gerätes, der Ausdruck $1 - (1 - \lambda\,\Delta t - o(\Delta t))^k = \lambda k\,\Delta t + o(\Delta t)$. Die Wahrscheinlichkeit für andere Zustandsänderungen in einem Zeitintervall der Länge Δt ist klein von höherer Ordnung bezüglich Δt, also $o(\Delta t)$, insbesondere folgt $\lambda_k = -\lambda_{kk} = (\lambda_0 + k\lambda)$ (vgl. (3.3)).

Im Fall $m = 1$ haben wir die Übergangswahrscheinlichkeiten $p_{ij}(t)$, $t \geqq 0$, explizit berechnet (vgl. S. 169); aus diesen Formeln ersieht man unmittelbar, daß für $t \to \infty$ die Wahrscheinlichkeiten $p_{ij}(t)$ exponentiell schnell gegen ihre Grenzwerte konvergieren. Das gleiche gilt auch infolge der Abschätzung (3.9) im (allgemeinen) Fall von m Geräten. Die stationären Wahrscheinlichkeiten p_j^* können mittels der Gleichungen (3.11) berechnet werden, die hier folgendermaßen lauten:

$$\begin{aligned} &-\lambda_0 p_0^* + \lambda p_1^* = 0 \\ &\lambda_0 p_{k-1}^* - (\lambda_0 + k\lambda)\,p_k^* + (k+1)\,\lambda p_{k+1}^* = 0, \qquad 1 \leqq k < m, \\ &\lambda_0 p_{m-1}^* - m\lambda p_m^* = 0. \end{aligned}$$

Wir erhalten

$$p_k^* = \frac{\dfrac{1}{k!}\left(\dfrac{\lambda_0}{\lambda}\right)^k}{\sum\limits_{l=0}^{m} \dfrac{1}{l!}\left(\dfrac{\lambda_0}{\lambda}\right)^l}, \qquad k = 0, 1, \ldots, m.$$

(Diese Ausdrücke für die stationären Wahrscheinlichkeiten nennt man Erlangsche *Formeln*).

4. Verzweigungsprozesse

4.1. Eine Differentialgleichung für die erzeugende Funktion

Wir stellen uns vor, daß eine gewisse Menge von Teilchen vorhanden ist, die im Verlaufe der Zeit neue Teilchen vom gleichen Typ hervorbringen können. Dieser „Geburtenprozeß" besitze dabei die folgende Eigenschaft: Ein jedes der zum Ausgangszeitpunkt vorhandenen Teilchen erzeugt in der Zeit t unabhängig von den anderen Teilchen und allen Ereignissen, die vor dem Ausgangszeitpunkt stattgefunden haben, n Teilchen mit einer für alle Teilchen gleichen Wahrscheinlichkeit $p_n(t)$.

Wir bezeichnen mit $\xi(t)$ die Anzahl der zur Zeit t vorhandenen Teilchen ($t \geqq 0$). Der Prozeß $\xi(t)$, $t \geqq 0$, ist dann offenbar ein Markowscher Prozeß. Ein Prozeß von dieser Art heißt *Verzweigungsprozeß*[1]).

---

[1]) Das beschriebene Modell kann in den Anwendungen bei der Beschreibung vieler realer Prozesse zugrunde gelegt werden (z. B. fotochemische Reaktionen, Kernprozesse usw.).

Es seien zu einem gewissen Ausgangszeitpunkt s, z. B. $s = 0$, genau k Teilchen vorhanden. Wir bezeichnen mit $\xi_i(t)$ die Anzahl derjenigen zur Zeit t vorhandenen Teilchen, die vom i-ten Teilchen abstammen ($i = 1, 2, \ldots, k$). Folglich gilt für die Gesamtanzahl $\xi(t)$

$$\xi(t) = \xi_1(t) + \cdots + \xi_k(t).$$

Entsprechend der zu Beginn dieses Abschnittes getroffenen Voraussetzung sind die Zufallsgrößen $\xi_1(t), \ldots, \xi_k(t)$ unabhängig und identisch verteilt:

$$\mathsf{P}\{\xi_i(t) = n\} = p_n(t), \qquad n = 0, 1, \ldots.$$

Wir setzen nun weiterhin voraus, daß sich in jedem kleinen Zeitintervall der Länge Δt ein (beliebiges) Teilchen mit der Wahrscheinlichkeit

$$p_n(\Delta t) = \lambda_n \,\Delta t + o(\Delta t), \qquad n \neq 1,$$

in n neue Teilchen verwandelt und mit der Wahrscheinlichkeit

$$p_1(\Delta t) = 1 - \lambda \,\Delta t + o(\Delta t)$$

unverändert bleibt. Ferner gelte mit der Bezeichnung $\lambda_1 = -\lambda$ die Gleichung

$$\sum_{k=0}^{\infty} \lambda_k = 0,$$

und die Übergangswahrscheinlichkeiten $p_n(t) = p_{1n}(t)$ mögen den Kolmogorowschen Differentialgleichungen genügen (vgl. (3.4)):

$$\frac{\mathrm{d}}{\mathrm{d}t}\, p_n(t) = \sum_k \lambda_k p_{kn}(t), \qquad n = 0, 1, \ldots.$$

Dabei seien $p_{kn}(t)$ die Übergangswahrscheinlichkeiten des Markowschen Verzweigungsprozesses $\xi(t)$, $t \geqq 0$, ($p_{kn}(t)$ ist also die Wahrscheinlichkeit dafür, daß k Teilchen im Verlaufe der Zeit t genau n Teilchen erzeugen).

Wir werden im weiteren die folgenden erzeugenden Funktionen benutzen:

$$\begin{aligned} F(t, z) &= \sum_{n=0}^{\infty} p_n(t)\, z^n \\ F_k(t, z) &= \sum_{n=0}^{\infty} p_{kn}(t)\, z^n. \end{aligned} \tag{4.2}$$

Für jede komplexe Zahl z mit $|z| < 1$ gilt

$$\sum_{n=0}^{\infty} z^n \frac{\mathrm{d}}{\mathrm{d}t}\, p_n(t) = \frac{\mathrm{d}}{\mathrm{d}t} \sum_{n=0}^{\infty} p_n(t)\, z^n = \sum_{k=0}^{\infty} \lambda_k \sum_{n=0}^{\infty} p_{kn}(t)\, z^n,$$

woraus sich eine Differentialgleichung für die erzeugenden Funktionen $F(t, z)$. $F_k(t, z)$ ergibt:

$$\frac{\mathrm{d}}{\mathrm{d}t} F(t, z) = \sum_k \lambda_k F_k(t, z). \tag{4.3}$$

Die durch (4.2) definierten Funktionen $F(t, z)$ und $F_k(t, z)$, $k = 0, 1, \ldots$, lassen sich bei festem z als Erwartungswerte von Zufallsgrößen schreiben:

$$F(t, z) = \mathsf{M}\, z^{\xi_i(t)}, \qquad i = 1, \ldots, k,$$
$$F_k(t, z) = \mathsf{M}\, z^{\xi(t)},$$

dabei ist $\xi_i(t)$ die Anzahl der vom i-ten Teilchen in der Zeit t erzeugten Teilchen und $\xi(t) = \sum_{i=1}^{k} \xi_i(t)$. Da die Zufallsgrößen $\xi_i(t)$, $i = 1, \ldots, k$, voneinander unabhängig sind, folgt

$$\mathsf{M}\, z^{\xi_1(t)+\cdots+\xi_k(t)} = \mathsf{M}\, z^{\xi_1(t)} \cdots \mathsf{M}\, z^{\xi_k(t)},$$

und mithin erhalten wir

$$F_k(t, z) = [F(t, z)]^k, \qquad k = 1, 2, \ldots. \tag{4.4}$$

Die Gleichung (4.3) ist eine Differentialgleichung für $F(t, z)$ und wegen $F_0(t, z) \equiv 1$ können wir sie in der Form

$$\frac{\mathrm{d}}{\mathrm{d}t} F(t, z) = \sum_{k=0}^{\infty} \lambda_k F^k(t, z) \tag{4.5}$$

schreiben.

Wir stellen uns nun auf den Standpunkt, daß wir von dem zu betrachtenden Verzweigungsprozeß $\xi(t)$, $t \geqq 0$, die Übergangsintensitäten λ_k, $k = 0, 1, \ldots$, kennen. Mit diesen Parametern ist auch die Funktion

$$f(x) = \sum_{k=0}^{\infty} \lambda_k x^k \tag{4.6}$$

bekannt. Sie ist für $0 \leqq |x| < 1$ analytisch und (4.6) stellt ihre Entwicklung in eine Potenzreihe dar. Entsprechend (4.5) ist die erzeugende Funktion $F(t, z)$ als Funktion von t eine Lösung der Diffentialgleichung

$$\frac{\mathrm{d}x}{\mathrm{d}t} = f(x). \tag{4.7}$$

Genauer, wegen $F(0, z) = z$ ist für jedes z mit $0 \leqq z \leqq 1$ die Funktion $F(\cdot, z)$ eine Lösung $x = x(t)$ der Gleichung (4.7), die der Anfangsbedingung $x(0) = z$ genügt.

Es ist bequemer, anstelle von (4.7) die zu $x(t)$ inverse Funktion $t = t(x)$ zu betrachten. Sie genügt der Differentialgleichung

$$\frac{\mathrm{d}t}{\mathrm{d}x} = \frac{1}{f(x)},$$

deren Lösung die Form

$$t = \int_z^x \frac{du}{f(u)}, \qquad 0 \leqq x \leqq 1, \tag{4.8}$$

hat.

Beispiel 1: Die Übergangsintensitäten mögen die folgende Gestalt haben:

$$\lambda_0 = \lambda, \quad \lambda_1 = -\lambda, \quad \lambda_k = 0 \text{ für } k = 2, 3, \ldots.$$

Es gilt also $f(x) = \lambda(1 - x)$, und folglich erhalten wir

$$t = \int_z^x \frac{du}{f(u)} = -\frac{1}{\lambda}\big(\ln(1-x) - \ln(1-z)\big).$$

Aus dieser Beziehung erhält man $F = F(t, z)$, und zwar gilt

$$\ln(1 - F) = -\lambda t + \ln(1 - z),$$
$$F(t, z) = 1 - e^{-\lambda t}(1 - z).$$

Die Wahrscheinlichkeiten $p_n(t)$, die sich aus der Zerlegung $F(t, z) = \sum_{n=0}^{\infty} p_n(t)\, z^n$ bestimmen lassen, lauten hier

$$p_0(t) = 1 - e^{-\lambda t}, \quad p_1(t) = e^{-\lambda t}, \quad p_n(t) \equiv 0 \text{ für } n = 2, 3, \ldots.$$

Beispiel 2: Wir nehmen an, daß sich die vorliegenden Teilchen durch Halbierung „vermehren"; für die Übergangsintensitäten des entsprechenden Verzweigungsprozesses gilt dann

$$\lambda_0 = 0, \quad \lambda_1 = -\lambda, \quad \lambda_2 = \lambda, \quad \lambda_k = 0 \text{ für alle } k > 2.$$

In diesem Fall haben wir

$$f(x) = \lambda x(x - 1)$$

und

$$t = \int_z^x \frac{du}{f(u)} = \frac{1}{\lambda}\int_z^x \left(\frac{1}{u-1} - \frac{1}{u}\right) du = \frac{1}{\lambda}\left(\ln\left(1 - \frac{1}{x}\right) - \ln\left(1 - \frac{1}{z}\right)\right).$$

Somit kann $F(t, z) = \sum_{n=0}^{\infty} p_n(t)\, z^n$ aus der Beziehung

$$t = \frac{1}{\lambda}\left[\ln\left(1 - \frac{1}{F}\right) - \ln\left(1 - \frac{1}{z}\right)\right]$$

ermittelt werden. Wir erhalten

$$F(t, z) = e^{-\lambda t}\frac{z}{1 - z(1 - e^{-\lambda t})} = e^{-\lambda t} z \sum_{k=0}^{\infty} (1 - e^{-\lambda t})^k z^k.$$

Es gilt also

$$p_0(t) \equiv 0, \quad p_n(t) = e^{-\lambda t}(1 - e^{-\lambda t})^{n-1}, \qquad t \geqq 0, \quad n = 1, 2, \ldots.$$

Wir betrachten die Differentialgleichung (4.7), wobei die Funktion f durch (4.6) definiert ist. Aus (4.6) folgt unmittelbar

$$f''(x) = \sum_{k=2}^{\infty} k(k-1)\,\lambda_k x^{k-2} \geqq 0 \quad \text{für alle} \quad 0 \leqq x < 1;$$

die Funktion f ist also nach unten konvex und ihre Ableitung $f'(x)$ wächst monoton im Intervall $0 \leqq x \leqq 1$. Wegen $\sum_k \lambda_k = 0$ ist $x = 1$ eine Wurzel der Gleichung $f(x) = 0$. Es kann höchstens noch eine weitere Nullstelle $x = \alpha$ $(\alpha < 1)$ existieren (vgl. Abb. 20).

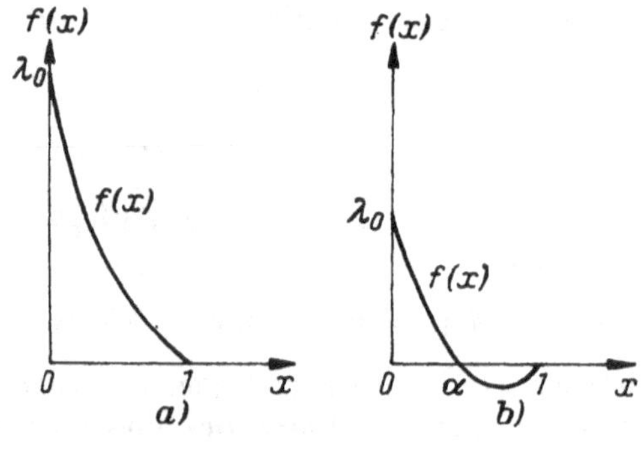

Abb. 20

Ist $x = \alpha$, $0 < \alpha \leqq 1$, eine Wurzel von $f(x) = 0$, so bildet die Funktion $x(t) \equiv \alpha$ eine Lösung der Differentialgleichung (4.7). Wir betrachten nun die Lösungskurve (4.8)

$$t = \int_z^x \frac{du}{f(u)},$$

die durch den Punkt $t = 0$, $x = z$, wobei z eine Zahl mit $0 \leqq z < \alpha$ sei, verläuft. Da die Ableitung $f'(\alpha)$ endlich ist, und für $x \approx \alpha$ die Funktion f die Form $f(x) \approx f'(\alpha)\,(x - \alpha)$ besitzt, strebt für $x \uparrow \alpha$ der Wert $t = \int_z^x \frac{du}{f(u)}$ der Lösungskurve gegen Unendlich, wobei die Lösungskurve selbst die Funktion $x(t) \equiv \alpha$ nirgends schneidet.

Im Intervall $0 \leqq x < \alpha$ ist die Funktion f positiv; folglich wächst die Lösungskurve $x = x(t)$ für $t \to \infty$ monoton und bleibt durch den Wert $x = \alpha$ beschränkt.

Als beschränkte monotone Funktion besitzt $x = x(t)$ einen Grenzwert $\beta = \lim\limits_{t\to\infty} x(t)$ mit $z \leqq \beta \leqq \alpha$. Für $x \uparrow \beta$ wiederum hat f den Grenzwert $f(\beta)$:

$$f(\beta) = \lim_{t\to\infty} f\big(x(t)\big) = \lim_{t\to\infty} x'(t).$$

Folglich muß $f(\beta) = 0$ gelten, da sonst die Funktion

$$x(t) = z + \int\limits_0^t f\big(x(s)\big)\,ds$$

für $t \to \infty$ unbeschränkt wachsen würde. Mithin gilt $\beta = \alpha$. Alle Lösungskurven $x = x(t)$ mit $x(0) = z$, $0 \leqq z < \alpha$ sind also monoton wachsend und besitzen für $t \to \infty$ den Grenzwert

$$\lim_{t\to\infty} x(t) = \alpha. \tag{4.9}$$

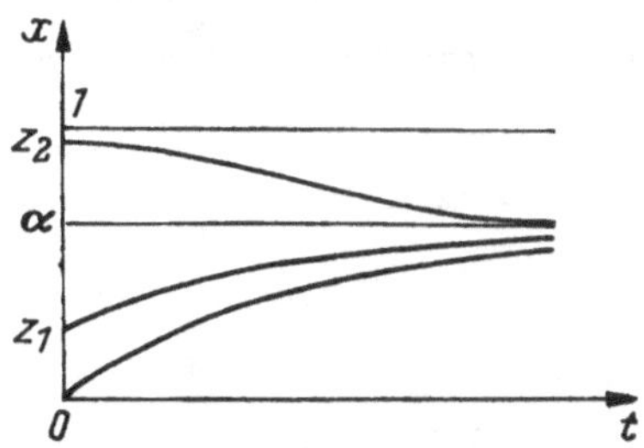

Abb. 21

Völlig analog ist das Verhalten der Lösungskurven $x = x(t)$ der Differentialgleichung (4.7), die durch einen Punkt $t = 0$, $x(0) = z$ mit $\alpha < z < 1$ (im Fall $0 \leqq \alpha < 1$) verlaufen. Der Unterschied besteht nur darin, daß in diesem Fall $x(t)$ monoton fallend ist, weil die Ableitung $x'(t) = f\big(x(t)\big)$ negativ wird (es gilt nämlich $f(x) \leqq 0$ für $\alpha < x < 1$). Die allgemeine Form der möglichen Lösungskurven, wobei über den Anfangswert z im Intervall $0 \leqq z < 1$ variiert wird, ist in Abbildung 21 dargestellt.

Wir haben nun noch den Spezialfall $z = 1$ zu betrachten. Auf jeden Fall ist zunächst die Funktion $x(t) \equiv 1$ stets eine Lösung der Differentialgleichung (4.7).

Gibt es ein x_0 mit $\alpha < x_0 < 1$ und

$$\int\limits_{x_0}^1 \frac{du}{f(u)} = -\infty \tag{4.10}$$

(dies ist z. B. dann der Fall, wenn $f'(1) < \infty$ gilt), und wählt man irgendein $t_0 > 0$, so fällt die durch den Punkt (t_0, x_0) verlaufende Lösungskurve $t(x)$:

$$t(x) = t_0 + \int\limits_{x_0}^x \frac{du}{f(u)}, \qquad 0 \leqq x < 1,$$

für $x \to 1$ unbeschränkt, d. h., es gilt

$$t(x) = t_0 + \int_{x_0}^{x} \frac{du}{f(u)} \to -\infty .$$

Folglich gibt es zu jedem $t_0 > 0$ ein z mit $0 \leqq z < 1$ und

$$t(z) = t_0 + \int_{x_0}^{z} \frac{du}{f(u)} = 0 .$$

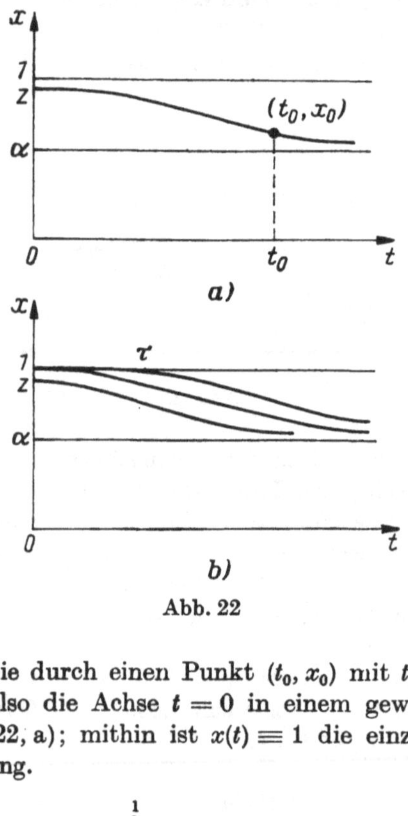

Abb. 22

Alle Lösungskurven, die durch einen Punkt (t_0, x_0) mit $t_0 > 0$ und $\alpha < x_0 < 1$ verlaufen, schneiden also die Achse $t = 0$ in einem gewissen Punkt $(0, z)$ mit $0 \leqq z < 1$ (vgl. Abb. 22, a); mithin ist $x(t) \equiv 1$ die einzige, durch den Punkt $(0, 1)$ verlaufende Lösung.

Im anderen Fall

$$\int_{x_0}^{1} \frac{du}{f(u)} > -\infty \tag{4.11}$$

schneidet für hinreichend großes $t_0 > 0$ die Lösungskurve

$$t = t_0 + \int_{x_0}^{x} \frac{du}{f(u)}$$

die Funktion $x(t) \equiv 1$, und zwar so, daß sie sie im Punkte $(\tau, 1)$, wobei

$$\tau = t_0 + \int_x^1 \frac{du}{f(u)}$$

gilt, berührt (vgl. Abb. 22, b)). In diesem Fall verlaufen durch den Punkt (0, 1) unendlich viele Lösungskurven, zu jedem $\tau \geqq 0$ gibt es nämlich eine solche Kurve $x_\tau(t)$, $t \geqq 0$. Unter allen diesen Kurven ist die dem Wert $\tau = 0$ zugeordnete Lösungskurve $x_0(t)$ die kleinste:

$$x_0(t) \leqq x_\tau(t), \qquad 0 \leqq t < \infty, \qquad \tau > 0.$$

Diese Ungleichung besteht deshalb, weil im Gebiet $0 \leqq x < 1$, $0 < t < \infty$ die Lösung der Differentialgleichung (4.6) eindeutig ist und die Lösungskurven sich folglich dort nicht schneiden. Man überzeugt sich unschwer davon, daß die minimale Lösung $x_0(t)$, $t \geqq 0$, der Grenzwert der unter ihr liegenden Lösungskurven $x(t)$ mit $x(0) = z$, $0 \leqq z < 1$ ist:

$$x_0(t) = \lim_{z \to 1} x(t, z), \qquad t \geqq 0. \tag{4.12}$$

4.2. Aussterben und Explosion von Verzweigungsprozessen

Entsprechend unseren obigen Betrachtungen ist die erzeugende Funktion $F(t, z) = \sum_{k=0}^{\infty} p_k(t) z^k$ eines Verzweigungsprozesses $\xi(t)$, $t \geqq 0$, (dabei gilt $p_k(t) = \mathsf{P}\{\xi(t) = k\}$ unter der Voraussetzung $\xi(0) = 1$) als Funktion von t die Lösung $x(t, z)$ der Differentialgleichung (4.7) mit der Anfangsbedingung $x(0, z) = z$. Die im vorangegangenen Abschnitt 4.1. durchgeführte Analyse dieser Differentialgleichung gestattet nun bezüglich des zugehörigen Verzweigungsprozesses $\xi(t)$, $t \geqq 0$, folgende Schlüsse:

Es wird im allgemeinen mit positiver Wahrscheinlichkeit möglich sein, daß nach einer gewissen Zeit t alle Teilchen verschwunden sind. Im Fall $\lambda_0 = 0$ jedoch kann dies trivialerweise nicht eintreten, da sich ja dann die Teilchen nur vermehren. Ist zum Anfangszeitpunkt $t = 0$ genau ein Teilchen vorhanden, so beträgt die Wahrscheinlichkeit $p_0(t)$ dafür, daß zur Zeit t kein Teilchen mehr existiert, gleich $p_0(t) = F(t, 0)$. Sind zu Beginn k Teilchen vorhanden, so gilt $p_{k0}(t) = F^k(t, 0) = p_0{}^k(t)$.

Als Funktion von t ist $p_0(t)$ die Lösung der Differentialgleichung (4.7) mit der Anfangsbedingung $z = 0$:

$$p_0'(t) = f\big(p_0(t)\big), \qquad p_0(0) = 0.$$

Im vorangegangenen Abschnitt 4.1. hatten wir uns überlegt, daß diese Lösung für $t \to \infty$ gegen die kleinste Wurzel α der Gleichung $f(x) = 0$ konvergiert (vgl. (4.9)):

$$p_0 = \lim_{t\to\infty} p_0(t) = \alpha . \tag{4.13}$$

Das heißt, $p_0 = \alpha$ ist die Wahrscheinlichkeit für das Aussterben des Verzweigungsprozesses $\xi(t)$ (d. h. die Wahrscheinlichkeit dafür, daß nach endlich langer Zeit alle Teilchen verschwunden sind).

Ist $f(x)$ im Intervall $0 \leqq x < 1$ stets positiv, so stirbt der Verzweigungsprozeß $\xi(t)$, $t \geqq 0$, mit Wahrscheinlichkeit 1 nach endlicher Zeit aus.

Wir wollen nun die Erscheinung der sogenannten *Explosion* betrachten; sie besteht darin, daß unendlich viele Teilchen gebildet werden.

Die Wahrscheinlichkeit dafür, daß bis zur Zeit t eine Explosion erfolgt ist (wenn zu Beginn ein einziges Teilchen vorhanden war), beträgt

$$p_\infty(t) = 1 - \mathsf{P}\{\xi(t) < \infty\} = 1 - \sum_{n=0}^{\infty} \mathsf{P}\{\xi(t) = n\} = 1 - \sum_{n=0}^{\infty} p_n(t) = 1 - \lim_{z\to 1} F(t, z).$$

Ist $x(t) \equiv 1$ die einzige durch den Punkt (0, 1) verlaufende Integralkurve der Differentialgleichung (4.7), so gilt offenbar $\lim_{z\to 1} F(t, z) = 1$. Folglich ist unter der Bedingung (4.10) $p_\infty(t) = 0$ für jedes t, und eine Explosion kann nicht stattfinden. Im anderen Fall (4.11) konvergieren die Integralkurven $x(t, z)$ für $z \to 1$ monoton gegen $x_0(t)$ (vgl. (4.12)), so daß die Wahrscheinlichkeit für eine Explosion

$$p_\infty(t) = 1 - x_0(t) > 0$$

positiv wird.

Startet der Prozeß mit k Teilchen, so ist unter der Bedingung (4.10) eine Explosion nach endlicher Zeit nicht möglich, und im Fall (4.11) gilt dann

$$p_{k\infty}(t) = 1 - x_0^k(t). \tag{4.15}$$

5. Einige stochastische Prozesse in der Bedienungstheorie und Irrfahrten

5.1. Erneuerungsprozesse

Es sei $\xi_1, \xi_2, \ldots$ eine Folge voneinander unabhängiger, identisch verteilter, positiver Zufallsgrößen, und es sei

$$S_n = \xi_1 + \xi_2 + \cdots + \xi_n .$$

Wir stellen uns vor, daß ein gewisses Gerät vorliegt und bis zur Zeit ξ_1 in Betrieb ist; nach seinem Ausfall (zur zufälligen Zeit ξ_1) wird es sofort durch ein ebensolches, neues Gerät ersetzt, das sogleich in Betrieb genommen wird. Letzteres wiederum fällt nach dem weiteren Verlaufe der zufälligen Zeit ξ_2 aus, wird dann wieder ersetzt, usw. Bei einer solchen Interpretation würde man in natürlicher Weise die Größen S_n, $n = 1, 2, \ldots$, als *Erneuerungszeitpunkte* bezeichnen.

Wir betrachten im weiteren den *Erneuerungsprozeß* S_n, $n = 1, 2, \ldots$, und interessieren uns insbesondere für die (zufällige) Anzahl $\nu(t)$ der Erneuerungen im Zeitintervall $[0, t]$ und für die Zeitdauer $\eta(t)$, die das zur Zeit t arbeitende Gerät noch in Betrieb sein wird.

Wir setzen voraus, daß Erneuerungen nur in diskreten Zeitpunkten der Form $t = kh$, $k = 1, 2, \ldots$, möglich sind (dabei ist $h > 0$ eine gewisse Konstante, wir setzen ohne Beschränkung der Allgemeinheit $h = 1$). Bei dieser Annahme diskreter Erneuerungszeitpunkte haben wir allerdings noch zu präzisieren, wann der Ersatz eines ausgefallenen Gerätes erfolgt. Angenommen, ein Gerät fällt im Zeitintervall $[k, k + 1)$ aus, so soll es zum Zeitpunkt $k + 1$ ersetzt werden (die Betriebszeit eines Gerätes wird dann auch ganzzahlig angenommen).

Entsprechend diesen Voraussetzungen sind also die Zufallsgrößen ξ_k, $k = 1, 2, \ldots$, nur ganzzahliger Werte $x = 1, 2, \ldots$, fähig; dabei werde der Wert x mit der Wahrscheinlichkeit $P(x)$ angenommen, $x = 1, 2, \ldots$, wobei $\sum_{x=1}^{\infty} P(x) = 1$ erfüllt ist.

Wir bezeichnen mit $\xi(t)$ diejenige Zeit, die das zur Zeit t arbeitende Gerät bereits in Betrieb ist, d. h. also

$$\xi(t) = t - S_{\nu(t)}. \tag{5.1}$$

Entweder fällt das Gerät zum nächsten Zeitpunkt $t + 1$ aus und wird durch ein neues ersetzt — in diesem Fall gilt $\xi(t + 1) = 0$ —, oder es bleibt weiter in Betrieb — dann gilt $\xi(t + 1) = \xi(t) + 1$. Unter der Bedingung, daß das Gerät bereits x Zeiteinheiten in Betrieb war, ist die (bedingte) Wahrscheinlichkeit dafür, daß es in der nächsten Zeiteinheit ausfällt und durch ein neues ersetzt wird, gleich

$$q(x) = \mathsf{P}\{\xi_1 = x + 1 \mid \xi_1 > x\} = \frac{P(x+1)}{\sum\limits_{y=x+1}^{\infty} P(y)}, \qquad x = 0, 1, 2, \ldots. \tag{5.2}$$

Der stochastische Prozeß

$$\xi(0) \to \xi(1) \to \xi(2) \to \cdots$$

ist eine spezielle MARKOWsche Kette (vgl. Beispiel 2 auf Seite 163f.), und zwar ist ein Übergang vom Zustand x entweder in den folgenden Zustand $x + 1$ oder in den „Anfangszustand“ 0 möglich; ersterer erfolgt mit der Wahrscheinlichkeit

$$p(x) = 1 - q(x) = \frac{G(x+1)}{G(x)}, \qquad x = 0, 1, \ldots, \tag{5.3}$$

und letzterer entsprechend mit der Wahrscheinlichkeit $q(x)$, $x = 0, 1, \ldots$. Dabei haben wir in (5.3) mit $G(x) = \sum_{y=x+1}^{\infty} P(y)$ die Wahrscheinlichkeit dafür bezeichnet, daß das Gerät mehr als x Zeiteinheiten in Betrieb ist. Das Erreichen des

Anfangszustandes 0 zu einer gewissen Zeit t (d. h. $\xi(t) = 0$) bedeutet eine Erneuerung zu diesem Zeitpunkt; die Rückkehrzeit in den Zustand 0 ist dabei nichts anderes, als die Betriebszeit des betrachteten Gerätes; die absolute Häufigkeit der Rückkehr in den Zustand 0 während des Zeitintervalls $(s, t]$ ist gleich der Anzahl der Erneuerungen von s bis t, usw.

Wir hatten früher festgestellt (vgl. (2.25)), daß die Markowsche Kette $\xi(t)$, $t \geqq 0$, eine stationäre Verteilung besitzt, wenn die mittlere Rückkehrzeit μ in den Zustand 0 endlich ist; es gilt (vgl. (2.25))

$$p^*(0) = \frac{1}{\mu}; \qquad p^*(x) = \frac{p(0)\,p(1)\cdots p(x-1)}{\mu}, \qquad x = 1, 2, \ldots;$$

und wegen

$$p(x) = \frac{G(x+1)}{G(x)}, \qquad x = 0, 1, \ldots,$$

folgt

$$p^*(x) = \frac{G(x)}{\mu} \qquad x = 0, 1, \ldots; \tag{5.4}$$

dabei fällt die mittlere Rückkehrzeit $\mu = \sum\limits_{x=0}^{\infty} G(x)$ mit der mittleren Betriebszeit eines Gerätes zusammen:

$$\sum_{x=1}^{\infty} xP(x) = \sum_{x=1}^{\infty} x\big(G(x-1) - G(x)\big) = \big(G(0) - G(1)\big) \\ + 2\big(G(1) - G(2)\big) + 3\big(G(2) - G(3)\big) + \cdots = \sum_{x=0}^{\infty} G(x) = \mu. \tag{5.5}$$

Nach Definition ist $G(x)$ die Wahrscheinlichkeit dafür, daß die Betriebszeit eines Gerätes größer als x wird. Wir nehmen an, daß $G(x)$ für $x \to \infty$ hinreichend schnell klein wird, genauer, es soll

$$G(x+1) \leqq \alpha G(x) \qquad \text{für alle } x \text{ und für ein } \alpha < 1 \tag{5.6}$$

gelten. Dann sind alle Übergangswahrscheinlichkeiten $q(x) = 1 - \dfrac{G(x+1)}{G(x)}$ nicht kleiner als $1 - \alpha > 0$, und folglich ist der Ergodizitätskoeffizient der Markowschen Kette $\xi(t)$, $t = 0, 1, \ldots$, positiv:

$$k(1) \geqq 1 - \alpha.$$

Mithin konvergieren die Wahrscheinlichkeiten $p_t(x) = \mathsf{P}\{\xi(t) = x\}$ für $t \to \infty$ gegen stationäre Wahrscheinlichkeiten $p^*(x)$:

$$\lim_{t\to\infty} p_t(x) = \frac{G(x)}{\mu}, \qquad x = 0, 1, \ldots. \tag{5.7}$$

Überdies gilt folgende Abschätzung bezüglich der Konvergenzgeschwindigkeit (vgl. Satz 4 in Abschnitt 2 dieses Kapitels):

$$\left| p_t(x) - \frac{G(x)}{\mu} \right| \leqq \frac{1}{\alpha} \, \mathrm{e}^{-\alpha t}. \tag{5.8}$$

Wir betrachten jetzt die mittlere Anzahl der Erneuerungen während der Zeit von t bis $t + s$ (mit anderen Worten, die mittlere Anzahl des Erreichens des Zustandes 0 in dieser Zeit). Sie beträgt

$$n(t + s) - n(t) = \mathsf{M}\big(\nu(t + s) - \nu(t)\big) = \sum_{u=t+1}^{t+s} p_u(0)$$

(mit $\nu(t)$ hatten wir die Anzahl der Erneuerungen im Zeitintervall $[0, t]$ bezeichnet). Offenbar gilt wegen $p_u(0) \to \frac{1}{\mu}$ bei $u \to \infty$ für jedes beliebige beschränkte Intervall $(t, t + s]$ die Beziehung

$$n(t + s) - n(t) \to \frac{s}{\mu} \qquad \text{für } t \to \infty; \tag{5.9}$$

aus (5.8) erhalten wir sogar die Abschätzung

$$\left| \big(n(t + s) - n(t)\big) - \frac{s}{\mu} \right| \leqq \frac{s}{\alpha} \, \mathrm{e}^{-\alpha t}. \tag{5.10}$$

Die Beziehung (5.9) besagt, daß nach hinreichend langer „Prozeßdauer“ die mittlere Anzahl der Erneuerungen während einer Zeitspanne s ungefähr gleich $\frac{s}{\mu}$ ist, wobei μ die mittlere Betriebszeit eines Gerätes bezeichnet.

Wir hatten vereinbart, daß ein zur Zeit t (t ist dabei ein Vielfaches von h) arbeitendes Gerät frühestens nach dem weiteren Verlauf der Zeit h (ohne Beschränkung der Allgemeinheit hatten wir $h = 1$ angenommen) ersetzt wird. Die Zeit $\eta(t)$, während der das Gerät nach dem Zeitpunkt t noch arbeiten wird, definieren wir durch die Beziehung

$$\eta(t) = S_{\nu(t)+1} - h - t. \tag{5.11}$$

Dabei ist $S_{\nu(t)+1}$ der nächste auf den Zeitpunkt t folgende Erneuerungszeitpunkt (d. h. der Zeitpunkt des Ersatzes des gerade laufenden Gerätes).

Intuitiv erscheint es plausibel, daß nach hinreichend langer Dauer des Erneuerungsprozesses (d. h. für $t \to \infty$) die Wahrscheinlichkeitsverteilung von $\eta(t)$ ungefähr mit der Verteilung der Zufallsgröße $\xi(t) = t - S_{\nu(t)}$ übereinstimmt. Dies läßt sich exakt begründen durch die sogenannte zeitliche „Umkehrbarkeit“ des Erneuerungsprozesses. Man kann nämlich die Erneuerungszeitpunkte in umgekehrter Reihenfolge betrachten. (Die Zahl $n = \nu(t)$ der Erneuerungen wächst unbeschränkt und die beiden Folgen von Zufallsgrößen $S_1 = \xi_1$, $S_2 = \xi_1 + \xi_2, \ldots,$ $S_n = \xi_1 + \cdots + \xi_n$ und $S_1' = \xi_n$, $S_2' = \xi_n + \xi_{n-1}, \ldots,$ $S_n' = \xi_n + \cdots + \xi_1$ haben die gleiche gemeinsame Verteilung.)

Wir vermerken, daß im Fall einer exponentialverteilten Lebenszeit des Gerätes, d. h. für

$$G(x) = e^{-\lambda x}, \qquad x = 0, 1, \ldots,$$

bereits für jedes ·

$$\mathsf{P}\{\eta(t) = x\} = \frac{G(x)}{\mu}, \qquad x = 0, 1, \ldots \left(\mu = \frac{1}{1 - e^{-\lambda}}\right)$$

gilt (vgl. Kap. II, Abschnitt 2.2.).

Ohne dadurch die eben getroffenen Überlegungen einschränken zu wollen, werden wir jetzt einen genauen Nachweis dafür liefern, daß für $t \to \infty$ die Größe $\eta(t)$ eine asymptotische Wahrscheinlichkeitsverteilung besitzt, genauer, daß

$$\lim_{t \to \infty} \mathsf{P}\{\eta(t) = x\} = \frac{G(x)}{\mu}, \qquad x = 0, 1, \ldots, \tag{5.12}$$

gilt.

Mit der Bezeichnung $S_0 = 0$ können wir schreiben

$$\mathsf{P}\{\eta(t) = x\} = \sum_{n=0}^{\infty} \mathsf{P}\{S_n \leqq t, S_{n+1} = t + 1 + x\},$$

und unter Benutzung der Formel der totalen Wahrscheinlichkeit erhalten wir

$$\begin{aligned} &\mathsf{P}\{S_n \leqq t, S_{n+1} = t + 1 + x\} \\ &= \sum_{0 \leqq s \leqq t} \mathsf{P}\{S_{n+1} = t + 1 + x \mid S_n = s\} \mathsf{P}\{S_n = s\} \\ &= \sum_{0 \leqq s \leqq t} \mathsf{P}\{\xi_{n+1} = t + 1 + x - s\} \mathsf{P}\{S_n = s\} \\ &= \sum_{0 \leqq s \leqq t} \mathsf{P}(t + 1 + x - s) \mathsf{P}\{S_n = s\}. \end{aligned}$$

Insgesamt folgt

$$\mathsf{P}\{\eta(t) = x\} = \sum_{0 \leqq s \leqq t} P(t - s + 1 + x)\, p_s(0) = \sum_{0 \leqq u \leqq t} P(u + 1 + x)\, p_{t-u}(0), \tag{5.13}$$

da

$$\sum_{n=0}^{\infty} \mathsf{P}\{S_n = s\} = \mathsf{P}\{\xi(s) = 0\} = p_s(0)$$

die Wahrscheinlichkeit dafür ist, daß der Zeitpunkt s einen Erneuerungszeitpunkt bildet. Da für $t \to \infty$ die Beziehungen

$$\sum_{u=0}^{t} P(u + 1 + x) \to G(x) \quad \text{und} \quad p_{t-u}(0) \to \frac{1}{\mu}$$

gelten, folgt durch Grenzübergang aus (5.13) die zu beweisende Aussage (5.12).

Wir kehren nun zur Betrachtung der Anzahl $\nu(t+s) - \nu(t)$ der Erneuerungen im Zeitintervall $(t, t+s]$ zurück. Offenbar gilt

$$\mathsf{P}\{\nu(t+s) - \nu(t) = 0\} = \mathsf{P}\{\eta(t) \geqq s\}, \tag{5.14}$$

und für $n = 1, 2, \dots$ ist die bedingte Wahrscheinlichkeit dafür, daß im Zeitintervall $(t, t+s]$ genau n Erneuerungen stattfinden unter der Bedingung, daß die erste Erneuerung zum Zeitpunkt $t + u + h$ erfolgt, gleich

$$\mathsf{P}\{\nu(t+s) - \nu(t) = n \mid \eta(t) = u\}$$
$$= \begin{cases} 0 & \text{für } u \geqq s, \\ \mathsf{P}\{\nu(t+s) - \nu(t+u+1) = n-1\} & \text{für } u < s. \end{cases}$$

Mittels der Formel der totalen Wahrscheinlichkeit folgt

$$\mathsf{P}\{\nu(t+s) - \nu(t) = n\} = \sum_{0 \leqq u < s} \mathsf{P}\{\nu(t+s) - \nu(t+u+1) = n-1\} \, \mathsf{P}\{\eta(t) = u\}.$$

Zusammen mit (5.14) liefert diese Gleichung eine rekursive Formel zur Berechnung der Wahrscheinlichkeitsverteilung der Anzahl der Erneuerungen im Zeitintervall $(t, t+s]$. Insbesondere folgen daraus für die Grenzwerte

$$P_n(s) = \lim_{t\to\infty} \mathsf{P}\{\nu(t+s) - \nu(t) = n\} \tag{5.15}$$

die *rekursiven Beziehungen*

$$\begin{aligned} P_0(s) &= \frac{1}{\mu} \sum_{u \geqq s} G(u), \\ P_n(s) &= \frac{1}{\mu} \sum_{0 \leqq u < s} P_{n-1}(s-u-1) \, G(u), \qquad n = 1, 2, \dots. \end{aligned} \tag{5.16}$$

Wir bemerken, daß die Wahrscheinlichkeitsverteilungen der Zufallsgrößen

$$\xi(t) = t - S_{\nu(t)}, \quad \eta(t) = S_{\nu(t)+1} - t - h, \quad \nu(t+s) - \nu(t) \tag{5.17}$$

mit den stationären Grenzwahrscheinlichkeiten (vgl. (5.7), (5.12), (5.16)) zusammenfallen, wenn das erste Gerät zur Anfangszeit $t = 0$ bereits eine gewisse zufällige Zeit $\xi(0)$ in Betrieb war und $\xi(0)$ die stationäre Verteilung besitzt:

$$\mathsf{P}\{\xi(0) = x\} = \frac{G(x)}{\mu}, \qquad x = 0, 1, \dots.$$

Zum Abschluß dieses Abschnittes sei bemerkt, daß die oben erhaltenen Resultate auch im allgemeinen Fall gelten.[1]) Insbesondere konvergieren auch für

---

[1]) Man siehe z. B. diesbezüglich (auch in Verbindung mit den nächsten Abschnitten 2 und 3) das Buch von W. Feller: An introduction to probability theory and its applications, V. II, New York—London—Sydney 1971.

stetig verteilte Summanden $\xi_1, \xi_2, \ldots$ (mit der Dichte $p(x)$) die Wahrscheinlichkeitsverteilungen der Zufallsgrößen

$$\xi(t) = t - S_{\nu(t)}, \qquad \eta(t) = S_{\nu(t)+1} - t$$

im schwachen Sinne gegen eine Grenzverteilung mit der Dichte

$$p^*(x) = \frac{G(x)}{\mu}, \qquad 0 \leqq x < \infty, \tag{5.18}$$

wobei

$$G(x) = \int_x^\infty p(y)\,\mathrm{d}y \quad \text{und} \quad \mu = \int_0^\infty xp(x)\,\mathrm{d}x = \int_0^\infty G(x)\,\mathrm{d}x \tag{5.19}$$

gilt.

5.2. Folgen von Summen unabhängiger Zufallsgrößen, Verteilung des Maximums

Es sei ξ_k, $k = 1, 2, \ldots$, eine Folge voneinander unabhängiger, identisch verteilter Zufallsgrößen. Wir werden im weiteren einige allgemeine Eigenschaften der Folge der Partialsummen

$$S_n = \sum_{k=1}^{n} \xi_k, \qquad n = 1, 2, \ldots, \tag{5.20}$$

betrachten. Anschaulich kann man sich dabei vorstellen, daß ein Teilchen auf der reellen Geraden eine „zufällige Wanderung“ (man nennt einen solchen Prozeß auch Irrfahrt) durchführt, wobei es sich im n-ten Schritt um die Größe ξ_n weiterbewegt. Die Summe S_n gibt an, wie weit sich das Teilchen nach dem n-ten Schritt gegenüber dem Ausgangspunkt $S_0 = 0$ verschoben hat. Wir setzen voraus, daß die Zufallsgrößen $\xi_1, \xi_2, \ldots$ einen von Null verschiedenen Erwartungswert a besitzen, ohne Beschränkung der Allgemeinheit sei

$$a = \mathsf{M}\xi_1 < 0.$$

Nach dem Gesetz der großen Zahlen konvergiert $\frac{S_n}{n}$ gegen a, und folglich gilt mit Wahrscheinlichkeit 1 die Beziehung

$$S_n \to -\infty \quad \text{für} \quad n \to \infty.$$

Also existiert eine (vom Zufall abhängende) Zahl ν, so daß $S_n < 0$ für alle $n \geqq \nu$ gilt. Daraus folgt, daß das Maximum

$$\zeta = \max\,(S_0, S_1, \ldots) \tag{5.21}$$

der Trajektorie der Irrfahrt eine endliche Zufallsgröße ist und mit dem maximalen Wert der Folge $S_0, S_1, \ldots, S_\nu$ übereinstimmt.

Weiter unten werden wir einen Zusammenhang der Wahrscheinlichkeitsverteilung dieser Zufallsgröße ζ mit einem gewissen Erneuerungsprozeß $S_0^*, S_1^*, \ldots$ herstellen, wobei letzterer mit Hilfe der Irrfahrt $S_0, S_1, \ldots$ (vgl. auch (5.31)) konstruiert wird. Aus dieser Tatsache werden wir explizite Formeln (vgl. (5.37), (5.40), (5.41)) herleiten, die dann zum Studium von Bedienungsprozessen genutzt werden.

Zur Herleitung einer Gleichung für die Verteilungsfunktion $F_\zeta(z)$ der Zufallsgröße ζ setzen wir

$$\tilde{S}_0 = 0, \quad \tilde{S}_1 = \xi_2, \quad \tilde{S}_2 = \xi_2 + \xi_3, \ldots$$

und

$$\tilde{\zeta} = \max(\tilde{S}_0, \tilde{S}_1, \ldots).$$

Offenbar stimmen die Wahrscheinlichkeitsverteilungen der beiden Zufallsgrößen ζ und $\tilde{\zeta}$ überein.

Bei beliebigem $z \geqq 0$ tritt das Ereignis $\{\zeta \leqq z\}$ genau dann ein, wenn $\xi_1 \leqq z$ und $\tilde{\zeta} \leqq z - \xi_1$ gilt. Da $\tilde{\zeta}$ nicht von ξ_1 abhängt, gilt für jedes feste $\xi_1 = x$ $(x \leqq z)$

$$\mathsf{P}\{\tilde{\zeta} \leqq z - \xi_1 \mid \xi_1\} = F_\zeta(z - \xi_1),$$

wobei

$$F_\zeta(z) = \mathsf{P}\{\zeta \leqq z\} = F_{\tilde{\zeta}}(z)$$

die Verteilungsfunktion der Zufallsgröße ζ bezeichnet. Wir erhalten somit

$$\mathsf{P}\{\zeta \leqq z \mid \xi_1\} = \begin{cases} 0 & \text{für } \xi_1 > z, \\ F_\zeta(z - \xi_1) & \text{für } \xi_1 \leqq z. \end{cases}$$

Diese Beziehung können wir auch kürzer in der Form

$$\mathsf{P}\{\zeta \leqq z \mid \xi_1\} = F_\zeta(z - \xi_1)$$

schreiben, da ζ eine nichtnegative Zufallsgröße ist und folglich ihre Verteilungsfunktion $F_\zeta(z)$ für $z \leqq 0$ gleich Null wird. Unter Benutzung der Formel der totalen Wahrscheinlichkeit (vgl. Formel (4.20) aus Kap. I) erhalten wir schließlich für die Funktion $F_\zeta(z)$ die Gleichung

$$F_\zeta(z) = \mathsf{M} F_\zeta(z - \xi_1), \qquad z \geqq 0. \tag{5.22}$$

Für den Fall diskreter Zufallsgrößen $\xi_1, \xi_2, \ldots$ bedeutet dies

$$F_\zeta(z) = \sum_{x \leqq z} F_\zeta(z - x) \, P_{\xi_1}(x) = \sum_{y \geqq 0} P_{\xi_1}(z - y) \, F_\zeta(y); \tag{5.23}$$

besitzt jede der Zufallsgrößen $\xi_1, \xi_2, \ldots$ dagegen die Wahrscheinlichkeitsdichte $p_{\xi_1}(x)$, so folgt aus (5.22) die Gleichung

$$F_\zeta(z) = \int_{-\infty}^{z} F_\zeta(z - x) \, p_{\xi_1}(x) \, dx = \int_0^\infty p_{\xi_1}(z - y) \, F_\zeta(y) \, dy. \tag{5.24}$$

Wir werden uns nun überlegen, daß das Ereignis $\{\zeta = 0\}$ mit positiver Wahrscheinlichkeit $q > 0$ eintritt:

$$q = F_\zeta(0) > 0 \tag{5.25}$$

(d. h., mit der Wahrscheinlichkeit $q > 0$ gelangt ein bei $x = 0$ startendes Teilchen überhaupt nicht auf die positive Halbachse $x > 0$).

Wir führen den Nachweis indirekt. Es sei z_0 das Infimum aller z mit $F_\zeta(z) > 0$. Infolge unserer Voraussetzungen gilt entweder $z_0 > 0$ oder $z_0 = 0$ und $F_\zeta(0) = 0$. Im Fall $z_0 > 0$ folgt für beliebige z mit $0 \leqq z < z_0$ aus Gleichung (5.22)

$$F_\zeta(z) = \mathsf{M} F_\zeta(z - \xi_1) = 0 .$$

Wegen $F_\zeta(z - \xi_1) > 0$ für $z - \xi_1 > z_0$, kann diese Gleichung nur dann richtig sein, wenn mit Wahrscheinlichkeit 1 die Ungleichung $z - \xi_1 \leqq z_0$, d. h. $\xi_1 \geqq z - z_0$ gilt. Da z beliebig in $0 \leqq z < z_0$ variieren kann, folgt hieraus $\xi_1 \geqq 0$ mit Wahrscheinlichkeit 1. Dies widerspricht jedoch der zu Anfang getroffenen Voraussetzung $a = \mathsf{M}\xi_1 < 0$. Folglich muß also $z_0 = 0$ gelten. Analog führt man im Fall $z_0 = 0$ die Annahme $F_\zeta(0) = 0$ zum Widerspruch zur Bedingung $\mathsf{M}\xi_1 < 0$.

Mit der Wahrscheinlichkeit $p = 1 - q$ nimmt die Zufallsgröße ζ positive Werte an. Dies bedeutet, daß das Teilchen bei der betrachteten Irrfahrt mit der Wahrscheinlichkeit p früher oder später auf den positiven Teil der reellen Achse gelangt. Wir bezeichnen mit $\xi_1{}^*$ den Ort des Teilchens, an dem es sich befindet, wenn es zum ersten Mal das Intervall $(0, \infty)$ betritt. Die Zufallsgröße $\xi_1{}^*$ „existiert“ nur mit Wahrscheinlichkeit p:

$$\mathsf{P}\{\xi_1{}^* \in (0, \infty)\} = p \qquad (= 1 - q)$$

(wenn $\xi_1{}^*$ nicht definiert ist, werden wir sagen, daß $\xi_1{}^*$ „verschwindet“; dies geschieht mit der Wahrscheinlichkeit $q = 1 - p$).

Wir bezeichnen mit τ_1 den Zeitpunkt des ersten Erreichens von $(0, \infty)$. Es gilt $\tau_1 = \nu_1{}^*$, wobei $\nu_1{}^*$ diejenige Schrittzahl ist, bei der die gesamte bisherige Verschiebung S_{τ_1} des Teilchens gegenüber dem Ausgangspunkt $S_0 = 0$ erstmalig positiv wird:

$$S_n - S_0 \leqq 0 \qquad \text{für alle } n < \tau_1 \qquad \text{und}$$

$$S_{\tau_1} - S_0 = \xi_1{}^* > 0 .$$

Wir setzen $S_1{}^* = S_{\tau_1}$. Nach dem Zeitpunkt τ_1 erfolgen die Bewegungen des Teilchens — wegen der streng MARKOWschen Eigenschaft — nach den gleichen Verteilungsgesetzen, wie nach dem Anfangszeitpunkt $\tau_0 = 0$. Insbesondere wird mit der gleichen Wahrscheinlichkeit $p = 1 - q$ das Teilchen zu einem gewissen Zeitpunkt τ_2 (d. h., nach einer vom Zufall abhängenden Anzahl $\nu_2{}^*$ von Schritten: $\nu_2{}^* = \tau_2 - \tau_1$) erstmalig weiter rechts vom neuen „Ausgangspunkt“ $S_1{}^*$ zu liegen kommen. Diesen Punkt bezeichnen wir analog mit $S_2{}^* = S_{\tau_2}$ ($\nu_2{}^*$ ist diejenige Anzahl von Schritten, die das Teilchen nach dem Zeitpunkt τ_1 ausführt, bis es erstmalig gegenüber $S_1{}^*$ eine positive Verschiebung erfährt: $S_n - S_1{}^* \leqq 0$

für alle $n < \tau_2$, $S_{\tau_2} - S_1^* = \xi_2^* > 0$). Beginnen wir nun zum Zeitpunkt $\tau_2 = \nu_1^* + \nu_2^*$, so spielt sich alles noch einmal genauso ab: Mit Wahrscheinlichkeit p gelangt das Teilchen zu einem gewissen Zeitpunkt τ_3 (d. h., nach einer gewissen zufälligen Schrittzahl $\nu_3^* = \tau_3 - \tau_2$) erstmalig in einen bezüglich S_2^* weiter rechts gelegenen Punkt $S_3^* = S_{\tau_3}$ (ν_3^* ist diejenige Schrittzahl, bei der die Verschiebung des Teilchens nach dem Zeitpunkt τ_2 in bezug auf S_2^* erstmalig positiv wird: $S_n - S_2^* \leqq 0$ für alle $n < \tau_3$ und $S_{\tau_3} - S_2^* = \xi_3^* > 0$). Wir setzen diesen Prozeß fort und gelangen somit zu einer Folge $S_n^* = S_{\tau_n}$ von Partialsummen

$$S_n^* = \sum_{k=1}^{n} \xi_k^*, \qquad n = 1, 2, \ldots \tag{5.26}$$

Dabei ist ξ_k^*, $k = 1, 2, \ldots$, eine Folge positiver Zufallsgrößen, und ξ_{k+1}^* gibt die Verschiebung des Teilchens (gegenüber S_k^*) zu demjenigen Zeitpunkt τ_{k+1} an, bei dem diese Verschiebung erstmalig positiv wird: $S_n - S_k^* \leqq 0$ für alle $n < \tau_{k+1}$, $S_{\tau_{k+1}} - S_k^* = \xi_{k+1}^* > 0$.

Da die Zufallsgrößen $\xi_1, \xi_2, \ldots$ voneinander unabhängig sind und ein und dieselbe Wahrscheinlichkeitsverteilung besitzen, erfolgt die Bewegung des Teilchens nach dem Verlassen von S_k^* unabhängig von seinem Verhalten vor dem Zeitpunkt τ_k und wird durch die gleichen Gesetze beschrieben wie die Bewegung eines Teilchens, das bei $S_0^* = 0$ startet. Folglich sind die Zufallsgrößen $\xi_1^*, \xi_2^*, \ldots$ ebenfalls voneinander unabhängig und identisch verteilt.

In der Terminologie des vorangegangenen Abschnittes 5.1. bildet die Folge S_n^*, $n = 1, 2, \ldots$, einen Erneuerungsprozeß. Dabei „existiert" der erste Erneuerungszeitpunkt S_1^* nur mit der Wahrscheinlichkeit $p = \mathsf{P}\{S_1^* \in (0, \infty)\}$; allgemeiner, bei Existenz der Zeitpunkte $S_1^*, \ldots, S_{n-1}^*$ ist der folgende Erneuerungszeitpunkt S_n^* wiederum nur mit der gleichen Wahrscheinlichkeit p definiert:

$$\mathsf{P}\{S_{n+1}^* \in (0, \infty) \mid S_n^* \in (0, \infty)\} = p.$$

Hieraus folgt für die Wahrscheinlichkeit $\mathsf{P}\{S_{n+1}^* \in (0, \infty)\}$ dafür, daß der $(n + 1)$-te Erneuerungszeitpunkt S_{n+1}^* existiert, die Beziehung

$$\begin{aligned}\mathsf{P}\{S_{n+1}^* \in (0, \infty)\} &= \mathsf{P}\{S_{n+1}^* \in (0, \infty) \mid S_n^* \in (0, \infty)\}\, \mathsf{P}\{S_n^* \in (0, \infty)\}\\ &= p\mathsf{P}\{S_n^* \in (0, \infty)\}, \qquad n = 1, 2, \ldots,\end{aligned}$$

und damit

$$\mathsf{P}\{S_n^* \in (0, \infty)\} = p^n, \qquad n = 1, 2, \ldots \tag{5.27}$$

Da die Reihe $\sum_{n=1}^{\infty} \mathsf{P}\{S_n^* \in (0, \infty)\}$ konvergiert, treten nach dem Lemma von Borel-Cantelli mit Wahrscheinlichkeit 1 nur endlich viele der Ereignisse $\{S_n^* \in (0, \infty)\}$ ein, d. h., der Erneuerungsprozeß S_n^*, $n = 1, 2, \ldots$, bricht nach einer endlichen (vom Zufall abhängenden) Schrittzahl ab. Dabei tritt mit der Wahrscheinlichkeit $q = 1 - p$ im Zeitintervall $[0, \infty)$ überhaupt keine Erneuerung auf, mit der Wahrscheinlichkeit $p(1 - p)$ erfolgt genau eine Erneuerung usw.

Allgemein bricht der Erneuerungsprozeß S_n^*, $n = 1, 2, \ldots$, nach der n-ten Erneuerung mit der Wahrscheinlichkeit $p^n(1-p)$ ab. Wir setzen $S_0^* = 0$ und zählen auch S_0^* als Erneuerungszeitpunkt. Für die Anzahl N der Erneuerungen im unendlichen Intervall $[0, \infty)$ erhalten wir dann eine geometrische Wahrscheinlichkeitsverteilung:

$$\begin{aligned} &\mathsf{P}\{N \geqq n\} = \mathsf{P}\{S_{n-1}^* \in (0, \infty)\} = p^{n-1}, \\ &\mathsf{P}\{N = n\} = qp^{n-1}, \qquad n = 1, 2, \ldots. \end{aligned} \tag{5.28}$$

Wir bezeichnen für jedes $0 \leqq x < \infty$ mit $N(x)$ die Anzahl der Erneuerungen im Zeitintervall $[0, x]$. Offenbar gilt

$$\mathsf{P}\{N(x) \geqq n\} = \mathsf{P}\{S_{n-1}^* \in [0, x]\},$$

und für den Mittelwert $M(x) = \mathsf{M}N(x)$ (vgl. (5.5)) erhalten wir

$$M(x) = \sum_{n=0}^{\infty} \mathsf{P}\{N(x) > n\} = \sum_{n=0}^{\infty} \mathsf{P}\{S_n^* \in [0, x]\}. \tag{5.29}$$

Für die Gesamtanzahl N der Erneuerungen gilt

$$\mathsf{M}N = \sum_{n=0}^{\infty} \mathsf{P}\{N > n\} = \sum_{n=0}^{\infty} p^n = \frac{1}{q}. \tag{5.30}$$

Die uns interessierende Größe $\zeta = \max(0, S_1, S_2, \ldots)$ stimmt mit dem maximalen Wert der monoton wachsenden Folge $0, S_1^*, S_2^*, \ldots$, d. h. mit dem letzten Erneuerungszeitpunkt S_{N-1}^*, überein. Dabei gilt für jedes $x > 0$

$$\mathsf{P}\{0 < \zeta \leqq x\} = \sum_{n>1} \mathsf{P}\{N = n, S_{n-1}^* \in [0, x]\},$$

und weiter

$$\mathsf{P}\{N = n, S_{n-1}^* \in [0, x]\} = \mathsf{P}\{S_{n-1}^* \in [0, x] \mid N = n\}\, \mathsf{P}\{N = n\},$$

wobei das Ereignis $\{N = n\}$ darin besteht, daß $\{S_{n-1}^* \in (0, \infty)\}$ eintritt und die Größe ξ_n^* „verschwindet". Der Wert $S_{n-1}^* = \sum_{k=1}^{n-1} \xi_k^*$ hängt jedoch nicht von ξ_n^* ab ($\xi_1^*, \xi_2^*, \ldots$ ist eine Folge voneinander unabhängiger Zufallsgrößen), woraus sich

$$\mathsf{P}\{S_{n-1}^* \in [0, x] \mid N = n\} = \mathsf{P}\{S_{n-1}^* \in [0, x] \mid S_{n-1}^* \in (0, \infty)\}$$

ergibt. Mittels (5.27), (5.28) erhalten wir weiter

$$\begin{aligned} &\mathsf{P}\{S_{n-1}^* \in [0, x] \mid S_{n-1}^* \in (0, \infty)\}\, \mathsf{P}\{N = n\} \\ &= \frac{\mathsf{P}\{S_{n-1}^* \in [0, x]\}}{\mathsf{P}\{S_{n-1}^* \in (0, \infty)\}}\, \mathsf{P}\{N = n\} = q\mathsf{P}\{S_{n-1}^* \in [0, x]\}, \qquad n > 1. \end{aligned}$$

Unter Berücksichtigung der Gleichung (5.29) folgt schließlich

$$F_\zeta(x) = qM(x) \qquad \big(q = F_\zeta(0)\big). \tag{5.31}$$

Für die Funktion $M(x)$, die die mittlere Anzahl der Erneuerungen im Zeitintervall $[0, x]$ angibt, besteht die Beziehung (5.29). Dabei gilt

$$\mathsf{P}\{S_0^* \in [0, x]\} = F^{0*}(x) \equiv 1,$$

und für $n > 1$ ist

$$\mathsf{P}\{S_n^* \in [0, x]\} = F^{n*}(x), \qquad 0 \leqq x < \infty,$$

die Verteilungsfunktion einer Summe voneinander unabhängiger, identisch verteilter Zufallsgrößen $\xi_1^*, \xi_2^*, \ldots, \xi_n^*$. Bei bekannter Verteilungsfunktion $F^*(x) = \mathsf{P}\{\xi_1^* \leqq x\}$ sind wir also im Prinzip in der Lage, die Funktion

$$M(x) = \sum_{n=0}^{\infty} F^{n*}(x), \qquad 0 \leqq x < \infty, \tag{5.32}$$

zu bestimmen. (Es gilt $F^{n*}(x) = 0$ für $x < 0$, $n = 1, 2, \ldots$)

Wir wollen nun eine Beziehung herleiten, mit deren Hilfe man im Fall exponentialverteilter Ausgangsgrößen $\xi_1, \xi_2, \ldots$ die Wahrscheinlichkeitsverteilung der Zufallsgröße ξ_1^* (vgl. (5.35) und die darauffolgenden Betrachtungen) explizit bestimmen kann.

Für die vorgegebene Irrfahrt (5.20) ist ξ_1^* der Ort des Teilchens, den es beim ersten Erreichen des Intervalls $(0, \infty)$ einnimmt. Es gilt $\xi_1^* = S_{\tau_1}$, wobei τ_1 die Anzahl der Schritte bis zum ersten Betreten von $(0, \infty)$ bezeichne. Für jedes $x \geqq 0$ gilt

$$\mathsf{P}\{\tau_1 = n, \xi_1^* > x\} = \mathsf{P}\{S_1 \leqq 0, \ldots, S_{n-1} \leqq 0, S_n > x\}.$$

Bei festgehaltenen $S_1 \leqq 0, \ldots, S_{n-1} \leqq 0$ besteht das Ereignis $\{\tau_1 = n, \xi_1^* > x\}$ gerade darin, daß $\xi_n = S_n - S_{n-1} > x - S_{n-1}$ gilt. Folglich erhalten wir, wenn wir mit $F_{\xi_1}(x)$ die Verteilungsfunktion von ξ_1, mit $\chi_{\{S_1 \leqq 0, \ldots, S_{n-1} \leqq 0\}}$ die Indikatorfunktion¹) des Ereignisses $\{S_1 \leqq 0, \ldots, S_{n-1} \leqq 0\}$ bezeichnen und $G_{\xi_1}(x) = 1 - F_{\xi_1}(x)$ setzen, die Beziehung

$$\mathsf{P}\{\tau_1 = n, \xi_1^* > x \mid S_1, \ldots, S_{n-1}\} = G_{\xi_1}(x - S_{n-1})\, \chi_{\{S_1 \leqq 0, \ldots, S_{n-1} \leqq 0\}}.$$

Aufgrund der Formel der totalen Wahrscheinlichkeit ergibt sich schließlich

$$\mathsf{P}\{\tau_1 = n, \xi_1^* > x\} = \mathsf{M}[G_{\xi_1}(x - S_{n-1})\, \chi_{\{S_1 \leqq 0, \ldots, S_{n-1} \leqq 0\}}], \tag{5.33}$$
$$n = 1, 2, \ldots; \quad x \geqq 0.$$

Wir setzen nun voraus, daß jede der Zufallsgrößen $\xi_1, \xi_2, \ldots$ auf dem Intervall $(0, \infty)$ eine („modifizierte") Exponentialverteilung besitzt:

$$G_{\xi_1}(x) = \mathsf{P}\{\xi_1 > x\} = A\, \mathrm{e}^{-\lambda x}, \qquad x \geqq 0, \tag{5.34}$$

¹) Wir erinnern, daß die Indikatorfunktion χ_A eines Ereignisses A durch

$$\chi_A(\omega) = \begin{cases} 1 & \text{für } \omega \in A, \\ 0 & \text{für } \omega \notin A \end{cases}$$

definiert ist.

mit $A = \mathsf{P}\{\xi_1 > 0\}$. In diesem Fall erhalten wir aus (5.33) (hierbei hat S_{n-1} ohnehin nur für $S_{n-1} \leqq 0$ Bedeutung) die Gleichung

$$\mathsf{P}\{\tau_1 = n, \xi_1^* > x\} = \mathsf{M}(A\, e^{-\lambda x + \lambda S_{n-1}} \chi_{\{S_1 \leqq 0, \ldots, S_{n-1} \leqq 0\}}) = B_n\, e^{-\lambda x}$$

mit

$$B_n = \mathsf{M}(A\, e^{\lambda S_{n-1}} \chi_{\{S_1 \leqq 0, \ldots, S_{n-1} \leqq 0\}}).$$

Nach Summation über $n = 1, 2, \ldots$ folgt

$$\mathsf{P}\{\xi_1^* > x\} = p\, e^{-\lambda x}, \qquad x \geqq 0, \tag{5.35}$$

wobei für die Konstante $p = \sum_{n=1}^{\infty} B_n$ wegen $B_n = \mathsf{P}\{\tau_1 = n, \xi_1^* > 0\}$ die Gleichung

$$p = \mathsf{P}\{\xi_1^* > 0\} = 1 - q = 1 - F_\zeta(0)$$

gilt.

Wir betrachten nun ausführlicher den Fall, daß die Zufallsgrößen $\xi_1, \xi_2, \ldots$ stetig sind; für den diskreten Fall verlaufen die Überlegungen analog. Nach (5.35) besitzen im Spezialfall, bei dem die Dichte $p_{\xi_1}(x)$ auf der positiven Halbachse die Gestalt

$$p_{\xi_1}(x) = A\lambda\, e^{-\lambda x}, \qquad x > 0,$$

hat, die Zufallsgrößen $\xi_1^*, \xi_2^*, \ldots$ ebenfalls eine Dichte, und zwar hat diese eine exponentielle Form:

$$p^*(x) = p\lambda\, e^{-\lambda x}, \qquad x > 0, \tag{5.36}$$

wobei sich die Dichte $p^*(x)$ von der Dichte einer gewöhnlichen Exponentialverteilung nur durch den Faktor p unterscheidet. (Es sei daran erinnert, daß die Zufallsgröße ξ_1^* mit der Wahrscheinlichkeit $q = 1 - p$ „verschwindet".) Wir wissen aber (vgl. (2.16) in Kap. II), daß eine Summe von n voneinander unabhängigen Zufallsgrößen $\xi_1^*, \ldots, \xi_n^*$, die alle exponentialverteilt mit der Dichte (5.36) sind, die Wahrscheinlichkeitsdichte

$$p^{n*}(x) = p^n \lambda \frac{(\lambda x)^{n-1}}{(n-1)!} e^{-\lambda x}, \qquad x > 0,$$

besitzt. Die Dichte $p^{n*}(x)$ ist bekanntlich die Ableitung der Verteilungsfunktion $F^{n*}(x)$, und daraus folgt unmittelbar, daß

$$m(x) = \sum_{n=1}^{\infty} p^{n*}(x) = p\lambda\, e^{-\lambda x} \sum_{n=0}^{\infty} \frac{(p\lambda x)^n}{n!} = p\lambda\, e^{-\lambda(1-p)x}, \qquad x > 0,$$

die Ableitung der Funktion $M(x) = \sum_{n=0}^{\infty} F^{n*}(x)$ darstellt. Aus $M(0) = 1$ ergibt sich damit

$$M(x) = 1 + \int_0^x m(t)\, dt = \frac{1}{q}(1 - p\, e^{-\lambda q x}), \qquad q = 1 - p.$$

Unter Verwendung von (5.31) erhalten wir schließlich die folgende Aussage: Die Verteilungsfunktion des Maximums $\zeta = \max(0, S_1, S_2, \ldots)$ besitzt die Gestalt

$$F_\zeta(x) = 1 - (1 - q)\, e^{-\lambda q x}, \qquad x \geqq 0, \tag{5.37}$$

wobei die Wahrscheinlichkeit $q = F_\zeta(0)$ aus der Gleichung (5.24) bestimmt werden kann:

$$q = \int_{-\infty}^{0} \left(1 - (1 - q)\, e^{\lambda q x}\right) p_{\xi_1}(x)\, dx. \tag{5.38}$$

Ist speziell die Wahrscheinlichkeitsdichte von ξ_1 für $x \leqq 0$ auch von exponentieller Gestalt, d. h. gilt

$$p_{\xi_1}(x) = B\mu\, e^{\mu x}, \qquad x < 0, \tag{5.39}$$

so folgt aus (5.38) unmittelbar $q = B\,\dfrac{\lambda + \mu}{\lambda} - \dfrac{\mu}{\lambda}$. Unter Berücksichtigung der Beziehung $B = \mathsf{P}\{\xi_1 \leqq 0\} = 1 - A$ ergibt sich

$$q = B - A\,\frac{\mu}{\lambda}. \tag{5.40}$$

In diesem Fall gilt $\mathsf{M}\xi_1 = -\dfrac{B}{\mu} + \dfrac{A}{\lambda}$, und bei $\mathsf{M}\xi_1 < 0$ ist natürlich der Wert $q = -\mu \mathsf{M}\xi_1$ streng positiv.

Wir kehren nun zur allgemeinen Irrfahrt (5.20) zurück und setzen wieder $\mathsf{M}\xi_1 < 0$ voraus.

Wir wollen zum Abschluß dieses Abschnitts nachweisen, daß die zufällige Schrittzahl ν_0 vom Verlassen des Punktes $S_0 = 0$ bis zum ersten Erreichen des Gebietes $x \leqq 0$ einen endlichen Erwartungswert $\mathsf{M}\nu_0 < \infty$ besitzt und darüber hinaus

$$\mathsf{M}\nu_0 = \frac{1}{q} \qquad \left(q = F_\zeta(0)\right) \tag{5.41}$$

gilt.

Wie bereits zu Beginn dieses Abschnittes bemerkt wurde, ist ν_0 mit Wahrscheinlichkeit 1 endlich (es gilt $S_n \to -\infty$ für $n \to \infty$). Zur Herleitung der Beziehung (5.41) gehen wir von den Ereignissen

$$A_n = \{S_n > 0, S_n > S_1, \ldots, S_n > S_{n-1}\}, \qquad n = 1, 2, \ldots,$$

aus. Das Ereignis A_n besteht darin, daß S_n ein Erneuerungszeitpunkt des Erneuerungsprozesses (5.26) ist. Wenn wir berücksichtigen, daß jeder Erneuerungszeitpunkt in (5.26) mit einem gewissen Wert S_n zusammenfällt, und wenn wir für A_0 das sichere Ereignis setzen (wir zählen damit $S_0^* = S_0$ auch als Erneuerungszeitpunkt), so erhalten wir für die Gesamtanzahl N der Erneuerungen und deren

Erwartungswert $\mathsf{M}N$ die Gleichungen

$$N = \sum_{n=0}^{\infty} \chi_{A_n} \qquad (\chi_{A_n} \text{ ist die Indikatorfunktion des Ereignisses } A_n),$$

$$\mathsf{M}N = \sum_{n=0}^{\infty} \mathsf{M}\chi_{A_n} = \sum_{n=0}^{\infty} \mathsf{P}(A_n) = \frac{1}{q} \tag{5.42}$$

(vgl. (5.30) sowie (4.39) aus Kap. I). Wir haben oben bereits darauf hingewiesen, daß die Zufallsgrößen $S_k' = S_n - S_{n-k}$, $k = 1, 2, \ldots, n$:

$$S_1' = \xi_n, S_2' = \xi_n + \xi_{n-1}, \ldots, S_n' = \xi_n + \cdots + \xi_1$$

die gleiche gemeinsame Verteilung wie die Zufallsgrößen

$$S_1 = \xi_1, S_2 = \xi_1 + \xi_2, \ldots, S_n = \xi_1 + \cdots + \xi_n$$

besitzen. Hieraus folgt, daß das Ereignis

$$B_n = \{S_1 > 0, \ldots, S_n > 0\}$$

die gleiche Wahrscheinlichkeit wie A_n hat ($n = 1, 2, \ldots$), da A_n in der Form $A_n = \{S_1' > 0, \ldots, S_n' > 0\}$ geschrieben werden kann. Das Eintreten von B_n bedeutet aber, daß in den ersten n Schritten das Teilchen nicht ein einziges Mal in das Gebiet $x \leqq 0$ gelangt, d. h., es gilt $B_n = \{\nu_0 > n\}$. Somit folgt wegen $\mathsf{P}(B_n) = \mathsf{P}(A_n)$, $n = 1, 2, \ldots$, für den Erwartungswert der Zufallsgröße ν_0 aus (5.42) die Gleichung

$$\mathsf{M}\nu_0 = \sum_{n=0}^{\infty} \mathsf{P}\{\nu_0 > n\} = \sum_{n=0}^{\infty} \mathsf{P}(A_n) = \frac{1}{q},$$

womit (5.41) bewiesen ist.

5.3. Stochastische Prozesse in Systemen mit einem Bedienungsgerät

Wir nehmen an, daß an einem Bedienungssystem zu den zufälligen Zeitpunkten $\tau_1, \tau_2, \ldots$ Forderungen eintreffen. Dabei soll das gleichzeitige Eintreffen mehrerer Forderungen nicht möglich sein und die Zwischenräume $\xi_1 = \tau_2 - \tau_1$, $\xi_2 = \tau_3 - \tau_2, \ldots$, zwischen den Zeitpunkten $\tau_1, \tau_2, \ldots$, sollen voneinander unabhängige, identisch verteilte Zufallsgrößen sein. Weiterhin setzen wir voraus, daß für die Bedienung der n-ten Forderung die Zeit η_n benötigt wird ($n = 1, 2, \ldots$) und $\eta_1, \eta_2, \ldots$, voneinander unabhängige, identisch verteilte Zufallsgrößen sind, die auch von den Zeitpunkten $\tau_1, \tau_2, \ldots$ nicht abhängen. Man verbindet damit die Vorstellung, daß η_n die „reine" Bedienungszeit der n-ten Forderung ist und berücksichtigt nicht die zufällige Wartezeit $\mathscr{H}_n$ zwischen dem Eintreffen der n-ten Forderung bis zum Beginn ihrer Bedienung.

Die Gesamtzeit, die die n-te Forderung im Bedienungssystem verweilt, beträgt entsprechend unseren Bezeichnungen $\mathscr{H}_n + \eta_n$. Wir nehmen an, daß im Fall $\xi_n \geqq \mathscr{H}_n + \eta_n$, d. h. wenn die $(n + 1)$-te Forderung so spät eintrifft, daß das Bedienungsgerät frei ist, die Bedienung sofort beginnt, daß also $\mathscr{H}_{n+1} = 0$ gilt. Im Fall $\xi_n < \mathscr{H}_n + \eta_n$ ist das Gerät zum Zeitpunkt $\tau_{n+1} = \tau_n + \xi_n$ noch infolge der Bedienung der vorhergehenden Forderungen besetzt, und die $(n + 1)$-te Forderung muß eine Zeit der Länge $\mathscr{H}_{n+1} = \mathscr{H}_n + \eta_n - \xi_n$ bis zum Beginn ihrer Bedienung warten.

Uns interessieren die Gesetzmäßigkeiten eines bereits längere Zeit laufenden Bedienungsprozesses (der sich sozusagen „eingearbeitet" hat), insbesondere die Wahrscheinlichkeitsverteilung der Wartezeit $\mathscr{H}_n$ der n-ten Forderung für $n \to \infty$. Wir setzen

$$\Delta_n = \eta_n - \xi_n \qquad \text{und} \qquad S_n = \sum_{k=1}^{n} \Delta_k, \qquad n = 1, 2, \ldots. \tag{5.43}$$

Wir hatten bemerkt, daß die Zufallsgrößen $\mathscr{H}_n$ mit den voneinander unabhängigen Zufallsgrößen Δ_n $(n = 1, 2, \ldots)$ in folgender Weise verknüpft sind:

$$\mathscr{H}_1 = 0, \ \mathscr{H}_{n+1} = \begin{cases} 0 & \text{für} \quad \mathscr{H}_n + \Delta_n \leqq 0 \\ \mathscr{H}_n + \Delta_n & \text{für} \quad \mathscr{H}_n + \Delta_n > 0. \end{cases} \tag{5.44}$$

Wir wollen nun die Folge $\mathscr{H}_1, \mathscr{H}_2, \ldots$ mit der Folge $S_1, S_2, \ldots$ vergleichen. Dazu bezeichnen wir mit $\nu_0, \nu_1, \ldots$ aufeinanderfolgend diejenigen Werte von n, für die $\mathscr{H}_{n+1} = 0$ $(n \geqq 1)$ gilt. Das Ereignis $\{\nu_0 = 1\}$ besteht dann darin, daß $\{S_1 \leqq 0\}$ eintritt, und aus (5.44) ist ersichtlich, daß für alle n mit $1 \leqq n < \nu_0 - 1$ die Beziehung $\mathscr{H}_{n+1} = S_n$ besteht, wobei

$$\{\nu_0 = m\} = \{S_1 > 0, \ldots, S_{m-1} > 0, S_m \leqq 0\}, \qquad m > 1, \tag{5.45}$$

gilt. Folglich kann man für jedes m mit $1 \leqq n \leqq m$ bei Gültigkeit von $\nu_0 = m$ die Beziehung zwischen $\mathscr{H}_{n+1}$ und S_n formal in folgender Weise aufschreiben:

$$\mathscr{H}_{n+1} = S_n - \min(0, S_1, \ldots, S_n); \tag{5.46}$$

unter der genannten Bedingung gilt nämlich $\min(0, S_1, \ldots, S_n) = 0$. Für $m \leqq n < \nu_1$ und $m = \nu_0$ erhalten die Größen $\mathscr{H}_{n+1}$ in jedem Schritt n den gleichen Zuwachs Δ_n wie auch S_n: $\mathscr{H}_{n+1} - \mathscr{H}_{m+1} = S_n - S_m > 0$, wobei

$$\mathscr{H}_{m+1} = 0 \qquad \text{und} \qquad S_m = \min(0, S_1, \ldots, S_n)$$

gilt. Somit erhalten wir auch hier $\mathscr{H}_{n+1} = S_n - \min(0, S_1, \ldots, S_n)$. Für $n = \nu_1$ gilt $\mathscr{H}_n + \Delta_n = (S_{n-1} - S_m) + \Delta_n = S_n - S_m \leqq 0$, so daß wiederum die Beziehung (5.46) — die hier $\mathscr{H}_{n+1} = 0$ ergibt — gültig ist. Nach diesen Betrachtungen ist es plausibel, daß (5.46) für alle $n = 1, 2, \ldots$ richtig ist.

Wir betrachten die Folge von Summen $S_1' = \Delta_n$, $S_2' = \Delta_n + \Delta_{n-1}, \ldots$, $S_n' = \Delta_n + \cdots + \Delta_1$, die mit den gleichen Zufallsgrößen $\Delta_1, \ldots, \Delta_n$ wie S_k,

$k = 1, \ldots, n$, in (5.43) definiert wird, nur in umgekehrter Reihenfolge. Es gelten die Beziehungen

$$S_k' = S_n - S_{n-k}, \qquad k = 1, \ldots, n, \tag{5.47}$$

und

$$\max(0, S_1', \ldots, S_n') = S_n - \min(0, S_1, \ldots, S_n) = \mathscr{H}_n. \tag{5.48}$$

Die gemeinsame Verteilung von $(S_1', \ldots, S_n')$ fällt mit der gemeinsamen Verteilung von $(S_1, \ldots, S_n)$ zusammen. Somit gilt folgende Aussage.

Lemma 1. *Die Wahrscheinlichkeitsverteilung der Zufallsgröße $\mathscr{H}_n$ ist gleich der Verteilung von $\zeta_n = \max(0, S_1, \ldots, S_n)$, $n = 1, 2, \ldots$.*

Wir bezeichnen mit a die mittlere Zeit zwischen zwei aufeinanderfolgend eintreffenden Forderungen ($a = \mathsf{M}\xi_1$) und mit b die mittlere Bedienungszeit einer Forderung ($b = \mathsf{M}\eta_1$).

Der Mittelwert der Zufallsgrößen $\Delta_n = \eta_n - \xi_n$, $n = 1, 2, \ldots$, ist dann gleich $b - a$. In Abschnitt 5.2. hatten wir uns überlegt, daß unter der Bedingung

$$\mathsf{M}\Delta_1 = b - a < 0$$

die Zufallsgröße $\zeta = \max(0, S_1, S_2, \ldots)$ mit Wahrscheinlichkeit 1 endlich ist.

Die Folge $\zeta_n = \max(0, S_1, \ldots, S_n)$, $n = 1, 2, \ldots$, ist monoton wachsend und konvergiert für $n \to \infty$ gegen die Zufallsgröße ζ. Offenbar ist die Ungleichung $\zeta \leqq x$ äquivalent dazu, daß $\zeta_n \leqq x$ für alle $n = 1, 2, \ldots$ gilt. Da die Ereignisse $A_n = \{\zeta_n \leqq x\}$ eine monoton fallende Folge $(A_1 \supset A_2 \supset \cdots)$ bilden, gilt wegen der Stetigkeit der Wahrscheinlichkeit und $\bigcap_{n=1}^{\infty} A_n = \{\zeta \leqq x\} = A$ die Beziehung $\mathsf{P}(A) = \lim_{n\to\infty} \mathsf{P}(A_n)$ (für alle x).

Zusammen mit Lemma 1 erhalten wir daraus

Satz 1. *Unter der Bedingung*

$$\mathsf{M}\xi_1 = a > b = \mathsf{M}\eta_1 \tag{5.49}$$

konvergiert die Wahrscheinlichkeitsverteilung von $\mathscr{H}_n$ für $n \to \infty$ gegen die Verteilung des Maximums $\zeta = \max(0, S_1, S_2, \ldots)$, genauer, es gilt

$$\mathsf{P}\{\mathscr{H}_n \leqq x\} \xrightarrow[n\to\infty]{} F_\zeta(x) \qquad \textit{für alle } x. \tag{5.50}$$

(Wir erinnern daran, daß die Verteilungsfunktion $F_\zeta(x)$ des Maximums einer Folge $0, S_1, S_2, \ldots$ von Summen unabhängiger Zufallsgrößen im vorhergehenden Abschnitt 5.2. betrachtet wurde.)

In Ergänzung zu Satz 1 sei bemerkt, daß unter der Bedingung

$$\mathsf{M}\Delta_1 = b - a > 0$$

nach dem starken Gesetz der großen Zahlen $\frac{S_n}{n} \to \mathsf{M}\Delta_1$ und somit $S_n \to \infty$ mit Wahrscheinlichkeit 1 gilt, woraus

$$\zeta_n = \max(0, S_1, \ldots, S_n) \xrightarrow[n\to\infty]{} \infty \tag{5.51}$$

folgt. Für die Zufallsgrößen $\mathscr{H}_n$, die ja die gleiche Wahrscheinlichkeitsverteilung wie die Zufallsgrößen ζ_n besitzen, erhalten wir aus (5.51)

$$\mathsf{P}\{\mathscr{H}_n \geqq x\} \to 1 \qquad \text{für } n \to \infty \tag{5.52}$$

und jedes (noch so große) x. Dies bedeutet grob formuliert, daß die Wartezeit $\mathscr{H}_n$ einer ziemlich spät eintreffenden Forderung ($n \to \infty$) mit einer nahe an 1 gelegenen Wahrscheinlichkeit unendlich lang ist.

Beispiel: Die Bedienungszeit sei für jede eintreffende Forderung exponentialverteilt mit der Dichte

$$p_{\eta_1}(x) = \begin{cases} \lambda\, \mathrm{e}^{-\lambda x} & \text{für } x \geqq 0, \\ 0 & \text{für } x < 0, \end{cases}$$

und die Verteilung von ξ_1 möge eine Dichte $p_{\xi_1}(y)$ besitzen ($p_{\xi_1}(y) = 0$ für $y < 0$). Dann hat die Summe $\Delta_1 = \eta_1 - \xi_1$ der unabhängigen Zufallsgrößen η_1 und $-\xi_1$ die Dichte

$$p(x) = \int_{-\infty}^{\infty} p_{\eta_1}(x - y)\, p_{-\xi_1}(y)\, \mathrm{d}y = \int_{0}^{\infty} p_{\eta_1}(x + y)\, p_{\xi_1}(y)\, \mathrm{d}y,$$

woraus wir im Fall $x > 0$

$$p(x) = \int_0^\infty \lambda\, \mathrm{e}^{-\lambda(x+y)}\, p_{\xi_1}(y)\, \mathrm{d}y = A\lambda\, \mathrm{e}^{-\lambda x}, \quad x > 0,$$

mit

$$A = \int_0^\infty \mathrm{e}^{-\lambda y}\, p_{\xi_1}(y)\, \mathrm{d}y = \mathsf{P}\{\Delta_1 > 0\}$$

erhalten. Wir hatten im vorangegangenen Abschnitt 5.2. nachgewiesen, daß in diesem Fall die Verteilungsfunktion $F_\zeta(x)$ von ζ explizit berechnet werden kann (vgl. (5.37)). Es gilt

$$F_\zeta(x) = 1 - (1 - q)\, \mathrm{e}^{-\lambda q x}, \qquad x \geqq 0.$$

Besitzt nun überdies die Zeit ξ_1 zwischen zwei aufeinanderfolgenden Forderungen ebenfalls eine Exponentialverteilung, sagen wir mit der Dichte

$$p_{\xi_1}(x) = \begin{cases} \mu\, \mathrm{e}^{-\mu x}, & x \geqq 0, \\ 0, & x < 0, \end{cases}$$

so lautet die Wahrscheinlichkeitsdichte $p(x)$ für $x < 0$ folgendermaßen:

$$p(x) = B\mu\, \mathrm{e}^{\mu x} \quad \text{mit} \quad B = \mathsf{P}\{\Delta_1 \leqq 0\} = 1 - A,$$

wobei

$$A = \frac{\mu}{\lambda + \mu}, \qquad B = \frac{\lambda}{\lambda + \mu}$$

gilt. Nach (5.40) erhalten wir für die Wahrscheinlichkeit $q = F_\zeta(0)$ — sie ist für große n näherungsweise gleich der Wahrscheinlichkeit dafür, daß die n-te Forderung das System frei vorfindet — den Ausdruck

$$q = B - A\,\frac{\mu}{\lambda} = 1 - \frac{\mu}{\lambda}.$$

(Wir erinnern daran, daß die mittlere Dauer zwischen zwei aufeinanderfolgend eintreffenden Forderungen $a = \frac{1}{\mu}$ und die mittlere Bedienungszeit einer Forderung $b = \frac{1}{\lambda}$ betragen. Die Bedingung (5.49) in Satz 1 besagt $\lambda > \mu$.)

Wir wenden uns nun wieder der allgemeinen Situation zu und setzen lediglich voraus, daß die Ungleichung (5.49) erfüllt ist. Wir wollen den sogenannten ersten Bedienungszyklus des Bedienungssystems betrachten. Darunter verstehen wir die Zeit vom Eintreffen der ersten Forderung bis zu demjenigen Zeitpunkt, für den das System erstmals wieder frei wird.

Bezeichnet ν_0 die Anzahl aller Forderungen, die im ersten Bedienungszyklus bedient werden, so erhalten wir für die Dauer T dieser Periode den Ausdruck $T = \sum_{k=1}^{\nu_0} \eta_k$. Aus (5.45) ersieht man, daß ν_0 mit der Anzahl der Schritte übereinstimmt, bis die Folge $S_n = \sum_{k=1}^{n} \Delta_k$, $n = 1, 2, \ldots$, zum ersten Mal das Gebiet $x \leqq 0$ erreicht. In Abschnitt 5.2. wurde gezeigt, daß unter der Bedingung (5.49) die Zufallsgröße ν_0 einen Erwartungswert besitzt und $\mathsf{M}\nu_0 = \frac{1}{q}$ ($q = F_\zeta(0)$, vgl. (5.41)) gilt. Wir wollen nun den Erwartungswert von $T = \sum_{k=1}^{\nu_0} \eta_k$ berechnen.

Lemma 2. *Es gilt die Gleichung*

$$\mathsf{M} \sum_{k=1}^{\nu_0} \eta_k = \mathsf{M}\eta_1 \mathsf{M}\nu_0. \tag{5.53}$$

(Diese Gleichung wird gewöhnlich Wald*sche Identität* genannt.)

Beweis: Wir haben es mit dem Erwartungswert einer zufälligen Anzahl voneinander unabhängiger, identisch verteilter Zufallsgrößen $\eta_1, \eta_2, \ldots$ zu tun. Die Beziehung (5.53) würde offenbar sofort folgen, wenn ν_0 von den Zufallsgrößen $\eta_1, \eta_2, \ldots$, unabhängig wäre, weil dann $\mathsf{M}\left(\sum_{k=1}^{\nu_0} \eta_k \mid \nu_0 = n\right) = n\mathsf{M}\eta_1$ gilt und aus der Formel der „totalen Erwartung“ (vgl. (4.19), Kap. I) schließlich folgte

$$\mathsf{M} \sum_{k=1}^{\nu_0} \eta_k = \mathsf{M}\eta_1 \sum_{n=1}^{\infty} n\mathsf{P}\{\nu_0 = n\} = \mathsf{M}\eta_1\, \mathsf{M}\nu_0.$$

Wir benutzen ähnliche Überlegungen für die Herleitung von (5.53) unter den hier gegebenen Bedingungen: Die Zufallsgrößen $\eta_1, \eta_2, \ldots$ und ν_0 hängen mit der

Folge S_n, $n = 1, 2, \ldots$, zusammen und sind durchaus voneinander abhängig. Zunächst gilt

$$\mathsf{M}\left(\sum_{k=1}^{\nu_0} \eta_k\right) = \mathsf{M}(\eta_1 \mid \nu_0 \leqq 1)\ \mathsf{P}\{\nu_0 \leqq 1\} + \mathsf{M}\left(\eta_1 + \sum_{k=2}^{\nu_0} \eta_k \mid \nu_0 > 1\right) \mathsf{P}\{\nu_0 > 1\}$$
$$= [\mathsf{M}(\eta_1 \mid \nu_0 \leqq 1)\ \mathsf{P}\{\nu_0 \leqq 1\} + \mathsf{M}(\eta_1 \mid \nu_0 > 1)\ \mathsf{P}\{\nu_0 > 1\}]$$
$$+ \mathsf{M}\left(\sum_{k=2}^{\nu_0} \eta_k \mid \nu_0 > 1\right) \mathsf{P}\{\nu_0 > 1\} = \mathsf{M}\eta_1 + \mathsf{M}\left(\sum_{k=2}^{\nu_0} \eta_k \mid \nu_0 > 1\right) \mathsf{P}\{\nu_0 > 1\}.$$

Ob das Ereignis $\{\nu_0 > 1\}$ eintritt, wird vollständig durch die Zufallsgrößen η_1, ξ_1 bestimmt, so daß also η_2 nicht von diesem Ereignis abhängt (die Zufallsgrößen $\eta_1, \eta_2, \ldots$ sind nach Voraussetzung voneinander unabhängig und unabhängig von den Zufallsgrößen $\xi_1, \xi_2, \ldots$). Somit gilt $\mathsf{M}(\eta_2 \mid \nu_0 > 1) = \mathsf{M}\eta_2$. Betrachten wir jetzt bedingte Wahrscheinlichkeitsverteilungen unter der Bedingung $\nu_0 > 1$, so folgt, analog zum Fall, in dem ν_0 nicht von den Zufallsgrößen $\eta_1, \eta_2, \ldots$, abhängt,

$$\mathsf{M}\left(\sum_{k=2}^{\nu_0} \eta_k \mid \nu_0 > 1\right) = \mathsf{M}(\eta_2 \mid \nu_0 > 1) + \mathsf{M}\left(\sum_{k=3}^{\nu_0} \eta_k \mid \nu_0 > 2\right) \mathsf{P}\{\nu_0 > 2 \mid \nu_0 > 1\}$$
$$= \mathsf{M}\eta_2 + \mathsf{M}\left(\sum_{k=3}^{\nu_0} \eta_k \mid \nu_0 > 2\right) \frac{\mathsf{P}\{\nu_0 > 2\}}{\mathsf{P}\{\nu_0 > 1\}}$$

und folglich

$$\mathsf{M}\left(\sum_{k=2}^{\nu_0} \eta_k \mid \nu_0 > 1\right) \mathsf{P}\{\nu_0 > 1\} = \mathsf{M}\eta_2 \mathsf{P}\{\nu_0 > 1\} + \mathsf{M}\left(\sum_{k=3}^{\nu_0} \eta_k \mid \nu_0 > 2\right) \mathsf{P}\{\nu_0 > 2\}.$$

Wir verwenden die gleiche Methode für die Fälle $n = 3, 4, \ldots$ und erhalten schließlich

$$\mathsf{M}\left(\sum_{k=n}^{\nu_0} \eta_k \mid \nu_0 > n-1\right) = \mathsf{M}\eta_n + \mathsf{M}\left(\sum_{k=n+1}^{\nu_0} \eta_k \mid \nu_0 > n\right) \frac{\mathsf{P}\{\nu_0 > n\}}{\mathsf{P}\{\nu_0 > n-1\}}$$
$$n = 3, 4, \ldots,$$

woraus sich die zu beweisende Identität ergibt:

$$\mathsf{M}\left(\sum_{k=1}^{\nu_0} \eta_k\right) = \mathsf{M}\eta_1 + \mathsf{M}\eta_2 \mathsf{P}\{\nu_0 > 1\} + \cdots + \mathsf{M}\eta_n \mathsf{P}\{\nu_0 > n-1\} + \cdots$$
$$= \mathsf{M}\eta_1 \sum_{n=0}^{\infty} \mathsf{P}\{\nu_0 > n\} = \mathsf{M}\eta_1 \mathsf{M}\nu_0.$$

Aus der Waldschen Identität erhalten wir für die mittlere Länge des ersten Bedienungszyklus den Ausdruck

$$\mathsf{M}T = \frac{b}{q}; \tag{5.54}$$

hierbei sind $b = \mathsf{M}\eta_1$ die mittlere Bedienungszeit einer Forderung und $q = F_\zeta(0)$ für große n ungefähr gleich der Wahrscheinlichkeit dafür, daß die n-te Forderung das System frei vorfindet $\left(\frac{1}{q} = \mathsf{M}\nu_0\right)$.

Wir bemerken, daß (5.54) nicht nur für den ersten Bedienungszyklus (das ist derjenige Zyklus, der vom Zeitpunkt des Eintreffens der ersten Forderung gezählt wird) gilt, sondern auch für jeden weiteren Bedienungszyklus

$$T_1 = \sum_{k=\nu_0+1}^{\nu_1} \eta_k, \; T_2 = \sum_{k=\nu_1+1}^{\nu_2} \eta_k, \; \ldots$$

richtig ist; dabei sind $\nu_0, \nu_1, \ldots$ aufeinanderfolgend diejenigen Werte n, für die die $(n+1)$-te Forderung das System frei vorfindet.

Wir interessieren uns nun für die Länge $x(t)$ der Warteschlange, d. h. für die Anzahl der bis zur Zeit t eingetroffenen Forderungen, deren Bedienung noch nicht abgeschlossen ist. Dabei wird t vom Zeitpunkt τ_1 des Eintreffens der ersten Forderung an gezählt. Wir setzen

$$P_k(t) = \mathsf{P}\{x(t) = k\}, \qquad k = 0, 1, \ldots.$$

Es ist also $P_0(t)$ die Wahrscheinlichkeit dafür, daß das System zur Zeit $\tau_1 + t$ frei ist, $P_1(t)$ die Wahrscheinlichkeit dafür, daß genau eine Forderung vorliegt (sie wird offenbar gerade bedient), usw.

Weiter oben hatten wir festgestellt, daß die Verteilung der Zufallsgröße $\mathscr{H}_n$, d. h. der Wartezeit der n-ten Forderung bis zum Beginn ihrer Bedienung für $n \to \infty$ gegen eine Wahrscheinlichkeitsverteilung konvergiert. Wir überlegen uns jetzt, daß die Verteilung der Warteschlangenlänge $x(t)$ für $t \to \infty$ ebenfalls gegen eine „Grenzverteilung" strebt.

Dazu bezeichnen wir mit

$$\tau_0^* = \tau_1, \; \tau_1^* = \tau_1 + \sum_{k=1}^{\nu_0} \xi_k, \; \tau_2^* = \tau_1^* + \sum_{k=\nu_0+1}^{\nu_1} \xi_k, \ldots$$

aufeinanderfolgend diejenigen Ankunftszeiten von Forderungen, zu denen das System frei ist. (Hierbei besitzen die Zufallsgrößen $\nu_0, \nu_1, \ldots$ die gleiche Bedeutung wie auf S. 197.) Wir führen nun den folgenden Erneuerungsprozeß S_n^*, $n = 1, 2, \ldots$, ein:

$$S_0^* = 0, S_1^* = \tau_1^* - \tau_0^*, S_2^* = \tau_2^* - \tau_1^*, \ldots.$$

Dieser Prozeß $S_n^* = \sum_{k=1}^{n} \xi_k^*$ ist eine Summe voneinander unabhängiger, identisch verteilter, positiver Zufallsgrößen $\xi_k^* = \tau_k^* - \tau_{k-1}^*$, $k = 1, 2, \ldots$ Nach der Waldschen Identität existiert der Erwartungswert $\mathsf{M}\xi_1^*$:

$$\mathsf{M}\xi_1^* = \mathsf{M} \sum_{k=1}^{\nu_0} \xi_k = \mathsf{M}\xi_1 \mathsf{M}\nu_0 = \frac{a}{q} \tag{5.55}$$

(vgl. (5.54)).

Wir hatten uns überlegt (vgl. (5.12)), daß für die Zufallsgrößen $\xi^*(t) = t - S^*_{\nu^*(t)}$, wobei $\nu^*(t)$ die Anzahl der Erneuerungen im Verlaufe der Zeit t bezeichnet, das Erneuerungstheorem gilt: Die Wahrscheinlichkeitsverteilung der Zufallsgröße $\xi^*(t)$ konvergiert für $t \to \infty$ schwach gegen die Verteilung einer gewissen Zufallsgröße ξ^*.

Satz 2. *Die Wahrscheinlichkeiten $P_k(t)$, $k = 0, 1, \ldots$, seien stetige Funktionen*[1]) *von $t \geqq 0$. Dann existieren die Grenzwerte*

$$P_k = \lim_{t\to\infty} P_k(t), \qquad k = 0, 1, \ldots. \tag{5.56}$$

Beweis: Offenbar beginnt nach jedem Zeitpunkt τ_n^*, zu dem eine eintreffende Forderung das Gerät frei vorfindet, der Prozeß der Bildung der Warteschlange von neuem. Mithin ist die Wahrscheinlichkeit dafür, daß die Warteschlangenlänge im Verlaufe der Zeit u nach dem Zeitpunkt $\tau_0^* + S_n^*$ gleich k ist, unabhängig von n gleich $P_k(u)$ (dieser Ausdruck ergibt sich für $n = 0$). Folglich erhalten wir bei festem $S^*_{\nu^*(t)} = s$ für die (bedingte) Wahrscheinlichkeit von $x(t) = k$ den Ausdruck

$$\mathsf{P}\{x(t) = k \mid S^*_{\nu^*(t)}\} = P_k(t - S^*_{\nu^*(t)}) = P_k(\xi^*(t))$$

und damit

$$P_k(t) = \mathsf{M}P_k(\xi^*(t)).$$

Nun konvergiert aber die Verteilung der Zufallsgröße $\xi^*(t)$ für $t \to \infty$ schwach gegen die Verteilung einer gewissen Zufallsgröße ξ^*. Unter Benutzung von Satz 1 aus Kap. II, Abschnitt 5 erhalten wir hieraus

$$\mathsf{M}u(\xi^*(t)) \xrightarrow[t\to\infty]{} \mathsf{M}u(\xi^*)$$

für jede beschränkte, stetige Funktion $u(x)$. Speziell für $u(x) = P_k(x)$ folgt damit die zu beweisende Beziehung (5.56), wenn man $P_k = \mathsf{M}P_k(\xi^*)$ setzt.

6. Stochastische Prozesse in linearen Systemen

6.1. Einige einführende Bemerkungen

Wir nennen ein physikalisches System linear, wenn sich bei Einwirken einer äußeren Störung $y(s)$, $0 \leqq s \leqq t$, sein Phasenzustand $x(t)$ zur Zeit t (unter der Anfangsbedingung $x(0) = 0$) in der Form

$$x(t) = \int_0^t w(t, s)\, y(s)\, ds \tag{6.1}$$

[1]) Im Fall diskreter Werte $t = 0, 1, 2, \ldots$, ist formal jede Funktion stetig.

darstellen läßt. Dabei ist $w(t, s)$, $0 \leqq s \leqq t$, eine gewisse stückweise stetige Funktion, die man gewöhnlich *Gewichtsfunktion* nennt. Sie beschreibt das Verhalten des Systems, das zum Zeitpunkt s durch einen „Einheitsimpuls" $\delta(t - s)$ aus dem Ruhezustand gebracht wird. (Wir bezeichnen mit $\delta(t)$ die allgemein bekannte „Delta-Funktion".)

So ist beispielsweise ein System linear, wenn sein Verhalten durch eine lineare Differentialgleichung

$$x^{(n)}(t) + a_1 x^{(n-1)}(t) + \cdots + a_n x(t) = y(t) \tag{6.2}$$

beschrieben wird, wobei die Koeffizienten $a_k = a_k(t)$, $k = 1, \ldots, n$, Funktionen von t sein können. In diesem Fall ist die Gewichtsfunktion $w(t, s)$, $s \leqq t$, für jedes feste s die Lösung der homogenen Gleichung

$$\frac{\mathrm{d}^n}{\mathrm{d}t^n} w(t, s) + a_1(t) \frac{\mathrm{d}^{n-1}}{\mathrm{d}t^{n-1}} w(t, s) + \cdots + a_n(t)\, w(t, s) = 0$$

mit den Anfangsbedingungen

$$\left.\frac{\mathrm{d}^k}{\mathrm{d}t^k} w(t, s)\right|_{t=s} = 0 \quad \text{für} \quad k = 0, 1, \ldots, n-2; \qquad \left.\frac{d^{n-1}}{\mathrm{d}t^{n-1}} w(t, s)\right|_{t=s} = 1 .$$

(Es läßt sich unmittelbar nachprüfen, daß $x(t) = \int\limits_0^t w(t, s)\, y(s)\, \mathrm{d}s$ eine Lösung der Differentialgleichung (6.2) ist, die den Anfangsbedingungen $x^{(k)}(0) = 0$ für $k = 0, 1, \ldots, n-2$ und $x^{(n-1)}(0) = 1$ genügt.)

Wir wollen nun das Verhalten eines linearen Systems mit der Gewichtsfunktion $w(t, s)$ betrachten, wenn „chaotische", sich schnell verändernde Störungen einwirken.

Wir nehmen an, daß auf das System zu gegebenen Zeitpunkten t_k zufällige, unabhängige Impulse der Gestalt $\Delta\eta(t_k)\, \delta(t - t_k)$ einwirken ($k = 1, 2, \ldots$). Dabei seien $\Delta\eta(t_k)$, $k = 1, 2, \ldots$, voneinander unabhängige Zufallsgrößen mit den Erwartungswerten und Streuungen

$$\mathsf{M}\Delta\eta(t_k) = a_k\, \Delta t_k, \qquad \mathsf{D}^2\, \Delta\eta(t_k) = b_k\, \Delta t_k \tag{6.3}$$

($\Delta t_k = t_k - t_{k-1}$ bezeichnet die Zeitdauer zwischen dem Eintreten des $(k-1)$-ten und des k-ten Impulses). Als Ergebnis einer solchen Störung erhalten wir am „Ausgang" des Systems einen stochastischen Prozeß $\xi = \xi(t)$, $t \geqq t_0$ (es sei $t_0 = 0$) der Form

$$\xi(t) = \sum_{0 \leqq t_k \leqq t} w(t, t_k)\, \Delta\eta(t_k), \tag{6.4}$$

und es gilt

$$\mathsf{M}\xi(t) = \sum_{0 \leqq t_k \leqq t} w(t, t_k)\, \mathsf{M}\, \Delta\eta(t_k) = \sum_{0 \leqq t_k \leqq t} w(t, t_k)\, a_k\, \Delta t_k,$$

$$\mathsf{D}^2\xi(t) = \sum_{0 \leqq t_k \leqq t} w^2(t, t_k)\, \mathsf{D}^2\, \Delta\eta(t_k) = \sum_{0 \leqq t_k \leqq t} w^2(t, t_k)\, b_k\, \Delta t_k .$$

Man stelle sich nun vor, was passiert, wenn die Intervalle zwischen den einzelnen Zeitpunkten sehr klein werden, genauer, wenn $\max \Delta t_k \to 0$ gilt.

Um den Zusammenhang der Koeffizienten a_k, b_k in (6.3) mit den entsprechenden Zeitintervallen (t_{k-1}, t_k) hervorzuheben, führen wir folgende Funktionen $a(t)$ und $b(t)$ ein:

$$\begin{aligned} a(t) &= a_k \\ b(t) &= b_k \end{aligned} \quad \text{für} \quad t_{k-1} < t \leqq t_k, \quad k = 1, 2, \ldots .$$

Wir setzen voraus, daß diese Funktionen für $\max \Delta t_k \to 0$ einem Grenzwert zustreben. Der Einfachheit halber hätte man auch gleich annehmen können, daß für die Koeffizienten a_k und b_k die Beziehung

$$a_k = a(t_k), \qquad b_k = b(t_k)$$

gilt, wobei $a(t)$ und $b(t)$ gewisse stückweise stetige Funktionen sind.

Wir erhalten dann als Grenzwert beim Übergang $\max \Delta t_k \to 0$ für jeden Zeitpunkt t eine Zufallsgröße $\xi(t)$, die den Zustand des Systems zur Zeit t angibt, und für die

$$\mathsf{M}\xi(t) = \lim \sum w(t, t_k)\, a(t_k)\, \Delta t_k = \int\limits_0^t w(t, s)\, a(s)\, ds$$

und

$$\mathsf{D}^2\xi(t) = \lim \sum w^2(t, t_k)\, b(t_k)\, \Delta t_k = \int\limits_0^t w^2(t, s)\, b(s)\, ds$$

gilt.

Aus den getroffenen Voraussetzungen folgt, daß die Zufallsgrößen $\Delta\eta(t_k)$ bei $\max \Delta t_k \to 0$ „unendlich klein“ werden; genauer, es gilt

$$\mathsf{M}[\Delta\eta(t_k)]^2 = b(t_k)\, \Delta t_k + [a(t_k)\, \Delta t_k]^2 \to 0,$$

und dabei ist

$$\sum_{0 \leqq t_k \leqq t} \mathsf{D}^2\, \Delta\eta(t_k) = \sum b(t_k)\, \Delta t_k \to \int\limits_0^t b(s)\, ds .$$

Unter der zusätzlichen Voraussetzung, daß $[\Delta\eta(t_k)]^3$ in einem gewissen Sinne von höherer Ordnung klein wird, genauer, daß

$$\sum_{0 \leqq t_k \leqq t} \mathsf{M}\, |\Delta\eta(t_k)|^3 \to 0 \tag{6.5}$$

gilt, ist der zentrale Grenzwertsatz anwendbar. Folglich ist die Zufallsgröße $\xi(t)$ nach dem Grenzübergang $\max \Delta t_k \to 0$ normalverteilt, d. h., es gilt

$$\mathsf{P}\{x' \leqq \xi(t) \leqq x''\} = \frac{1}{\sqrt{2\pi B}} \int\limits_{x'}^{x''} e^{-\frac{(x-A)^2}{2B}}\, dx \tag{6.6}$$

mit

$$A = \int_0^t w(t, s)\, a(s)\, \mathrm{d}s, \qquad B = \int_0^t w^2(t, s)\, b(s)\, \mathrm{d}s.$$

Man kann nämlich ohne Schwierigkeiten nachprüfen, daß für die Summen unabhängiger Zufallsgrößen

$$\lambda(t) = \sum_{0 \leqq t_k \leqq t} w(t, t_k)\, \Delta\eta(t_k)$$

die bekannte LJAPUNOWsche Bedingung erfüllt ist:

$$\sum_{0 \leqq t_k \leqq t} \mathsf{M}\, |w(t, t_k)\, \Delta\eta(t_k) - \mathsf{M} w(t, t_k)\, \Delta\eta(t_k)|^3$$
$$\leqq \max_{0 \leqq s \leqq t} |w(t, s)|^3 \sum \mathsf{M}\, |\Delta\eta(t_k) - a(t_k)\, \Delta t_k|^3 \to 0$$

(Wir erinnern daran, daß hier $\mathsf{M}\xi(t) \to A$ und $\mathsf{D}^2\xi(t) \to B$ gilt.)

Die äußere Einwirkung auf das betrachtete System (d. h. seine Störung)

$$\dot\eta(t) = \sum_{0 \leqq t_k \leqq t} \Delta\eta(t_k)\, \delta(t - t_k) \tag{6.7}$$

läßt sich bequem beschreiben, wenn man den stochastischen Prozeß

$$\eta(t) = \int_0^t \dot\eta(s)\, \mathrm{d}s = \sum_{0 \leqq t_k \leqq t} \Delta\eta(t_k) \tag{6.8}$$

verwendet. Letzterer charakterisiert — grob gesprochen — die aufsummierte „Einwirkung" auf das System während der Zeit t. Ausgehend von einem stochastischen Prozeß $\eta(t)$, $t \geqq 0$, hätte man die Größen $\Delta\eta(t_k)$ auch in der Form

$$\Delta\eta(t_k) = \eta(t_k) - \eta(t_{k-1}), \qquad k = 1, 2, \ldots,$$

darstellen können, wobei man natürlich für $\eta(t)$, $t \geqq 0$, einen Prozeß mit unabhängigen Zuwächsen verwenden müßte, d. h. einen Prozeß, bei dem die Zuwächse $\Delta\eta(t_k) = \eta(t_k) - \eta(t_{k-1})$, $k = 1, 2, \ldots$, voneinander unabhängige Zufallsgrößen sind (bei beliebiger Wahl von $t_0 \leqq t_1 \leqq t_2 \leqq \cdots$). Diese Eigenschaft besitzen zum Beispiel uns bereits bekannte Prozesse, nämlich der POISSONsche Prozeß und der Prozeß der BROWNschen Bewegung.

Nach dem Grenzübergang $\max \Delta t_k \to 0$ liegt — grob formuliert — eine „stetige Einwirkung" durch unendlich kleine unabhängige Störungen vor. In diesem Sinne erscheint es plausibel, von dem „diskreten Modell" (6.4) zu einem entsprechenden „stetigen Modell" durch Einführen des sogenannten stochastischen Integrals

$$\lambda(t) = \int_0^t w(t, s)\, \mathrm{d}\eta(s) \tag{6.9}$$

überzugehen (seine Definition und Eigenschaften werden wir im nächsten Abschnitt betrachten).

6.2. Das stochastische Integral

Ein stochastischer Prozeß $\eta = \eta(t)$ heißt ein *Prozeß mit unkorrelierten Zuwächsen,* wenn für beliebige Zeitpunkte $s_1 \leqq t_1 \leqq s_2 \leqq t_2$ die Zufallsgrößen $\eta_1 = \eta(t_1) - \eta(s_1)$ und $\eta_2 = \eta(t_2) - \eta(s_2)$ unkorreliert sind, d. h. wenn

$$\mathsf{M}(\eta_1 - \mathsf{M}\eta_1)(\eta_2 - \mathsf{M}\eta_2) = 0$$

gilt.

Offenbar gehören zu dieser Klasse von Prozessen alle Prozesse mit unabhängigen Zuwächsen, deren Erwartungswerte und Streuungen existieren, speziell also der Prozeß der Brownschen Bewegung und der Poissonsche Prozeß.

Im weiteren (vgl. Abschnitt 7.) wird es nötig sein, komplexwertige stochastische Prozesse zu betrachten.

Für eine komplexwertige Zufallsgröße η ist die Streuung durch

$$\mathsf{D}^2\eta = \mathsf{M}\,|\eta - \mathsf{M}\eta|^2$$

definiert; zwei solche Zufallsgrößen η_1, η_2 heißen *unkorreliert,* wenn

$$\mathsf{M}(\eta_1 - \mathsf{M}\eta_1)\,(\overline{\eta_2 - \mathsf{M}\eta_2}) = 0 \tag{6.10}$$

gilt. Entsprechend heißt ein komplexwertiger stochastischer Prozeß $\eta(t)$ ein *Prozeß mit unkorrelierten Zuwächsen,* wenn für beliebige Zuwächse $\eta_1 = \eta(t_1) - \eta(s_1)$, $\eta_2 = \eta(t_2) - \eta(s_2)$ mit $s_1 \leqq t_1 \leqq s_2 \leqq t_2$ die Bedingung (6.10) erfüllt ist.

Es sei nun $\eta(t)$, $c_1 \leqq t \leqq c_2$, ein Prozeß mit unkorrelierten Zuwächsen, für den

$$\mathsf{M}\big(\eta(t) - \eta(s)\big) = \int_s^t a(u)\,\mathrm{d}u, \qquad \mathsf{D}^2\big(\eta(t) - \eta(s)\big) = \int_s^t b(u)\,\mathrm{d}u \tag{6.11}$$

gilt. (Die nichtnegative Funktion $b(t)$, $c_1 \leqq t \leqq c_2$ in (6.11) werden wir *Strukturdichte* des stochastischen Prozesses $\eta(t)$ nennen.)

Wir setzen zunächst $a(t) \equiv 0$ voraus.

Für eine beliebige stückweise konstante Funktion $\varphi(t)$, $c_1 \leqq t \leqq c_2$, mit

$$\varphi(t) = y_k \quad \text{für} \quad t_{k-1} < t \leqq t_k, \quad k = 1, 2, \ldots, n,$$

(dabei zerlegen die Punkte $c_1 = t_0, t_1, \ldots, t_n = c_2$ das Intervall $[c_1, c_2]$ in endlich viele Teilintervalle) wird das *stochastische Integral* durch

$$\int_{c_1}^{c_2} \varphi(t)\,\mathrm{d}\eta(t) = \sum_{k=1}^{n} y_k\,\Delta\eta(t_k) \tag{6.12}$$

definiert, wobei $\Delta\eta(t_k) = \eta(t_k) - \eta(t_{k-1})$, $k = 1, 2, \ldots, n$, gesetzt wurde. Offenbar hängt die Zufallsgröße $\int_{c_1}^{c_2} \varphi(t)\,\mathrm{d}\eta(t)$ nicht von der Wahl der Zerlegung in Intervalle

$(t_{k-1}, t_k]$, $k = 1, 2, \ldots, n$, ab, sofern nur die Funktion $\varphi(t)$ auf jedem Intervall $(t_{k-1}, t_k]$ konstant ist.

Für je zwei beliebige stückweise konstante Funktionen $\varphi(t)$, $\psi(t)$ und Konstanten λ_1, λ_2 gilt offenbar

$$\int_{c_1}^{c_2} [\lambda_1\varphi(t) + \lambda_2\psi(t)] \, d\eta(t) = \lambda_1 \int_{c_1}^{c_2} \varphi(t) \, d\eta(t) + \lambda_2 \int_{c_1}^{c_2} \psi(t) \, d\eta(t). \tag{6.13}$$

Man prüft leicht nach, daß

$$\mathsf{M} \int_{c_1}^{c_2} \varphi(t) \, d\eta(t) = 0$$

richtig ist, und aus (6.10) folgt die Gültigkeit von

$$\mathsf{M}\left[\int_{c_1}^{c_2} \varphi(t) \, d\eta(t) \overline{\int_{c_1}^{c_2} \psi(t) \, d\eta(t)}\right] = \int_{c_1}^{c_2} \varphi(t) \overline{\psi(t)} \, b(t) \, dt \tag{6.14}$$

(beim Nachweis der Beziehungen (6.13) und (6.14) wählt man eine für φ und ψ gemeinsame Zerlegung $c_1 = t_0, t_1, \ldots, t_n = c_2$).

Insbesondere gilt

$$\mathsf{M}\left|\int_{c_1}^{c_2} \varphi(t) \, d\eta(t)\right|^2 = \left\|\int_{c_1}^{c_2} \varphi(t) \, d\eta(t)\right\|^2 = \int_{c_1}^{c_2} |\varphi(t)|^2 \, b(t) \, dt, \tag{6.15}$$

und für den Abstand der Zufallsgrößen

$$\xi = \int_{c_1}^{c_2} \varphi(t) \, d\eta(t) \qquad \text{und} \qquad \eta = \int_{c_1}^{c_2} \psi(t) \, d\eta(t)$$

im quadratischen Mittel erhalten wir den Ausdruck

$$\|\xi - \eta\|^2 = \int_{c_1}^{c_2} |\varphi(t) - \psi(t)|^2 \, b(t) \, dt. \tag{6.16}$$

Es sei nun $\varphi(t)$, $c_1 \leqq t \leqq c_2$, eine Funktion, die der Bedingung

$$\int_{c_1}^{c_2} |\varphi(t)|^2 \, b(t) \, dt < \infty \tag{6.17}$$

genügt und für die man eine Folge $\varphi_n(t)$, $n = 1, 2, \ldots$, von stückweise konstanten Funktionen finden kann, die gegen $\varphi(t)$ im quadratischen Mittel konvergiert:

$$\int_{c_1}^{c_2} |\varphi_n(t) - \varphi(t)|^2 \, b(t) \, dt \to 0 \qquad \text{für } n \to \infty \tag{6.18}$$

(dabei gilt auch $\int_{c_1}^{c_2} |\varphi_n(t) - \varphi_m(t)|^2 b(t) \, dt \to 0$ für $n, m \to \infty$). Für die entsprechende Folge stochastischer Integrale

$$\xi_n = \int_{c_1}^{c_2} \varphi_n(t) \, d\eta(t), \qquad n = 1, 2, \ldots,$$

erhalten wir dann

$$\|\xi_n - \xi_m\|^2 = \int_{c_1}^{c_2} |\varphi_n(t) - \varphi_m(t)|^2 b(t) \, dt \to 0 \qquad \text{für } n, m \to \infty;$$

deshalb besitzt diese Folge einen Grenzwert ξ (vgl. Satz 2 aus Kap. I, Abschnitt 4):

$$\|\xi_n - \xi\| \to 0 \qquad \text{für } n \to \infty.$$

Diesen Grenzwert ξ bezeichnen wir mit $\xi = \int_{c_1}^{c_2} \varphi(t) \, d\eta(t)$ und nennen ihn das *stochastische Integral*[1]) der Funktion $\varphi(t)$. Die Zufallsgröße ξ ist mit Wahrscheinlichkeit 1 eindeutig bestimmt und hängt nicht von der Wahl der gegen $\varphi(t)$ konvergierenden Folge $\varphi_n(t)$, $n = 1, 2, \ldots$, ab.

Man überzeugt sich leicht davon, daß auch das eben definierte stochastische Integral den Beziehungen (6.13)—(6.16), die wir zunächst für stückweise konstante Funktionen $\varphi(t)$ und $\psi(t)$ aufgestellt hatten, genügt. Dies erhält man nämlich sofort durch entsprechenden Grenzübergang von stückweise konstanten Funktionen zu allgemeinen Funktionen, die der Bedingung (6.17) genügen.

Ist $\varphi(t)$ eine stückweise stetige Funktion, so läßt sich das Integral $\int_{c_1}^{c_2} \varphi(t) \, d\eta(t)$ auch durch

$$\int_{c_1}^{c_2} \varphi(t) \, d\eta(t) = \lim_{n \to \infty} \sum_{k=1}^{n} \varphi(t_{kn}) \, \Delta\eta(t_{kn}) \tag{6.19}$$

erhalten, wobei die Integralsummen auf der rechten Seite über immer feinere Zerlegungen des Intervalls $[c_1, c_2]$ (durch die Punkte t_{kn}, $k = 1, \ldots, n$) zu nehmen sind. Diese Formel ergibt sich aus der oben angegebenen allgemeinen Definition, man hat nur für die Folge $\varphi_n(t)$, $n = 1, 2, \ldots$, der stückweise konstanten Funk-

---

[1]) Wir weisen darauf hin, daß man das „Differential" $d\eta(t)$ nicht in dem Sinne verstehen darf, wie es bei gewöhnlichen differenzierbaren Funktionen der Fall ist ($d\eta(t) = \eta'(t) \, dt$), weil der Zuwachs $\Delta\eta(t) = \eta(t + \Delta t) - \eta(t)$ im Mittel von der Ordnung $\sqrt{\Delta t}$ ist (und nicht Δt, wie das bei einer gewöhnlichen differenzierbaren Funktion $\eta(t)$ der Fall ist):

$$\mathsf{M} \, |\Delta\eta(t)|^2 \sim b(t) \, \Delta t,$$

$$\frac{|\Delta\eta(t)|}{\Delta t} \to \infty \quad \text{für} \quad \Delta t \to 0.$$

tionen speziell

$$\varphi_n(t) = \varphi(t_{kn}), \quad t_{k-1n} < t \leqq t_{kn}, \quad k = 1, \ldots, n,$$

zu setzen.

Wir wollen nun die Definition des stochastischen Integrals auf den Fall ausdehnen, bei dem das Intervall $[c_1, c_2]$ unendlich sein kann.

Es sei $\varphi(t)$, $c_1 \leqq t \leqq c_2$, eine beliebige, der Bedingung (6.17) genügende Funktion. Wir wählen eine monoton fallende Folge $c_{1n} \searrow c_1$ und eine monoton wachsende Folge $c_{2n} \nearrow c_2$, $n = 1, 2, \ldots$ Für $n, m \to \infty$ gilt dann

$$\left\| \int_{c_{1n}}^{c_{2n}} \varphi(t)\, \mathrm{d}\eta(t) - \int_{c_{1m}}^{c_{2m}} \varphi(t)\, \mathrm{d}\eta(t) \right\|^2 = \int_{c_{1n}}^{c_{1m}} |\varphi(t)|^2\, b(t)\, \mathrm{d}t + \int_{c_{2m}}^{c_{2n}} |\varphi(t)|^2\, b(t)\, \mathrm{d}t \to 0$$

(wobei ohne Beschränkung der Allgemeinheit $n \geqq m$ angenommen wurde). Hieraus folgt, daß der Grenzwert

$$\lim_{c_{1n} \to c_1,\, c_{2n} \to c_2} \int_{c_{2n}}^{c_{2n}} \varphi(t)\, \mathrm{d}\eta(t) = \int_{c_1}^{c_2} \varphi(t)\, \mathrm{d}\eta(t) \tag{6.20}$$

existiert.

Wir lassen jetzt die oben getroffene Voraussetzung $a(t) \equiv 0$ fallen und definieren den Begriff des stochastischen Integrals bezüglich eines stochastischen Prozesses $\eta(t)$, $c_1 \leqq t \leqq c_2$, mit unkorrelierten Zuwächsen, dessen Mittelwertfunktion

$$\mathsf{M}\eta(t) = \int_{c_1}^{t} a(u)\, \mathrm{d}u$$

von Null verschieden sein kann.

Für eine beliebige Funktion $\varphi(t)$, $c_1 \leqq t \leqq c_2$, die den Bedingungen

$$\int_{c_1}^{c_2} |\varphi(t)\, a(t)|\, \mathrm{d}t < \infty, \qquad \int_{c_1}^{c_2} |\varphi(t)|^2\, b(t)\, \mathrm{d}t < \infty \tag{6.21}$$

genügt, setzen wir

$$\int_{c_1}^{c_2} \varphi(t)\, \mathrm{d}\eta(t) = \int_{c_1}^{c_2} \varphi(t)\, \mathrm{d}\eta^0(t) + \int_{c_1}^{c_2} \varphi(t)\, a(t)\, \mathrm{d}t \tag{6.22}$$

mit

$$\eta^0(t) = \eta(t) - \mathsf{M}\eta(t), \qquad c_1 \leqq t \leqq c_2.$$

Der Prozeß $\eta^0(t)$, $c_1 \leqq t \leqq c_2$, ist ein Prozeß mit unkorrelierten Zuwächsen des bereits betrachteten Typs (d. h., seine Mittelwertfunktion ist gleich Null), und er besitzt die Strukturdichte $b(t)$, $c_1 \leqq t \leqq c_2$.

Die grundlegenden Formeln (vgl. (6.14)) zur Definition des stochastischen Integrals sind gegenüber oben in folgender Weise zu modifizieren:

$$\mathsf{M}\left[\int_{c_1}^{c_2} \varphi(t)\, \mathrm{d}\eta(t)\right] = \int_{c_1}^{c_2} \varphi(t)\, a(t)\, \mathrm{d}t,$$

$$\mathsf{M}\left[\int_{c_1}^{c_2} \varphi(t)\, \mathrm{d}\eta(t) \int_{c_1}^{c_2} \overline{\psi(t)\, \mathrm{d}\eta(t)}\right] = \int_{c_1}^{c_2} \varphi(t)\, \overline{\psi(t)}\, b(t)\, \mathrm{d}t + \int_{c_1}^{c_2} \varphi(t)\, a(t)\, \mathrm{d}t \int_{c_1}^{c_2} \overline{\psi(t)\, a(t)\, \mathrm{d}t}. \tag{6.23}$$

Anstelle von (6.15) gilt jetzt

$$\mathsf{M}\left|\int_{c_1}^{c_2} \varphi(t)\,\mathrm{d}\eta(t)\right|^2 = \int_{c_1}^{c_2} |\varphi(t)|^2\, b(t)\,\mathrm{d}t + \left|\int_{c_1}^{c_2} \varphi(t)\, a(t)\,\mathrm{d}t\right|^2. \tag{6.24}$$

Wenn für eine Folge $\varphi_n(t)$, $n = 1, 2, \ldots$, von Funktionen die Beziehung

$$\int_{c_1}^{c_2} |\varphi_n(t) - \varphi(t)|^2\, b(t)\,\mathrm{d}t \to 0$$

erfüllt ist, und wenn überdies

$$\int_{c_1}^{c_2} \varphi_n(t)\, a(t)\,\mathrm{d}t \to \int_{c_1}^{c_2} \varphi(t)\, a(t)\,\mathrm{d}t$$

gilt, so folgt

$$\int_{c_1}^{c_2} \varphi(t)\,\mathrm{d}\eta(t) = \lim_{n\to\infty} \int_{c_1}^{c_2} \varphi_n(t)\,\mathrm{d}\eta(t) \tag{6.25}$$

im Sinne der Konvergenz im quadratischen Mittel. Insbesondere läßt sich für jede stückweise stetige Funktion $\varphi(t)$ das stochastische Integral $\int_{c_1}^{c_2} \varphi(t)\,\mathrm{d}\eta(t)$ analog zu (6.19) als Grenzwert von „Integralsummen" definieren.

6.3. Konvergenz gegen einen stationären Prozeß

Wir betrachten ein lineares System mit einer Gewichtsfunktion

$$w(t, s) = w(t - s), \qquad s \leqq t,$$

die nur von der Differenz $t - s$ abhängt (die Funktion $w(t)$, $t \geqq 0$, werden wir ebenfalls wieder als *Gewichtsfunktion* bezeichnen). Ein solches lineares System heiße *stabil*, wenn die folgenden Bedingungen erfüllt sind:

$$\int_0^\infty |w(t)|\,\mathrm{d}t < \infty, \qquad \int_0^\infty |w(t)|^2\,\mathrm{d}t < \infty. \tag{6.27}$$

Das vorgegebene System setzen wir als stabil voraus und nehmen an, daß eine äußere Störung $\dot{\eta}(t)$ einwirkt, so daß der stochastische Prozeß $\xi(t)$ am Ausgang des Systems als stochastisches Integral

$$\xi(t) = \int_0^t w(t - s)\,\mathrm{d}\eta(s) \tag{6.28}$$

dargestellt werden kann. Der stochastische Prozeß $\eta(t)$ sei dabei ein Prozeß mit unkorrelierten Zuwächsen (er charakterisiert die aufsummierten äußeren Wirkungen — vgl. (6.8)), der zeitlich homogen ist, d. h., die Funktionen $a(t)$, $b(t)$ in (6.11) sollen nicht von t abhängen:

$$a(t) \equiv a, \qquad b(t) \equiv b. \tag{6.29}$$

Wir betrachten den zur Zeit t beginnenden Prozeß

$$\xi^0(t) = \int_{t_0}^{t} w(t - s)\, \mathrm{d}\eta(s), \qquad t_0 \leqq t < \infty,$$

und den stochastischen Prozeß

$$\xi^*(t) = \int_{-\infty}^{t} w(t - s)\, \mathrm{d}\eta(s) = \lim_{t_0 \to -\infty} \int_{t_0}^{t} w(t - s)\, \mathrm{d}\eta(s), \qquad -\infty < t < \infty \tag{6.30}$$

(letzterer beginnt bereits in der „unendlich fernen Vergangenheit"). Aus den Beziehungen (6.23) und (6.24) erhalten wir

$$\begin{aligned} \|\xi(t) - \xi^*(t)\|^2 &= \left\| \int_{-\infty}^{0} w(t - s)\, \mathrm{d}\eta(s) \right\|^2 = b \int_{-\infty}^{0} |w(t - s)|^2\, \mathrm{d}s + \left| a \int_{-\infty}^{0} w(t - s) \mathrm{d}s \right|^2 \\ &= b \int_{t}^{\infty} |w(s)|^2\, \mathrm{d}s + \left| a \int_{t}^{\infty} w(s)\, \mathrm{d}s \right|^2, \end{aligned}$$

woraus sich

$$\|\xi(t) - \xi^*(t)\| \to 0 \qquad \text{für } t \to \infty \tag{6.31}$$

ergibt.

Wir setzen $w(t) = 0$ für $t < 0$; dann läßt sich der stochastische Prozeß $\xi^*(t)$ in der Form

$$\xi^*(t) = \int_{-\infty}^{\infty} w(t - s)\, \mathrm{d}\eta(s) \tag{6.32}$$

schreiben. Der Mittelwert dieses Prozesses ist konstant

$$A(t) = \mathsf{M}\xi^*(t) = a \int_{-\infty}^{\infty} w(u)\, \mathrm{d}u, \tag{6.33}$$

und seine Kovarianzfunktion

$$\begin{aligned} B(\cdot, s) = \mathsf{M}\xi^*(t)\, \xi^*(s) &= b \int_{-\infty}^{\infty} w(t - u)\, w(s - u)\, \mathrm{d}u \\ &= b \int_{-\infty}^{\infty} w(t - s - u)\, w(u)\, \mathrm{d}u = B(t - s) \end{aligned} \tag{6.34}$$

hängt nur von der Differenz $t - s$ ab. Ein solcher Prozeß $\xi^*(t)$ heißt *stationär* (*im weiteren Sinne*).

Wir haben somit das folgende Ergebnis erhalten.

Satz. *Der am Ausgang eines stabilen Systems durch das stochastische Integral* (6.28) *erhaltene Prozeß* $\xi(t)$ *nähert sich für* $t \to \infty$ *im quadratischen Mittel dem durch* (6.30) *definierten stationären Prozeß* $\xi^*(t)$ *unbegrenzt, d. h., es gilt* $\|\xi(t) - \xi^*(t)\| \to 0$ *für* $t \to \infty$.

Ergänzend bemerken wir noch folgendes.

Wir nehmen an, daß der stochastische Prozeß $\eta(t)$ ein *homogener Prozeß mit unabhängigen Zuwächsen* ist, d. h., die Wahrscheinlichkeitsverteilungen der Zuwächse $\eta(t) - \eta(s)$ stimmen für alle Intervalle (s, t) gleicher Länge $t - s$ überein, und für beliebige $s_1 \leqq t_1 \leqq \cdots \leqq s_n \leqq t_n$ sind die Zufallsgrößen $\eta(t_k) - \eta(s_k)$, $k = 1, \ldots, n$, voneinander unabhängig.

Dann ist der stochastische Prozeß

$$\xi^*(t) - \int_{-\infty}^{\infty} w(t - s)\, \mathrm{d}\eta(s)$$

stationär in dem Sinne, daß die gemeinsame Wahrscheinlichkeitsverteilung der Zufallsgrößen $\xi^*(t_1 + s), \ldots, \xi^*(t_n + s)$ bei beliebigen festen Zeitpunkten $t_1, \ldots, t_n$ nicht von s abhängt. Insbesondere ist die Wahrscheinlichkeitsverteilung von $\xi^*(t)$ unabhängig von t und stimmt mit der Verteilung der Zufallsgröße

$$\xi^* = \int_{-\infty}^{\infty} w(-u)\, \mathrm{d}\eta(u) \tag{6.35}$$

überein.

Aus der Quadratmittelkonvergenz $\|\xi(t) - \xi^*(t)\| \to 0$ folgt (vgl. Satz 2 aus Kap. I, Abschnitt 5) in diesem Fall, daß die Wahrscheinlichkeitsverteilungen der Zufallsgrößen $\xi(t)$ für $t \to \infty$ schwach gegen die Wahrscheinlichkeitsverteilung der durch (6.35) definierten Zufallsgröße konvergieren.

6.4. Prozesse mit Brechungseffekt

Wir betrachten ein lineares System (6.1) unter der Einwirkung zufälliger Impulse $\eta_k\, \delta(t - \tau_k)$, $k = 1, 2, \ldots$, die zu gewissen zufälligen Zeiten τ_k, $k = 1, 2, \ldots$, entstehen. Solche Einwirkungen bilden einen stochastischen Prozeß der Form

$$\dot{\eta}(t) = \sum_{0 \leqq \tau_k \leqq t} \eta_k\, \delta(t - \tau_k), \qquad 0 \leqq t < \infty. \tag{6.36}$$

Das zeitliche Verhalten des Systems wird durch

$$\xi(t) = \sum_{0 \leqq \tau_k \leqq t} \eta_k w(t - \tau_k), \qquad 0 \leqq t < \infty, \tag{6.37}$$

(vgl. (6.4), (6.7)) beschrieben, wobei $\xi(t)$ den Zustand des Systems zur Zeit t angibt. Ein solcher stochastischer Prozeß heißt ein Prozeß mit Brechungseffekt.

Wir nehmen an, daß die zeitliche Aufeinanderfolge der zufälligen Impulse $\eta_k \delta(t-\tau_k)$ nach einer POISSONschen Verteilung mit dem Parameter λ vor sich geht; das soll bedeuten, daß im Zeitintervall (s, t) mit der Wahrscheinlichkeit

$$\frac{[\lambda(t-s)]^n}{n!} e^{-\lambda(t-s)}$$

genau n Impulse auftreten (unabhängig von der Anzahl der Impulse außerhalb des gegebenen Intervalls von s bis t). Es werde weiterhin vorausgesetzt, daß die Zufallsgrößen η_k, $k = 1, 2, \ldots$, die ja die Richtung und Intensität der entsprechenden Impulse charakterisieren, identisch verteilt sind und sowohl untereinander als auch von den Zeitpunkten τ_k, $k = 1, 2, \ldots$, unabhängig sind.

Die Einwirkung, die ein Prozeß dieser Art auf das betrachtete System ausübt, läßt sich wieder durch den „aufsummierten" stochastischen Prozeß

$$\eta(t) = \int_0^t \dot{\eta}(s)\, ds = \sum_{k=1}^{\nu(t)} \eta_k, \qquad 0 \leqq t < \infty, \tag{6.38}$$

charakterisieren. Dabei sind $\nu(t)$, $0 \leqq t < \infty$, ein gewöhnlicher POISSONscher Prozeß und $\eta_1, \eta_2, \ldots$ eine Folge voneinander unabhängiger, identisch verteilter Zufallsgrößen, die auch sämtlich von allen $\nu(t)$, $0 \leqq t < \infty$, unabhängig sind. Ein solcher Prozeß $\eta(t)$ heißt *zusammengesetzter* POISSON*scher Prozeß*.

Wir werden zeigen, daß bei Existenz der ersten und zweiten Momente

$$a = \mathsf{M}\eta_k, \qquad b = \mathsf{M}\eta_k^2, \qquad k = 1, 2, \ldots,$$

die Beziehungen (6.11) erfüllt sind, und zwar mit

$$a(t) = a\lambda t, \qquad b(t) = b\lambda t \tag{6.39}$$

(dabei ist λ der Parameter des POISSONschen Prozesses $\nu(t)$).

Zu diesem Zweck bezeichnen wir mit $\nu(s, t)$ die Anzahl der Zeitpunkte τ_k, die sich im Intervall $[s, t]$ befinden. Bei festem $\nu(s, t) = n$ ist $\eta = \eta(t) - \eta(s)$ die Summe von n unabhängigen Zufallsgrößen η_k mit dem Erwartungswert a und der Streuung $\sigma^2 = b - a^2$. Folglich gilt

$$\mathsf{M}(\eta \mid \nu(s, t)) = a\nu(s, t),$$

und nach der Formel des totalen Erwartungswertes erhalten wir

$$\mathsf{M}\eta = \mathsf{M}[\mathsf{M}(\eta \mid \nu(s, t))] = a\mathsf{M}\nu(s, t) = a\lambda(t-s).$$

Weiter ist

$$\mathsf{M}(\eta^2 \mid \nu(s, t)) = \sigma^2\nu(s, t) + (a\nu(s, t))^2,$$

$$\mathsf{M}\eta^2 = \mathsf{M}[\mathsf{M}(\eta^2 \mid \nu(s, t))] = \sigma^2\lambda(t-a) + a^2\mathsf{M}[\nu(s, t)]^2$$

und

$$\mathsf{D}^2\eta = \mathsf{M}\eta^2 - (\mathsf{M}\eta)^2 = \sigma^2\lambda(t-s) + a^2\big[\mathsf{M}\nu^2(s,t) - \big(\mathsf{M}\nu(s,t)\big)^2\big]$$
$$= \sigma^2\lambda(t-s) + a^2\mathsf{D}^2\nu(s,t) = \sigma^2\lambda(t-s) + a^2\lambda(t-s) = b\lambda(t-s).$$

Wir betrachten das stochastische Integral $\int_{c_1}^{c_2} \varphi(t)\,\mathrm{d}\eta(t)$, wobei $\eta(t)$ ein zusammengesetzter POISSONscher Prozeß der oben beschriebenen Art sein soll, und zeigen, daß für eine beliebige stückweise stetige Funktion $\varphi(t)$, $c_1 \leqq t \leqq c_2$, mit Wahrscheinlichkeit 1 die Gleichung

$$\int_{c_1}^{c_2} \varphi(t)\,\mathrm{d}\eta(t) = \sum_{c_1 \leqq \tau_j \leqq c_2} \varphi(\tau_j)\,\eta_j \tag{6.40}$$

gilt. (Es sei daran erinnert, daß das stochastische Integral $\xi = \int_{c_1}^{c_2} \varphi(t)\,\mathrm{d}\eta(t)$ selbst als Grenzwert im quadratischen Mittel einer gewissen Folge von Zufallsgrößen $\xi_n = \int_{c_1}^{c_2} \varphi_n(t)\,\mathrm{d}\eta(t)$, $n = 1, 2, \ldots$, mit Wahrscheinlichkeit 1 definiert ist. Jede Zufallsgröße, die sich von ξ nur mit Wahrscheinlichkeit 0 unterscheidet, ist ebenfalls als Grenzwert der gleichen Folge ξ_n, $n = 1, 2, \ldots$, anzusehen.)

Für eine stückweise konstante Funktion $\varphi(t)$, $c_1 \leqq t \leqq c_2$, mit den Werten

$$\varphi(t) = y_k \qquad \text{für } t_k < t \leqq t_{k+1}$$

(dabei ist durch $t_0 = c_1, t_1, \ldots, t_n = c_2$ eine Zerlegung des Intervalls $[c_1, c_2]$ in endlich viele Teilintervalle gegeben) erhalten wir mit Wahrscheinlichkeit 1

$$\sum_{c_1 \leqq \tau_j \leqq c_2} \varphi(\tau_j)\,\eta_j = \sum_{k=0}^{n-1} \Big[\sum_{t_k < \tau_j < t_{k+1}} \varphi(\tau_j)\,\eta_j\Big] = \sum_{k=0}^{n-1} \Big[y_k \sum_{t_k \leqq \tau_j \leqq t_{k+1}} \eta_j\Big] = \sum_{k=0}^{n-1} y_k[\eta(t_{k+1}) - \eta(t_k)]$$
$$= \int_{c_1}^{c_2} \varphi(t)\,\mathrm{d}\eta(t),$$

wobei man berücksichtigen muß, daß die zufälligen Zeitpunkte τ_j nur mit der Wahrscheinlichkeit 0 mit einem der Punkte t_k, $k = 0, 1, \ldots, n-1, n$, zusammenfallen. Für eine stückweise stetige Funktion $\varphi(t)$, die als Grenzwert einer gewissen gleichmäßig konvergenten Folge stückweise konstanter Funktionen $\varphi_n(t)$, $n = 1, 2, \ldots$, darstellbar ist, läßt sich die Beziehung (6.40) durch Grenzübergang erhalten:

Einerseits gilt nämlich

$$\int_{c_1}^{c_2} \varphi_n(t)\,\mathrm{d}\eta(t) = \sum_{c_1 \leqq \tau_j \leqq c_2} \varphi_n(\tau_j)\,\eta_j \to \int_{c_1}^{c_1} \varphi(t)\,\mathrm{d}\eta(t),$$

und andererseits erhalten wir mit

$$\Delta_n(t) = \varphi_n(t) - \varphi(t) \qquad \text{und} \qquad \varepsilon_n = \max_{c_1 \leqq t \leqq c_2} |\Delta_n(t)|$$

die Beziehung

$$\left\| \sum_{c_1 \leqq \tau_j \leqq c_2} \varphi_n(\tau_j)\,\eta_j - \sum_{c_1 \leqq \tau_j \leqq c_2} \varphi(\tau_j)\,\eta_j \right\|^2 = \mathsf{M} \left| \sum_{c_1 \leqq \tau_j \leqq c_2} \Delta_n(\tau_j)\,\eta_j \right|^2 \leqq \varepsilon_n^2 \mathsf{M} \left[\sum_{c_1 \leqq \tau_j \leqq c_2} |\eta_j| \right]^2$$
$$\leqq C\varepsilon_n^2 \to 0,$$

wobei

$$C = \mathsf{M} \left[\sum_{c_1 \leqq \tau_j \leqq c_2} |\eta_j| \right]^2 = [\mathsf{M}\, |\eta_j|^2 + (\mathsf{M}\, |\eta_j|)^2]\, \lambda(c_2 - c_1)$$

gesetzt wurde.

Mit Hilfe der Formel (6.40) können wir nun den Prozeß mit Brechungseffekt (6.37) als stochastisches Integral (vgl. (6.8)) schreiben:

$$\xi(t) = \int_0^t w(t, s)\, \mathrm{d}\eta(s). \tag{6.41}$$

Speziell sind bei einer der Voraussetzung (6.27) genügenden Gewichtsfunktion $w(t, s) = w(t - s)$ für den entsprechenden Prozeß mit Brechungseffekt $\xi(t)$ der Satz über die Konvergenz gegen einen stationären Prozeß sowie dessen Ergänzung anwendbar (vgl. S. 213), weil nämlich der zusammengesetzte Poissonsche Prozeß $\eta(t)$, $t \geqq 0$, (vgl. (6.41)) ein homogener Prozeß mit unabhängigen Zuwächsen ist.

Wir wollen nun untersuchen, mit welcher Wahrscheinlichkeit sich das System nach der Zeit t in einem gegebenem Phasenzustand befindet, genauer, wie die Wahrscheinlichkeitsverteilung der Zufallsgröße $\xi(t)$ lautet.

Offensichtlich hängt diese Wahrscheinlichkeitsverteilung von der Verteilung der Zufallsgrößen η_k, $k = 1, 2, \ldots$, am Eingang des Systems ab. Es sei $g(u)$ die charakteristische Funktion der identisch verteilten Zufallsgrößen η_k. Wir werden nun die charakteristische Funktion $f_t(u) = \mathsf{M}\, e^{iu\xi(t)}$, $-\infty < u < \infty$, der uns interessierenden Zufallsgröße $\xi(t)$ bestimmen.

Es bezeichne $\nu(t)$ die Anzahl der Impulse bis zur Zeit t. Wir erinnern daran (vgl. Kap. II, Abschnitt 2), daß bei festem $\nu(t) = n$ die Zeitpunkte $\tau_1, \ldots, \tau_n$ des Eintreffens der Impulse im Intervall $[0, t]$ so verteilt sind, als ob man n Punkte $\tau_1, \ldots, \tau_n$ bei Zugrundelegen der gleichmäßigen Wahrscheinlichkeitsverteilung unabhängig voneinander auf das Intervall $[0, t]$ werfen würde. Folglich ist bei festem $\nu(t) = n$ die Zufallsgröße $\xi(t)$ eine Summe von n identisch verteilten Zufallsgrößen $\eta_k w(t, \tau_k)$, $k = 1, \ldots, n$. Die Zufallsgrößen τ_k sind gleichmäßig auf dem Intervall $[0, t]$ verteilt, und die Zufallsgrößen η_k sind unabhängig von $\nu(t)$, $t \geqq 0$, und $\tau_1, \tau_2, \ldots$ Bei festem $\tau_k = s$ ist daher der Erwartungswert der Zufallsgröße $e^{iuw(t,\tau_k)\eta_k}$ gleich

$$\mathsf{M}\, e^{iuw(t,s)\eta_k} = g\big(uw(t, s)\big),$$

und bei festem $\nu(t) = n$ gilt

$$\mathsf{M}\left(e^{iuw(t,\tau_k)\eta_k} \mid \nu(t) = n\right) = \mathsf{M}\left(g[uw(t, \tau_k)] \mid \nu(t) = n\right) = \frac{1}{t}\int\limits_0^t g\left(uw(t,s)\right) ds$$

und

$$\mathsf{M}(e^{iu\xi(t)} \mid \nu(t) = n) = \left[\frac{1}{t}\int\limits_0^t g\left(uw(t,s)\right) ds\right]^n.$$

Mit Hilfe der Formel des totalen Erwartungswertes erhalten wir schließlich

$$\mathsf{M}\, e^{iu\xi(t)} = \sum_{n=0}^{\infty} \mathsf{M}(e^{iu\xi(t)} \mid \nu(t) = n)\, \mathsf{P}\{\nu(t) = n\}$$
$$= \sum_{n=0}^{\infty} \left[\frac{1}{t}\int\limits_0^t g\left(uw(t,s)\right) ds\right]^n \frac{(\lambda t)^n}{n!} e^{-\lambda t} = e^{-\lambda t}\left[e^{\lambda\int\limits_0^t g(uw(t,s))ds}\right].$$

Die charakteristische Funktion $f_t(u) = \mathsf{M}\, e^{iu\xi(t)}$ besitzt somit die Darstellung

$$f_t(u) = \exp\left\{\lambda\int\limits_0^t \left[g\left(uw(t,s)\right) - 1\right] ds\right\}, \qquad -\infty < u < \infty; \tag{6.42}$$

dabei sind $g(u) = \mathsf{M}\, e^{iu\eta_k}$ die charakteristische Funktion der Zufallsgrößen η_k, $k = 1, 2, \ldots$, und λ der Parameter des entsprechenden Poissonschen Verteilungsgesetzes.

Speziell liegt im Fall $w(t) = 1$, $0 \leqq t < \infty$, der zusammengesetzte Poissonsche Prozeß $\xi(t) = \eta(t)$ (vgl. (6.38)) selbst vor; seine charakteristische Funktion $f_t(u)$ lautet somit

$$f_t(u) = e^{\lambda t[g(u)-1]}, \qquad -\infty < u < \infty \tag{6.43}$$

(für einen gewöhnlichen Poissonschen Prozeß gilt $\eta_k \equiv 1$ und $g(u) = e^{iu}$).

Abschließend bemerken wir noch, daß sich für ein stabiles lineares System mit der Gewichtsfunktion $w(t)$ der betrachtete stochastische Prozeß $\xi(t)$ für $t \to \infty$ bekanntlich im quadratischen Mittel einem stationären Prozeß $\xi^*(t)$ (vgl. (6.31)) unbegrenzt nähert und somit die Wahrscheinlichkeitsverteilungen der Zufallsgrößen $\xi(t)$ schwach gegen die Verteilung der durch (6.35) definierten Zufallsgröße ξ^* konvergieren. Folglich konvergieren die charakteristischen Funktionen

$$f_t(u) = \exp\left\{\lambda\int\limits_0^t \left[g\left(uw(s)\right) - 1\right] ds\right\}, \qquad -\infty < u < \infty,$$

der Zufallsgrößen $\xi(t)$ (vgl. (6.42)) für $t \to \infty$ gegen die charakteristische Funktion

$$f(u) = \exp\left\{\lambda\int\limits_0^\infty \left[g\left(uw(s)\right) - 1\right] ds\right\}, \qquad -\infty < u < \infty,$$

der Zufallsgröße ξ^*.

7. Stationäre Prozesse

7.1. Spektraldarstellung stationärer Prozesse und Fourier-Transformation

Wir hatten einen stochastischen Prozeß $\xi = \xi(t)$, $-\infty < t < \infty$, stationär im weiteren Sinne genannt, wenn die Erwartungswertfunktion $A(t) = \mathsf{M}\xi(t)$ konstant ist und die Kovarianzfunktion $B(t, s) = \mathsf{M}\xi(t)\,\xi(s)$ nur von der Differenz $t - s$ abhängt. Im weiteren setzen wir stets $A(t) \equiv 0$ voraus.

Der Begriff der Stationarität läßt sich auf komplexwertige stochastische Prozesse $\xi(t)$ mit $\mathsf{M}\xi(t) \equiv 0$ folgendermaßen übertragen: Der stochastische Prozeß $\xi(t)$, $-\infty < t < \infty$, heiße *stationär im weiteren Sinne*, wenn $\mathsf{M}\xi(t)\,\overline{\xi(s)}$ nur von der Differenz $t - s$ abhängt:

$$\mathsf{M}\xi(t)\,\overline{\xi(s)} = B(t - s). \tag{7.1}$$

Dabei nennt man $B(t)$, $-\infty < t < \infty$, die *Kovarianzfunktion* des stationären Prozesses $\xi(t)$.

Beispiel 1 (Ein stationärer Prozeß mit diskretem Spektrum):

Wir betrachten einen stochastischen Prozeß der Gestalt

$$\xi(t) = \sum_{k=-n}^{n} e^{i\lambda_k t}\,\Phi_k, \qquad -\infty < t < \infty, \tag{7.2}$$

wobei $\lambda_{-n}, \ldots, \lambda_n$ gewisse reelle Zahlen und $\Phi_{-n}, \ldots, \Phi_n$ untereinander unkorrelierte Zufallsgrößen mit dem Mittelwert 0 sind:

$$\mathsf{M}\Phi_k\overline{\Phi}_j = 0 \qquad \text{für } k \neq j.$$

Wir erhalten aus (7.2) unmittelbar

$$\mathsf{M}\xi(t) = \sum_{k=-n}^{n} e^{i\lambda_k t}\,\mathsf{M}\Phi_k = 0$$

und

$$\mathsf{M}\xi(t)\,\overline{\xi(s)} = \sum_{k=-n}^{n}\sum_{j=-n}^{n} e^{i(\lambda_k t - \lambda_j s)}\,\mathsf{M}\Phi_k\overline{\Phi}_j = \sum_{k=-n}^{n} e^{i\lambda_k(t-s)}\,F_k, \tag{7.3}$$

mit $F_k = \mathsf{M}\,|\Phi_k|^2$, $k = -n, \ldots, n$. Der Prozeß $\xi(t)$ ist also ein s t a t i o n ä r e r Prozeß.

Diesen Prozeß kann man als vom Zufall abhängige Schwingungen interpretieren, die sich aus den harmonischen Schwingungen $\xi_k(t) = e^{i\lambda_k t}\,\Phi_k$ mit den Frequenzen $\omega_k = |\lambda_k|$ $(k = -n, \ldots, n)$ und gewissen zufälligen Phasen und Amplituden addieren. Man bezeichnet den quadratischen Mittelwert $\mathsf{M}\,|\xi(t)|^2$ als *mittlere Energie* des stationären Prozesses $\xi(t)$. Aus (7.3) erhalten wir für $s = t$

$$\mathsf{M}\,|\xi(t)|^2 = \sum_{k=-n}^{n} F_k$$

mit $F_k = M\,|\Phi_k|^2 = \mathsf{M}\,|\xi_k(t)|^2$. Somit setzt sich die Energie des stationären Prozesses $\xi(t)$ aus den Energien der einzelnen Komponenten $\xi_k(t) = e^{i\lambda_k t}\,\Phi_k$, $k = -n, \ldots, n$, additiv zusammen.

Die Werte λ_k, $k = -n, \ldots, n$, nennt man gewöhnlich *Frequenzen* (auch bei negativen λ_k); in ihrer Gesamtheit bilden sie das sogenannte *Spektrum* des stationären Prozesses.

Beispiel 2 (Ein stationärer Prozeß mit stetigem Spektrum):

Wir betrachten einen stochastischen Prozeß $\xi(t)$, der die folgende sogenannte *Spektraldarstellung* besitzt:

$$\xi(t) = \int_{-\infty}^{\infty} e^{i\lambda t}\, d\Phi(\lambda). \tag{7.4}$$

Dabei bezeichnet $\Phi(\lambda)$, $-\infty < \lambda < \infty$, einen stochastischen Prozeß mit unkorrelierten Zuwächsen, dessen Mittelwertfunktion gleich Null ist und für den

$$\mathsf{M}\,|\Phi(\lambda_1) - \Phi(\lambda_2)|^2 = \int_{\lambda_1}^{\lambda_2} f(\lambda)\, d\lambda \tag{7.5}$$

für jedes Intervall (λ_1, λ_2) gilt; die Strukturdichte $f(\lambda)$ dieses Prozesses wird als integrierbar vorausgesetzt.

In (7.4) haben wir es mit einem stochastischen Integral der komplexwertigen Funktion $\varphi(\lambda) = e^{i\lambda t}$, $-\infty < \lambda < \infty$, zu tun. Wir erinnern, daß das stochastische Integral $\int_{-\infty}^{\infty} \varphi(\lambda)\, d\Phi(\lambda)$ die folgenden Eigenschaften besitzt (vgl. Abschnitt 6):

$$\mathsf{M} \int_{-\infty}^{\infty} \varphi(\lambda)\, d\Phi(\lambda) = 0,$$

$$\mathsf{M} \left| \int_{-\infty}^{\infty} \varphi(\lambda)\, d\Phi(\lambda) \right|^2 = \int_{-\infty}^{\infty} |\varphi(\lambda)|^2 f(\lambda)\, d\lambda, \tag{7.6}$$

und allgemeiner

$$\mathsf{M}\left[\int_{\infty}^{\infty} \varphi(\lambda)\, d\Phi(\lambda) \right] \left[\overline{\int_{-\infty}^{\infty} \psi(\lambda)\, d\Phi(\lambda)} \right] = \int_{-\infty}^{\infty} \varphi(\lambda)\, \overline{\psi(\lambda)}\, f(\lambda)\, d\lambda. \tag{7.7}$$

Dabei ist $f(\lambda) \geqq 0$ die bereits in (7.5) verwendete Strukturdichte des Prozesses $\Phi(\lambda)$.

Wir wollen den durch (7.4) definierten stochastischen Prozeß $\xi(t)$ näher untersuchen. Mit $\varphi(\lambda) = e^{i\lambda t}$, $\psi(\lambda) = e^{i\lambda s}$ erhalten wir aus (7.6) und (7.7)

$$\mathsf{M}\xi(t) = 0$$

und

$$\mathsf{M}\xi(t)\,\overline{\xi(s)} = \int_{-\infty}^{\infty} e^{i\lambda(t-s)} f(\lambda)\, d\lambda.$$

Somit ist $\xi(t)$ ein stationärer Prozeß mit der Kovarianzfunktion

$$B(t) = \int_{-\infty}^{\infty} e^{i\lambda t} f(\lambda) \, d\lambda. \tag{7.8}$$

Diese Funktion ist die FOURIER-Transformierte der Strukturdichte $f(\lambda)$ des Prozesses $\Phi(\lambda)$. Man nennt $f(\lambda)$ auch die *Spektraldichte* des stationären Prozesses $\xi(t)$. Umgekehrt ist die Spektraldichte $f(\lambda)$ durch ihre FOURIER-Transformierte $B(t)$ eindeutig bestimmt. Wenn die Kovarianzfunktion $B(t)$, $-\infty < t < \infty$, integrierbar ist, so gilt

$$f(\lambda) = \frac{1}{2\pi} \int_{-\infty}^{\infty} e^{-i\lambda t} B(t) \, dt. \tag{7.9}$$

Die Darstellung (7.4) enthält die Zerlegung des stationären Prozesses $\xi(t)$ in elementare harmonische Schwingungen

$$\xi(t) = \int_{-\infty}^{\infty} e^{i\lambda t} \, d\Phi(\lambda) \sim \sum_{k=-n}^{n} e^{i\lambda_k t} \Phi_k,$$

wobei $\Phi_k = \Phi(\lambda_{k+1}) - \Phi(\lambda_k)$, $k = -n, \ldots, n$, gesetzt wurde und das Zeichen $\sim$ bedeuten soll, daß bei einer immer feineren Zerlegung des Frequenzbandes $-\Lambda_n \leqq \lambda \leqq \Lambda_n$ in Intervalle $\Delta_k = (\lambda_k, \lambda_{k+1})$, $k = -n, \ldots, n$, die Beziehung

$$\xi(t) = \lim_{n\to\infty} \sum_{k=-n}^{n} e^{i\lambda_k t} \Phi_k \tag{7.10}$$

(für $\max\limits_k |\lambda_{k+1} - \lambda_k| \to 0$, $\Lambda_n \to \infty$) gilt.

Für ein beliebiges Frequenzintervall $\lambda_1 \leqq \lambda \leqq \lambda_2$ ist der stationäre Prozeß

$$\xi_\Delta(t) = \int_{\lambda_1}^{\lambda_2} e^{i\lambda t} \, d\Phi(\lambda), \tag{7.11}$$

sofern $\Delta = (\lambda_1, \lambda_2)$ ein kleines Intervall ist, näherungsweise eine harmonische Schwingung der Frequenz λ mit $\lambda_1 \leqq \lambda \leqq \lambda_2$ (je kleiner Δ ist, um so genauer ist dies bei festem Zeitintervall $t_0 \leqq t \leqq t_1$ der Fall), dessen mittlere Energie durch

$$\mathsf{M} \, |\xi_\Delta(t)|^2 = \int_{\lambda_1}^{\lambda_2} f(\lambda) \, d\lambda \tag{7.12}$$

gegeben ist. Die Gesamtenergie des stationären Prozesses beträgt

$$\mathsf{M} \, |\xi(t)|^2 = \int_{-\infty}^{\infty} f(\lambda) \, d\lambda.$$

Somit charakterisiert also die Spektraldichte die Energieverteilung des betrachteten Prozesses $\xi(t) = \int_{-\infty}^{\infty} e^{i\lambda t}\, d\Phi(\lambda)$ auf die einzelnen Anteile der Form $\xi_\Delta(t) = \int_{\lambda_1}^{\lambda_2} e^{i\lambda t}\, d\Phi(\lambda)$.

Wir betrachten einen stationären Prozeß

$$\xi(t) = \int_{-\infty}^{t} w(t-s)\, d\eta(s), \tag{7.13}$$

der sich im Verlaufe der Zeit als Ausgangsprozeß eines stabilen Systems mit der Gewichtsfunktion $w(t)$ bei Einwirkung einer homogenen zufälligen Störung $\dot{\eta}(t)$ (vgl. den Satz im vorhergehenden Abschnitt 6, S. 213) einstellt.

Wir hatten den stationären Prozeß (7.13) durch Grenzübergang erhalten:

$$\xi(t) = \lim_{t_0 \to -\infty} \int_{t_0}^{t} w(t-s)\, d\eta(s);$$

dabei wurde der Anfangspunkt t_0 der „Inbetriebnahme" des Systems in die unendlich ferne Vergangenheit verlegt. Für beliebige $t_0 \leqq s \leqq t$ charakterisieren die Zuwächse

$$\eta(t) - \eta(s) = \int_{s}^{t} \dot{\eta}(u)\, du$$

die summierte äußere Wirkung auf das System im Zeitintervall von s bis t und hängen offenbar nicht von der Wahl des Anfangszeitpunktes t_0 ab. Für $t_0 \to -\infty$ verliert zwar der Wert $\eta(t_0)$ seinen Sinn, wir haben es aber praktisch nur mit Zufallsgrößen der Form $\Delta\eta = \eta(t) - \eta(s)$, die für ein beliebiges Intervall $\Delta = (s, t]$ definiert sind, zu tun. Diese besitzen die Eigenschaft, daß bei einer Zerlegung von $\Delta = (s, t]$ in disjunkte Teilintervalle $\Delta_k = (s_k, t_k]$, $k = 1, \ldots, n$, $\Delta = \bigcup_{k=1}^{n} \Delta_k$, die Gleichung

$$\Delta\eta = \sum_{k=1}^{n} \Delta_k\eta$$

besteht. Der Einfachheit halber werden wir auch im Fall $t_0 = -\infty$ von einem homogenen Prozeß $\eta(t)$ mit unkorrelierten Zuwächsen $\Delta\eta = \eta(t) - \eta(s)$ sprechen und dabei

$$\begin{aligned} &\mathsf{M}\,\Delta\eta = 0, \qquad \mathsf{M}\,|\Delta\eta|^2 = \sigma^2(t-s), \\ &\mathsf{M}(\Delta_1\eta\, \overline{\Delta_2\eta}) = 0 \end{aligned} \tag{7.14}$$

für beliebige disjunkte Intervalle Δ_1, Δ_2 voraussetzen. Die erwähnte Homogenität des Prozesses $\eta(t)$ bedeutet, daß seine Strukturfunktion eine Konstante ist (in unserem Fall ist diese Konstante gleich σ^2).

Wir werden nun den durch

$$\Psi(\lambda) = \frac{1}{2\pi} \int_{-\infty}^{\infty} \frac{e^{-i\lambda t} - e^{-i\lambda_0 t}}{-it} \, d\eta(t)$$

definierten stochastischen Prozeß $\Psi(\lambda)$, $\lambda \geqq \lambda_0$, näher untersuchen. Für beliebige $\lambda_0 \leqq \lambda_1 \leqq \lambda_2$ ist der Zuwachs $\Delta\Psi = \Psi(\lambda_2) - \Psi(\lambda_1)$ im Intervall $\Delta = (\lambda_1, \lambda_2]$ in der Form

$$\Delta\Psi = \frac{1}{2\pi} \int_{-\infty}^{\infty} \frac{e^{-i\lambda_2 t} - e^{-i\lambda_1 t}}{-it} \, d\eta(t) \tag{7.15}$$

darstellbar, und wir erhalten

$$\begin{aligned} &\mathsf{M}\Delta\Psi = 0, \qquad \mathsf{M}\,|\Delta\Psi|^2 = \frac{\sigma^2}{2\pi}(\lambda_2 - \lambda_1), \\ &\mathsf{M}(\Delta_1\Psi\,\overline{\Delta_2\Psi}) = 0, \end{aligned} \tag{7.16}$$

wobei in der letzten Gleichung Δ_1 und Δ_2 beliebige disjunkte Intervalle sind. Die noch zu beweisenden letzten beiden Beziehungen in (7.16) erhält man leicht aus der PARSEVALschen Gleichung. Der in (7.15) auftretende Integrand

$$e_\Delta(t) = \frac{1}{2\pi} \frac{e^{-i\lambda_2 t} - e^{+i\lambda_1 t}}{-it}, \qquad \int_{-\infty}^{\infty} |e_\Delta(t)|^2 \, dt < \infty,$$

ist nämlich die FOURIER-Transformierte

$$e_\Delta(t) = \frac{1}{2\pi} \int_{-\infty}^{\infty} e^{-i\lambda t} \chi_\Delta(\lambda) \, d\lambda \tag{7.17}$$

der Indikatorfunktion $\chi_\Delta(\lambda)$ des Intervalls $\Delta = (\lambda_1, \lambda_2]$ ($\chi_\Delta(\lambda) = 1$ für $\lambda \in \Delta$ und $\chi_\Delta(\lambda) = 0$ für $\lambda \notin \Delta$), und daraus folgt

$$\mathsf{M}\,|\Delta\Psi|^2 = \sigma^2 \int_{-\infty}^{\infty} |e_\Delta(t)|^2 \, dt = \frac{\sigma^2}{2\pi} \int_{-\infty}^{\infty} |\chi_\Delta(\lambda)|^2 \, d\lambda = \frac{\sigma^2}{2\pi}(\lambda_2 - \lambda_1).$$

Analog ergibt sich

$$\mathsf{M}(\Delta_1\Psi\,\overline{\Delta_2\Psi}) = \sigma^2 \int_{-\infty}^{\infty} e_{\Delta_1}(t)\,\overline{e_{\Delta_2}(t)} \, dt = \frac{\sigma^2}{2\pi} \int_{-\infty}^{\infty} \chi_{\Delta_1}(\lambda)\,\chi_{\Delta_2}(\lambda) \, d\lambda = 0$$

für beliebige disjunkte Intervalle Δ_1, Δ_2.

Aus (7.15) ist ersichtlich, daß die Zuwächse $\Delta\Psi = \Psi(\lambda_2) - \Psi(\lambda_1)$ vom Anfangspunkt λ_0 unabhängig sind. Daher ist für eine Funktion $\varphi(\lambda)$, die der Bedingung

$$\int_{-\infty}^{\infty} |\varphi(\lambda)|^2 \, d\lambda < \infty$$

genügt, das stochastische Integral

$$\int_{-\infty}^{\infty} \varphi(\lambda) \, d\Psi(\lambda) = \lim_{\lambda_0 \to -\infty} \int_{\lambda_0}^{\infty} \varphi(\lambda) \, d\Psi(\lambda)$$

definiert. Analog zum Prozeß $\eta(t)$, $-\infty < t < \infty$, werden wir auch den stochastischen Prozeß $\Psi(\lambda)$, $-\infty < \lambda < \infty$, einen Prozeß mit unkorrelierten Zuwächsen nennen (er besitzt eine verschwindende Mittelwertfunktion und konstante Strukturdichte $g(\lambda) = \frac{\sigma^2}{2\pi}$), obgleich eigentlich nur die Zuwächse $\Delta\Psi = \Psi(\lambda_2) - \Psi(\lambda_1)$ einen realen Sinn haben; letztere sind für ein beliebiges Intervall $\Delta = (\lambda_1, \lambda_2]$ durch (7.15) definiert (dieser verallgemeinerte stochastische Prozeß heißt gewöhnlich die FOURIER-*Transformierte* des stochastischen Prozesses $\eta(t)$).

Wir betrachten nun das stochastische Integral $\int_{-\infty}^{\infty} \varphi(\lambda) \, d\Psi(\lambda)$.

Für jede stückweise konstante Funktion $\varphi(\lambda) = \sum_{k=1}^{n} y_k \chi_{\Delta_k}(\lambda)$, wobei $\Delta_k = (\lambda_k', \lambda_k'')$ $k = 1, 2, \ldots, n$, paarweise disjunkte Intervalle von endlicher Länge sein sollen, und ihre FOURIER-Transformierte

$$c(t) = \frac{1}{2\pi} \int_{-\infty}^{\infty} e^{-i\lambda t} \varphi(\lambda) \, d\lambda \tag{7.18}$$

erhalten wir

$$\int_{-\infty}^{\infty} \varphi(\lambda) \, d\Psi(\lambda) = \int_{-\infty}^{\infty} c(t) \, d\eta(t). \tag{7.19}$$

Diese Formel ergibt sich aus (7.15) und (7.17):

$$\int_{-\infty}^{\infty} \varphi(\lambda) \, d\Psi(\lambda) = \sum_{k=1}^{n} y_k \, \Delta_k\Psi = \int_{-\infty}^{\infty} \left[\sum_{k=1}^{n} y_k e_{\Delta_k}(t) \right] d\eta(t) = \int_{-\infty}^{\infty} c(t) \, d\eta(t).$$

Der Abstand im quadratischen Mittel zwischen stochastischen Integralen der Form $\int_{-\infty}^{\infty} \varphi(\lambda) \, d\Psi(\lambda)$ beträgt

$$\mathsf{M} \left| \int_{-\infty}^{\infty} \varphi_1(\lambda) \, d\Psi(\lambda) - \int_{-\infty}^{\infty} \varphi_2(\lambda) \, d\Psi(\lambda) \right|^2 = \frac{\sigma^2}{2\pi} \int_{-\infty}^{\infty} |\varphi_1(\lambda) - \varphi_2(\lambda)|^2 \, d\lambda.$$

Analog gilt

$$\mathsf{M}\left|\int_{-\infty}^{\infty} c_1(t)\,\mathrm{d}\eta(t) - \int_{-\infty}^{\infty} c_2(t)\,\mathrm{d}\eta(t)\right|^2 = \sigma^2 \int_{-\infty}^{\infty} |c_1(t) - c_2(t)|^2\,\mathrm{d}t.$$

Für jede Funktion $c(t)$ mit $\int_{-\infty}^{\infty} |c(t)|^2\,\mathrm{d}t < \infty$, die die FOURIER-Transformierte einer absolut integrierbaren Funktion $\varphi(\lambda)$ ist (sie hat demzufolge die Gestalt (7.18)), gilt die PARSEVALsche Gleichung

$$\int_{-\infty}^{\infty} |c(t)|^2\,\mathrm{d}t = \frac{1}{2\pi}\int_{-\infty}^{\infty} |\varphi(\lambda)|^2\,\mathrm{d}\lambda.$$

Daraus folgt

$$\frac{1}{2\pi}\int_{-\infty}^{\infty} |\varphi_1(\lambda) - \varphi_2(\lambda)|^2\,\mathrm{d}\lambda = \int_{-\infty}^{\infty} |c_1(t) - c_2(t)|^2\,\mathrm{d}t$$

und

$$\mathsf{M}\left|\int_{-\infty}^{\infty} \varphi_1(\lambda)\,\mathrm{d}\Psi(\lambda) - \int_{-\infty}^{\infty} \varphi_2(\lambda)\,\mathrm{d}\Psi(\lambda)\right|^2 = \mathsf{M}\left|\int_{-\infty}^{\infty} c_1(t)\,\mathrm{d}\eta(t) - \int_{-\infty}^{\infty} c_2(t)\,\mathrm{d}\eta(t)\right|^2,$$

wobei $c_1(t)$ bzw. $c_2(t)$ die FOURIER-Transformierte der Funktion $\varphi_1(\lambda)$ bzw. $\varphi_2(\lambda)$ ist (vgl. (7.18)).

Ist die Funktion $\varphi(\lambda)$ der Grenzwert im quadratischen Mittel einer Folge stückweise konstanter Funktionen $\varphi_n(\lambda)$, $n = 1, 2, \ldots$, so stimmt ihre FOURIER-Transformierte $c(t)$ mit dem Grenzwert im quadratischen Mittel der entsprechenden Folge $c_n(t)$, $n = 1, 2, \ldots$, überein. Weiterhin gilt dabei

$$\int_{-\infty}^{\infty} \varphi(\lambda)\,\mathrm{d}\Psi(\lambda) = \lim_{n\to\infty} \int_{-\infty}^{\infty} \varphi_n(\lambda)\,\mathrm{d}\Psi(\lambda),$$

$$\int_{-\infty}^{\infty} c(t)\,\mathrm{d}\eta(t) = \lim_{n\to\infty} \int_{-\infty}^{\infty} c_n(t)\,\mathrm{d}\eta(t).$$

Für die stückweise konstanten Funktionen $\varphi_n(\lambda)$ gilt jedoch Gleichung (7.19):

$$\int_{-\infty}^{\infty} \varphi_n(\lambda)\,\mathrm{d}\Psi(\lambda) = \int_{-\infty}^{\infty} c_n(t)\,\mathrm{d}\eta(t), \qquad n = 1, 2, \ldots,$$

und folglich ist auch

$$\int_{-\infty}^{\infty} \varphi(\lambda)\,\mathrm{d}\Psi(\lambda) = \lim_{n\to\infty} \int_{-\infty}^{\infty} \varphi_n(\lambda)\,\mathrm{d}\Psi(\lambda) = \lim_{n\to\infty} \int_{-\infty}^{\infty} c_n(t)\,\mathrm{d}\eta(t) = \int_{-\infty}^{\infty} c(t)\,\mathrm{d}\eta(t)$$

richtig. Somit besteht also (7.19) für beliebige Paare von Funktionen $\varphi(\lambda)$ und $c(t)$, die den Bedingungen

$$\int_{-\infty}^{\infty} |\varphi(\lambda)|^2 \, d\lambda < \infty, \qquad \int_{-\infty}^{\infty} |c(t)|^2 \, dt < \infty$$

genügen, wobei $c(t)$ die entsprechend (7.18) gebildete FOURIER-Transformierte der Funktion $\varphi(\lambda)$ ist. Ausgehend von Funktionen $\varphi(\lambda)$ und $c(t)$, die den zusätzlichen Bedingungen

$$\int_{-\infty}^{\infty} |\varphi(\lambda)|^2 \, d\lambda < \infty, \qquad \int_{-\infty}^{\infty} |c(t)| \, dt < \infty \tag{7.20}$$

genügen (in diesem Fall erhält man durch Anwenden der umgekehrten FOURIER-Transformation die Beziehung $\varphi(\lambda) = \int_{-\infty}^{\infty} e^{i\lambda t} c(t) \, dt$), läßt sich durch Grenzübergang die Gleichung (7.19) auf beliebige, absolut integrierbare Funktionen $c(t)$ und ihre FOURIER-Transformierte

$$\varphi(\lambda) = \int_{-\infty}^{\infty} e^{i\lambda t} c(t) \, dt$$

ausdehnen.

Wir betrachten nun wieder den stationären Prozeß $\xi(t)$, der durch das stochastische Integral (7.13) gegeben ist:

$$\xi(t) = \int_{-\infty}^{\infty} w(t-s) \, d\eta(s).$$

Wir nennen die Funktion

$$\varphi(i\lambda) = \int_{-\infty}^{\infty} e^{-i\lambda t} w(t) \, dt \tag{7.21}$$

($w(t)$, $-\infty < t < \infty$, wird dabei als absolut integrierbar vorausgesetzt) die *Spektralcharakteristik*[1]) des linearen Systems mit der Gewichtsfunktion $w(t)$.

Für die Spektralcharakteristik $\varphi(i\lambda)$ gelte $\int_{-\infty}^{\infty} |\varphi(i\lambda)|^2 \, d\lambda < \infty$. Offenbar genügt die Funktion $c(s) = w(t-s)$, $-\infty < s < \infty$, den Bedingungen (7.20), wobei

---

[1]) In den Anwendungen charakterisiert man gewöhnlich ein lineares System durch seine „Übertragungsfunktion" $\varphi(p)$, die mit der entsprechenden Gewichtsfunktion $w(t)$ ($w(t) = 0$ für $t < 0$) durch LAPLACE-Transformation verknüpft ist:

$$\varphi(p) = \int_{0}^{\infty} e^{-pt} \, w(t) \, dt.$$

Man vgl. z. B. Дж. Лэннинг. Р. Бэттин: „Случайные процессы в системах автоматического управления", Москва 1958 (Übersetzung aus dem Englischen).

die Beziehung

$$\int_{-\infty}^{\infty} e^{-i\lambda s} c(s)\, ds = e^{i\lambda t} \int_{-\infty}^{\infty} e^{-i\lambda(t-s)}\, w(t-s)\, ds = e^{i\lambda t}\, \varphi(i\lambda)$$

besteht. Folglich erhalten wir aus Formel (7.19)

$$\xi(t) = \int_{-\infty}^{\infty} w(t-s)\, d\eta(s) = \int_{-\infty}^{\infty} e^{i\lambda t} \varphi(i\lambda)\, d\Psi(\lambda). \tag{7.22}$$

Durch die Gleichung

$$\Phi(\lambda) = \int_{-\infty}^{\lambda} \varphi(i\lambda')\, d\Psi(\lambda') \tag{7.23}$$

wird ein komplexwertiger stochastischer Prozeß mit unkorrelierten Zuwächsen definiert, dessen Mittelwertfunktion gleich Null ist und dessen Strukturdichte durch

$$f(\lambda) = \frac{\sigma^2}{2\pi} |\varphi(i\lambda)|^2 \tag{7.24}$$

gegeben ist. Bezeichnen wir nämlich mit $\Delta\Phi = \Phi(\lambda_2) - \Phi(\lambda_1)$ den Zuwachs im entsprechenden Intervall $\Delta = (\lambda_1, \lambda_2]$, so ergibt sich

$$\mathsf{M}\, \Delta\Phi = 0,$$

$$\mathsf{M}\, |\Delta\Phi|^2 = \mathsf{M} \left| \int_{-\infty}^{\infty} \varphi(i\lambda)\, \chi_\Delta(\lambda)\, d\Psi(\lambda) \right|^2 = \frac{\sigma^2}{2\pi} \int_{\lambda_1}^{\lambda_2} |\varphi(i\lambda)|^2\, d\lambda,$$

$$\mathsf{M}(\Delta_1\Phi\, \overline{\Delta_2\Phi}) = \mathsf{M}\left[\int_{-\infty}^{\infty} \varphi(i\lambda)\, \chi_{\Delta_1}(\lambda)\, d\Psi(\lambda) \int_{-\infty}^{\infty} \overline{\varphi(i\lambda)\, \chi_{\Delta_2}(\lambda)\, d\Psi(\lambda)} \right]$$

$$= \frac{\sigma^2}{2\pi} \int_{-\infty}^{\infty} |\varphi(i\lambda)|^2\, \chi_{\Delta_1}(\lambda)\, \chi_{\Delta_2}(\lambda)\, d\lambda = 0$$

für beliebige disjunkte Intervalle Δ_1 und Δ_2.

Aus der allgemeinen Definition des stochastischen Integrals folgt nun unmittelbar

$$\xi(t) = \int_{-\infty}^{\infty} e^{i\lambda t} \varphi(i\lambda)\, d\Psi(\lambda) = \int_{-\infty}^{\infty} e^{i\lambda t}\, d\Phi(\lambda). \tag{7.25}$$

Auf diese Weise haben wir die Spektraldarstellung eines stationären Prozesses $\xi(t)$ erhalten (vgl. (7.4) und die darauffolgenden Betrachtungen).

Wir fassen unsere Überlegungen im folgenden Satz zusammen.

Satz. *Jeder stationäre Prozeß* $\xi(t)$ *vom Typ* (7.13) *besitzt eine Spektraldarstellung* (7.4), *und seine Spektraldichte* $f(\lambda)$ *hat die Form* (7.24).

7.2. Lineare Transformationen, Beispiele

Es sei $\xi(t)$, $-\infty < t < \infty$, ein stationärer Prozeß mit der Spektraldarstellung

$$\xi(t) = \int_{-\infty}^{\infty} e^{i\lambda t}\, d\Phi(\lambda).$$

Wir betrachten ein endliches oder auch unendliches Teilintervall $T = [a, b]$ der reellen Zeitachse und bezeichnen mit $L_T(f)$ die Menge aller Funktionen $\varphi(\lambda)$, $-\infty < \lambda < \infty$, die entweder die Gestalt $\varphi(\lambda) = \sum_{k=1}^{n} c_k\, e^{i\lambda t_k}$ (mit $t_1, \ldots, t_n \in T$) besitzen oder als Grenzwert im quadratischen Mittel solcher Funktionen darstellbar sind:

$$\varphi(\lambda) = \lim \sum_k c_k\, e^{i\lambda t_k}. \tag{7.26}$$

Dabei werde die Konvergenz im quadratischen Mittel bezüglich des Abstandes

$$\|\varphi_1(\lambda) - \varphi_2(\lambda)\| = \left(\int_{-\infty}^{\infty} |\varphi_1(\lambda) - \varphi_2(\lambda)|^2 f(\lambda)\, d\lambda\right)^{1/2}$$

verstanden, wobei $f(\lambda)$ die Spektraldichte des betrachteten stationären Prozesses $\xi(t)$ sei.

Wir bezeichnen überdies mit $H(T)$ die Menge aller Zufallsgrößen der Form

$$\eta = \int_{-\infty}^{\infty} \varphi(\lambda)\, d\Phi(\lambda) \tag{7.27}$$

mit $\varphi(\lambda) \in L_T(f)$. Speziell für $\varphi(\lambda) = \sum_k c_k\, e^{it_k\lambda}$ ist die zugehörige Zufallsgröße η eine Linearkombination der entsprechenden Werte $\xi(t_k)$, $t_k \in T$:

$$\eta = \int_{-\infty}^{\infty} \varphi(\lambda)\, d\Phi(\lambda) = \int_{-\infty}^{\infty} [\sum_k c_k\, e^{i\lambda t_k}]\, d\Phi(\lambda) = \sum_k c_k \int_{-\infty}^{\infty} e^{i\lambda t_k}\, d\Phi(\lambda) = \sum_k c_k \xi(t_k).$$

Allgemein läßt sich jede Zufallsgröße $\eta \in H(T)$ als Grenzwert (im quadratischen Mittel) solcher Linearkombinationen erhalten:

$$\eta = \int_{-\infty}^{\infty} \varphi(\lambda)\, d\Phi(\lambda) = \lim \sum_k c_k \xi(t_k). \tag{7.28}$$

Beispiel 1 (*Integration*): Es seien $c(t)$, $-\infty < t < \infty$, eine stückweise stetige Funktion, die außerhalb des Intervalls $T = [a, b]$ gleich Null ist, und $\varphi(\lambda)$ ihre FOURIER-Transformierte:

$$\varphi(\lambda) = \int_a^b e^{i\lambda t} c(t)\, dt = \lim \sum_{k=0}^{n-1} e^{i\lambda t_k} c(t_k)\, \Delta t_k,$$

wobei $\Delta t_k = t_{k+1} - t_k$, $k = 0, 1, \ldots, n-1$, gesetzt wurde, und der Grenzwert der „Integralsummen" $\varphi_n(\lambda) = \sum_{k=0}^{n-1} e^{i\lambda t_k} c(t_k)\, \Delta t_k$ bezüglich der unbegrenzt feiner werdenden Zerlegungen des Intervalls $[a, b]$: $t_0 = a, t_1, \ldots, t_n = b$ (d. h. für $\max_k \Delta t_k \to 0$) gebildet wird. Man prüft leicht nach, daß φ_n auch im Sinne des Abstandes im quadratischen Mittel gegen φ konvergiert:

$$\lim \int_{-\infty}^{\infty} |\varphi(\lambda) - \varphi_n(\lambda)|^2 f(\lambda)\, d\lambda = 0. \tag{7.29}$$

Zu jedem $\varepsilon > 0$ gibt es nämlich einerseits eine Zahl a mit $\int_{|\lambda|>a} f(\lambda)\, d\lambda \leqq \varepsilon$ (da die Spektraldichte $f(\lambda)$ integrierbar ist); andererseits ist die Folge $\varphi_n(\lambda) = \sum_{k=1}^{n} e^{i\lambda t_k} \times c(t_k)\, \Delta t_k$ beschränkt und konvergiert in jedem endlichen Intervall gleichmäßig bezüglich λ gegen $\varphi(\lambda) = \int_{-\infty}^{\infty} e^{i\lambda t} c(t)\, dt$:

$$|\varphi(\lambda) - \varphi_n(\lambda)| \leqq \varepsilon \qquad \text{für } |\lambda| \leqq a.$$

Folglich erhalten wir bei beliebig vorgegebenem $\varepsilon > 0$ für hinreichend große n ($n \geqq n_\varepsilon$) die Ungleichungen

$$\int_{-\infty}^{\infty} |\varphi(\lambda) - \varphi_n(\lambda)|^2 f(\lambda)\, d\lambda = \int_{|\lambda|>a} |\varphi(\lambda) - \varphi_n(\lambda)|^2 f(\lambda)\, d\lambda$$
$$+ \int_{-a}^{a} |\varphi(\lambda) - \varphi_n(\lambda)|^2 f(\lambda)\, d\lambda \leqq C \int_{|\lambda|>a} f(\lambda)\, d\lambda + \varepsilon \int_{-a}^{a} f(\lambda)\, d\lambda \leqq C_1 \varepsilon$$

(C und C_1 sind gewisse Konstanten).

Wir betrachten nun die entsprechenden Zufallsgrößen $\eta = \int_{-\infty}^{\infty} \varphi(\lambda)\, d\Phi(\lambda)$ im Raum $H(T)$:

$$\eta = \lim \int_{-\infty}^{\infty} \varphi_n(\lambda)\, d\Phi(\lambda) = \lim \sum_{k=1}^{n} c(t_k)\, \xi(t_k)\, \Delta t_k.$$

Wir bezeichnen den Grenzwert im quadratischen Mittel der Summen $\sum_{k=1}^{n} c(t_k) \times \xi(t_k)\, \Delta t_k$ als *Integral*[1]) und schreiben

$$\int_{-\infty}^{\infty} c(t)\, \xi(t)\, \mathrm{d}t = \lim \sum_{k=1}^{n} c(t_k)\, \xi(t_k)\, \Delta t_k .$$

Mit dieser Bezeichnung gilt dann

$$\int_{-\infty}^{\infty} \varphi(\lambda)\, \mathrm{d}\Phi(\lambda) = \int_{-\infty}^{\infty} c(t)\, \xi(t)\, \mathrm{d}t . \tag{7.30}$$

Durch Grenzübergang läßt sich die Formel (7.30) auf beliebige absolutintegrierbare Funktionen $c(t)$, $-\infty < t < \infty$, und ihre zugehörigen FOURIER-Transformierten $\varphi(\lambda)$, $-\infty < \lambda < \infty$, (vgl. (7.19)) ausdehnen.

Beispiel 2 (*Differentiation*): Wir betrachten die Ableitung des stochastischen Prozesses $\xi(t)$ bezüglich der Konvergenz im quadratischen Mittel:

$$\xi'(t) = \lim_{\Delta t \to 0} \frac{\xi(t + \Delta t) - \xi(t)}{\Delta t} .$$

Für die Ableitung eines stationären Prozesses $\xi(t) = \int_{-\infty}^{\infty} \mathrm{e}^{i\lambda t}\, \mathrm{d}\Phi(\lambda)$ ergibt sich im Fall ihrer Existenz die Darstellung

$$\xi'(t) = \int_{-\infty}^{\infty} i\lambda\, \mathrm{e}^{i\lambda t}\, \mathrm{d}\Phi(\lambda) . \tag{7.31}$$

Offenbar müssen der Grenzwert

$$\lim_{\Delta t \to 0} \frac{\xi(t + \Delta t) - \xi(t)}{\Delta t}$$

und das stochastische Integral $\int_{-\infty}^{\infty} i\lambda\, \mathrm{e}^{i\lambda t}\, \mathrm{d}\Phi(\lambda)$ nicht immer existieren. Das angegebene stochastische Integral existiert genau dann, wenn

$$\int_{-\infty}^{\infty} \lambda^2 f(\lambda)\, \mathrm{d}\lambda < \infty$$

---

[1]) Für einen stochastischen Prozeß $\eta(t)$, $a \leqq t \leqq b$, dessen sämtliche Trajektorien absolut integrierbar sind (oben gilt $\eta(t) = c(t)\, \xi(t)$), fällt der Quadratmittellimes $\lim \sum_{k=1}^{n} \eta(t_k)\, \Delta t_k = \int_a^b \eta(t)\, \mathrm{d}t$ mit Wahrscheinlichkeit Eins mit dem gewöhnlichen Integral $\int_a^b \eta(t)\, \mathrm{d}t$ der Trajektorien von $\eta(t)$, $a \leqq t \leqq b$, zusammen (man siehe z. B. Kapitel IV des bereits auf Seite 16 zitierten Buches von I. I. GICHMAN und A. W. SKOROCHOD).

gilt. Ist nämlich diese Bedingung erfüllt, so ist die Funktion $\varphi(\lambda) = i\lambda\, e^{i\lambda t}$ der Grenzwert der Folge $\dfrac{e^{i\lambda(t+\Delta t)} - e^{i\lambda t}}{\Delta t}$ für $\Delta t \to 0$ im Sinne der Konvergenz im quadratischen Mittel, woraus sich

$$\frac{\xi(t+\Delta t) - \xi(t)}{\Delta t} = \int_{-\infty}^{\infty} \left[\frac{e^{i\lambda(t+\Delta t)} - e^{i\lambda t}}{\Delta t}\right] d\Phi(\lambda) \to \int_{-\infty}^{\infty} \varphi(\lambda)\, d\Phi(\lambda)$$

ergibt.

Beispiel 3 (*Umkehrformel*): Wir betrachten die Beziehung (7.30) speziell für die Funktion

$$\varphi(\lambda) = \int_{-\infty}^{\infty} \chi_\Delta(\mu)\, \delta(\lambda - \mu)\, d\mu, \qquad -\infty < \lambda < \infty,$$

wobei $\Delta = (\lambda_1, \lambda_2]$ ein endliches Intervall, $\chi_\Delta(\lambda)$ seine Indikatorfunktion ($\chi_\Delta(\lambda) = 1$ für $\lambda \in \Delta$, $\chi_\Delta(\lambda) = 0$ für $\lambda \notin \Delta$) und

$$\delta(\lambda) = \frac{1}{\sqrt{2\pi}\,\sigma}\, e^{-\frac{\lambda^2}{2\sigma^2}}$$

eien. Für die zugehörige Funktion $c(t)$ erhalten wir

$$c(t) = \frac{1}{2\pi} \int_{-\infty}^{\infty} e^{-i\lambda t} \varphi(\lambda)\, d\lambda = \frac{1}{2\pi}\, \frac{e^{-i\lambda_2 t} - e^{-i\lambda_1 t}}{-it}\, e^{-\frac{\sigma^2 t^2}{2}}, \qquad -\infty < t < \infty.$$

Für $\sigma \to 0$ konvergieren die Funktionen $\varphi(\lambda)$ im quadratischen Mittel gegen $\chi_\Delta(\lambda)$ (dies läßt sich analog zu (7.29) nachweisen: die Funktionen $\varphi(\lambda)$ sind gleichmäßig beschränkt und konvergieren gegen $\chi_\Delta(\lambda)$ gleichmäßig bezüglich λ mit $-a \leqq \lambda \leqq \lambda_1 - \varepsilon$, $\lambda_1 + \varepsilon \leqq \lambda \leqq \lambda_2 - \varepsilon$, $\lambda_2 + \varepsilon \leqq \lambda \leqq a$, für jedes hinreichend große a und kleine ε). Da die Zufallsgrößen

$$\int_{-\infty}^{\infty} \varphi(\lambda)\, d\Phi(\lambda) = \frac{1}{2\pi} \int_{-\infty}^{\infty} \frac{e^{-i\lambda_2 t} - e^{-i\lambda_1 t}}{-it}\, e^{-\frac{\sigma^2 t^2}{2}}\, \xi(t)\, dt$$

im Raum $H(T)$ liegen (es sei $T = (-\infty, \infty)$), gehört auch die Differenz $\Delta\Phi = \Phi(\lambda_2) - \Phi(\lambda_1)$ zu $H(T)$:

$$\Delta\Phi = \int_{-\infty}^{\infty} \chi_\Delta(\lambda)\, d\Phi(\lambda) = \lim_{\sigma \to 0} \frac{1}{2\pi} \int_{-\infty}^{\infty} \frac{e^{-i\lambda_2 t} - e^{-i\lambda_1 t}}{-it}\, e^{-\frac{\sigma^2 t^2}{2}}\, \xi(t)\, dt. \qquad (7.32)$$

Diese Formel ist die sogenannte *Umkehrformel*. Mit ihr läßt sich aus den Trajektorien des Prozesses $\xi(t)$, $-\infty < t < \infty$, der in der Spektraldarstellung von $\xi(t)$

vorkommende Prozeß $\Phi(\lambda)$, $-\infty < \lambda < \infty$, mit unkorrelierten Zuwächsen berechnen.

Wir betrachten nun wieder allgemein ein lineares System mit quadratisch integrierbarer Gewichtsfunktion $w(t)$:

$$w(t) = 0 \quad \text{für} \quad t < 0, \qquad \int_0^\infty |w(t)|^2 \, dt < \infty$$

und der Spektralcharakteristik $\varphi(i\lambda)$, $\int_{-\infty}^{\infty} |\varphi(i\lambda)|^2 \, d\lambda < \infty$.

Wir nehmen an, daß am Eingang dieses Systems ein im weiteren Sinne stationärer Prozeß

$$\dot{\eta}(t) = \int_{-\infty}^{\infty} e^{i\lambda t} \, d\Psi(\lambda) \tag{7.33}$$

mit der Spektraldichte $g(\lambda)$ vorliegt. Unter seiner Wirkung geht das System im Verlaufe der Zeit von 0 bis t aus dem Ausgangszustand (es sei $\xi(0) = 0$) in den Zustand

$$\xi(t) = \int_0^t w(t - s) \, \dot{\eta}(s) \, ds \tag{7.34}$$

über. Wegen der Beziehung (7.30) können wir den stochastischen Prozeß $\xi(t)$ in der Form

$$\xi(t) = \int_{-\infty}^{\infty} e^{i\lambda t} \, \varphi_t(\lambda) \, d\Psi(\lambda)$$

schreiben, wobei die unter dem Integralzeichen stehende Funktion $\varphi_t(\lambda) = \int_0^t e^{-i\lambda s} w(s) \, ds$ für $t \to \infty$ gegen die Spektralcharakteristik $\varphi(i\lambda)$ konvergiert. Man überzeugt sich nun leicht davon, daß sich für $t \to \infty$ der stochastische Prozeß $\xi(t)$ im Sinne der Konvergenz im quadratischen Mittel dem stationären Prozeß[1])

$$\tilde{\xi}(t) = \int_{-\infty}^{\infty} e^{i\lambda t} \, \varphi(i\lambda) \, d\Psi(\lambda) \tag{7.35}$$

unbegrenzt nähert. Die Darstellung (7.35) ist praktisch eine Spektraldarstellung des stationären Prozesses $\tilde{\xi}(t)$, der nach hinreichend langer Zeit ($t \to \infty$) am Ausgang des linearen Systems mit der Spektralcharakteristik $\varphi(i\lambda)$ beobachtet wird.

---

[1]) Ebenso wie in Abschnitt 6.3. könnte man auch den stationären Prozeß $\tilde{\xi}(t)$ durch Grenzübergang aus $\xi^0(t) = \int_{t_0}^t w(t - s) \, \dot{\eta}(s) \, ds$ für $t_0 \to -\infty$ erhalten.

Um dies zu erkennen, hat man nur in der Spektraldarstellung

$$\xi(t) = \int_{-\infty}^{\infty} e^{i\lambda t}\, d\Phi(\lambda)$$

für $\Phi(\lambda)$ den Ausdruck

$$\Phi(\lambda) = \int_{-\infty}^{\lambda} \varphi(i\mu)\, d\Psi(\mu), \qquad -\infty < \lambda < \infty,$$

zu setzen.

Aus

$$\mathsf{M}\, |\Phi(\lambda_2) - \Phi(\lambda_1)|^2 = \int_{\lambda_1}^{\lambda_2} |\varphi(i\lambda)|^2\, g(\lambda)\, d\lambda$$

folgt für die Spektraldichte $\bar{f}(\lambda)$ des stationären Prozesses $\xi(t)$ unmittelbar der Ausdruck

$$\bar{f}(\lambda) = |\varphi(i\lambda)|^2\, g(\lambda). \tag{7.36}$$

Die Spektraldichte $\bar{f}(\lambda)$ charakterisiert bekanntlich die Verteilung der Gesamtenergie des stationären Prozesses $\xi(t) = \int_{-\infty}^{\infty} e^{i\lambda t}\, d\Phi(\lambda)$ auf die einzelnen „Komponenten" $\xi_\Delta(t) = \int_{\lambda_1}^{\lambda_2} e^{i\lambda t}\, d\Phi(\lambda)$ (und zwar besitzt $\xi_\Delta(t)$ die Energie $\int_{\lambda_1}^{\lambda_2} \bar{f}(\lambda)\, d\lambda$). Die Beziehung (7.36) besagt, daß man durch entsprechende Wahl der zugrundeliegenden Spektralcharakteristik $\varphi(i\lambda)$ des linearen Systems die „Eingangsschwingungen" $\eta_\Delta = \int_{\lambda_1}^{\lambda_2} e^{it\lambda}\, d\Psi(\lambda)$ mit der Energie $\int_{\lambda_1}^{\lambda_2} g(\lambda)\, d\lambda$ verstärken oder abschwächen kann. Diese werden dann in die „Ausgangsschwingungen" $\xi_\Delta(t) = \int_{\lambda_1}^{\lambda_2} e^{i\lambda t}\, \varphi(i\lambda)\, d\Psi(\lambda) = \int_{\lambda_1}^{\lambda_2} e^{i\lambda t}\, d\Phi(\lambda)$ transformiert, deren Energie

$$\int_{\lambda_1}^{\lambda_2} \bar{f}(\lambda)\, d\lambda \qquad \text{mit} \qquad \bar{f}(\lambda) = |\varphi(i\lambda)|^2\, g(\lambda)$$

beträgt.

In Abschnitt 6 hatten wir das Verhalten eines Systems bei Einwirkung homogener zufälliger Störungen $\dot{\eta}(t)$ betrachtet und dabei vorausgesetzt, daß $\eta(t) = \int_0^t \dot{\eta}(s)\, ds$ ein stochastischer Prozeß mit unkorrelierten Zuwächsen ist, der den Bedingungen (7.14) genügt. Unter diesen Voraussetzungen ist der Prozeß am Ausgang des Systems

$$\xi(t) = \int_0^t w(t-s)\, d\eta(s)$$

symbolisch in der Form (7.34) durch Ersatz von $d\eta(s)$ durch $\dot{\eta}(s)\, ds$ darstellbar und nähert sich für $t \to \infty$ dem stationären Prozeß

$$\xi(t) = \int_{-\infty}^{\infty} e^{i\lambda t}\, \varphi(i\lambda)\, d\Psi(\lambda)$$

unbegrenzt. Dieser stationäre Prozeß läßt eine Spektraldarstellung zu und besitzt die Spektraldichte

$$\tilde{f}(\lambda) = \frac{\sigma^2}{2\pi}\, |\varphi(i\lambda)|^2$$

(vgl. (7.22)–(7.25)).

Formal betrachtet ist ein solcher stationärer Prozeß in den oben durchgeführten allgemeinen Überlegungen für $g(\lambda) = \dfrac{\sigma^2}{2\pi}$ enthalten, obwohl natürlich die Funktion $g(\lambda) = \dfrac{\sigma^2}{2\pi}$ im Sinne der dort getroffenen Definition nicht Spektraldichte eines gewöhnlichen stationären Prozesses sein kann (es gilt nämlich $\int_{-\infty}^{\infty} g(\lambda)\, d\lambda = \infty$).

Es ist aber bequem, rein symbolisch einen entsprechenden stationären Prozeß $\dot{\eta}(t)$ mit der Spektraldichte $g(\lambda) = \dfrac{\sigma^2}{2\pi}$ einzuführen und in dem Sinne zu verwenden, daß für ihn die Gleichung

$$\int_{-\infty}^{\infty} c(t)\, \dot{\eta}(t)\, dt \left(= \int_{-\infty}^{\infty} c(t)\, d\eta(t) \right) = \int_{-\infty}^{\infty} \varphi(\lambda)\, d\Psi(\lambda)$$

gelten soll (vgl. (7.19)). Diesen sogenannten verallgemeinerten stationären Prozeß nennt man das *weiße Rauschen*.

Beispiel (gestörte Bewegung eines Pendels): Abschließend wollen wir ein Beispiel betrachten, daß uns sehr deutlich einige Besonderheiten des Verhaltens linearer Systeme unter der Einwirkung zufälliger Schwingungen vor Augen führt. Wir betrachten ein Pendel, dessen Eigenschwingungen eine große Periode besitzen und dessen Bewegungen durch das Wirken der Reibung gedämpft werden. Die Bewegung wird durch die Gleichung

$$x''(t) + 2hx'(t) + \omega_0^2 x(t) = 0$$

beschrieben. Die explizite Lösung der Gleichung ergibt

$$x(t) = A\, e^{-ht} \sin(\omega t + \theta), \qquad \omega = \sqrt{\omega_0^2 - h^2}.$$

Die Übertragungsfunktion eines solchen Systems besitzt die Darstellung

$$\varphi(p) = \frac{1}{p^2 + 2hp + \omega_0^2}$$

(die Spektralcharakteristik ist dann gleich $\varphi(i\lambda)$).

Wir nehmen an, daß sich dieses System auf einem Schiff befindet. Dabei sei die Frequenz ω der Eigenschwingungen des Pendels wesentlich kleiner als die Frequenz Ω der Schlingerbewegungen des Schiffes: $\omega \ll \Omega$.

Infolge dieser Bewegungen des Schiffes erfährt das Pendel zufällige Stöße, die ungefähr in Zeitabständen der Länge $\Delta t \sim \frac{\pi}{\Omega}$ erfolgen, wobei diese äußere Störung $\dot{\eta}(t)$ zeitlich homogen ist, und man formal $\dot{\eta}(t)$ als „weißes Rauschen" annehmen kann[1]). Die resultierende Bewegung des Pendels ist dann ein stationärer Prozeß mit der Spektraldichte $f(\lambda) = \frac{\sigma^2}{2\pi} |\varphi(i\lambda)|^2$.

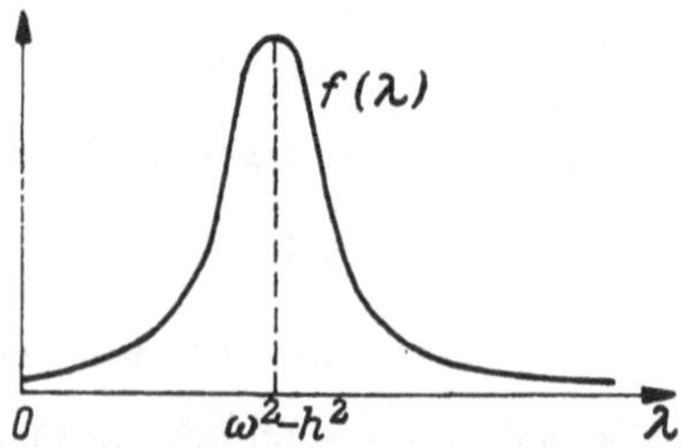

Abb. 23. Allgemeine Form der Spektraldichte

$$f(\lambda) = \frac{\sigma^2}{\pi} \frac{1}{(\lambda^2 - \omega_0^2)^2 + 4h^2\lambda^2}.$$

Wie wir festgestellt hatten, charakterisiert die Spektraldichte die Energieverteilung des stochastischen Prozesses $\xi(t) = \int\limits_{-\infty}^{\infty} e^{i\lambda t}\, d\Phi(\lambda)$ auf die „Elementarschwingungen", aus denen er sich zusammensetzt. Und zwar ist die mittlere Amplitude der durch das stochastische Integral $\int\limits_{\lambda_1}^{\lambda_2} e^{i\lambda t}\, d\Phi(\lambda)$ gegebenen zufälligen Schwingungen gleich $\int\limits_{\lambda_1}^{\lambda_2} f(\lambda)\, d\lambda$. In unserem Fall hat die Spektraldichte die Form

$$f(\lambda) = \frac{\sigma^2}{2\pi} \frac{1}{(\lambda^2 - \omega_0^2)^2 + 4h^2\lambda^2}.$$

Sie besitzt ein Maximum für $\lambda^2 = \omega^2 - h^2$ (das bei kleinem „Reibungskoeffizienten" h scharf ausgeprägt ist) und fällt ziemlich schnell ab, wenn man sich vom Maximum entfernt (vgl. Abb. 23). Dies besagt, daß im stochastischen

---

[1]) Bezüglich der Wirkung eines stochastischen Prozesses dieser Art auf ein lineares System vergleiche man außer den weiter oben stehenden Betrachtungen über das „weiße Rauschen" den Abschnitt 6.1.

Prozeß $\xi(t)$ hauptsächlich diejenigen „Elementarschwingungen" beteiligt sind, deren Frequenz nahe an der Eigenfrequenz ω_0 des betrachteten Systems liegen.

Zum Vergleich nehmen wir einmal an, daß die äußere Einwirkung (d. h. die Schlingerbewegung des Schiffes) harmonische Schwingungen der Frequenz Ω darstellen. Als Ergebnis würde dann das Pendel erzwungene Schwingungen mit der gleichen Frequenz Ω vollführen. Dies unterscheidet sich jedoch wesentlich von dem oben erhaltenen Resultat.

8. Diffusionsprozesse

8.1. Stochastische Prozesse, die als stochastisches Integral im Sinne von Ito darstellbar sind

Wir stellen uns ein System vor, das einer äußeren Einwirkung $y(t)$, $t \geqq t_0$, unterliegt und dessen Phasenzustand $x(t)$ durch die Gleichung

$$x'(t) = a(t) + \sigma(t)\, y(t)$$

bzw., was äquivalent dazu ist, durch

$$x(t) = x(t_0) + \int_{t_0}^{t} a(s)\, ds + \int_{t_0}^{t} \sigma(s)\, y(s)\, ds$$

beschrieben wird. Die Koeffizienten $a(t)$ und $\sigma(t)$ sind dabei Parameter des Systems und können sowohl von der Zeit t als auch von $y(s)$, $t_0 \leqq s \leqq t$, abhängen. Wirken von außen irgendwelche zufälligen Störungen $\dot{\eta}(t)$, $t \geqq t_0$, auf das System, so wird sein Verhalten durch den stochastischen Prozeß

$$\xi(t) = \xi(t_0) + \int_{t_0}^{t} a(s)\, ds + \int_{t_0}^{t} \sigma(s)\, d\eta(s) \tag{8.1}$$

mit $\eta(t) = \int_{t_0}^{t} \dot{\eta}(s)\, ds$ (vgl. Abschnitt 6.1.) beschrieben.

Wir werden uns mit solchen Prozessen $\xi(t)$ im weiteren beschäftigen, und dabei voraussetzen, daß $\eta(t)$, $t \geqq t_0$, ein Prozeß der Brownschen Bewegung[1]) mit verschwindendem Mittelwert und dem Diffusionskoeffizienten 1 ist (d. h., es gilt $\mathsf{M}\eta(t) \equiv 0$ und $\mathsf{M}(\eta(t) - \eta(t_0))^2 = t - t_0$), und die Koeffizienten $a(t)$ und $\sigma(t)$ von $\eta(s)$, $t_0 \leqq s \leqq t$, abhängen (genauer gesagt heißt das, daß $a(t)$ und $\sigma(t)$ für jedes t Zufallsgrößen darstellen, deren Werte durch die Trajektorien des stochastischen Prozesses $\eta(s)$ mit $t_0 \leqq s \leqq t$ bestimmt sind).

Zunächst definieren wir, was wir unter den in Formel (8.1) auftretenden stochastischen Integralen verstehen wollen.

---

[1]) Mit anderen Worten, $\dot{\eta}(t)$ ist ein Gausssches „weißes Rauschen".

Es sei $\varphi(t)$ eine reellwertige, stückweise konstante (zufällige) Funktion über dem Intervall $c_1 \leqq t \leqq c_2$[1]), d. h., es gibt eine Zerlegung dieses Intervalls durch endlich viele Punkte $c_1 = t_0, t_1, \ldots, t_n = c_2$, so daß $\varphi(t)$ auf den Teilintervallen $\Delta_k = [t_k, t_{k+1})$ konstant gleich einer bestimmten Zufallsgröße $\varphi(t_k)$ ist:

$$\varphi(t) = \varphi(t_k) \quad \text{für} \quad t \in [t_k, t_{k+1}), \quad k = 0, 1, \ldots, n-1.$$

Wir setzen nun

$$\int_{c_1}^{c_2} \varphi(t)\, dt = \sum_{k=0}^{n-1} \varphi(t_k)\, \Delta t_k$$

mit $\Delta t_k = t_{k+1} - t_k$, $k = 0, \ldots, n-1$. Offenbar ist das so definierte Integral additiv und homogen:

$$\int_{c_1}^{c_2} [\lambda_1 \varphi_1(t) + \lambda_2 \varphi_2(t)]\, dt = \lambda_1 \int_{c_1}^{c_2} \varphi_1(t)\, dt + \lambda_2 \int_{c_1}^{c_2} \varphi_2(t)\, dt; \tag{8.2}$$

überdies gelten

$$\mathsf{M} \int_{c_1}^{c_2} \varphi(t)\, dt = \int_{c_1}^{c_2} [\mathsf{M}\varphi(t)]\, dt \tag{8.3}$$

und

$$\left\| \int_{c_1}^{c_2} \varphi(t)\, dt \right\| \leqq \int_{c_1}^{c_2} \|\varphi(t)\|\, dt. \tag{8.4}$$

($\|\eta\| = \sqrt{\mathsf{M}\eta^2}$ bezeichnet dabei den quadratischen Mittelwert der Zufallsgröße η).

Es sei jetzt $\varphi(t)$ eine zufällige Funktion über dem Intervall $c_1 \leqq t \leqq c_2$, die sich als Grenzwert im quadratischen Mittel einer Folge stückweise konstanter Funktionen $\varphi_n(t)$, $n = 1, 2, \ldots$, darstellen läßt; genauer, es soll

$$\|\varphi_n(t) - \varphi(t)\| \to 0 \quad \text{für} \quad n \to \infty \tag{8.5}$$

gleichmäßig bezüglich t, $c_1 \leqq t \leqq c_2$, gelten. Offenbar gilt dann auch

$$\|\varphi_n(t) - \varphi_m(t)\| \leqq \|\varphi(t) - \varphi_n(t)\| + \|\varphi_m(t) - \varphi(t)\| \to 0$$

gleichmäßig bezüglich t für $n, m \to \infty$, woraus sich wiederum

$$\left\| \int_{c_1}^{c_2} \varphi_n(t)\, dt - \int_{c_1}^{c_2} \varphi_m(t)\, dt \right\| \leqq \int_{c_1}^{c_2} \|\varphi_n(t) - \varphi_m(t)\|\, dt \to 0$$

ergibt. Aufgrund dieser Beziehung existiert der Grenzwert $\lim\limits_{n\to\infty} \int_{c_1}^{c_2} \varphi_n(t)\, dt$ im Sinne der Konvergenz im quadratischen Mittel und hängt nicht von der speziellen

[1]) $\varphi(t)$, $c_1 \leqq t \leqq c_2$, ist also ein stochastischer Prozeß (Anm. des Herausgebers).

Wahl der Folge $\varphi_n(t)$, $n = 1, 2, \ldots$, ab. Die durch

$$\int_{c_1}^{c_2} \varphi(t)\, dt = \lim_{n\to\infty} \int_{c_1}^{c_2} \varphi_n(t)\, dt \tag{8.6}$$

definierte Zufallsgröße $\int_{c_1}^{c_2} \varphi(t)\, dt$ ist also eindeutig bestimmt und wird das *stochastische Integral der zufälligen Funktion* $\varphi(t)$, $c_1 \leqq t \leqq c_2$, genannt. Man sieht unmittelbar, daß bei diesem Grenzübergang die Eigenschaften (8.2)—(8.4) erhalten bleiben.

Für eine im quadratischen Mittel gleichmäßig stetige Funktion $\varphi(t)$, d. h. für eine zufällige Funktion $\varphi(t)$ mit

$$\|\varphi(t + \Delta t) - \varphi(t)\| \to 0$$

für $\Delta t \to 0$ gleichmäßig bezüglich t, $c_1 \leqq t \leqq c_2$, stimmt das durch (8.6) definierte stochastische Integral mit dem Grenzwert im quadratischen Mittel der gewöhnlichen Integralsummen überein

$$\int_{c_1}^{c_2} \varphi(t)\, dt = \lim \sum_{k=0}^{n-1} \varphi(t_k)\, \Delta t_k,$$

wobei der rechtsstehende Grenzwert bezüglich immer feiner werdender Zerlegungen $c_1 = t_0, t_1, \ldots, t_n = c_2$ in Teilintervalle der Länge $\Delta t_k = t_{k+1} - t_k$ $\left(\max_k \Delta t_k \to 0\right)$ zu bilden ist.

Wir wollen nun stochastische Integrale der Form $\int_{c_1}^{c_2} \varphi(t)\, d\eta(t)$ definieren. Dabei sollen $\varphi(t)$ eine zufällige Funktion und $\eta(t)$ ein Prozeß mit unabhängigen Zuwächsen sein. Wir betrachten allerdings für $\eta(t)$ speziell nur den Prozeß der Brownschen Bewegung (mit verschwindenden Mittelwerten und dem Diffusionskoeffizienten Eins).

Für gewöhnliche, das heißt nichtzufällige, Funktionen $\varphi(t)$ wurde das stochastische Integral $\int_{c_1}^{c_2} \varphi(t)\, d\eta(t)$ bereits in Abschnitt 6.2. definiert. Im Fall einer zufälligen Funktion $\varphi(t)$ ist folgende Voraussetzung von entscheidender Bedeutung:

Bei beliebig vorgegebenem u hängen die Zuwächse $\eta(t) - \eta(u)$, $t \geqq u$, nicht von den Zufallsgrößen $\varphi(s)$, $s \leqq u$, ab.

Es sei nun $\varphi(t)$ eine reellwertige (zufällige) stückweise konstante Funktion; sie nimmt also auf dem entsprechenden Intervall $\Delta_k = [t_k, t_{k+1})$ den konstanten Wert $\varphi(t_k)$ an, $k = 0, 1, \ldots, n - 1$. Wir setzen

$$\int_{c_2}^{c_1} \varphi(t)\, d\eta(t) = \sum_{k=0}^{n-1} \varphi(t_k)\, \Delta\eta(t_k)$$

mit $\Delta\eta(t_k) = \eta(t_{k+1}) - \eta(t_k)$, $k = 0, 1, \ldots, n-1$. Offenbar ist das so definierte Integral additiv und homogen (vgl. (8.2)).

Wir setzen nun $\mathsf{M}(\varphi(t))^2 < \infty$ für alle t, $c_1 \leqq t \leqq c_2$, voraus. Aus der Unabhängigkeit der Zuwächse $\eta(t) - \eta(u)$, $t \geqq u$, von den Zufallsgrößen $\varphi(s)$ mit $s \leqq u$ folgt

$$\mathsf{M}[\varphi(t_k)\,\Delta\eta(t_k)] = \mathsf{M}\varphi(t_k)\,\mathsf{M}\,\Delta\eta(t_k) = 0,$$

$$\mathsf{M}[\varphi(t_k)\,\Delta\eta(t_k)]^2 = \mathsf{M}\varphi^2(t_k)\,\mathsf{M}[\Delta\eta(t_k)]^2 = \mathsf{M}\varphi^2(t_k)\,\Delta t_k, \qquad k = 0, 1, \ldots, n-1.$$

Weiterhin erhalten wir

$$\mathsf{M}\int_{c_1}^{c_2} \varphi(t)\,\mathrm{d}\eta(t) = 0,$$

$$\left\|\int_{c_1}^{c_2} \varphi(t)\,\mathrm{d}\eta(t)\right\|^2 = \int_{c_1}^{c_2} \|\varphi(t)\|^2\,\mathrm{d}t, \tag{8.8}$$

und allgemeiner

$$\mathsf{M}\left[\int_{c_1}^{c_2} \varphi(t)\,\mathrm{d}\eta(t) \int_{c_1}^{c_2} \psi(t)\,\mathrm{d}\eta(t)\right] = \int_{c_1}^{c_2} [\mathsf{M}\varphi(t)\,\psi(t)]\,\mathrm{d}t. \tag{8.9}$$

Es sei $\varphi(t)$ eine zufällige Funktion über dem Intervall $c_1 \leqq t \leqq c_2$, die Grenzwert im quadratischen Mittel einer Folge stückweise konstanter Funktionen $\varphi_n(t)$, $n = 1, 2, \ldots$, ist; genauer, für die (8.5) erfüllt ist. Dann gilt

$$\left\|\int_{c_1}^{c_2} \varphi_n(t)\,\mathrm{d}\eta(t) - \int_{c_1}^{c_2} \varphi_m(t)\,\mathrm{d}\eta(t)\right\|^2 = \int_{c_1}^{c_2} \|\varphi_n(t) - \varphi_m(t)\|^2\,\mathrm{d}t \to 0$$

für $n, m \to \infty$, und folglich existiert der Grenzwert $\lim\limits_{n\to\infty} \int_{c_1}^{c_2} \varphi_n(t)\,\mathrm{d}\eta(t)$ im Sinne der Konvergenz im quadratischen Mittel. Dieser Grenzwert hängt nicht von der speziellen Wahl der Folge $\varphi_n(t)$, $n = 1, 2, \ldots$, ab (dabei haben alle „zulässigen Folgen" φ_n der Bedingung (8.5) zu genügen). Wir setzen

$$\int_{c_1}^{c_2} \varphi(t)\,\mathrm{d}\eta(t) = \lim_{n\to\infty} \int_{c_1}^{c_2} \varphi_n(t)\,\mathrm{d}\eta(t). \tag{8.10}$$

Es ist klar, daß sich die Gültigkeit der Eigenschaften (8.8) und (8.9) auch auf die Grenzfunktionen $\varphi(t)$ und $\psi(t)$ dieses Grenzüberganges erweitern läßt.

Für im (quadratischen Mittel) gleichmäßig stetige zufällige Funktionen $\varphi(t)$ kann man das durch (8.10) definierte stochastische Integral wiederum als Grenzwert von entsprechenden Integralsummen erhalten:

$$\int_{c_1}^{c_2} \varphi(t)\,\mathrm{d}\eta(t) = \lim \sum_{k=0}^{n-1} \varphi(t_k)\,\Delta\eta(t_k).$$

Nach dieser Definition der stochastischen Integrale (8.6) und (8.10) können wir nun den durch (8.1) gegebenen stochastischen Prozeß betrachten.

Wir setzen voraus, daß die zufälligen Funktionen $a(t)$ und $\sigma(t)$ (ihre Werte sollen für jedes t eindeutig durch die Zufallsgrößen $\eta(s)$ mit $t_0 \leqq s \leqq t$ definiert sein) im quadratischen Mittel auf jedem beschränkten Intervall gleichmäßig stetig sind. Unter diesen Voraussetzungen existiert zunächst das Integral $\int_{t_0}^{t} a(s)\,ds$. Da für beliebiges u die Zuwächse $\eta(t) - \eta(u)$, $t \geqq u$, nicht von den Zufallsgrößen $\eta(s)$ mit $t_0 \leqq s \leqq u$ abhängen ($\eta(t)$, $t \geqq t_0$, ist nämlich ein Prozeß mit unabhängigen Zuwächsen), so hängen sie auch nicht von den Zufallsgrößen $\sigma(s)$, $s \leqq u$, ab. Folglich existiert das oben definierte stochastische Integral $\int_{t_0}^{t} \sigma(s)\,d\eta(s)$.

Wir untersuchen nun, wann ein stochastischer Prozeß $\xi(t)$ als stochastisches Integral der Form (8.1) darstellbar ist. Wir setzen dabei voraus, daß die stochastischen Prozesse $a(t)$, $\sigma(t)$, $\eta(t)$ (und auch $\xi(t)$) bereits vorgegeben sind und interessieren uns nur für die Zusammenhänge zwischen diesen Prozessen, die sich aufgrund der Beziehung (8.1) ergeben.

Die durch (8.1) gegebenen Zufallsgrößen $\xi(t)$ sind durch den Anfangswert $\xi(t_0)$ und den stochastischen Prozeß $\eta(s)$, $t_0 \leqq s \leqq t$, eindeutig bestimmt. Einen stochastischen Prozeß $\xi(t)$, $t \geqq t_0$, dieser Art werden wir im weiteren betrachten. Es wird sich zeigen, daß die Integraldarstellung (8.1) aus einer entsprechenden lokalen Beziehung

$$\Delta\xi(t) \sim a(t)\,\Delta t + \sigma(t)\,\Delta\eta(t) \tag{8.11}$$

gefolgert werden kann (wobei wir $\Delta\xi(t) = \xi(t + \Delta t) - \xi(t)$, $\Delta\eta(t) = \eta(t + \Delta t) - \eta(t)$ gesetzt haben und $\Delta t \to 0$ gelten soll). Das Zeichen $\sim$ soll bedeuten[1]):

$$\begin{aligned} &\mathsf{M}\{\Delta\xi(t) - [a(t)\,\Delta t + \sigma(t)\,\Delta\eta(t)] \mid \eta(s), s \leqq t\} = o(\Delta t) \\ &\mathsf{M}\{\Delta\xi(t) - [a(t)\,\Delta t + \sigma(t)\,\Delta\eta(t)]\}^2 = o(\Delta t). \end{aligned} \tag{8.12}$$

Dabei sind $o(\Delta t)$ zufällige Funktionen, die im Vergleich zu Δt für $\Delta t \to 0$ gleichmäßig klein von höherer Ordnung sind, das heißt, für die

$$\frac{\|o(\Delta t)\|}{\Delta t} \to 0 \qquad \text{für} \quad \Delta t \to 0$$

gleichmäßig bezüglich t für jedes endliche Intervall $t_0 \leqq t \leqq t_1$ gilt.

---

[1]) Man vergleiche Kapitel IV, Abschnitt 2. Im vorliegenden Abschnitt werden wir häufig mit bedingten Erwartungen rechnen. Insbesondere wird die „Formel der iterierten bedingten Erwartung"

$$\mathsf{M}\big(\mathsf{M}(\xi \mid \eta) \mid \zeta\big) = \mathsf{M}(\xi \mid \zeta)$$

verwendet, die anwendbar ist, wenn der „Bedingungskomplex ζ" eindeutig durch die Werte von η definiert werden kann. Genauere Ausführungen findet man z. B. im bereits auf Seite 16 zitierten Buch von GICHMAN und SKOROCHOD.

Wir wollen nun zunächst die Beziehungen (8.12) eingehender betrachten. In der ersten Gleichung sind die Zufallsgrößen $a(t)$ und $\sigma(t)$ — nach Voraussetzung — eindeutig durch $\eta(s)$, $s \leqq t$, bestimmt und folglich bei fest gewählter Trajektorie $\eta(s)$, $s \leqq t$, als Konstanten zu betrachten. Der Zuwachs $\Delta\xi(t)$ ist eine Zufallsgröße, deren Verteilung von der Trajektorie $\eta(s)$, $s \leqq t$, und vom Zuwachs $\Delta\eta(t)$ abhängt, wobei letzterer von $\eta(s)$, $s \leqq t$, unabhängig ist (da $\eta(t)$, $t \geqq t_0$, als Prozeß mit unabhängigen Zuwächsen vorausgesetzt wurde). Daher erhalten wir (bei festen $\eta(s)$, $s \leqq t$) wegen

$$\mathsf{M}\big(\sigma(t)\,\Delta\eta(t) \mid \eta(s), s \leqq t\big) = \sigma(t)\,\mathsf{M}\,\Delta\eta(t) = 0$$

den Ausdruck

$$\mathsf{M}\{\Delta\xi(t) - [a(t)\,\Delta t + \sigma(t)\,\Delta\eta(t)] \mid \eta(s), s \leqq t\} = \mathsf{M}(\Delta\xi(t) \mid \eta(s), s \leqq t) - a(t)\,\Delta t.$$

Da nach Voraussetzung die zufällige Funktion $a(t)$ im quadratischen Mittel stetig ist, bleibt $\|a(t)\|$ in jedem endlichen Intervall $t_0 \leqq t \leqq t_1$ beschränkt, und hieraus folgt unschwer

$$\|\Delta\xi(t) - [a(t)\,\Delta t + \sigma(t)\,\Delta\eta(t)]\|^2 = \|\Delta\xi(t) - \sigma(t)\,\Delta\eta(t)\|^2 + o(\Delta t).$$

Somit läßt sich (8.12) auch in dem folgenden Sinne verstehen:

$$\mathsf{M}(\Delta\xi(t) \mid \eta(s), s \leqq t) = a(t)\,\Delta t + o(\Delta t) \tag{8.13}$$

$$\|\Delta\xi(t) - \sigma(t)\,\Delta\eta(t)\|^2 = o(\Delta t). \tag{8.14}$$

Lemma 1. *Unter der Bedingung* (8.13) *gilt*

$$\mathsf{M}\big(\xi(t_2) - \xi(t_1) \mid \eta(s), s \leqq t\big) = \mathsf{M}\left(\int_{t_1}^{t_2} a(t)\,dt \mid \eta(s), s \leqq t_1\right) \tag{8.15}$$

für beliebige $t_1 \leqq t_2$.

Beweis: Wir zerlegen das Intervall $[t_1, t_2]$ durch die Punkte $t_1 = s_0, s_1, \ldots, s_n = t_2$ in Teilintervalle der Längen $\Delta s_k = s_{k+1} - s_k$, $k = 0, \ldots, n-1$, und setzen

$$o(\Delta s_k) = \mathsf{M}\big(\Delta\xi(s_k) - a(s_k)\,\Delta s_k \mid \eta(s), s \leqq s_k\big)$$

mit $\Delta\xi(s_k) = \xi(s_{k+1}) - \xi(s_k)$, $k = 0, 1, \ldots, n-1$. Nach Voraussetzung gilt $\dfrac{\|o(\Delta s_k)\|}{\Delta s_k} \to 0$ gleichmäßig bezüglich k für $\max \Delta s_k \to 0$. Bildet man auf beiden Seiten die bedingte Erwartung bezüglich $\eta(s)$, $s \leqq t_1$, so ergibt sich (vgl. die Fußnote auf Seite 239)

$$\mathsf{M}\big(o(\Delta s_k) \mid \eta(s), s \leqq t_1\big) = \mathsf{M}\big(\Delta\xi(s_k) - a(s_k)\,\Delta s_k \mid \eta(s), s \leqq t_1\big),$$

woraus

$$\big\|\mathsf{M}\big(\Delta\xi(s_k) - a(s_k)\,\Delta s_k \mid \eta(s), s \leqq t_1\big)\big\| = \sqrt{\mathsf{M}\big[\mathsf{M}\big(o(\Delta s_k) \mid \eta(s), s \leqq t_1\big)\big]^2}$$
$$\leqq \sqrt{\mathsf{M}\big[\mathsf{M}\big(o(\Delta s_k)^2 \mid \eta(s), s \leqq t_2\big)\big]} = \|o(\Delta s_k)\|,\ k = 0, \ldots, n-1,$$

folgt. Damit erhalten wir weiter

$$\begin{aligned}
&\left\|\mathsf{M}\big(\xi(t_2) - \xi(t_1) \mid \eta(s),\, s \leqq t_1\big) - \mathsf{M}\left(\int_{t_1}^{t_2} a(t)\,\mathrm{d}t \mid \eta(s),\, s \leqq t_1\right)\right\| \\
&\leqq \left\|\sum_{k=0}^{n-1} \mathsf{M}\big(\Delta\xi(s_k) - a(s_k)\,\Delta s_k \mid \eta(s),\, s \leqq t_1\big)\right\| \\
&\quad + \left\|\mathsf{M}\left(\int_{t_1}^{t_2} a(t)\,\mathrm{d}t - \sum_{k=0}^{n-1} a(s_k)\,\Delta s_k \mid \eta(s),\, s \leqq t_1\right)\right\| \\
&\leqq \sum_{k=0}^{n-1} \|o(\Delta s_k)\| + \left\|\int_{t_1}^{t_2} a(t)\,\mathrm{d}t - \sum_{k=0}^{n-1} a(s_k)\,\Delta s_k\right\| \to 0
\end{aligned}$$

für $\max \Delta s_k \to 0$. Schließlich folgt daraus

$$\left\|\mathsf{M}\big(\xi(t_2) - \xi(t_1) \mid \eta(s),\, s \leqq t_1\big) - \mathsf{M}\left(\int_{t_1}^{t_2} a(t)\,\mathrm{d}t \mid \eta(s),\, s \leqq t_1\right)\right\| = 0,$$

womit (8.15) bewiesen ist.

Wir betrachten nun anstelle des ursprünglichen Prozesses $\xi(t)$ den stochastischen Prozeß

$$\tilde{\xi}(t) = \xi(t) - \xi(t_0) - \int_{t_0}^{t} a(s)\,\mathrm{d}s. \tag{8.16}$$

Aus der Gleichung (8.15) erhalten wir

$$\mathsf{M}\big(\Delta\tilde{\xi}(t) \mid \eta(s),\, s \leqq t\big) = 0. \tag{8.17}$$

Unter Benutzung von (8.14) folgt außerdem für die Zuwächse

$$\Delta\tilde{\xi}(t) = \Delta\xi(t) - \int_{t}^{t+\Delta t} a(s)\,\mathrm{d}s$$

offenbar

$$\|\Delta\tilde{\xi}(t) - \sigma(t)\,\Delta\eta(t)\|^2 = o(\Delta t). \tag{8.18}$$

Dabei ist $o(\Delta t)$ unendlich klein vom gleichen Typ wie (8.14), das heißt, es gilt $\frac{o(\Delta t)}{\Delta t} \to 0$ gleichmäßig bezüglich aller t für jedes endliche Intervall $t_0 \leqq t \leqq t_1$.

Lemma 2. *Unter der Bedingung* (8.14) *gilt die folgende Gleichung:*

$$\tilde{\xi}(t) = \int_{t_0}^{t} \sigma(s)\,\mathrm{d}\eta(s). \tag{8.19}$$

Beweis: Wir wählen eine Zerlegung des Intervalls $[t_0, t]$ und schätzen die Differenz

$$\xi(t) - \sum_{k=0}^{n-1} \sigma(t_k)\, \Delta\eta(t_k) = \sum_{k=0}^{n-1} [\Delta\xi(t_k) - \sigma(t_k)\, \Delta\eta(t_k)]$$

ab. Aus (8.17) folgt, daß für $t_k \neq t_j$ (ohne Beschränkung der Allgemeinheit sei $t_k < t_j$)

$$\begin{aligned} \mathsf{M}\, \Delta\xi(t_k)\, \Delta\xi(t_j) &= \mathsf{M}\big[\mathsf{M}\big(\Delta\xi(t_k)\, \Delta\xi(t_j) \mid \eta(s),\, s \leqq t_j\big)\big] \\ &= \mathsf{M}\big[\Delta\xi(t_k)\, \mathsf{M}\big(\Delta\xi(t_j) \mid \eta(s),\, s \leqq t_j\big)\big] = 0 \end{aligned}$$

gilt, weil bei festgewählten $\eta(s)$, $s \leqq t_j$, die Größen $\Delta\xi(t_k)$ nicht mehr vom Zufall abhängen, sondern eindeutig bestimmt sind. Analog ergibt sich

$$\mathsf{M}[\Delta\xi(t_k)\, \sigma(t_j)\, \Delta\eta(t_j)] = 0,$$
$$\mathsf{M}[\sigma(t_k)\, \Delta\eta(t_k)\, \sigma(t_j)\, \Delta\eta(t_j)] = 0.$$

Hieraus erhalten wir unter Berücksichtigung der Bedingung (8.18)

$$\left\| \xi(t) - \sum_{k=0}^{n-1} \sigma(t_k)\, \Delta\eta(t_k) \right\|^2 = \sum_{k=0}^{n-1} \|\Delta\xi(t_k) - \sigma(t_k)\, \Delta\eta(t_k)\|^2 = \sum_{k=0}^{n-1} o(\Delta t_k) \to 0$$

für $\max \Delta t_k \to 0$. Die „Integralsummen" $\sum_{k=0}^{n-1} \sigma(t_k)\, \Delta\eta(t_k)$ konvergieren also gegen $\xi(t)$, und folglich gilt $\xi(t) = \int_0^t \sigma(s)\, \mathrm{d}\eta(s)$, was zu zeigen war.

Besitzt ein stochastischer Prozeß $\xi(t)$ die Darstellung

$$\xi(t) = \xi(t_0) + \int_{t_0}^{t} a(s)\, \mathrm{d}s + \int_{t_0}^{t} \sigma(s)\, \mathrm{d}\eta(s),$$

so nennt man den Ausdruck

$$\mathrm{d}\xi(t) = a(t)\, \mathrm{d}t + \sigma(t)\, \mathrm{d}\eta(t) \tag{8.20}$$

das *stochastische Differential* des Prozesses $\xi(t)$. Die Lemmata 1 und 2 ergeben zusammengefaßt den

Satz 1. *Unter der Bedingung* (8.12) (*oder, äquivalent dazu,* (8.13) *und* (8.14)) *besitzt der stochastische Prozeß* $\xi(t)$ *ein stochastisches Differential, und dieses wird durch* (8.20) *gegeben.*

Es sei $\varphi(t, x)$ eine reelle, nichtzufällige Funktion der Veränderlichen t und x, deren partielle Ableitungen $\frac{\partial\varphi}{\partial t}$, $\frac{\partial\varphi}{\partial x}$, $\frac{\partial^2\varphi}{\partial x^2}$ existieren und stetig sind. Wir wollen das stochastische Differential des Prozesses

$$\xi(t) = \varphi\big(t, \eta(t)\big) \tag{8.21}$$

berechnen, wobei $\eta(t)$ der Prozeß der BROWNschen Bewegung ist. Das Ergebnis sei vorweggenommen: Wir wollen uns überlegen, daß

$$\mathrm{d}\xi(t) = \left[\frac{\partial\varphi(t, \eta(t))}{\partial t} + \frac{1}{2}\frac{\partial^2\varphi(t, \eta(t))}{\partial x^2}\right]\mathrm{d}t + \frac{\partial\varphi(t, \eta(t))}{\partial x}\,\mathrm{d}\eta(t) \tag{8.22}$$

gilt.

Als erstes fällt ein Unterschied im Vergleich zum Differential $\mathrm{d}\xi(t) = \frac{\partial\varphi(t, \eta(t))}{\partial t}\,\mathrm{d}t + \frac{\partial\varphi(t, \eta(t))}{\partial x}\,\mathrm{d}\eta(t)$ bei nichtzufälligen Funktionen $\xi(t)$ und $\eta(t)$ auf: Die Formel (8.22) enthält das zusätzliche Glied $\frac{1}{2}\frac{\partial^2\varphi(t, \eta(t))}{\partial x^2}$. Es muß — davon werden wir uns später überzeugen — deshalb hinzugefügt werden, weil für den Prozeß der BROWNschen Bewegung $\eta(t)$ mit dem Diffusionskoeffizienten 1 die Beziehung $\mathsf{M}(\Delta\eta(t))^2 = \Delta t$ besteht. Allgemeiner[1]) gilt

$$\mathsf{M}[\Delta\eta(t)]^{2k} = \frac{(2k)!}{k!\,2^k}(\Delta t)^k, \qquad k = 1, 2, \ldots. \tag{8.23}$$

Diese Beziehung geht nun wesentlich bei der Abschätzung des Restgliedes ein. Wir entwickeln die Funktion $\varphi(t, x)$ nach der TAYLOR-Formel und erhalten

$$\Delta\xi(t) = \frac{\partial\varphi(t, \eta(t))}{\partial t}\,\Delta t + \frac{\partial\varphi(t, \eta(t))}{\partial x}\,\Delta\eta(t) + \frac{1}{2}\frac{\partial^2\varphi(t, \eta(t))}{\partial x^2}\,[\Delta\eta(t)]^2 + o(\Delta t) \tag{8.24}$$

mit dem Restglied

$$\begin{aligned} o(\Delta t) = &\left[\frac{\partial\varphi(t + \theta_1\,\Delta t, \eta(t) + \Delta\eta(t))}{\partial t} - \frac{\partial\varphi(t, \eta(t))}{\partial t}\right] \\ &+ \frac{1}{2}\left[\frac{\partial^2\varphi(t, \eta(t) + \theta_2\,\Delta\eta(t))}{\partial x^2} - \frac{\partial^2\varphi(t, \eta(t))}{\partial x^2}\right], \end{aligned} \tag{8.25}$$

wobei θ_1, θ_2 reelle Zahlen sind, für die $|\theta_1|, |\theta_2| \leqq 1$ gilt.

Wir setzen nun noch zusätzlich voraus, daß die Ableitungen $\frac{\partial\varphi}{\partial t}, \frac{\partial\varphi}{\partial x}, \frac{\partial^2\varphi}{\partial x^2}$ einer sogenannten LIPSCHITZ-Bedingung genügen (eine Funktion $y(t, x)$ genügt einer LIPSCHITZ-Bedingung, wenn es Konstanten C_1 und C_2 gibt, so daß

$$|y(t + \Delta t, x + \Delta x) - y(t, x)| \leqq C_1\,|\Delta t| + C_2\,|\Delta x|$$

---

[1]) Für eine normalverteilte Zufallsgröße η mit Mittelwert 0 und Streuung σ^2 erhält man aus der charakteristischen Funktion $\varphi(u) = \mathrm{e}^{-\frac{1}{2}\sigma^2u^2}$, $-\infty < u < \infty$, und der Formel $\varphi^{(k)}(0) = i^{-k}\,\mathsf{M}\eta^k$, $k = 0, 1, \ldots$, die zentralen Momente

$$\mathsf{M}\eta^{2k} = \frac{(2k)!}{k!\,2^k}\sigma^{2k}, \qquad k = 0, 1, 2, \ldots$$

gilt). Dann sind nämlich die zufälligen Funktionen $\frac{\partial\varphi(t,\eta(t))}{\partial t}$, $\frac{\partial\varphi(t,\eta(t))}{\partial x}$, $\frac{\partial^2\varphi(t,\eta(t))}{\partial x^2}$ im quadratischen Mittel gleichmäßig stetig, und folglich sind auch die Funktionen $\left\|\frac{\partial\varphi}{\partial t}\right\|$, $\left\|\frac{\partial\varphi}{\partial x}\right\|$, $\left\|\frac{\partial^2\varphi}{\partial x^2}\right\|$ auf jedem endlichen Intervall $t_0 \leqq t \leqq t_1$ gleichmäßig beschränkt. Berücksichtigen wir außerdem noch, daß die Zuwächse $\Delta\eta(t)$ nicht von $\eta(s)$, $s \leqq t$, abhängen, so folgt aus (8.23)–(8.25), daß die Funktionen

$$a(t) = \frac{\partial\varphi(t,\eta(t))}{\partial t} + \frac{1}{2}\,\frac{\partial^2\varphi(t,\eta(t))}{\partial x^2} \quad \text{und} \quad \sigma(t) = \frac{\partial\varphi(t,\eta(t))}{\partial x}$$

den Bedingungen (8.12) genügen. Dabei gilt für die in diesen Bedingungen auftretenden Größen $o(\Delta t)$ in jedem beschränkten Intervall $t_0 \leqq t \leqq t_1$ die Abschätzung $|o(\Delta t)| \leqq C(\Delta t)^{3/2}$ mit einer gewissen Konstanten C. Aufgrund von Satz 1 besitzt deshalb der stochastische Prozeß $\xi(t) = \varphi(t, \eta(t))$ das stochastische Differential $d\xi(t) = a(t)\,dt + \sigma(t)\,d\eta(t)$.

Beispiel: Wir berechnen das Integral $\int_{t_0}^{t} \eta(s)\,d\eta(s)$, wobei $\eta(t)$, $t \geqq t_0$, der Prozeß der BROWNschen Bewegung ist. Wir wollen dabei die ausgeführten Überlegungen benutzen; wir haben also eine Funktion $\varphi(t, x)$ zu ermitteln, so daß der stochastische Prozeß $\xi(t) = \varphi(t, \eta(t))$ das stochastische Differential $d\xi(t) = \eta(t)\,d\eta(t)$ besitzt (dann gilt nämlich $\int_{t_0}^{t} \eta(s)\,d\eta(s) = \xi(t) - \xi(t_0)$).

Entsprechend der allgemeinen Formel (8.22) muß die Funktion $\varphi(t, x)$ den folgenden Bedingungen genügen:

$$\frac{\partial\varphi}{\partial t} + \frac{1}{2}\,\frac{\partial^2\varphi}{\partial x^2} = 0, \qquad \frac{\partial\varphi}{\partial x} = x.$$

Wir erhalten

$$\varphi(t, x) = \frac{1}{2}\,x^2 + c(t) \qquad \text{und} \qquad c'(t) + \frac{1}{2} = 0,$$

und somit $\varphi(t, x) = \frac{1}{2}\,(x^2 - t)$. Also gilt

$$\int_{t_0}^{t} \eta(s)\,d\eta(s) = \frac{1}{2}\,[\eta^2(t) - \eta^2(t_0) - (t - t_0)].$$

Im Vergleich hierzu beachte man, daß für eine nichtzufällige differenzierbare Funktion $\eta(t)$ die Beziehung

$$\int_{t_0}^{t} \eta(t)\,d\eta(t) = \frac{1}{2}\,[\eta^2(t) - \eta^2(t_0)]$$

besteht.

Wir betrachten nun einen MARKOWschen Prozeß $\xi(t)$, der ein stochastisches Differential $a(t)\,dt + \sigma(t)\,d\eta(t)$ besitzen möge.

Wir nehmen an, daß die Werte der zufälligen Funktionen $a(t)$ und $\sigma(t)$ nur von t und dem „gegenwärtigen" Zustand $\xi(t)$ abhängen. Dies bedeutet genauer, daß es nichtzufällige Funktionen $a(t, x)$ und $\sigma(t, x)$ der Veränderlichen t und x gibt, so daß $a(t) = a(t, \xi(t))$ und $\sigma(t) = \sigma(t, \xi(t))$ gilt. Der Prozeß geht also — grob formuliert — aus einem Zustand $\xi(t) = x$ nach der Zeit Δt in den Zustand $x + \Delta\xi(t)$ mit

$$\Delta\xi(t) \sim a(t, \xi(t))\,\Delta t + \sigma(t, \xi(t))\,\Delta\eta(t)$$

über. Das Zeichen $\sim$ haben wir dabei im Sinne von (8.12) zu verstehen. Wir wollen diese Bedingungen noch etwas verschärfen. Anstelle von (8.12) soll

$$\begin{aligned} &\mathsf{M}\{\Delta\xi(t) - [a(t, \xi(t))\,\Delta t + \sigma(t, \xi(t))\,\Delta\eta(t)] \mid \xi(t)\} = o(\Delta t),\\ &\mathsf{M}\{[\Delta\xi(t) - a(t, \xi(t))\,\Delta t - \sigma(t, \xi(t))\,\Delta\eta(t)]^2 \mid \xi(t)\} = o(\Delta t) \end{aligned} \tag{8.26}$$

gelten, wobei $o(\Delta t)$ außer der in (8.12) geforderten Bedingung noch die folgende Eigenschaft haben soll: Für jedes feste $\xi(t) = x$ ist $o(\Delta t)$ klein von höherer Ordnung im Vergleich zu Δt (für $\Delta t \to 0$), und dies gelte gleichmäßig bezüglich t und x, wobei t in einem (beliebigen) beschränkten Intervall $t_0 \leqq t \leqq t_1$ variiert und die Bedingung

$$|a(t, x)| \leqq C, \qquad C_1 \leqq |\sigma(t, x)| \leqq C_2$$

mit gewissen positiven Konstanten C, C_1, C_2 erfüllt sein soll.

Wir werden im weiteren zeigen, daß unter der Bedingung (8.26) der MARKOWsche Prozeß $\xi(t)$ ein sogenannter Diffusionsprozeß ist. Die Wahrscheinlichkeitsverteilungen solcher Prozesse hängen eng mit gewissen Differentialgleichungen zusammen, die die physikalische Erscheinung der Diffusion beschreiben[1]) (die genannten Differentialgleichungen werden wir im nächsten Abschnitt betrachten).

Wir geben zunächst die formale Definition eines Diffusionsprozesses an. Der Bequemlichkeit halber benutzen wir die folgende Bezeichnung: Für eine beliebige Funktion $g(x)$, $x \geqq 0$, und jede Zahl $\varepsilon > 0$ setzen wir

$$g_\varepsilon(x) = \begin{cases} g(x) & \text{für } |g(x)| \leqq \varepsilon \\ 0 & \text{für } |g(x)| > \varepsilon. \end{cases}$$

Ein MARKOWscher Prozeß $\xi(t)$ heißt *Diffusionsprozeß*, wenn für beliebiges $\varepsilon > 0$, beliebiges $t \geqq 0$ und $x \in E^1$ die Zuwächse $\Delta\xi(t)$ den Bedingungen

$$\begin{aligned} &\mathsf{P}\{|\Delta\xi(t)| > \varepsilon \mid \xi(t) = x\} = o(\Delta t),\\ &\mathsf{M}\big((\Delta\xi(t))_\varepsilon \mid \xi(t) = x\big) = a(t, x)\,\Delta t + o(\Delta t),\\ &\mathsf{M}\big((\Delta\xi(t))_\varepsilon^2 \mid \xi(t) = x\big) = \sigma^2(t, x)\,\Delta t + o(\Delta t) \end{aligned} \tag{8.27}$$

genügen. Dabei erfülle $o(\Delta t)$ die in (8.26) geforderten Bedingungen.

---

[1]) Man vgl. hierzu das Buch А. Л. Хинчин: „Асимптотические законы теории вероятностей", ОНТИ, 1936.

Betrachten wir nicht die „durch ε abgeschnittenen" Größen $(\Delta\xi(t))_\varepsilon$, sondern die Zuwächse $\Delta\xi(t)$ selbst, so erhalten wir zunächst unter Verwendung von (8.26) unmittelbar

$$\mathsf{M}\big(\Delta\xi(t) \mid \xi(t) = x\big) = a(t, x)\,\Delta t + o(\Delta t)$$

und

$$\mathsf{M}\Big(\big(\Delta\xi(t)\big)^2 \mid \xi(t) = x\Big) = \sigma^2(t, x)\,\Delta t + o(\Delta t).$$

Um die in (8.27) geforderten Eigenschaften für die „abgeschnittenen" Größen $(\Delta\xi(t))_\varepsilon$ nachzuweisen, leiten wir vorerst einige Hilfsaussagen her. Im folgenden verstehen sich alle Wahrscheinlichkeiten und Erwartungswerte unter der Bedingung $\xi(t) = x$.

Wir betrachten die Zufallsgröße $\eta = a(t, x)\,\Delta t + \sigma(t, x)\,\Delta\eta(t)$, wobei $\Delta\eta(t)$ den Zuwachs des Prozesses der BROWNschen Bewegung im Zeitintervall Δt bezeichne. Die Wahrscheinlichkeitsdichte dieser Zufallsgröße besitzt die Gestalt $p(y) = \frac{1}{\sqrt{2\pi}\sigma} \times e^{-\frac{(y-a)^2}{2\sigma^2}}$ mit $a = a(t, x)\,\Delta t$, $\sigma^2 = \sigma^2(t, x)\,\Delta t$. Offenbar gilt

$$\mathsf{M}[\eta - \eta_\varepsilon]^2 = \int\limits_{|y|>\varepsilon} y^2 p(y)\,dy = \frac{\Delta t}{\sqrt{2\pi}\,\sigma(t, x)} \int\limits_{|z|>\frac{\varepsilon}{\sqrt{\Delta t}}} z^2 e^{-(z-u)^2/2\sigma^2(t,x)}\,dz = o(\Delta t)$$

gleichmäßig bezüglich t, x mit $|a(t, x)| \leqq C$, $C_1 \leqq \sigma(t, x) \leqq C_2$. Für die uns interessierende Zufallsgröße $\Delta\xi(t)$ gilt zunächst

$$\mathsf{M}[\Delta\xi(t) - \eta]^2 = o(\Delta t);$$

und aufgrund der Ungleichung $\|\Delta\xi(t) - \eta_\varepsilon\| \leqq \|\Delta\xi(t) - \eta\| + \|\eta - \eta_\varepsilon\|$ erhalten wir

$$\mathsf{M}[\Delta\xi(t) - \eta_\varepsilon]^2 = o(\Delta t).$$

Aus der stets gültigen Abschätzung

$$|\Delta\xi(t)|^2 \leqq 2[|\eta_\varepsilon|^2 + |\Delta\xi(t) - \eta_\varepsilon|^2]$$

folgt für ein beliebiges Ereignis A

$$\chi_A\,|\Delta\xi(t)|^2 \leqq 2[\chi_A \varepsilon^2 + |\Delta\xi(t) - \eta_\varepsilon|^2]$$

(dabei ist $\chi_A = 1$, wenn A eintritt, und $\chi_A = 0$, wenn A nicht eintritt). Speziell gelten für das Ereignis $A = \{|\Delta\xi(t)| > 2\varepsilon\}$, das im Ereignis $B = \{|\Delta\xi(t) - \eta_\varepsilon| > \varepsilon\}$ enthalten ist, die Beziehungen

$$\mathsf{M}[\chi_A\,\Delta\xi(t)]^2 \leqq 2\big[\varepsilon^2 \mathsf{P}(A) + \mathsf{M}[\Delta\xi(t) - \eta_\varepsilon]^2\big]$$

und

$$\mathsf{P}(A) \leqq \mathsf{P}(B) \leqq \frac{1}{\varepsilon^2}\,\mathsf{M}[\Delta\xi(t) - \eta_\varepsilon]^2.$$

Insgesamt ergibt sich

$$\mathsf{M}[\chi_A\, \Delta\xi(t)]^2 = \mathsf{M}[\Delta\xi(t) - (\Delta\xi(t))_{2\varepsilon}]^2 \leqq 4\mathsf{M}[\Delta\xi(t) - \eta_\varepsilon]^2 = o(\Delta t)$$

für beliebiges $\varepsilon > 0$.

Nach diesen Vorbereitungen erhalten wir schließlich

$$\mathsf{P}\{|\Delta\xi(t)| > 2\varepsilon\} \leqq \frac{1}{4\varepsilon^2}\, \mathsf{M}[\Delta\xi(t) - (\Delta\xi(t))_{2\varepsilon}]^2 = o(\Delta t)$$

$$|\mathsf{M}\, \Delta\xi(t) - \mathsf{M}(\Delta\xi(t))_{2\varepsilon}| \leqq \frac{1}{2\varepsilon}\, \mathsf{M}[\Delta\xi(t) - (\Delta\xi(t))_{2\varepsilon}]^2 = o(\Delta t)$$

und wegen $\|\Delta\xi(t)\|^2 = \sigma^2(t, x)\, \Delta t + o(\Delta t)$ auch

$$\begin{aligned} |\mathsf{M}(\Delta\xi(t))^2 - \mathsf{M}(\Delta\xi(t))_{2\varepsilon}^2| &= \|\Delta\xi(t)\|^2 - \|(\Delta\xi(t))_{2\varepsilon}\|^2 \\ &\leqq 2\, \|\Delta\xi(t)\|\, \|\Delta\xi(t) - (\Delta\xi(t))_{2\varepsilon}\| = o(\Delta t). \end{aligned}$$

Ersetzen wir 2ε durch ε, so folgen hieraus die Beziehungen (8.27).

8.2. Die Kolmogorowschen Differentialgleichungen

Wir betrachten im folgenden einen Markowschen Prozeß $\xi(t)$ und setzen voraus, daß bei beliebigem $s \leqq t$ unter der Bedingung $\xi(s) = x$ die Zufallsgröße $\xi(t)$ eine bedingte Wahrscheinlichkeitsdichte $p(s, x; t, y)$, $-\infty < y < \infty$, besitzt. Der Prozeß wird sich also, wenn er zur Zeit s im Zustand x war, zur Zeit t mit der Wahrscheinlichkeit

$$\mathsf{P}\{y' \leqq \xi(t) \leqq y'' \mid \xi(s) = x\} = \int_{y'}^{y''} p(s, x; t, y)\, \mathrm{d}y$$

in irgendeinem Zustand y mit $y' \leqq y \leqq y''$ befinden. Wegen der Markowschen Eigenschaft ist $p(s, x; t, y)$ die bedingte Wahrscheinlichkeitsdichte der Zufallsgröße $\xi(t)$ unter einer beliebigen Bedingung an die Zufallsgrößen $\xi(u)$ mit $u \leqq s$, wobei die Bedingung $\xi(s) = x$ „dabei sein muß".

Wir wollen uns überlegen, daß die Übergangsdichte $p(s, x; t, y)$ der sogenannten Gleichung von Chapman-Kolmogorow genügt:

$$p(s, x; t, y) = \int_{-\infty}^{\infty} p(s, x; u, z)\, p(u, z; t, y)\, \mathrm{d}z, \tag{8.28}$$

$s \leqq u \leqq t$.

Unter den Bedingungen $\xi(s) = x$, $\xi(u) = z$ hängt die Verteilung der Zufallsgröße $\xi(t)$ nämlich nicht von x ab und hat die bedingte Wahrscheinlichkeitsdichte $p(u, z; t, y)$, $-\infty < y < \infty$; folglich besitzt die gemeinsame Wahrscheinlichkeitsverteilung der Zufallsgrößen $\xi(u)$, $\xi(t)$ bei festem $\xi(s) = x$ die (bedingte) gemeinsame Dichte[1])

$$p(s, x; u, z)\, p(u, z; t, y), \qquad -\infty < z, y < \infty.$$

Integriert man bezüglich z von $-\infty$ bis ∞, so erhält man die (bedingte) Dichte $p(s, x; t, y)$ der Zufallsgröße $\xi(t)$ (unter der Bedingung $\xi(s) = x$).

Es sei nun $\xi(t)$ ein Diffusionsprozeß. Offenbar lassen sich die Bedingungen (8.27) unter Verwendung der Übergangsdichten $p(s, x; t, y)$ folgendermaßen schreiben:

$$\begin{gathered}\int\limits_{|y|>\varepsilon} p(t, x; t + \Delta t, y)\, dy = o(\Delta t), \\ \int\limits_{|y-x|\leqq\varepsilon} (y - x)\, p(t, x; t + \Delta t, y)\, dy = a(t, x)\, \Delta t + o(\Delta t), \\ \int\limits_{|y-x|\leqq\varepsilon} (y - x)^2\, p(t, x; t + \Delta t, y)\, dy = b(t, x)\, \Delta t + o(\Delta t).\end{gathered} \tag{8.29}$$

Dabei wurde $b(t, x) = \sigma^2(t, x)$ gesetzt und $o(\Delta t)$ ist eine von t, x und Δt abhängende Funktion, die für $\Delta t \to 0$ gleichmäßig bezüglich t für jedes beschränkte Intervall $t_0 \leqq t \leqq t_1$ im Vergleich zu Δt klein von höherer Ordnung ist.

Satz 2. *Die Übergangsdichte $p(s, x; t, y)$ besitze die Ableitungen $\frac{\partial p}{\partial s}$, $\frac{\partial p}{\partial x}$ und $\frac{\partial^2 p}{\partial x^2}$, die überdies bezüglich y gleichmäßig stetig in jedem beschränkten Intervall $y' \leqq y \leqq y''$ sein sollen. Dann genügt die Übergangsdichte $p(s, x; t, y)$ der Differentialgleichung*

$$-\frac{\partial p}{\partial s} = a(s, x)\, \frac{\partial p}{\partial x} + \frac{1}{2}\, b(s, x)\, \frac{\partial^2 p}{\partial y^2}. \tag{8.30}$$

Beweis: Wir betrachten eine beliebige stetige Funktion $\varphi(x)$, die außerhalb eines endlichen Intervalls gleich Null ist, und setzen

$$\varphi(s, x) = \int\limits_{-\infty}^{\infty} \varphi(y)\, p(s, x; t, y)\, dy.$$

Aus der Gleichung von Chapman-Kolmogorow folgt für beliebige $t_0 \leqq s \leqq u \leqq t$ die Beziehung

$$\varphi(s, x) = \int\limits_{-\infty}^{\infty} \varphi(y) \int\limits_{-\infty}^{\infty} p(s, x; u, z)\, p(u, z; t, y)\, dy = \int\limits_{-\infty}^{\infty} \varphi(u, z)\, p(s, x; u, z)\, dz.$$

Offenbar besitzt die Funktion $\varphi(s, x)$ stetige partielle Ableitungen $\frac{\partial \varphi}{\partial s}$, $\frac{\partial \varphi}{\partial x}$, $\frac{\partial^2 \varphi}{\partial x^2}$. Wir entwickeln $\varphi(u, z)$ in Umgebung des Punktes x (bei festem u) mit

---

[1]) Analog ist für beliebige $s \leqq t_1 \leqq \cdots \leqq t_n$

$$p(s, x; t_1, y_1)\, p(t_1, y_1; t_2, y_2) \ldots p(t_{n-1}, y_{n-1}; t_n, y_n), \qquad -\infty < y_1, \ldots, y_n < \infty,$$

die gemeinsame (bedingte) Dichte der Zufallsgrößen $\xi(t_1), \ldots, \xi(t_n)$ bei gegebenem $\xi(s) = x$.

Hilfe der TAYLOR-Formel nach Potenzen von $(z - x)$

$$\varphi(u, z) - \varphi(u, x) = \frac{\partial \varphi(u, x)}{\partial x}(z - x) + \frac{1}{2}\left[\frac{\partial^2 \varphi(u, x)}{\partial x^2} + o(\delta_\varepsilon)\right](z - x)^2,$$

dabei gilt

$$\delta_\varepsilon = \sup_{|z-x| \leqq \varepsilon} \left| \frac{\partial^2 \varphi(u, z)}{\partial x^2} - \frac{\partial^2 \varphi(u, x)}{\partial x^2} \right| \to 0$$

für $\varepsilon \to 0$. Aus (8.29) erhalten wir

$$\varphi(s, x) - \varphi(u, x) = \int_{-\infty}^{\infty} [\varphi(u, z) - \varphi(u, x)]\, p(s, x; u, z)\, dz$$

$$= \int_{|z-x| \leqq \varepsilon} [\varphi(u, z) - \varphi(u, x)]\, p(s, x; u, z)\, dz + o(u - s)$$

$$= \frac{\partial \varphi(u, x)}{\partial x} \int_{|z-x| \leqq \varepsilon} (z - x)\, p(s, x; u, z)\, dz$$

$$+ \frac{1}{2}\left[\frac{\partial^2 \varphi(u, x)}{\partial x^2} + O(\delta_\varepsilon)\right] \int_{|z-x| \leqq \varepsilon} (z - x)^2\, p(s, x; u, z)\, dz + o(u - s)$$

$$= \left\{a \frac{\partial \varphi}{\partial x} + \frac{1}{2} b \left[\frac{\partial^2 \varphi}{\partial x^2} + O(\delta_\varepsilon)\right]\right\}(u - s) + o(u - s),$$

wobei $O(\delta_\varepsilon) \to 0$ für $\varepsilon \to 0$ gilt. Hieraus folgt

$$\lim_{u \to s} \frac{\varphi(s, x) - \varphi(u, x)}{u - s} = a(s, x) \frac{\partial \varphi}{\partial x} + \frac{1}{2} b(s, x) \frac{\partial^2 \varphi}{\partial x^2},$$

und somit gilt

$$-\frac{\partial \varphi}{\partial s} = a(s, x) \frac{\partial \varphi}{\partial x} + \frac{1}{2} b(s, x) \frac{\partial^2 \varphi}{\partial x^2}.$$

Unter Berücksichtigung der Definition der Funktion $\varphi(s, x)$ läßt sich diese Gleichung in der folgenden Form schreiben:

$$\int_{-\infty}^{\infty} \varphi(y) \left[\frac{\partial p}{\partial s} + a(s, x) \frac{\partial p}{\partial x} + \frac{1}{2} b(s, x) \frac{\partial^2 p}{\partial x^2}\right] dy = 0.$$

Diese Beziehung besteht für jede stetige Funktion $\varphi(y)$, die außerhalb eines gewissen endlichen Intervalls gleich Null ist. Mithin muß notwendig

$$\frac{\partial p}{\partial s} + a(s, x) \frac{\partial p}{\partial x} + \frac{1}{2} b(s, x) \frac{\partial^2 p}{\partial x^2} = 0$$

gelten, womit der Satz bewiesen ist.

Wir bemerken, daß die Übergangsdichte $p(s, x; t, y)$ mit der sogenannten Fundamentallösung der Differentialgleichung (8.30) zusammenfällt. Diese ist dadurch definiert, daß für eine beliebige beschränkte stetige Funktion $\varphi(x)$

$$\lim_{t \to s} \int_{-\infty}^{\infty} \varphi(y)\, p(s, x; t, y)\, dy = \varphi(x)$$

gilt.

Satz 3. *Existieren die partiellen Ableitungen*

$$\frac{\partial}{\partial t} p(s, x; t, y), \quad \frac{\partial}{\partial y} [a(t, y)\, p(s, x; t, y)], \quad \frac{\partial^2}{\partial y^2} [b(t, y)\, p(s, x; t, y)]$$

und sind sie stetig, so genügt die Übergangsdichte $p(s, x; t, y)$ der Differentialgleichung

$$\frac{\partial p}{\partial t} = -\frac{\partial}{\partial y} [a(t, y)\, p(s, x; t, y)] + \frac{1}{2} \frac{\partial^2}{\partial y^2} [b(t, y)\, p(s, x; t, y)]. \tag{8.31}$$

Beweis: Analog zum Beweis von Satz 2 überlegt man sich, daß für jede zweimal stetig differenzierbare Funktion $\varphi(x)$, die außerhalb eines gewissen endlichen Intervalls gleich Null ist, der Grenzwert

$$\lim_{\Delta t \to 0} \frac{1}{\Delta t} \left[\int_{-\infty}^{\infty} \varphi(y)\, p(s, x; t + \Delta t, y)\, dy - \varphi(x) \right] = a(t, x)\, \varphi'(x) + \frac{1}{2} b(t, x)\, \varphi''(x)$$

existiert. Weiter folgt

$$\begin{aligned}
&\frac{\partial}{\partial t} \int_{-\infty}^{\infty} p(s, x; t, y)\, \varphi(y)\, dy \\
&= \lim_{\Delta t \to 0} \frac{1}{\Delta t} \left[\int_{-\infty}^{\infty} p(s, x; t + \Delta t, y)\, \varphi(y)\, dy - \int_{-\infty}^{\infty} p(s, x; t, z)\, \varphi(z)\, dz \right] \\
&= \int_{-\infty}^{\infty} p(s, x; t, z) \lim_{\Delta t \to 0} \frac{1}{\Delta t} \left[\int_{-\infty}^{\infty} p(s, z; t + \Delta t, y)\, \varphi(y)\, dy - \varphi(z) \right] dz \\
&= \int_{-\infty}^{\infty} p(s, x; t, z) \left[a(t, z)\, \varphi'(z) + \frac{1}{2} b(t, z)\, \varphi''(z) \right] dz.
\end{aligned}$$

Durch partielle Integration des letzten Ausdruckes erhalten wir

$$\frac{\partial}{\partial t}\int_{-\infty}^{\infty} p(s, x; t, y)\,\varphi(y)\,\mathrm{d}y = \int_{-\infty}^{\infty}\left[\frac{\partial}{\partial t}\,p(s, x; t, y)\right]\varphi(y)\,\mathrm{d}y$$

$$= \int_{-\infty}^{\infty}\left\{-\frac{\partial}{\partial y}\,[a(t, y)\,p(s, x; t, y)] + \frac{1}{2}\,\frac{\partial^2}{\partial y^2}\,[b(t, y)\,p(s, x; t, y)]\right\}\varphi(y)\,\mathrm{d}y\,.$$

Da φ willkürlich gewählt war, folgt hieraus (8.31), womit der Satz bewiesen ist.

Man nennt die Gleichung (8.30) KOLMOGOROW*sche Rückwärts-* und (8.31) KOLMOGOROW*sche Vorwärtsgleichung.*

Die beschriebene Methode der Differentialgleichungen ist nicht nur bei der Betrachtung der Übergangsdichten $p(s, x; t, y)$ anwendbar, sondern auch auf Verteilungen von Zufallsgrößen, die mit dem Verhalten des Diffusionsprozesses zusammenhängen.

So kann man beispielsweise den zufälligen Zeitpunkt τ des ersten Verlassens des Intervalls (c_1, c_2) durch den stochastischen Prozeß $\xi(t)$, $t \geqq t_0$, betrachten. (Ohne Beschränkung der Allgemeinheit kann man annehmen, daß die Trajektorien eines Diffusionsprozesses $\xi = \xi(t)$ stetige Funktionen sind, so daß die Zufallsgröße τ mit dem Zeitpunkt des ersten Erreichens der Werte c_1 oder c_2 zusammenfällt.)

Wir bezeichnen mit $\mathsf{P}_{s,x}(A)$ beziehungsweise $\mathsf{M}_{s,x}\eta$ die (bedingte) Wahrscheinlichkeit des Ereignisses A beziehungsweise den (bedingten) Erwartungswert der Zufallsgröße η unter der Bedingung $\xi(s) = x$ gilt. Nach Voraussetzung gilt für den Diffusionsprozeß $\xi = \xi(t)$

$$\mathsf{P}_{s,x}\{|\xi(s + \Delta s) - x| > \varepsilon\} = o(\Delta s) \tag{8.32}$$

gleichmäßig bezüglich s aus jedem endlichen Intervall (bei beliebig gewähltem, aber festem $\varepsilon > 0$). Hieraus folgt, daß unter der Bedingung $\xi(s) = x$ die Wahrscheinlichkeit dafür, daß sich der Prozeß $\xi(t)$ nach Ablauf der Zeitspanne Δs, also zum Zeitpunkt $s + \Delta s$, in einem Punkt y mit $|y - x| > \varepsilon$ befindet, eine Größe $o(\Delta s)$ ist, die genauso wie die in (8.32) vorkommende Größe bei $\Delta s \to 0$ von höherer Ordnung (im Vergleich zu Δs) klein wird. Folglich gilt auch

$$\mathsf{P}_{s,x}\{\tau \leqq s + \Delta s\} = o(\Delta s) \tag{8.33}$$

gleichmäßig bezüglich s aus jedem endlichen Intervall.

Wir nehmen an, daß unter der Bedingung $\xi(s) = x$ die Zufallsgröße τ eine Wahrscheinlichkeitsdichte $p_{s,x}(t)$, $0 \leqq t < \infty$, besitzt und betrachten die Funktion

$$u(s, x) = \mathsf{M}_{s,x}\exp\left\{\int_s^{\tau} U(t)\,\mathrm{d}t\right\} = \int_{-\infty}^{\infty}\exp\left\{\int_s^{t} U(u)\,\mathrm{d}u\right\} p_{s,x}(t)\,\mathrm{d}t;$$

$U(t)$ soll dabei eine stetige Funktion sein, für deren Realteil $\operatorname{Re} U(t) \leqq 0$ gilt. Somit ist $\exp\left\{\int_s^\tau U(t)\,dt\right\}$ eine beschränkte Zufallsgröße. Für $U(t) = i\lambda t$ erhalten wir beispielsweise

$$u(s, x) = \int_{-\infty}^{\infty} e^{i\lambda t}\, p_{s,x}(t)\,dt$$

(dabei ist $p_{s,x}(t) = 0$ für $t < s$), das heißt, $u(s, x)$ ist der Wert der charakteristischen Funktion der Zufallsgröße τ im Punkt λ, $-\infty < \lambda < \infty$.

Für eine beliebige beschränkte Zufallsgröße η gilt offenbar

$$\begin{aligned} \mathsf{M}_{s,x}\eta &= \mathsf{M}_{s,x}(\eta \mid \tau > s + \Delta s)\,\mathsf{P}\{\tau > s + \Delta s\} + \mathsf{M}_{s,x}(\eta \mid \tau \leqq s + \Delta s)\,\mathsf{P}\{\tau \leqq s \\ &\quad + \Delta s\} = \mathsf{M}_{s,x}(\eta \mid \tau > s + \Delta s)\,\mathsf{P}\{\tau > s + \Delta s\} + o(\Delta s), \end{aligned}$$

wobei $o(\Delta s)$ die gleichen Eigenschaften wie die in (8.33) vorkommende kleine Größe höherer Ordnung hat. Es folgt

$$\begin{aligned} &\mathsf{M}_{s,x}\left\{\exp\int_s^\tau U(t)\,dt \mid \tau > s + \Delta s\right\} \\ &= \mathsf{M}_{s,x}\left\{\mathsf{M}\left[\exp\int_s^\tau U(t)\,dt \mid \tau > s + \Delta s,\ \xi(s + \Delta s) = \eta\right] \mid \tau > s + \Delta s\right\} \\ &= \mathsf{M}_{s,x}\left\{\exp\left[\int_s^{s+\Delta s} U(t)\,dt\right] \mathsf{M}_{s+\Delta s,\eta} \exp\left[\int_{s+\Delta s}^{\tau} U(t)\,dt\right]\right\}, \end{aligned}$$

weil die Beziehungen $\tau > s + \Delta s$, $\xi(s + \Delta s) = \eta$ Bedingungen an das Verhalten der Trajektorien $\xi(t)$ mit $t \leqq s + \Delta s$ sind und aufgrund der Markowschen Eigenschaft von $\xi(t)$ einfach durch $\xi(s + \Delta s) = \eta$ ersetzt werden können. Unter Berücksichtigung von

$$\exp\left[\int_s^{s+\Delta s} U(t)\,dt\right] = 1 + U(s)\,\Delta s + o(\Delta s) = \frac{1}{1 - U(s)\,\Delta s} + o(\Delta s)$$

erhalten wir

$$u(s, x) = \mathsf{M}_{s,x}\left\{\frac{1}{1 - U(s)\,\Delta s}\, u\big(s + \Delta s, \xi(s + \Delta s)\big)\right\} + o(\Delta s)$$

und somit

$$\int_{-\infty}^{\infty} [u(s + \Delta s, y) - u(s, x)]\, p(s, x; s + \Delta s, y)\,dy + U(s)\,u(s, x)\,\Delta s + o(\Delta s) = 0.$$

Diese Beziehung ist für einen Diffusionsprozeß äquivalent zu

$$\int_{|y-x|\leqq\varepsilon} [u(s + \Delta s, y) - u(s, x)]\, p(s, x; s + \Delta s, y)\,dy + U(s)\,u(s, x)\,\Delta s + o(\Delta s) = 0.$$

Wir setzen jetzt voraus, daß die Funktion $u(s, x)$ stetige Ableitungen $\frac{\partial u}{\partial s}$, $\frac{\partial u}{\partial x}$ und $\frac{\partial^2 u}{\partial x^2}$ besitzt. Analog zur Herleitung der Differentialgleichung (8.30) erhalten wir damit

$$\int\limits_{|y-x|\leq\varepsilon} \left[\frac{\partial u(s,x)}{\partial s} \Delta s + \frac{\partial u(s,x)}{\partial x} \Delta x + \frac{1}{2} \frac{\partial^2 u(s,x)}{\partial x^2} \big(1 + O(\delta)\big) \Delta x^2\right]$$

$$\times\, p(s, x; s + \Delta s, y)\, dy + U(s)\, u(s, x)\, \Delta s + o(\Delta s)$$

$$= \left[\frac{\partial u(s,x)}{\partial s} + a(s,x) \frac{\partial u(s,x)}{\partial x} + \frac{1}{2} b(s,x) \frac{\partial^2 u(s,x)}{\partial x^2} \big(1 + o(\delta)\big) + U(s)\, u(s,x)\right] \Delta s$$

$$+ o(\Delta s) = 0,$$

wobei $O(\delta) \to 0$ für $\varepsilon \to 0$ gilt. Hieraus ist ersichtlich, daß die Funktion $u(s, x)$ der Differentialgleichung

$$\frac{\partial u}{\partial s} + a \frac{\partial u}{\partial x} + \frac{1}{2} b \frac{\partial^2 u}{\partial x^2} + Uu = 0 \tag{8.34}$$

genügt. Überdies folgen aus der Definition von $u(s, x)$ für $x = c_1$ beziehungsweise $x = c_2$ (dann ist $\tau = s$) die Gleichungen

$$u(s, c_1) = u(s, c_2) = 1.$$

KAPITEL IV

PROGNOSE UND FILTRATION STOCHASTISCHER PROZESSE

1. Die Aufgabe der besten Approximation, Beispiele

Die Mehrzahl der Aufgaben der Prognose, Filtration stochastischer Prozesse besteht in folgendem: Auf der Grundlage der Kenntnis eines stochastischen Prozesses $\eta(t)$ in einem bestimmten Zeitintervall $a \leqq t \leqq b$ soll eine gewisse unbekannte Zufallsgröße ξ möglichst gut geschätzt werden. Dabei ist gewöhnlich $\xi = \xi(t)$ der Wert zum gegenwärtigen (oder auch „zukünftigen") Zeitpunkt t eines anderen Prozesses, der in gewisser Weise mit dem „beobachteten" Prozeß $\eta(t)$, $a \leqq t \leqq b$, zusammenhängt.

Das einfachste Problem dieser Art hatten wir bereits in Kapitel I, Abschnitt 4. betrachtet. Dort sollte eine beste Approximation der Zufallsgröße ξ durch Linearkombinationen der Gestalt $\sum_{k=1}^{n} c_k\eta_k$ gefunden werden, wobei η_k, $k = 1, \ldots, n$, gewisse gegebene Zufallsgrößen waren. Mit anderen Worten, es war eine Zufallsgröße $\hat{\xi} = \sum_{k=1}^{n} c_k^0\eta_k$ gesucht, so daß

$$\|\xi - \hat{\xi}\| = \min_{c_k} \left\|\xi - \sum_{k=1}^{n} c_k\eta_k\right\| \tag{1.1}$$

gilt.

Wir hatten den $(n + 1)$-dimensionalen linearen Raum H' aller Linearkombinationen $\eta = \sum_{k=0}^{n} c_k\eta_k$ (mit $\eta_0 = \xi$; $c_0, \ldots, c_n$ sind beliebige reelle Zahlen) mit dem Skalarprodukt

$$\langle\eta_1, \eta_2\rangle = \mathsf{M}(\eta_1\eta_2) \tag{1.2}$$

und dem entsprechenden Abstand

$$\|\eta_1 - \eta_2\| = \sqrt{\mathsf{M}(\eta_1 - \eta_2)^2} \tag{1.3}$$

eingeführt. Die durch (1.1) definierte Zufallsgröße $\hat{\xi} = \sum_{k=1}^{n} c_k^0\eta_k$ ist dann geometrisch gesehen der Fußpunkt des Lotes vom Punkt $\xi \in H'$ auf den Unterraum L aller Zufallsgrößen $\eta = \sum_{k=1}^{n} c_k\eta_k$. Er ist eindeutig dadurch definiert, daß die Differenz $\xi - \hat{\xi}$ senkrecht auf dem Unterraum L steht:

$$\langle\xi - \hat{\xi}, \eta\rangle = 0, \qquad \eta \in L. \tag{1.4}$$

Diese Bedingung ist äquivalent zu dem folgenden linearen Gleichungssystem für die Koeffizienten $c_1^0, \ldots, c_n^0$:

$$\sum_{k=1}^{n} c_k^0 \langle \eta_k, \eta_j \rangle = \langle \xi, \eta_j \rangle, \qquad j = 1, \ldots, n. \tag{1.5}$$

Wir betrachten nun allgemein die Aufgabe der Approximation einer Zufallsgröße ξ durch eine Zufallsgröße η aus einer gewissen Menge L, die eine sogenannte *Hyperebene* bildet. (Eine Hyperebene ist eine Teilmenge L von H', so daß für jedes Element $\eta_0 \in L$ die Größen $\Delta = \eta - \eta_0$, $\eta \in L$, einen *linearen Raum* bilden, das heißt, eine Menge, die mit zwei beliebigen Elementen Δ_1, Δ_2 auch die Linearkombinationen $c_1\Delta_1 + c_2\Delta_2$ — c_1, c_2 sind dabei beliebige reelle Zahlen — enthält.)

Wir nennen die Zufallsgröße $\hat{\xi} \in L$ eine *beste Approximation* für ξ, wenn

$$\|\xi - \hat{\xi}\| = \min_{\eta \in L} \|\xi - \eta\| \tag{1.6}$$

erfüllt ist.

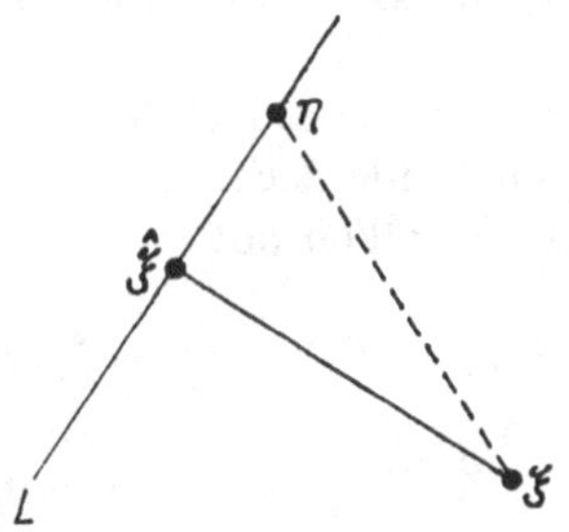

Abb. 24

Lemma. *Die Bedingung* (1.6) *ist äquivalent zu*

$$\langle \xi - \hat{\xi}, \eta - \hat{\xi} \rangle = 0 \qquad \textit{für alle } \eta \in L. \tag{1.7}$$

Ehe wir diese Behauptung beweisen, wollen wir (1.7) geometrisch interpretieren. Wir bezeichnen mit $\hat{L}$ den linearen Raum aller Elemente $\eta - \hat{\xi}$, $\eta \in L$. Die Beziehung (1.7) besagt, daß das Skalarprodukt der Elemente $\xi - \hat{\xi}$ und $\Delta = \eta - \hat{\xi}$ für alle Δ aus L gleich 0 ist, das heißt, die Differenz $\xi - \hat{\xi}$ steht senkrecht auf dem Unterraum $\hat{L}$ (siehe Abb. 24).

Man nennt die Größe $\hat{\xi}$ die *Projektion* der Zufallsgröße ξ auf die Hyperebene L und die Differenz $\xi - \hat{\xi}$ das Lot aus dem Punkte ξ auf L. Ist die Hyperebene L selbst ein linearer Raum ($L = \hat{L}$), so ist die Bedingung (1.7) äquivalent zu (1.4).

B e w e i s des Lemmas: Es sei $\hat{\xi} \in L$ eine beste Approximation für ξ. Dann gilt offenbar

$$\|\xi - \hat{\xi}\| = \min \|\xi - \hat{\xi} - \Delta\|,$$

wobei das Minimum über alle Differenzen $\Delta = \eta - \hat{\xi}$, $\eta \in L$, genommen wird. Die Menge dieser Differenzen bildet jedoch einen linearen Raum $\hat{L}$. Insbesondere enthält $\hat{L}$ mit Δ auch alle Elemente $\lambda\Delta$, wobei λ eine beliebige reelle Zahl ist. Für beliebiges festes $\Delta \neq 0$ setzen wir

$$A^2 = \|\xi - \hat{\xi}\|^2, \qquad B = \langle \xi - \hat{\xi}, \Delta\rangle, \qquad C = \|\Delta\|^2$$

und erhalten

$$\min_\lambda \|\xi - \hat{\xi} - \lambda\Delta\| = \min_\lambda (A^2 + 2B\lambda + \lambda^2 C^2) = A^2.$$

Offenbar wird das Minimum der quadratischen Form $A^2 + 2B\lambda + \lambda^2 C^2$ im Punkte $\lambda = 0$ erreicht. Folglich ist der Koeffizient B gleich Null, das heißt (1.7) ist erfüllt. Umgekehrt folgt bei Gültigkeit dieser Bedingung für eine beliebige Größe $\eta \in L$

$$\begin{aligned}\|\xi - \eta\|^2 &= \|(\xi - \hat{\xi}) - (\eta - \hat{\xi})\|^2 = \|\xi - \hat{\xi}\|^2 + 2\langle \xi - \hat{\xi}, \eta - \hat{\xi}\rangle + \|\eta - \hat{\xi}\| \\ &= \|\xi - \hat{\xi}\|^2 + \|\eta - \hat{\xi}\|^2 \geqq \|\xi - \hat{\xi}\|^2,\end{aligned}$$

woraus man unmittelbar erkennt, daß $\hat{\xi}$ die beste Approximation für ξ ist. Damit ist das Lemma bewiesen.

Wir bemerken, daß es höchstens eine Zufallsgröße $\hat{\xi} \in L$ geben kann, die der Bedingung (1.7) (und damit auch der Bedingung (1.6)) genügt.

Sind nämlich $\hat{\xi}_1$ und $\hat{\xi}_2$ Zufallsgrößen mit

$$\langle \xi - \hat{\xi}_1, \eta - \hat{\xi}_1\rangle = 0, \qquad \langle \xi - \hat{\xi}_2, \eta - \hat{\xi}_2\rangle = 0$$

für alle $\eta \in L$, so folgt insbesondere

$$\langle \xi - \hat{\xi}_1, \hat{\xi}_2 - \hat{\xi}_1\rangle = 0, \qquad \langle \xi - \hat{\xi}_2, \hat{\xi}_2 - \hat{\xi}_1\rangle = 0.$$

Ziehen wir die zweite von der ersten Gleichung ab, so erhalten wir $\|\hat{\xi}_2 - \hat{\xi}_1\| = 0$, das heißt, $\hat{\xi}_2 = \hat{\xi}_1$.

Zu Beginn dieses Abschnittes hatten wir noch einmal angegeben, wie die beste (lineare) Approximation der Zufallsgröße ξ durch Linearkombinationen $\sum_{k=1}^{n} c_k\eta_k$ gewisser gegebener Zufallsgrößen η_k, $k = 1, 2, \ldots, n$, gefunden werden kann (vgl. (1.1)—(1.5)). Es entsteht nun die Frage, ob eine absolut beste Approximation $\hat{\xi} = \varphi_0(\eta_1, \ldots, \eta_n)$ existiert, die also der Bedingung (1.6) genügt, wobei das Minimum dieses Mal über alle möglichen Zufallsgrößen $\eta = \varphi(\eta_1, \ldots, \eta_n)$ erstreckt wird, die als Funktion der gegebenen Zufallsgrößen $\eta_1, \ldots, \eta_n$ darstellbar sind.

Satz. *Die absolut beste Approximation der Zufallsgröße ξ durch Zufallsgrößen η der Gestalt $\eta = \varphi(\eta_1, \ldots, \eta_n)$ ist durch*

$$\hat{\xi} = \mathsf{M}(\xi \mid \eta_1, \ldots, \eta_n) \tag{1.8}$$

gegeben. Dabei bezeichnet $\mathsf{M}(\xi \mid \eta_1, \ldots, \eta_n)$ die bedingte Erwartung von ξ bei gegebenen $\eta_1, \ldots, \eta_n$.

Beweis: Die Menge L aller Zufallsgrößen der Form $\eta = \varphi(\eta_1, \ldots, \eta_n)$ mit $\|\eta\|^2 = \mathsf{M}\eta^2 < \infty$ ist ein linearer Raum. Wegen $\mathsf{M}\xi^2 < \infty$ gehört zu diesem Raum auch die durch (1.8) definierte Zufallsgröße $\hat{\xi}$. Sie ist nämlich eine Funktion der Werte $\eta_1, \ldots, \eta_n$:

$$\hat{\xi} = \varphi_0(\eta_1, \ldots, \eta_n) \in L,$$

und es gelten

$$\hat{\xi}^2 = [\mathsf{M}(\xi \mid \eta_1, \ldots, \eta_n)]^2 \leqq \mathsf{M}(\xi^2 \mid \eta_1, \ldots, \eta_n)$$

und

$$\mathsf{M}\hat{\xi}^2 \leqq \mathsf{M}[\mathsf{M}(\xi^2 \mid \eta_1, \ldots, \eta_n)] = \mathsf{M}\xi^2 < \infty.$$

Um zu zeigen, daß diese Zufallsgröße $\hat{\xi} = \varphi_0(\eta_1, \ldots, \eta_n)$ die absolut beste Approximation für ξ darstellt, haben wir die Gültigkeit von (1.7) nachzuweisen. Diese Beziehung bedeutet in unserem Fall, daß

$$\mathsf{M}[(\xi - \hat{\xi})\, \varphi(\eta_1, \ldots, \eta_n)] = 0$$

für beliebige Zufallsgrößen $\varphi(\eta_1, \ldots, \eta_n) \in L$ gilt. Bei festen $\eta_1, \ldots, \eta_n$ ist jedoch

$$\begin{aligned} &\mathsf{M}[(\xi - \hat{\xi})\, \varphi(\eta_1, \ldots, \eta_n) \mid \eta_1, \ldots, \eta_n] \\ &= \varphi(\eta_1, \ldots, \eta_n)\, [\mathsf{M}(\xi \mid \eta_1, \ldots, \eta_n) - \hat{\xi}] = 0, \end{aligned}$$

und deshalb gilt

$$\mathsf{M}[(\xi - \hat{\xi})\, \varphi(\eta_1, \ldots, \eta_n)] = \mathsf{M}\big[\mathsf{M}[(\xi - \hat{\xi})\, \varphi(\eta_1, \ldots, \eta_n) \mid \eta_1, \ldots, \eta_n]\big] = 0,$$

womit der Satz bewiesen ist.

Beispiel (*Konstruktion eines Gerätekomplexes*): Man stelle sich vor, daß n Geräte vorliegen, die zur Messung einer unbekannten Größe a verwendet werden sollen. Jedes Gerät liefert einen Meßwert, der mit einem zufälligen Meßfehler behaftet ist; man erhält also anstelle des wahren Wertes a den Wert $X_k = a + \Delta_k$, $k = 0, \ldots, n-1$. Die Aufgabe besteht nun darin, diese n einzelnen Geräte in einem Komplex so zu „vereinigen", daß der Fehler $X = a + \Delta$ dieses Gerätekomplexes minimal wird: $\|\Delta\| = \min$.

Bei der Analyse der Meßfehler $\Delta_0, \ldots, \Delta_{n-1}$ wird man zunächst vernünftigerweise aus den vorliegenden Daten $X_0, \ldots, X_{n-1}$ die unbekannte Größe a eliminieren. Wir betrachten deshalb die Differenzen

$$X_k - X_0 = \Delta_k - \Delta_0 = \xi_k, \qquad k = 1, \ldots, n-1,$$

und suchen für den unbekannten Fehler $\Delta_0 (= \xi_0)$ die beste Approximation durch die bekannten Zufallsgrößen $\xi_1, \ldots, \xi_{n-1}$. Liegt diese beste Approximation

$$\hat{\Delta}_0 = \varphi_0(\xi_1, \ldots, \xi_{n-1}) = \varphi_0(X_1 - X_0, \ldots, X_{n-1} - X_0)$$

vor, so können wir den Gerätekomplex in folgender Weise konstruieren: Wir setzen

$$X = X_0 - \varphi_0(X_1 - X_0, \ldots, X_{n-1} - X_0);$$

der Fehler $\Delta = X - a$ beträgt dann

$$\Delta = \Delta_0 - \varphi_0(\xi_1, \ldots, \xi_{n-1}).$$

Man wird natürlich annehmen können, daß die Fehler $\Delta_0, \Delta_1, \ldots, \Delta_{n-1}$ der verschiedenen Geräte voneinander unabhängige Zufallsgrößen sind. Wir setzen weiter voraus, daß sie identisch verteilt sind und den Mittelwert 0 besitzen. Die Kovarianzmatrix $\{R_{ij}\}$ der Zufallsgrößen $\xi_0, \xi_1, \ldots, \xi_{n-1}$ hat dann die Gestalt

$$R_{00} = \mathsf{M}\Delta_0^2 = \sigma^2, \quad R_{k0} = -\sigma^2, \quad R_{kk} = 2\sigma^2, \quad k = 1, \ldots, n-1;$$

$$R_{kj} = \sigma^2, \qquad k \neq j; \qquad k, j = 1, \ldots, n-1.$$

Aus den Gleichungen (1.5) folgt für die beste lineare Approximation

$$-\frac{1}{n}\sum_{k=1}^{n-1}\xi_k = \frac{1}{n}\sum_{k=1}^{n-1}[X_0 - X_k];$$

der entsprechende Fehler des Gerätekomplexes beträgt

$$\Delta = \Delta_0 - \frac{1}{n}\sum_{k=1}^{n-1}[\Delta_0 - \Delta_k] = \frac{1}{n}\sum_{k=0}^{n-1}\Delta_k.$$

Mithin wird der Gerätekomplex in folgender Weise konstruiert:

$$X = \frac{1}{n}\sum_{k=0}^{n-1}X_k.$$

Wir setzen nun zusätzlich voraus, daß der Fehler eines jeden Gerätes in einem Intervall der Form $[-d, d]$ gleichmäßig verteilt ist. Wir wollen unter dieser Annahme die absolut beste Approximation

$$\varphi_0(\xi_1, \ldots, \xi_{n-1}) = \mathsf{M}(\Delta_0 \mid \xi_1, \ldots, \xi_{n-1})$$

berechnen. Die gemeinsame Wahrscheinlichkeitsdichte der Ausgangsgrößen $\Delta_0, \ldots, \Delta_{n-1}$ lautet

$$p_{\Delta_0,\ldots,\Delta_{n-1}}(y_0, \ldots, y_{n-1}) = \begin{cases} \dfrac{1}{(2d)^n} & \text{für } -d \leqq y_k \leqq d, \qquad k = 0, \ldots, n-1, \\ 0 & \text{sonst.} \end{cases}$$

Die Zufallsgrößen $\xi_0, \ldots, \xi_{n-1}$ ergeben sich aus $\Delta_0, \ldots, \Delta_{n-1}$ durch die Transformation $\xi_0 = \Delta_0$, $\xi_k = \Delta_k - \Delta_0$, $k = 1, \ldots, n-1$; für die Dichte der gemeinsamen Wahrscheinlichkeitsverteilung von $\xi_0, \ldots, \xi_{n-1}$ erhalten wir damit den

Ausdruck

$$p_{\xi_0,\ldots,\xi_{n-1}}(x_0,\ldots,x_{n-1}) = \begin{cases} \dfrac{1}{(2d)^n} & \text{für } \alpha \leqq x_0 \leqq \beta, \\ 0 & \text{sonst} \end{cases}$$

mit

$$\alpha = \max(-d, -d - x_1, \ldots, -d - x_{n-1}),$$

$$\beta = \min(d, d - x_1, \ldots, d - x_{n-1}).$$

Die Funktionaldeterminante der angegebenen Transformation ist nämlich gleich 1 und die Ungleichung $\alpha_0 \leqq x_0 \leqq \beta$ ist äquivalent zu $-d \leqq y_k \leqq d$, $k = 0, \ldots, n-1$. Daraus folgt für die gemeinsame Dichte der Zufallsgrößen $\xi_1, \ldots, \xi_{n-1}$ die Beziehung

$$p_{\xi_1,\ldots,\xi_{n-1}}(x_1,\ldots,x_{n-1}) = \int_{-\infty}^{\infty} p_{\xi_0,\ldots,\xi_{n-1}}(x_0, x_1, \ldots, x_{n-1})\, dx_0$$

$$= \begin{cases} \dfrac{\beta - \alpha}{(2d)^n} & \text{für } \alpha \leqq \beta, \\ 0 & \text{für } \alpha > \beta, \end{cases}$$

so daß sich für die bedingte Wahrscheinlichkeitsdichte $p_{\xi_0}(x_0 \mid x_1, \ldots, x_{n-1})$ der Ausdruck

$$p_{\xi_0}(x_0 \mid x_1, \ldots, x_{n-1}) = \begin{cases} \dfrac{1}{\beta - \alpha} & \text{für } \alpha \leqq \beta \\ 0 & \text{für } \alpha > \beta \end{cases}$$

ergibt. Die gesuchte Funktion $\varphi_0(x_1, \ldots, x_{n-1})$ lautet also

$$\varphi_0(x_1, \ldots, x_{n-1}) = \int_{-\infty}^{\infty} x_0 p_{\xi_0}(x_0 \mid x_1, \ldots, x_{n-1})\, dx_0 = \frac{\alpha + \beta}{2}.$$

Der zugehörige optimale Gerätekomplex ist dann folgendermaßen gegeben:

$$X = \frac{X_* + X^*}{2},$$

wobei X_* bzw. X^* den kleinsten bzw. größten Wert unter den gegebenen Zufallsgrößen $X_0, \ldots, X_{n-1}$ bezeichnet. (X ist also das arithmetische Mittel der beiden extremalen Werte der Folge $X_0, \ldots, X_{n-1}$.)

Man erhält nämlich

$$\alpha = -d - (X_* - X_0), \qquad \beta = d - (X^* - X_0)$$

und

$$X = X_0 - \varphi_0(\xi_1, \ldots, \xi_{n-1}) = X_0 - \frac{\alpha + \beta}{2} = \frac{X_* + X^*}{2}$$

mit

$$X_* = \min(X_0, \ldots, X_{n-1}), \qquad X^* = \max(X_0, \ldots, X_{n-1}).$$

Interessant ist hier ein Vergleich der entsprechenden Fehler

$$\delta_0 = \left\| \frac{1}{n} \sum_{k=0}^{n-1} \Delta_k \right\| \quad \text{und} \quad \delta = \left\| \frac{1}{2} (\Delta_* + \Delta^*) \right\|,$$

wobei wir

$$\Delta_* = \min(\Delta_1, \ldots, \Delta_n), \qquad \Delta^* = \max(\Delta_1, \ldots, \Delta_n)$$

gesetzt haben, bei der besten linearen und bei der absolut besten Approximation. Setzt man zum Beispiel $d = \frac{1}{2}$, so erhält man

$$\delta_0^2 = \frac{1}{n} \int_{-\frac{1}{2}}^{\frac{1}{2}} x^2 \, dx = \frac{1}{12n}.$$

Weiter folgt wegen

$$\Delta_* = \Delta_i, \Delta^* = \Delta_j \quad \text{für} \quad \Delta_i \leqq \Delta_k \leqq \Delta_j \quad (k = 0, \ldots, n-1)$$

die Beziehung

$$\delta^2 = \frac{1}{4} \mathsf{M}(\Delta_* + \Delta^*)^2 = \frac{1}{4} \sum_{i,j(i \neq j)} \int_{-\frac{1}{2}}^{\frac{1}{2}} \int_{y_i}^{\frac{1}{2}} (y_i + y_j)^2 \underbrace{\int_{y_i}^{y_j} \cdots \int_{y_i}^{y_j}}_{(n-2)\text{-mal}} dy_0 \ldots dy_n$$

$$= \frac{1}{4} n(n-1) \int_{-\frac{1}{2}}^{\frac{1}{2}} \int_{y_0}^{\frac{1}{2}} \int_{y_0}^{y_1} \cdots \int_{y_0}^{y_1} (y_0 + y_1)^2 \, dy_0 \cdots dy_{n-1} = \frac{1}{2(n+1)(n+2)}.$$

Für große n ist also in diesem Beispiel die absolut beste Approximation wesentlich vorteilhafter, als die beste lineare Approximation.

2. Prognose und Filtration stationärer Prozesse

2.1. Die Aufgabe der linearen Prognose

Wir betrachten einen im weiteren Sinne stationären Prozeß $\xi(t)$, der eine Spektraldarstellung

$$\xi(t) = \int_{-\infty}^{\infty} e^{i\lambda t} \, d\Phi(\lambda) \tag{2.1}$$

besitzt und für den die Spektraldichte $f(\lambda)$ existiert. Wir bezeichnen mit $H_{(-\infty,t)}$ die Menge aller Zufallsgrößen

$$\eta = \int_{-\infty}^{\infty} \varphi(\lambda) \, d\Phi(\lambda), \tag{2.2}$$

wobei $\varphi(\lambda)$ zum Raum $L_{(-\infty,t)}(f)$ aller Funktionen $\varphi(\lambda)$ gehört, die entweder die Darstellung $\varphi(\lambda) = \sum_{k=1}^{n} e^{i\lambda t_k}$ mit $t_1, \ldots, t_n \leqq t$ besitzen, oder durch Grenzübergang (der Abstand zweier Funktionen φ, ψ war durch $\int_{-\infty}^{\infty} |\varphi(\lambda) - \psi(\lambda)|^2 f(\lambda) \, d\lambda$ definiert) aus solchen Funktionen erhalten werden können. (Mit anderen Worten, $H_{(-\infty,t)}$ ist der Raum aller Zufallsgrößen, die entweder Linearkombinationen $\eta = \sum_{k=1}^{n} c_k \xi(t_k)$ von Werten des stationären Prozesses zu den Zeitpunkten $t_1, \ldots, t_n \leqq t$ sind, oder aus solchen Linearkombinationen durch Grenzübergang bezüglich der Konvergenz im quadratischen Mittel erhalten werden können. Man vergleiche Kap. III, Abschnitt 7.2.)

Die Aufgabe der linearen Prognose besteht in der Ermittlung der besten Approximation für den „zukünftigen" Wert $\xi(t + \tau)$, $\tau > 0$, durch Zufallsgrößen η aus $H_{(-\infty,t)}$.

Wir werden diese Aufgabe unter der zusätzlichen Voraussetzung lösen, daß die Spektraldichte eine rationale Funktion von λ ist und eine Darstellung der Form[1])

$$f(\lambda) = \frac{|P(i\lambda)|^2}{|Q(i\lambda)|^2}, \qquad -\infty < \lambda < \infty, \tag{2.3}$$

besitzt. Dabei sind $P(z)$ und $Q(z)$ Polynome mit reellen Koeffizienten, deren Nullstellen in der linken Halbebene $\operatorname{Re} z < 0$ liegen. Darüber hinaus soll $Q(z)$ nur einfache Nullstellen besitzen:

$$Q(z) = q_0(z - q_1) \cdots (z - q_n). \tag{2.4}$$

Wir setzen zunächst $t = 0$ voraus und führen der Kürze halber die Bezeichnungen $H_0 = H_{(-\infty,0)}$, $L_0 = L_{(-\infty,0)}(f)$ ein. Gesucht ist eine Funktion $\varphi_0(i\lambda) \in L_0$ so,

[1]) Der Ausdruck (2.3) ist die allgemeinste Form einer rationalen Spektraldichte.

daß die beste Approximation $\hat{\xi}$ für den Wert $\xi(\tau)$ durch

$$\hat{\xi} = \int_{-\infty}^{\infty} \varphi_0(i\lambda)\, d\Phi(\lambda) \tag{2.5}$$

gegeben ist. Die allgemeine Bedingung (1.7)

$$\langle \xi(\tau) - \hat{\xi}, \eta \rangle = 0, \qquad \eta \in L, \tag{2.6}$$

durch die die beste Approximation $\hat{\xi}$ eindeutig festgelegt wird, ist in unserem Fall äquivalent zu

$$\langle \xi(\tau) - \hat{\xi}, \xi(t) \rangle = 0 \qquad \text{für } t \leqq 0. \tag{2.7}$$

Aus (2.7) folgt nämlich (2.6) zunächst für alle Linearkombinationen $\eta = \sum_k c_k \xi(t_k)$ und dann schließlich durch Grenzübergang für beliebige $\eta \in L$.

Die Bedingung (2.7) ist gleichbedeutend mit

$$\int_{-\infty}^{\infty} e^{i\lambda t}[e^{i\lambda\tau} - \varphi_0(i\lambda)]\, f(\lambda)\, d\lambda = 0 \qquad \text{für } t \leqq 0, \tag{2.8}$$

das heißt, die FOURIER-Transformierte der Funktion

$$\psi(\lambda) = [e^{i\lambda\tau} - \varphi_0(i\lambda)]\, f(\lambda) \tag{2.9}$$

ist auf der negativen Halbachse $t \leqq 0$ gleich 0.

Um aus der Bedingung (2.8) die Funktion $\varphi_0(i\lambda)$ ermitteln zu können, benötigen wir die folgende Aussage.

Lemma 1. *Es sei $\psi(\lambda)$ eine in der oberen komplexen Halbebene* Im $\lambda \geqq 0$ *analytische Funktion, und es gelte $|\psi(\lambda)| \leqq C\, |\lambda|^{-1-\varepsilon}$ für ein gewisses $\varepsilon > 0$. Dann ist*

$$\int_{-\infty}^{\infty} e^{i\lambda t}\psi(\lambda)\, d\lambda = 0 \qquad \textit{für } t \leqq 0. \tag{2.10}$$

Beweis: Die Funktion $e^{i\lambda t}\psi(\lambda)$ ist für jedes $t \leqq 0$ in der oberen Halbebene analytisch. Folglich gilt aufgrund des Satzes von CAUCHY die Gleichung $\oint e^{i\lambda t}\psi(\lambda) \cdot d\lambda = 0$, wobei der Integrationsweg sich über das beschränkte Intervall $[-R, R]$ der reellen Achse und den Halbkreis Γ mit dem Radius R (vgl. Abb. 25) erstreckt.

Offenbar gilt für $R \to \infty$

$$\left| \int_{\Gamma} e^{i\lambda t}\psi(\lambda)\, d\lambda \right| \leqq \max_{|\lambda|=R} |\psi(\lambda)|\, \pi R \leqq C R^{-\varepsilon} \to 0,$$

woraus für jedes $t \leqq 0$

$$\int_{-\infty}^{\infty} e^{i\lambda t}\psi(\lambda)\, d\lambda = \lim_{R\to\infty} \int_{-R}^{R} e^{i\lambda t}\psi(\lambda)\, d\lambda = \lim_{R\to\infty} \oint e^{i\lambda t}\psi(\lambda)\, d\lambda = 0$$

folgt. Damit ist das Lemma bewiesen.

Lemma 2. *Liegen bei einer rationalen Funktion der Form*

$$\varphi_0(i\lambda) = \frac{\sum\limits_{k=0}^{n-1} a_k (i\lambda)^k}{P(i\lambda)} \tag{2.11}$$

die Nullstellen des Nennerpolynoms $P(z)$ ($P(z)$ sei vom Grade m) sämtlich in der linken komplexen Halbebene Re $z < 0$, *so besitzt $\varphi_0(i\lambda)$ die Darstellung*

$$\varphi_0(i\lambda) = \sum_{k=0}^{n-m-1} c_k (i\lambda)^k + \int\limits_0^\infty e^{-i\lambda t} c(t)\, dt, \tag{2.12}$$

wobei $c(t)$ eine gewisse stetige, integrierbare Funktion ist.

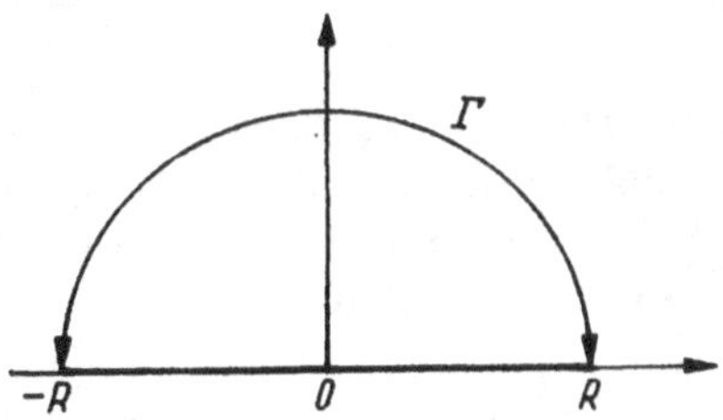

Abb. 25

Beweis: Wir dividieren $\sum\limits_{k=0}^{n-1} a_k (i\lambda)^k$ durch $P(i\lambda)$ und bezeichnen das dabei entstehende Polynom mit $\sum\limits_{k=0}^{n-m-1} c_k (i\lambda)^k$ und den Divisionsrest mit $P_1(z)$. Den Quotienten $\frac{P_1(i\lambda)}{P(i\lambda)}$ können wir als Linearkombination von „Partialbrüchen" der Form $\frac{1}{(i\lambda - p)^k}$ schreiben, wobei die Zahlen $p = \alpha + i\beta$, $\alpha < 0$, Nullstellen des Polynoms $P(z)$ sind und k die Vielfachheit der entsprechenden Nullstellen nicht überschreitet. Wegen

$$\frac{1}{(i\lambda - p)^k} = \int\limits_0^\infty \frac{(-1)^k\, t^{k-1}}{(k-1)!}\, e^{-(i\lambda - p)t}\, dt$$

ist jede Linearkombination von Ausdrücken der Gestalt $\frac{1}{(i\lambda - p)^k}$ als Integral $\int\limits_0^\infty e^{-i\lambda t} c(t)\, dt$ darstellbar, wobei $c(t)$ eine entsprechende Linearkombination von

Funktionen der Form

$$\frac{(-1)^k t^{k-1}}{(k-1)!} e^{pt}, \qquad 0 \leqq t < \infty,$$

ist. Damit haben wir das Lemma bewiesen.

Wir wählen für die gesuchte Funktion $\varphi_0(i\lambda)$ einen Ansatz der Form (2.11) und bestimmen dabei die Koeffizienten a_k, $k = 0, \ldots, n-1$, so, daß die Funktion $\psi(\lambda)$, die durch (2.9) mit $\varphi_0(i\lambda)$ zusammenhängt, in der oberen Halbebene $\operatorname{Im} \lambda \geqq 0$ analytisch wird.

Die Polstellen der Spektraldichte $f(\lambda) = \frac{|P(i\lambda)|^2}{|Q(i\lambda)|^2}$ befinden sich an den Nullstellen $-iq_1, \ldots, -iq_n$ des Polynoms $Q(i\lambda)$ und liegen nach Voraussetzung sämtlich in der oberen Halbebene. Folglich ist die Funktion

$$\psi(\lambda) = \frac{e^{i\lambda\tau} P(i\lambda) - \sum_{k=0}^{n-1} a_k (i\lambda)^k}{Q(i\lambda)} \frac{P(-i\lambda)}{Q(-i\lambda)}$$

bei beliebiger Wahl der Koeffizienten a_k, $k = 0, \ldots, n-1$, in der oberen Halbebene analytisch mit Ausnahme der Punkte $\lambda = -iq_1, \ldots, -iq_n$ (dort befinden sich einfache Polstellen). Wir bestimmen nun die Koeffizienten a_k, $k = 0, \ldots, n-1$ aus dem linearen Gleichungssystem

$$\sum_{k=0}^{n-1} a_k q_j{}^k = e^{q_j\tau} P(q_j), \qquad j = 1, \ldots, n, \tag{2.13}$$

dessen Determinante

$$\begin{vmatrix} 1 & q_1 & q_1{}^2 & \cdots & q_1{}^{n-1} \\ 1 & q_2 & q_2{}^2 & \cdots & q_2{}^{n-1} \\ \cdots & \cdots & \cdots & \cdots & \cdots \\ 1 & q_n & q_n{}^2 & \cdots & q_n{}^{n-1} \end{vmatrix}$$

ungleich Null ist, da die Werte $q_1, \ldots, q_n$ sämtlich voneinander verschieden sind. Bei dieser Wahl der Koeffizienten wird $\psi(\lambda)$ in der oberen Halbebene analytisch. Da $|\psi(\lambda)|$ für $|\lambda| \to \infty$ mit derselben Größenordnung wie $|\lambda|^{-n+m-1}$ abnimmt, wird die Fourier-Transformierte der Funktion $\psi(\lambda)$ auf der negativen Halbachse $t \leqq 0$ gleich Null.

Offenbar genügt die durch (2.11) definierte Funktion $\varphi_0(i\lambda)$ der Bedingung $\int_{-\infty}^{\infty} |\varphi_0(i\lambda)|^2 f(\lambda)\, d\lambda < \infty$. Nach Lemma 2 ist diese Funktion in der Form (2.12) darstellbar. Daraus folgt, daß $\varphi_0(i\lambda)$ zum Raum L_0 gehört: Die Spektraldichte $f(\lambda)$ fällt für $|\lambda| \to \infty$ wie $|\lambda|^{-2(n-m)}$, somit liegen für $t \leqq 0$ die durch Grenzübergang darstellbaren Funktionen

$$\varphi(\lambda) = \lim_{h \to -0} (i\lambda)^{k-1} \frac{e^{i\lambda(t+h)} - e^{i\lambda t}}{h} = (i\lambda)^k e^{i\lambda t}, \qquad k = 0, \ldots, n-m-1,$$

im Raum L_0 (für $t = 0$ erhalten wir $\varphi(\lambda) = (i\lambda)^k$, $k = 0, \ldots, n - m - 1$). Schließlich gehört auch

$$\varphi(\lambda) = \int_0^\infty e^{-i\lambda t} c(t)\, dt = \int_{-\infty}^0 e^{i\lambda t} c(-t)\, dt$$

zu L_0, da $c(t)$ stetig und über der Halbachse $0 \leqq t < \infty$ absolut integrierbar ist (vgl. Kap. III, Abschnitt 7.2.).

Wir haben somit gezeigt, daß die Funktion $\varphi_0(i\lambda) \in L_0$ der Bedingung (2.8) genügt, folglich ist die beste Approximation für $\xi(\tau)$ durch Zufallsgrößen $\eta \in L_0$ durch

$$\hat{\xi} = \int_{-\infty}^\infty \varphi_0(i\lambda)\, d\Phi(\lambda) = \sum_{k=0}^{n-m-1} c_k \xi^{(k)}(0) + \int_{-\infty}^0 c(-s)\, \xi(s)\, ds$$

gegeben. Man überzeugt sich nun unschwer davon, daß

$$\hat{\xi}(t) - \int_{-\infty}^\infty e^{i\lambda t} \varphi_0(i\lambda)\, d\Phi(\lambda) = \sum_{k=0}^{n-m-1} c_k \xi^{(k)}(t) + \int_{-\infty}^t c(t-s)\, \xi(s)\, ds \tag{2.14}$$

die beste Approximation für $\xi(t + \tau)$ durch Zufallsgrößen $\eta \in H_{(-\infty,t)}$ ist. Wir fassen die bisherigen Aussagen in folgendem Satz zusammen.

Satz 1. *Die beste Approximation für $\xi(t + \tau)$ durch Zufallsgrößen $\eta \in H_{(-\infty,t)}$ ist durch* (2.14) *gegeben. Dabei ist die Funktion $\varphi_0(i\lambda)$ durch* (2.11) *definiert, und die Koeffizienten $a_0, \ldots, a_{n-1}$ genügen dem linearen Gleichungssystem* (2.13).

Somit kann also die beste lineare Prognose eines stationären Prozesses $\xi(t)$, $-\infty < t < \infty$, um jeweils die Zeitspanne τ durch ein lineares System mit der Übertragungsfunktion

$$\varphi_0(p) = \sum_{k=0}^{n-1} a_k p^k / P(p)$$

realisiert werden.

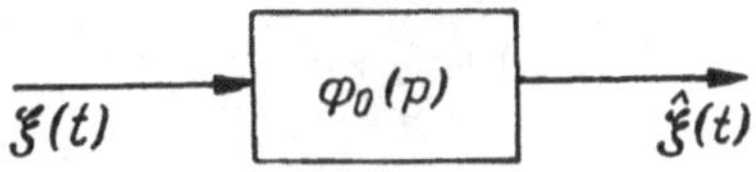

Abb. 26

2.2 Lineare Filtration (Schätzen des Mittelwertes)

Wir betrachten einen stochastischen Prozeß $\xi = \xi(t)$ der Gestalt

$$\xi(t) = \theta(t) + \Delta(t), \tag{2.15}$$

wobei $\theta = \theta(t)$ eine gewisse nichtzufällige Funktion von t (wir werden sie im weiteren „Signal" nennen) und $\Delta = \Delta(t)$ ein stochastischer Prozeß mit verschwindenden Mittelwerten $\mathsf{M}\Delta(t) = 0$ (wir werden ihn im weiteren „zufälliges

Rauschen“ nennen) sind. Wir stellen uns die Aufgabe, das Signal $\theta = \theta(t)$ trotz Einwirkung des zufälligen Rauschens $\Delta = \Delta(t)$ zu bestimmen. Genauer formuliert besteht die Aufgabe darin, auf der Grundlage einer (beobachteten) Trajektorie des stochastischen Prozesses $\xi(t) = \theta(t) + \Delta(t)$, $t \in T$ (T sei ein gewisses Zeitintervall), die Funktion $\theta = \theta(t)$ zu schätzen. Es werde dabei vorausgesetzt, daß alle in Frage kommenden Signale $\theta = \theta(t)$ die Gestalt

$$\theta(t) = \sum_{k=1}^{m} \alpha_k \theta_k(t) \tag{2.16}$$

besitzen, wobei $\theta_1(t), \ldots, \theta_m(t)$ gewisse gegebene linear unabhängige Funktionen sind und die Koeffizienten $\alpha_1, \ldots, \alpha_m$ in der Menge der reellen Zahlen variieren.

Die Lösung der genannten Aufgabe besteht im Schätzen der unbekannten Koeffizienten $\alpha_1, \ldots, \alpha_m$.

Wir bezeichnen mit $H(T)$ die Menge aller Linearkombinationen $\eta = \sum_k c_k \xi(t_k)$ und ihrer Grenzwerte im quadratischen Mittel

$$\eta = \lim \sum c_k \xi(t_k) \qquad \text{mit} \qquad t_k \in T.$$

Wir nennen die Zufallsgrößen $\eta_1, \ldots, \eta_m \in H(T)$ *lineare erwartungstreue Schätzungen* für die Parameter $\alpha_1, \ldots, \alpha_m$, wenn für die Koeffizienten $\alpha_1, \ldots, \alpha_m$ und die Mittelwerte $\mathsf{M}\eta_k$, $k = 1, \ldots, m$, stets die Beziehungen

$$\mathsf{M}\eta_k = \alpha_k, \qquad k = 1, \ldots, m, \tag{2.17}$$

gelten.

Beispiel (*Schätzungen nach der Methode der kleinsten Quadrate*): Die unbekannte Funktion $\theta = \theta(t)$ sowie sämtliche Trajektorien des Prozesses $\xi = \xi(t)$ seien über dem Intervall $T = [a, b]$ quadratisch integrierbar. Für zwei beliebige solche Funktionen $x_1 = x_1(t)$ und $x_2 = x_2(t)$ setzen wir

$$(x_1, x_2) = \int_a^b x_1(t)\, x_2(t)\, dt.$$

Auf der Grundlage der vorliegenden Trajektorie $\xi(t)$, $a \leqq t \leqq b$, bestimmen wir die Größen $\eta_1, \ldots, \eta_m$ aus der Bedingung

$$\int_a^b \left[\xi(t) - \sum_{k=1}^{n} \eta_k \theta_k(t)\right]^2 dt = \min_{y_1, \ldots, y_m} \int_a^b \left[\xi(t) - \sum_{k=1}^{n} y_k \theta_k(t)\right]^2 dt,$$

wobei das Minimum über alle reellen Zahlen $y_1, \ldots, y_m$ zu erstrecken ist. Wir haben also das Minimum der nichtnegativen quadratischen Form

$$R(y_1, \ldots, y_m) = (\xi, \xi) - 2 \sum_{k=1}^{m} y_k (\theta_k, \xi) + \sum_{k,j=1}^{m} y_k y_j (\theta_k, \theta_j)$$

in Abhängigkeit von den Veränderlichen $(y_1, \ldots, y_m)$ zu bestimmen. In demjenigen Punkt $(\eta_1, \ldots, \eta_m)$, in dem das Minimum angenommen wird, gilt

$$\frac{\partial}{\partial y_k} R(\eta_1, \ldots, \eta_m) = -2\left[(\theta_k, \xi) + \sum_{j=1}^{m} \eta_j(\theta_k, \theta_j)\right] = 0, \qquad k = 1, \ldots, m,$$

woraus wir ein lineares Gleichungssystem für $\eta_1, \ldots, \eta_m$ erhalten:

$$\sum_{j=1}^{m} \eta_j(\theta_k, \theta_j) = (\xi, \theta_k), \qquad k = 1, \ldots, m. \tag{2.18}$$

Da die Funktionen $\theta_1(t), \ldots, \theta_m(t)$ linear unabhängig sind, ist die Koeffizientenmatrix $D = \{(\theta_k, \theta_j)\}$ des Gleichungssystems (2.18)

$$(\theta_k, \theta_j) = \int_a^b \theta_k(t)\, \theta_j(t)\, dt, \qquad k, j = 1, \ldots, m,$$

regulär, und wir erhalten für die Lösung

$$\eta_k = \sum_{j=1}^{m} \sigma_{kj}(\theta_j, \xi), \qquad k = 1, \ldots, m, \tag{2.19}$$

wobei σ_{kj} die Elemente der zu D inversen Matrix $\{\sigma_{kj}\}$ bezeichnen.

Für jede Funktion $\theta_j(t)$ ist das Integral $(\theta_j, \xi) = \int_a^b \theta_j(t)\, \xi(t)\, dt$ der Grenzwert von „Integralsummen" der Form $\sum_k c_k \xi(t_k)$ bezüglich der Konvergenz im quadratischen Mittel. Folglich liegen die in (2.19) vorkommenden Größen (θ_j, ξ), $j = 1, \ldots, m$, und somit auch $\eta_1, \ldots, \eta_m$ im linearen Raum $H(T)$.

Wegen $\mathsf{M}\xi(t) = \theta(t) = \sum_{k=1}^{m} a_k \theta_k(t)$ gilt

$$\mathsf{M}(\theta_j, \xi) = \mathsf{M} \int_a^b \theta_j(t)\, \xi(t)\, dt = \int_a^b \theta_j(t)\, \mathsf{M}\xi(t)\, dt = \int_a^b \theta_j(t)\, \theta(t)\, dt = (\theta_j, \theta);$$

wir erhalten also die Mittelwerte

$$\mathsf{M}\eta_k = \sum_{j=1}^{m} \sigma_{kj}(\theta_j, \theta), \qquad k = 1, \ldots, m,$$

aus der Beziehung (2.19), indem wir $\xi = \xi(t)$ durch $\theta = \theta(t)$ ersetzen. Folglich stellen diese Mittelwerte denjenigen Punkt dar, für den der Ausdruck $\int_a^b |\theta(t) - \sum_{k=1}^{m} y_k \theta_k(t)|^2\, dt$ seinen minimalen Wert annimmt. Andererseits wird das Minimum für $y_k = \alpha_k$, $k = 1, \ldots, m$, und somit $\theta(t) = \sum_{k=1}^{m} \alpha_k \theta_k(t)$, erreicht (es ist gleich Null), so daß also

$$\mathsf{M}\eta_k = \alpha_k, \qquad k = 1, \ldots, m,$$

gilt. Die durch (2.19) definierten Zufallsgrößen sind deshalb lineare erwartungstreue Schätzungen für die unbekannten Parameter $\alpha_1, \ldots, \alpha_m$ (man nennt sie gewöhnlich *Schätzungen nach der Methode der kleinsten Quadrate*).

Wir nennen lineare erwartungstreue Schätzungen $\hat{\alpha}_1, \ldots, \hat{\alpha}_m$ der Koeffizienten $\alpha_1, \ldots, \alpha_m$ *beste Schätzungen*, wenn

$$\|\alpha_k - \hat{\alpha}_k\| = \min_{\eta \in L_k} \|\alpha_k - \eta\|, \qquad k = 1, \ldots, m, \tag{2.20}$$

gilt, wobei das Minimum über alle linearen erwartungstreuen Schätzungen η für den entsprechenden Koeffizienten α_k (wir wollen diese Menge mit L_k bezeichnen) erstreckt wird.

Nach Definition ist L_k die Hyperebene (im linearen Teilraum $H(T)$) aller Zufallsgrößen $\eta \in H(T)$ mit $\mathsf{M}\eta = \alpha_k$. Folglich (vgl. das Lemma auf S. 255) wird die beste erwartungstreue Schätzung $\hat{\alpha}_k \in L_k$ durch die Bedingung

$$\langle \alpha_k - \hat{\alpha}_k, \eta - \hat{\alpha}_k \rangle = 0 \quad \text{für alle } \eta \in L_k, \quad k = 1, \ldots, m, \tag{2.21}$$

eindeutig definiert.

Wir wollen nun den Raum $H(T)$ und die Hyperebenen L_k, $k = 1, \ldots, m$, näher beschreiben und setzen dafür voraus, daß der in (2.15) vorkommende Prozeß $\Delta = \Delta(t)$ ein stationärer Prozeß mit der Spektraldichte $f(\lambda)$ ist und die Spektraldarstellung

$$\Delta(t) = \int_{-\infty}^{\infty} e^{i\lambda t} \, d\Phi_0(\lambda) \tag{2.22}$$

besitzt. Die Funktion $\theta = \theta(t)$ sei die FOURIER-Transformierte von $\tilde{\theta} = \tilde{\theta}(\lambda)$, d. h., es gelte

$$\theta(t) = \int_{-\infty}^{\infty} e^{i\lambda t} \tilde{\theta}(\lambda) \, d\lambda, \tag{2.23}$$

und $\tilde{\theta}(\lambda)$ erfülle die Bedingung

$$\int_{-\infty}^{\infty} \frac{|\tilde{\theta}(\lambda)|^2}{f(\lambda)} \, d\lambda < \infty. \tag{2.24}$$

Infolge der Voraussetzungen (2.22) und (2.23) können wir den stochastischen Prozeß $\xi(t) = \theta(t) + \Delta(t)$ als stochastisches Integral

$$\xi(t) = \int_{-\infty}^{\infty} e^{i\lambda t} \, d\Phi(\lambda) \tag{2.25}$$

(vgl. mit der Spektraldarstellung (7.4) in Kap. III) schreiben, wobei

$$\Phi(\lambda) = \int_{-\infty}^{\lambda} \bar{\theta}(\lambda')\,\mathrm{d}\lambda' + \Phi_0(\lambda)$$

ein stochastischer Prozeß mit unkorrelierten Zuwächsen, der Mittelwertfunktion

$$\mathsf{M}\Phi(\lambda) = \int_{-\infty}^{\lambda} \bar{\theta}(\lambda')\,\mathrm{d}\lambda'$$

und der Strukturdichte $f(\lambda)$ ist.

Analog zu unseren Ausführungen über stationäre Prozesse werden wir auch hier den linearen Raum $H(T)$ aller Zufallsgrößen η betrachten, die als stochastisches Integral

$$\eta = \int_{-\infty}^{\infty} \varphi(\lambda)\,\mathrm{d}\Phi(\lambda) \tag{2.26}$$

darstellbar sind, wobei die Funktion $\varphi(\lambda)$ zum Raum $L_T(f)$ gehört und das Integral $\int_{-\infty}^{\infty} \varphi(\lambda)\,\bar{\theta}(\lambda)\,\mathrm{d}\lambda$ existieren soll (vgl. Kap. III, Abschnitt 6.2.).

Im allgemeinen ist die Existenz des Integrals $\int_{-\infty}^{\infty} \varphi(\lambda)\,\bar{\theta}(\lambda)\,\mathrm{d}\lambda$ eine zusätzliche Bedingung an die Funktion $\varphi(\lambda) \in L_T(f)$; unter den getroffenen Voraussetzungen folgt sie jedoch bereits aus $\int_{-\infty}^{\infty} |\varphi(\lambda)|^2 f(\lambda)\,\mathrm{d}\lambda < \infty$:

$$\int_{-\infty}^{\infty} |\varphi(\lambda)\,\bar{\theta}(\lambda)|\,\mathrm{d}\lambda = \int_{-\infty}^{\infty} \left|\varphi(\lambda)\sqrt{f(\lambda)}\right| \left|\frac{\bar{\theta}(\lambda)}{\sqrt{f(\lambda)}}\right| \mathrm{d}\lambda$$

$$\leqq \sqrt{\int_{-\infty}^{\infty} |\varphi(\lambda)|^2 f(\lambda)\,\mathrm{d}\lambda}\,\sqrt{\int_{-\infty}^{\infty} \frac{|\bar{\theta}(\lambda)|^2}{f(\lambda)}\,\mathrm{d}\lambda} < \infty.$$

Somit besteht der lineare Raum $H(T)$ aus allen Zufallsgrößen η mit

$$\eta = \int_{-\infty}^{\infty} \varphi(\lambda)\,\mathrm{d}\Phi(\lambda), \qquad \varphi(\lambda) \in L_T(f).$$

Wir erinnern, daß für die stochastischen Integrale (2.26)

$$\mathsf{M}\eta = \int_{-\infty}^{\infty} \varphi(\lambda)\,\bar{\theta}(\lambda)\,\mathrm{d}\lambda \tag{2.27}$$

und

$$\langle \eta_1 - \mathsf{M}\eta_1, \eta_2 - \mathsf{M}\eta_2 \rangle = \langle \varphi_1, \varphi_2 \rangle \tag{2.28}$$

gelten, wobei φ_1, φ_2 die entsprechenden Funktionen aus $L_T(f)$ bezeichnen und

$$\langle \varphi_1, \varphi_2 \rangle = \int_{-\infty}^{\infty} \varphi_1(\lambda)\, \varphi_2(\lambda)\, f(\lambda)\, \mathrm{d}\lambda$$

gesetzt wurde.

Wir betrachten Funktionen

$$\psi_1(\lambda), \ldots, \psi_m(\lambda) \in L_T(f),$$

die den Integralgleichungen[1])

$$\int_{-\infty}^{\infty} \mathrm{e}^{-i\lambda t} \psi_k(\lambda)\, f(\lambda)\, \mathrm{d}\lambda = \theta_k(t), \qquad t \in T, \quad k = 1, \ldots, m \tag{2.29}$$

genügen sollen.

Nach Formel (2.27), die die Hyperebene L_k definiert, bedeutet für die Zufallsgrößen $\eta = \int_{-\infty}^{\infty} \varphi(\lambda)\, \mathrm{d}\Phi(\lambda)$ die Bedingung $\mathsf{M}\eta = \alpha_k$, daß

$$\int_{-\infty}^{\infty} \varphi(\lambda)\, \bar{\theta}(\lambda)\, \mathrm{d}\lambda = \int_{-\infty}^{\infty} \varphi(\lambda) \left[\sum_{j=1}^{m} \alpha_j \overline{\psi_j(\lambda)}\right] f(\lambda)\, \mathrm{d}\lambda = \sum_{j=1}^{m} \alpha_j \langle \varphi, \psi_j \rangle \equiv \alpha_k \tag{2.30}$$

für alle $\alpha_1, \ldots, \alpha_m$ gelten muß. Da die Koeffizienten beliebig gewählt werden können, ist diese Bedingung gleichbedeutend mit

$$\langle \varphi, \psi_j \rangle = \begin{cases} 1 & \text{für } j = k, \\ 0 & \text{für } j \neq k. \end{cases} \tag{2.31}$$

Somit wird also die Hyperebene L_k (aller erwartungstreuen Schätzungen $\eta = \int_{-\infty}^{\infty} \varphi(\lambda)\, \mathrm{d}\Phi(\lambda)$ für den unbekannten Koeffizienten α_k) durch das Gleichungssystem (2.31) definiert ($k = 1, 2, \ldots, m$), wobei die Funktionen $\psi_1(\lambda), \ldots, \psi_m(\lambda)$ den Integralgleichungen (2.29) genügen.

Wir betrachten jetzt wieder die Bedingung (2.21), die für jedes $k = 1, 2, \ldots, m$ die beste Schätzung $\hat{\alpha}_k = \int_{-\infty}^{\infty} \varphi_{0k}(\lambda)\, \mathrm{d}\Phi(\lambda)$ definiert. Aus der Beziehung (2.28) folgt, daß diese Bedingung für die Funktionen $\varphi_{0k}(\lambda) \in L_k$ folgendes bedeutet:

$$\langle \varphi_{0k}, \varphi - \varphi_{0k} \rangle = 0 \tag{2.32}$$

---

[1]) Solche Funktionen $\psi_1, \ldots, \psi_m$ existieren stets; die Gleichung (2.29) besitzt für jedes $k = 1, \ldots, m$ eine Lösung $\psi_k(\lambda)$ im Raum $L_T(f)$ (bezüglich dieser Gleichung vergleiche man auch: Ю. А. Розанов „Стационарные случайные процессы", Москва 1963, Seite 190).

für alle $\varphi(\lambda) \in L_T(f)$, die den Gleichungen (2.31) genügen. Es sei $D = \{d_{kj}\}$ die Matrix, deren Elemente durch

$$d_{kj} = \langle \psi_k, \psi_j \rangle = \int_{-\infty}^{\infty} \psi_k(\lambda)\, \psi_j(\lambda)\, f(\lambda)\, d\lambda \tag{2.33}$$

gegeben sind. Da die Funktionen $\theta_1(t), \ldots, \theta_m(t)$ und damit auch die durch die Gleichungen (2.29) gegebenen Funktionen $\psi_1(\lambda), \ldots, \psi_m(\lambda)$ linear unabhängig sind, ist die Matrix D regulär, das heißt, es existiert die inverse Matrix $D^{-1} = \{\sigma_{kj}\}$:

$$\sum_{j=1}^{m} \sigma_{ij}\, d_{jk} = \begin{cases} 1 & \text{für } k = i, \\ 0 & \text{für } k \neq i. \end{cases}$$

Wir werden uns nun überlegen, daß die gesuchten Funktionen $\varphi_{0k}(\lambda)$ durch

$$\varphi_{0k}(\lambda) = \sum_{j=1}^{m} \sigma_{kj} \psi_j(\lambda), \qquad k = 1, \ldots, m, \tag{2.34}$$

gegeben sind.

Die Funktionen $\psi_j(\lambda)$, $j = 1, \ldots, m$, liegen im linearen Raum $L_T(f)$, folglich gehören auch $\varphi_{0k}(\lambda)$, $k = 1, \ldots, m$, zu $L_T(f)$. Jede dieser Funktionen genügt der Bedingung (2.31), und zwar gilt:

$$\langle \varphi_{0k}, \psi_j \rangle = \sum_{i=1}^{m} \sigma_{ki} \langle \psi_i, \psi_j \rangle = \sum_{j=1}^{m} \sigma_{ki}\, d_{ij} = \begin{cases} 1 & \text{für } j = k, \\ 0 & \text{für } j \neq k. \end{cases}$$

Für jede Funktion $\varphi(\lambda)$, die der Bedingung (2.31) genügt, erhalten wir

$$\langle \varphi_{0k}, \varphi \rangle = \sum_{j=1}^{m} \sigma_{kj} \langle \psi_j, \varphi \rangle = \sigma_{kk},$$

außerdem gilt

$$\langle \varphi_{0k}, \varphi_{0k} \rangle = \sum_{i,j=1}^{m} \sigma_{ki}\, d_{ij} \sigma_{jk} = \sigma_{kk};$$

somit ist die Gleichung (2.32) für jedes $k = 1, \ldots, m$ erfüllt.

Wir bemerken, daß die Matrix $D^{-1} = \{\sigma_{ij}\}$ die Kovarianzmatrix der Fehler $\hat{\alpha}_k - \alpha_k$, $k = 1, \ldots, m$, für die beste Schätzung der Koeffizienten $\alpha_1, \ldots, \alpha_m$ ist; es gilt nämlich

$$\sigma_{kj} = \langle \varphi_{0k}, \varphi_{0j} \rangle = \mathsf{M}(\hat{\alpha}_k - \alpha_k)(\hat{\alpha}_j - \alpha_j), \qquad k, j = 1, \ldots, m. \tag{2.35}$$

Wir haben somit das folgende Ergebnis erhalten.

Satz 2. *Die besten linearen Schätzungen $\hat{\alpha}_1, \ldots, \hat{\alpha}_m$ der unbekannten Koeffizienten $\alpha_1, \ldots, \alpha_m$ werden durch*

$$\hat{\alpha}_k = \int_{-\infty}^{\infty} \varphi_{0k}(\lambda)\, d\Phi(\lambda), \qquad k = 1, \ldots, m,$$

definiert. Dabei ergeben sich die Funktionen $\varphi_{0k}(\lambda)$, $k = 1, \ldots, m$, *durch die Beziehung* (2.34) *aus den Lösungen* $\psi_k(\lambda) \in L_T(f)$, $k = 1, \ldots, m$, *der Integralgleichungen* (2.29).

Wir bemerken, daß man in verschiedenen Spezialfällen die unbekannten Koeffizienten α_k, $k = 1, \ldots, m$, fehlerlos schätzen kann.[1])

Beispiel (*Gesetz der großen Zahlen*):

Es sei

$$\theta(t) \equiv \alpha, \qquad 0 \leqq t < \infty,$$

wobei α eine unbekannte Konstante ist. Dann folgt

$$\alpha = \lim_{n\to\infty} \frac{1}{n} \int_0^n \xi(t)\, dt.$$

Es gilt nämlich

$$\frac{1}{n} \int_0^n \xi(t)\, dt - \alpha = \frac{1}{n} \int_0^n \Delta(t)\, dt,$$

und für den stationären Prozeß $\Delta(t) = \int_{-\infty}^{\infty} e^{i\lambda t}\, d\Phi_0(\lambda)$ erhalten wir

$$\frac{1}{n} \int_0^n \Delta(t)\, dt = \int_{-\infty}^{\infty} \left[\frac{1}{n} \int_0^n e^{i\lambda t}\, dt\right] d\Phi_0(\lambda) = \int_{-\infty}^{\infty} \frac{e^{i\lambda n} - 1}{i\lambda n}\, d\Phi_0(\lambda),$$

woraus sich für $n \to \infty$ schließlich

$$\left\| \frac{1}{n} \int_0^n \xi(t)\, dt - \alpha \right\| = \int_{-\infty}^{\infty} \left| \frac{e^{i\lambda n} - 1}{i\lambda n} \right|^2 f(\lambda)\, d\lambda = \int_{-\infty}^{\infty} \frac{4 \sin^2 \lambda n}{\lambda^2 n^2} f(\lambda)\, d\lambda \to 0$$

ergibt.

3. Bedingte Erwartungen und einige Aufgaben der Prognose und Filtration

3.1. Ergänzende Bemerkungen zu den bedingten Erwartungen

Wir betrachten eine beliebige Familie von Zufallsgrößen $\eta(t)$, $t \in T$, und eine Zufallsgröße ξ, die in „gewisser Weise" mit den Zufallsgrößen $\eta(t)$, $t \in T$, verbunden ist.

---

[1]) Dies ist immer möglich, wenn die Bedingung (2.24) nicht erfüllt ist. Man siehe z. B. das Buch И. А. Ибрагимов, Ю. А. Розанов „Гауссовские случайные процессы", Москва 1970.

Anschaulich könnte man sich hierzu den folgenden Versuch vorstellen: Zunächst werden die Größen $\eta(t)$, $t \in T$, beobachtet und anschließend wird in Abhängigkeit von den Werten von $\eta(t)$, $t \in T$, ein zusätzliches Experiment durchgeführt und dabei die Zufallsgröße ξ beobachtet. Mit anderen Worten, der „Zufallsmechanismus" wirkt aufeinanderfolgend: Zuerst nehmen nach bestimmten Wahrscheinlichkeitsverteilungen die Zufallsgrößen $\eta(t)$, $t \in T$, gewisse Werte an. Diese Werte ergeben für ξ eine (bedingte) Wahrscheinlichkeitsverteilung, auf deren Grundlage ξ dann realisiert wird.

Unter diesen Bedingungen hängt der Erwartungswert der Zufallsgröße ξ bei festen Werten $\eta(t)$, $t \in T$, (wir bezeichnen ihn mit $\mathsf{M}(\xi \mid \eta)$) von $\eta(t)$, $t \in T$, ab und ist wieder eine Zufallsgröße. Intuitiv leuchtet ein, daß man den Erwartungswert $\mathsf{M}\xi$ erhält, wenn man zunächst $\mathsf{M}(\xi \mid \eta)$ bei festen $\eta(t)$, $t \in T$, bildet und von dieser Größe den Erwartungswert $\mathsf{M}\big(\mathsf{M}(\xi \mid \eta)\big)$ ermittelt:

$$\mathsf{M}\xi = \mathsf{M}[\mathsf{M}(\xi \mid \eta)]. \tag{3.1}$$

Überdies müßte für jede Zufallsgröße $\varphi(\eta)$, die eindeutig durch die Werte von $\eta(t)$, $t \in T$, definiert ist, die Gleichung

$$\mathsf{M}[\varphi(\eta)\, \xi \mid \eta] = \varphi(\eta)\, \mathsf{M}(\xi \mid \eta) \tag{3.2}$$

gelten, da bei festen $\eta(t)$, $t \in T$, die Größe $\varphi(\eta)$ als Konstante betrachtet werden kann.

Wir bezeichnen mit L die Menge aller solcher Zufallsgrößen $\varphi(\eta)$, für die außerdem noch $\mathsf{M}\varphi^2(\eta) < \infty$ gilt, und setzen voraus, daß für beliebige festgehaltene Werte von $\eta(t)$, $t \in T$, die entsprechende bedingte Wahrscheinlichkeitsverteilung existiert, wobei der bedingte Erwartungswert $\mathsf{M}(\xi \mid \eta)$ die Eigenschaften (3.1) und (3.2) besitzt.

Es sei nun ξ eine Zufallsgröße mit $\mathsf{M}\xi^2 < \infty$. Dann gehört auch $\hat{\xi} = \mathsf{M}(\xi \mid \eta)$ zu L, weil aus einer allgemeinen Ungleichung für Momente

$$\hat{\xi}^2 = [\mathsf{M}(\xi \mid \eta)]^2 \leqq \mathsf{M}(\xi^2 \mid \eta)$$

und durch Anwenden von (3.1) auf ξ^2

$$\mathsf{M}[\mathsf{M}(\xi^2 \mid \eta)] = \mathsf{M}\xi^2$$

die Abschätzung $\mathsf{M}\hat{\xi}^2 \leqq \mathsf{M}\xi^2 < \infty$ folgt. Aus (3.2) erhalten wir $\mathsf{M}(\varphi(\eta)\, \xi \mid \eta) = \varphi(\eta)\, \hat{\xi}$, so daß die Gleichung (3.1) für $\varphi(\eta)\, \xi$ die Beziehung

$$\mathsf{M}\big[\mathsf{M}\big(\varphi(\eta)\, \xi \mid \eta\big)\big] = \mathsf{M}[\varphi(\eta)\, \xi] = \langle \varphi(\eta), \xi \rangle$$

und somit auch

$$\mathsf{M}\big[\mathsf{M}\big(\varphi(\eta)\, \xi \mid \eta\big)\big] = \mathsf{M}[\varphi(\eta)\, \hat{\xi}] = \langle \varphi(\eta), \hat{\xi} \rangle$$

ergibt. Hieraus folgt

$$\langle \xi - \hat{\xi}, \varphi(\eta) \rangle = 0 \qquad \text{für alle } \varphi(\eta) \in L. \tag{3.3}$$

Wir haben in Abschnitt 1. gezeigt, daß es nur eine einzige Zufallsgröße $\hat{\xi} \in L$ gibt, die der Bedingung (3.3) genügt, also gilt:
Die Zufallsgröße $\hat{\xi} = \mathsf{M}(\xi \mid \eta)$ ist geometrisch betrachtet die Projektion der Größe ξ auf den linearen Raum L aller Zufallsgrößen $\varphi(\eta)$ mit $\mathsf{M}\varphi^2(\eta) < \infty$, die sich als Funktion der Werte $\eta(t)$, $t \in T$, darstellen lassen.

Ausgehend von bedingten Erwartungen lassen sich entsprechende bedingte Wahrscheinlichkeitsverteilungen bestimmen. Es gilt nämlich

$$\mathsf{P}\{x' \leqq \xi \leqq x'' \mid \eta\} = \mathsf{M}(\varphi(\xi) \mid \eta), \tag{3.4}$$

wobei die Funktion φ durch

$$\varphi(x) = \begin{cases} 1 & \text{für } x' \leqq x \leqq x'' \\ 0 & \text{sonst} \end{cases}$$

gegeben ist.

Beispiel 1: Es seien ξ und η diskrete Zufallsgrößen mit der gemeinsamen Wahrscheinlichkeitsverteilung $P_{\xi\eta}(x, y)$, $-\infty < x, y < \infty$. Wir wollen die bedingte Wahrscheinlichkeitsverteilung $P_\xi(x \mid \eta)$ der Zufallsgröße ξ bei festem η bestimmen.

Für eine Zufallsgröße der Form $\varphi(\xi)$ — das heißt, eine Zufallsgröße, die als nichtzufällige Funktion von ξ darstellbar ist — ist der Erwartungswert bezüglich der bedingten Wahrscheinlichkeitsverteilung $P_\xi(x \mid \eta)$ bei festem η gleich

$$\mathsf{M}\big(\varphi(\xi) \mid \eta\big) = \sum_{-\infty}^{\infty} \varphi(x)\, P_\xi(x \mid \eta).$$

Für eine beschränkte Funktion $\psi = \psi(y)$ erhalten wir

$$\mathsf{M}\big(\varphi(\xi)\, \psi(\eta) \mid \eta\big) = \sum_{-\infty}^{\infty} \varphi(x)\, \psi(\eta)\, P_\xi(x \mid \eta).$$

Bildet man auf beiden Seiten den Erwartungswert, so folgt einerseits

$$\mathsf{M}\big[\mathsf{M}\big(\varphi(\xi)\, \psi(\eta) \mid \eta\big)\big] = \mathsf{M}\varphi(\xi)\, \psi(\eta) = \sum_{-\infty}^{\infty} \sum_{-\infty}^{\infty} \varphi(x)\, \psi(y)\, P_{\xi\eta}(x, y),$$

und andererseits gilt

$$\mathsf{M}\big[\mathsf{M}\big(\varphi(\xi)\, \psi(\eta) \mid \eta\big)\big] = \mathsf{M}\left[\sum_{-\infty}^{\infty} \varphi(x)\, \psi(\eta)\, P_\xi(x \mid \eta)\right] = \sum_{-\infty}^{\infty} \sum_{-\infty}^{\infty} \varphi(x)\, \psi(y)\, P_\xi(x \mid y)\, P_\eta(y)$$

(dabei ist $P_\eta(y)$ die Verteilung der Zufallsgröße η). Schließlich erhalten wir

$$\sum_{-\infty}^{\infty} \sum_{-\infty}^{\infty} \varphi(x)\, \psi(y)\, P_\xi(x \mid y)\, P_\eta(y) = \sum_{-\infty}^{\infty} \sum_{-\infty}^{\infty} \varphi(x)\, \psi(y)\, P_{\xi\eta}(x, y).$$

Setzen wir speziell

$$\varphi(x) = \begin{cases} 1 & \text{für } x = x_0, \\ 0 & \text{für } x \neq x_0, \end{cases}$$

$$\psi(y) = \begin{cases} 1 & \text{für } y = y_0, \\ 0 & \text{für } y \neq y_0, \end{cases}$$

für beliebige x_0, y_0, so folgt

$$P_\xi(x_0 \mid y_0)\, P_\eta(y_0) = P_{\xi\eta}(x_0, y_0).$$

Es gilt also für jeden Wert y, den die Zufallsgröße η mit positiver Wahrscheinlichkeit annimmt, die Beziehung

$$P_\xi(x \mid y) = \frac{P_{\xi\eta}(x, y)}{P_\eta(y)} \tag{3.5}$$

(vgl. Kap. I, Formel (3.16)).

Beispiel 2: Es sei η eine diskrete Zufallsgröße mit der Wahrscheinlichkeitsverteilung $P_\eta(y)$. Wir setzen voraus, daß die Zufallsgröße ξ bei jedem festen Wert von η eine bedingte Wahrscheinlichkeitsdichte $p_\xi(x \mid \eta)$ besitzt. Für

$$\varphi(x) = \begin{cases} 1 & \text{für } x' \leqq x \leqq x'' \\ 0 & \text{für } x < x', x > x''; \end{cases}$$

$$\psi(y) = \begin{cases} 1 & \text{für } y = y_0, \\ 0 & \text{für } y \neq y_0 \end{cases}$$

folgt

$$\mathsf{M}[\mathsf{M}(\psi(\eta)\,\varphi(\xi) \mid \eta)] = \mathsf{M}\left[\psi(\eta) \int_{x'}^{x''} p_\xi(x \mid \eta)\, dx\right]$$

$$= \sum_y \left[\psi(y) \int_{x'}^{x''} p_\xi(x \mid y)\, dx\right] P_\eta(y) = \int_{x'}^{x''} p_\xi(x \mid y_0)\, dx\, P_\eta(y_0).$$

Wir wenden (3.1) auf die Zufallsgröße $\psi(\eta)\,\varphi(\xi)$ an und erhalten

$$\mathsf{M}[\mathsf{M}(\psi(\eta)\,\varphi(\xi) \mid \eta)] = \mathsf{M}\psi(\eta)\,\varphi(\xi) = \mathsf{P}\{x' \leqq \xi \leqq x'', \eta = y_0\},$$

woraus sich schließlich für beliebige x', x'', y die Beziehung

$$\mathsf{P}\{x' \leqq \xi \leqq x'', \eta = y\} = \int_{x'}^{x''} p_\xi(x \mid y)\, dx\, P_\eta(y) \tag{3.6}$$

ergibt.

Beispiel 3: Es sei ξ eine diskrete Zufallsgröße mit der Wahrscheinlichkeitsverteilung $P_\xi(x)$, $-\infty < x < \infty$, und die Zufallsgröße η besitze bei jedem festen ξ eine (bedingte) Wahrscheinlichkeitsdichte $p_\eta(y \mid \xi)$, $-\infty < y < \infty$. Wir wollen die gemeinsame Wahrscheinlichkeitsverteilung dieser Zufallsgrößen und die bedingte Verteilung $P_\xi(x \mid \eta)$ der Zufallsgröße ξ bezüglich η bestimmen.

Die (bedingte) Wahrscheinlichkeit des Ereignisses $\{y' \leqq \eta \leqq y''\}$ unter der Bedingung $\xi = x$ beträgt

$$\mathsf{P}\{y' \leqq \eta \leqq y'' \mid \xi = x\} = \int_{y'}^{y''} p_\eta(y \mid x)\,\mathrm{d}y .$$

Aus (3.6) folgt

$$\mathsf{P}\{\xi = x, y' \leqq \eta \leqq y''\} = P_\xi(x) \int_{y'}^{y''} p_\eta(y \mid x)\,\mathrm{d}y ,$$

woraus sich für die gemeinsame Wahrscheinlichkeitsverteilung die Beziehung

$$\mathsf{P}\{x' \leqq \xi \leqq x'', y' \leqq \eta \leqq y''\} = \int_{y'}^{y''} \left[\sum_{x'}^{x''} P_\xi(x)\, p_\eta(y \mid x)\right] \mathrm{d}y$$

ergibt. Hieraus erhalten wir insbesondere

$$\mathsf{P}\{y' \leqq \eta \leqq y''\} = \int_{y'}^{y''} \left[\sum_{-\infty}^{\infty} P_\xi(x)\, p_\eta(y \mid x)\right] \mathrm{d}y ;$$

die Zufallsgröße η besitzt somit die Wahrscheinlichkeitsdichte

$$p_\eta(y) = \sum_{-\infty}^{\infty} p_\eta(y \mid x)\, P_\xi(x) .$$

Wir wollen uns jetzt überlegen, daß die bedingte Verteilung $P_\xi(x \mid y)$ der Zufallsgröße ξ bei festem Wert $\eta = y$ durch die sogenannte Bayessche Formel

$$P_\xi(x \mid y) = P_\xi(x)\, \frac{p_\eta(y \mid x)}{p_\eta(y)} \tag{3.7}$$

gegeben ist. Durch (3.7) ist nämlich eine Wahrscheinlichkeitsverteilung definiert, die die folgende Eigenschaft besitzt: Der Mittelwert

$$\mathsf{M}(\varphi(\xi) \mid \eta) = \sum_{-\infty}^{\infty} \varphi(x)\, P_\xi(x \mid \eta)$$

der Zufallsgröße $\varphi(\xi)$ genügt wegen

$$\begin{aligned}\mathsf{M}[\mathsf{M}(\varphi(\xi) \mid \eta)] &= \int_{-\infty}^{\infty} \mathsf{M}(\varphi(\xi) \mid y)\, p_\eta(y)\,\mathrm{d}y \\ &= \sum_{-\infty}^{\infty} \varphi(x)\, P_\xi(x) \left[\int_{-\infty}^{\infty} p_\eta(y \mid x)\,\mathrm{d}y\right] = \sum_{-\infty}^{\infty} \varphi(x)\, P_\xi(x) = \mathsf{M}\varphi(\xi)\end{aligned}$$

der Bedingung (3.1), außerdem ist auch Bedingung (3.2) erfüllt. Diese Bedingungen definieren jedoch eindeutig die Zufallsgröße $\mathsf{M}(\varphi(\xi) \mid \eta)$, und die Menge dieser Erwartungen $\mathsf{M}(\varphi(\xi) \mid \eta)$ (wobei über $\varphi(\xi)$ variiert wird) legt die entsprechende bedingte Wahrscheinlichkeitsverteilung $P_\xi(x \mid \eta)$ eindeutig fest (es gilt dabei $\mathsf{M}(\varphi(\xi) \mid \eta) = P_\xi(x_0 \mid \eta)$ für jede Funktion $\varphi(x)$ mit: $\varphi(x) = 1$ für $x = x_0$ und $\varphi(x) = 0$ für alle $x \neq x_0$).

Beispiel 4: Es seien ξ und η Zufallsgrößen mit der gemeinsamen Wahrscheinlichkeitsdichte $p_{\xi\eta}(x, y)$.

Wir wollen nachweisen, daß die bedingte Dichte $p_\xi(x \mid \eta)$ der Zufallsgröße ξ bezüglich η durch

$$p_\xi(x \mid y) = \frac{p_{\xi\eta}(x, y)}{p_\eta(y)}, \qquad -\infty < x < \infty, \tag{3.8}$$

gegeben ist, wobei

$$p_\eta(y) = \int_{-\infty}^{\infty} p_{\xi\eta}(x, y)\, \mathrm{d}x, \qquad -\infty < y < \infty,$$

die Wahrscheinlichkeitsdichte der Zufallsgröße η ist (vgl. Kap. I, Formel (3.17)).

Der Erwartungswert einer Zufallsgröße der Form $\varphi(\xi)$ bezüglich der durch (3.8) gegebenen Verteilung

$$\mathsf{M}(\varphi(\xi) \mid \eta) = \int_{-\infty}^{\infty} \varphi(x)\, p_\xi(x \mid \eta)\, \mathrm{d}x$$

genügt nämlich wegen

$$\mathsf{M}[\mathsf{M}(\varphi(\xi) \mid \eta)] = \int_{-\infty}^{\infty} \left[\int_{-\infty}^{\infty} \varphi(x)\, p_\xi(x \mid y)\, \mathrm{d}x\right] p_\eta(y)\, \mathrm{d}y$$

$$= \int_{-\infty}^{\infty} \varphi(x) \left[\int_{-\infty}^{\infty} p_{\xi\eta}(x, y)\, \mathrm{d}y\right] \mathrm{d}x = \int_{-\infty}^{\infty} \varphi(x)\, p_\xi(x)\, \mathrm{d}x = \mathsf{M}\varphi(\xi)$$

der Bedingung (3.1), so daß $\mathsf{M}(\varphi(\xi) \mid \eta)$ tatsächlich die bedingte Erwartung der Zufallsgröße $\varphi(\xi)$ bezüglich η ist. Die Gesamtheit (variiert wird wieder über $\varphi(\xi)$) der Erwartungen $\mathsf{M}(\varphi(\xi) \mid \eta)$ definiert eindeutig die entsprechende bedingte Wahrscheinlichkeitsverteilung. Insbesondere folgt aus (3.4)

$$\mathsf{P}\{x' \leqq \xi \leqq x'' \mid \eta\} = \int_{x'}^{x''} p_\xi(x \mid \eta)\, \mathrm{d}x,$$

so daß also die durch (3.8) gegebene Funktion $p_\xi(x \mid \eta)$, $-\infty < x < \infty$, die bedingte Dichte der Zufallsgröße ξ bezüglich η ist.

Analog zu (3.8) erhält man die bedingte Dichte $p_\eta(y \mid \xi)$, und es gilt die folgende Gleichung (man vgl. mit der Bayesschen Formel (3.7)):

$$p_\xi(x \mid y) = \frac{p_\eta(y \mid x)}{p_\eta(y)}\, p_\xi(x). \tag{3.9}$$

3.2. Die Rolle der a-posteriori-Wahrscheinlichkeiten in einigen Aufgaben der Prognose und Filtration

In Abschnitt 3.1. hatten wir uns überlegt, daß die grundlegenden Eigenschaften (3.1) und (3.2) folgende geometrische Interpretation der bedingten Erwartung $\hat{\xi} = \mathsf{M}(\xi \mid \eta)$ einer Zufallsgröße ξ mit $\mathsf{M}\xi^2 < \infty$ bezüglich der Zufallsgrößen $\eta(t)$, $t \in T$, ergeben: $\hat{\xi} = \mathsf{M}(\xi \mid \eta)$ ist die Projektion von ξ auf den Raum L aller Zufallsgrößen der Gestalt $\varphi(\eta)$, das heißt, auf den Raum aller Zufallsgrößen, die sich als Funktion der Werte $\eta(t)$, $t \in T$, darstellen lassen. Dabei ist die Zufallsgröße $\hat{\xi}$ die beste Approximation von ξ durch Zufallsgrößen $\varphi(\eta) \in L$:

$$\|\xi - \hat{\xi}\| = \min_{\varphi(\eta)} \|\xi - \varphi(\eta)\|.$$

Wir betrachten die Aufgabe der Schätzung der Werte von ξ bei gegebenen $\eta(t)$, $t \in T$, unter der zusätzlichen Voraussetzung, daß ξ nur endlich viele Werte annehmen kann. Anschaulich kann man ξ als Zustand eines uns interessierenden Systems interpretieren, das wir nur aufgrund der Beobachtung eines gewissen stochastischen Prozesses $\eta = \eta(t)$ beurteilen können.

Anhand einfacher Beispiele überzeugt man sich leicht davon, daß die Erwartung $\mathsf{M}(\xi \mid \eta)$ nicht notwendig mit Werten von ξ übereinzustimmen braucht (es gelte $\xi = 0, 1, \ldots, N$), so daß die Zufallsgröße $\mathsf{M}(\xi \mid \eta)$ nicht unmittelbar darüber etwas aussagt, in welchem der möglichen Zustände $0, 1, \ldots, N$ sich das System befindet.

Wir nennen eine Zufallsgröße $\varphi_0(\eta) \in L$ eine beste Schätzung für den unbekannten Zustand ξ, wenn die Wahrscheinlichkeit des Fehlers, d. h. $\mathsf{P}\{\varphi_0(\eta) \neq \xi\}$, minimal wird:

$$\mathsf{P}\{\varphi_0(\eta) \neq \xi\} = \min_{\varphi(\eta)} \mathsf{P}\{\varphi(\eta) \neq \xi\}. \tag{3.10}$$

Offenbar kann man sich bei der Ermittlung einer besten Schätzung auf solche Zufallsgrößen $\varphi(\eta) \in L$ beschränken, deren mögliche Werte mit denen von ξ übereinstimmen (entsprechend unserer Voraussetzung sind dies die Zahlen $0, 1, \ldots, N$).

Wir nehmen an, daß die bedingte Wahrscheinlichkeitsverteilung[1]) $P_\xi(k \mid \eta)$, $k = 0, \ldots, N$, der Zufallsgröße ξ bei gegebenen Werten $\eta(t)$, $t \in T$, existiert, und definieren $\hat{\xi} = \varphi_0(\eta)$ als diejenigen der Werte $k = 0, 1, \ldots, N$, für den die Wahrscheinlichkeit $P_\xi(k \mid \eta)$ maximal wird:

$$P_\xi(\hat{\xi} \mid \eta) = \max_{0 \leq k \leq N} P_\xi(k \mid \eta). \tag{3.11}$$

Satz. *Die durch* (3.11) *definierte Zufallsgröße* $\hat{\xi} = \varphi_0(\eta)$ *ist die beste Schätzung für* ξ.

---

[1]) Die Wahrscheinlichkeiten $P_\xi(k \mid \eta)$ nennt man auch a-posteriori-Wahrscheinlichkeiten (nach der „Beobachtung“ von η, a posteriori (lat.): nach dem Versuch).

Beweis: Wir bezeichnen mit $\chi_k(x)$ die Funktion, die für $x = k$ den Wert 1 annimmt und sonst gleich 0 ist ($k = 0, 1, \ldots, N$) und betrachten eine beliebige Zufallsgröße der Form $\varphi = \varphi(\eta)$, deren mögliche Werte die Zahlen $0, 1, \ldots, N$ sind. Es gilt

$$\mathsf{P}\{\varphi(\eta) \neq \xi\} = \mathsf{M}\zeta = \mathsf{M}[\mathsf{M}(\zeta \mid \eta)],$$

wobei die Zufallsgröße $\zeta = \frac{1}{2} \sum_{k=0}^{N} [\chi_k(\xi) - \chi_k(\varphi)]^2$ für $\varphi(\eta) \neq \xi$ den Wert 1 annimmt und in allen anderen Fällen (für $\varphi(\eta) = \xi$) gleich 0 ist. Bei festen Werten $\eta(t)$, $t \in T$, ist die Größe $\chi_k(\varphi)$ eine Konstante, und es gilt $\mathsf{M}(\chi_k(\xi) \mid \eta) = P_\xi(k \mid \eta)$. Damit erhalten wir

$$\begin{aligned} \mathsf{M}(\zeta \mid \eta) &= \frac{1}{2} \sum_{k=0}^{N} \mathsf{M}([\chi_k(\xi) - \chi_k(\varphi)]^2 \mid \eta) \\ &= \frac{1}{2} \sum_{k=0}^{N} \mathsf{M}([\chi_k(\xi) - P_\xi(k \mid \eta)]^2 \mid \eta) + \frac{1}{2} \sum_{k=0}^{N} [P_\xi(k \mid \eta) - \chi_k(\varphi)]^2, \end{aligned}$$

und für $\varphi(\eta) = j$ folgt

$$\frac{1}{2} \sum_{k=0}^{N} [P_\xi(k \mid \eta) - \chi_k(\varphi)]^2 = \frac{1}{2} \sum_{k=0}^{N} P_\xi(k \mid \eta)^2 - P_\xi(j \mid \eta)^2 + \frac{1}{2}.$$

Wir setzen $\zeta_0 = \frac{1}{2} \sum_{k=0}^{N} [\chi_k(\xi) - \chi_k(\varphi_0)]^2$ und betrachten die Differenz

$$\mathsf{M}(\zeta \mid \eta) - \mathsf{M}(\zeta_0 \mid \eta) = P_\xi(j_0 \mid \eta) - P_\xi(j \mid \eta);$$

dabei ist $j_0 = \varphi_0(\eta)$ derjenige Wert, für den die Wahrscheinlichkeit $P_\xi(j \mid \eta)$ maximal wird (vgl. (3.11)). Für beliebiges $j = \varphi(\eta)$ gilt

$$\mathsf{M}(\zeta \mid \eta) - \mathsf{M}(\zeta_0 \mid \eta) = \mathsf{M}(\zeta - \zeta_0 \mid \eta) \geqq 0$$

und folglich

$$\mathsf{M}\zeta - \mathsf{M}\zeta_0 = \mathsf{M}(\zeta - \zeta_0) = \mathsf{M}[\mathsf{M}(\zeta - \zeta_0 \mid \eta)] \geqq 0,$$

das heißt

$$\mathsf{P}\{\varphi(\eta) \neq \xi\} \geqq \mathsf{P}\{\varphi_0(\eta) \neq \xi\}.$$

Damit ist der Satz bewiesen.

Beispiel (*Aufgabe über den Ausfall eines Systems*): Wir nehmen an, daß uns der Zustand eines Systems zum laufenden Zeitpunkt t interessiert, den wir auf der Grundlage eines bestimmten „Signals“ $\theta(t)$ (welches den Übergang von einem Zustand in den anderen beschreibt) fehlerlos bestimmen könnten. Tatsächlich wird aber nur der stochastische Prozeß $\xi = \xi(t)$, $t \geqq 0$, beobachtet, wobei

$$\mathrm{d}\xi(t) = \theta(t)\,\mathrm{d}t + \mathrm{d}\eta(t) \tag{3.12}$$

gilt. Bei der Betrachtung des stochastischen Differentials $\mathrm{d}\eta(t)$ wird wie üblich der Prozeß der Brownschen Bewegung $\eta(t)$ zugrundegelegt. Die Aufgabe besteht darin, auf der Grundlage der Trajektorie $\xi(s)$ mit $s \leqq t$ den Wert der Zufallsgröße $\theta(t)$ zu schätzen.

Wir nehmen der Einfachheit halber an, daß sich das System zum Anfangszeitpunkt im Zustand 0 befindet und nach einer gewissen Zeit in einen anderen Zustand 1 übergeht (man könnte diesen Übergang zum Beispiel als Ausfall, Zerstörung oder Beschädigung des betrachteten Systems interpretieren). Es gelte also

$$\theta(t) = \begin{cases} 0 & \text{für } t < \tau \\ 1 & \text{für } t \geqq \tau, \end{cases}$$

wobei τ den (zufälligen) Zeitpunkt des Überganges von 0 nach 1 bezeichnet. Wir setzen τ als exponentialverteilt voraus:

$$\mathsf{P}\{\tau > t\} = e^{-\lambda t}.$$

Nach den oben angestellten Überlegungen findet man die beste Schätzung des unbekannten Wertes $\theta(t)$ durch die bekannten Zufallsgrößen $\xi(s)$, $s \leqq t$, (wir wollen diese Menge von Zufallsgrößen kurz mit ξ_t bezeichnen) mittels der a-posteriori-Wahrscheinlichkeiten

$$\pi_0(t) = \pi(t), \qquad \pi_1(t) = 1 - \pi(t),$$

wobei

$$\pi(t) = \mathsf{P}(\theta(t) = 0 \mid \xi_t)$$

gesetzt wurde.

Wir nehmen an, daß der stochastische Prozeß $\xi = \xi(t)$ zu diskreten Zeitpunkten (Vielfache von Δt) beobachtet wird und verfolgen die Entwicklung der a-posteriori-Wahrscheinlichkeiten $\pi(t)$ im Verlaufe der Zeit t.

Zunächst wird die bedingte Wahrscheinlichkeitsdichte $p(x \mid \theta(t) = 0, \xi_t)$ der Zufallsgröße $\xi(t + \Delta t)$ unter der Bedingung $\theta(t) = 0$ und bei fester Trajektorie $\xi_t = \{\xi(s), s \leqq t\}$ berechnet. Aus (3.12) folgt

$$\xi(t + \Delta t) = \xi(t) + \int_t^{t+\Delta t} \theta(s)\, ds + \Delta\eta(t),$$

wobei die Größen $\Delta\eta(t)$ für verschiedene t unabhängige normalverteilte Zufallsgrößen mit Mittelwert 0 und Streuung Δt sind. Bei festen $\theta(s)$, $t \leqq s \leqq t + \Delta t$, lautet die gesuchte Dichte

$$\frac{1}{\sqrt{2\pi\,\Delta t}} \exp\left\{-\frac{1}{2\,\Delta t}\left[x - \xi(t) - \int_t^{t+\Delta t} \theta(s)\, ds\right]^2\right\}, \tag{3.13}$$

$$-\infty < x < \infty.$$

Wegen

$$\int_t^{t+\Delta t} \theta(s)\, ds = \begin{cases} \Delta t - u & \text{für } \tau - t = u,\ 0 \leqq u \leqq \Delta t \\ 0 & \text{für } \tau - t > \Delta t \end{cases}$$

und der Tatsache, daß die Zufallsgröße $\tau - t$ unter der Bedingung $\theta(t) = 0$ auf der Halbgeraden $u \geqq 0$ mit der Dichte $\lambda\, e^{-\lambda u}$ verteilt ist, folgt schließlich

$$p\big(x \mid \theta(t) = 0, \xi_t\big) = \int_0^{\Delta t} \frac{1}{\sqrt{2\pi\, \Delta t}} \exp\left\{-\frac{1}{2\Delta t}\, [x - \xi(t) - (\Delta t - u)]^2\right\} \lambda\, e^{-\lambda u}\, du + \frac{1}{\sqrt{2\pi\, \Delta t}} \exp\left\{-\frac{1}{2\Delta t}\, [x - \xi(t)]^2\right\} e^{-\lambda \Delta t}.$$

Für $\theta(t) = 0$, $\theta(t + \Delta t) = 0$ (das heißt $\theta(s) \equiv 0$ für $t \leqq s \leqq t + \Delta t$) erhalten wir aus (3.13) die bedingte Wahrscheinlichkeitsdichte

$$p\big(x \mid \theta(t) = 0, \xi_t, \theta(t + \Delta t) = 0\big) = \frac{1}{\sqrt{2\pi\, \Delta t}} \exp\left\{-\frac{1}{2\Delta t}\, [x - \xi(t)]^2\right\}.$$

Man prüft leicht nach, daß die folgende zur Bayesschen Formel (3.7) analoge Beziehung besteht:

$$\mathsf{P}\{\theta(t + \Delta t) = 0 \mid \theta(t) = 0, \xi_t, \xi(t + \Delta t)\} = \mathsf{P}\{\theta(t + \Delta t) = 0 \mid \theta(t) = 0, \xi_t\} \frac{p\big(\xi(t + \Delta t) \mid \theta(t) = 0, \xi_t, \theta(t + \Delta t) = 0\big)}{p\big(\xi(t + \Delta t) \mid \theta(t) = 0, \xi_t\big)} \qquad (3.14)$$

mit

$$\frac{p\big(\xi(t + \Delta t) \mid \theta(t) = 0, \xi_t\big)}{p\big(\xi(t + \Delta t) \mid \theta(t) = 0, \xi_t, \theta(t + \Delta t) = 0\big)} = \int_0^{\Delta t} \exp\left\{\frac{1}{2\Delta t}\, [2\Delta\xi(t)\, (\Delta t - u) - (\Delta t - u)^2]\right\} \lambda e^{-\lambda u}\, du + e^{-\lambda \Delta t} = [1 + o(1)]\, \lambda\, \Delta t + e^{-\lambda \Delta t} = 1 + o(\Delta t).$$

Dabei ist $o(\Delta t)$ eine vom Zuwachs $\Delta\xi(t) = \xi(t + \Delta t) - \xi(t)$ abhängende Funktion, die im Vergleich zu Δt für $\Delta t \to 0$ klein von höherer Ordnung wird. Da $\mathsf{P}\{\theta(t + \Delta t)$, $= 0 \mid \theta(t) = 0, \xi_t\}$ mit der Wahrscheinlichkeit dafür zusammenfällt, daß das System in einem Zeitintervall der Länge Δt im Zustand 0 verbleibt (diese Wahrscheinlichkeit ist gleich $e^{-\lambda \Delta t}$), erhalten wir aus (3.14) die folgende Beziehung

$$\mathsf{P}\{\theta(t + \Delta t) = 0 \mid \theta(t) = 0, \xi_{t+\Delta t}\} = 1 - \lambda\, \Delta t + o(\Delta t),$$

wobei $o(\Delta t)$ wieder eine von höherer Ordnung kleine Größe ist.

Analog zu (3.14) gilt

$$\mathsf{P}\{\theta(t) = 0 \mid \xi_t, \xi(t + \Delta t)\} = \mathsf{P}\{\theta(t) = 0 \mid \xi_t\} \frac{p\big(\xi(t + \Delta t) \mid \theta(t) = 0, \xi_t\big)}{p\big(\xi(t + \Delta t) \mid \xi_t\big)} \qquad (3.15)$$

Weiter ist

$$p\big(\xi(t+\Delta t) \mid \xi_t\big) = p\big(\xi(t+\Delta t) \mid \theta(t) = 0, \xi_t\big)\, \pi_0(t) + p\big(\xi(t+\Delta t) \mid \theta(t) = 1, \xi_t\big)\, \pi_1(t);$$

die Bedingung $\theta(t) = 1$ bedeutet $\theta(s) = 1$ für alle $s \leqq t$. Aus der Beziehung (3.13) folgt

$$\frac{p\big(\xi(t+\Delta t) \mid \theta(t) = 1, \xi_t\big)}{p\big(\xi(t+\Delta t) \mid \theta(t) = 0, \xi_t\big)} = \exp\left\{\Delta\xi(t) - \frac{\Delta t}{2}\right\} \big(1 + o(\Delta t)\big),$$

und mittels (3.15) erhalten wir

$$\begin{aligned}
\mathsf{P}\{\theta(t) = 0 \mid \xi_{t+\Delta t}\} &= \mathsf{P}\{\theta(t) = 0 \mid \xi_t, \xi(t+\Delta t)\} \\
&= \pi_0(t)\, \frac{1}{\pi_0(t) + \pi_1(t) \exp\left\{\Delta\xi(t) - \frac{\Delta t}{2}\right\} \big(1 + o(\Delta t)\big)} \\
&= \pi_0(t)\, \frac{1}{1 + \pi_1(t)\, \Delta\xi(t) - \frac{\Delta t}{2} + \frac{1}{2}\, \Delta\xi(t)^2 + o(\Delta t)} \\
&= \pi_0(t) \left\{1 - \pi_1(t) \left(\Delta\xi(t) - \frac{\Delta t}{2} + \frac{1}{2}\, \Delta\xi(t)^2\right)\right. \\
&\quad \left. + \left[\pi_1(t) \left(\Delta\xi(t) - \frac{\Delta t}{2} + \frac{1}{2}\, \Delta\xi(t)^2\right)\right]^2 + o(\Delta t)\right\} \\
&= \pi_0(t) \left\{1 - \pi_1(t) \left(\Delta\xi(t) - \frac{\Delta t}{2} + \frac{1}{2}\, \Delta\xi(t)^2\right) + \pi_1(t)^2\, \Delta\xi(t)^2 + o(\Delta t)\right\},
\end{aligned}$$

wobei dieses Mal $o(\Delta t)$ eine im Vergleich zu $\Delta t + \Delta\xi(t)^2$ kleine Größe höherer Ordnun sein soll.

Mittels der Formel

$$\mathsf{P}\{\theta(t+\Delta t) = 0 \mid \xi_{t+\Delta t}\} = \mathsf{P}\{\theta(t+\Delta t) = 0 \mid \theta(t) = 0, \xi_{t+\Delta t}\}\, \mathsf{P}\{\theta(t) = 0 \mid \xi_{t+\Delta t}\}$$

folgt schließlich für $\pi(t) = \pi_0(t) = 1 - \pi_1(t)$:

$$\begin{aligned}
\pi(t+\Delta t) &= (1 - \lambda\, \Delta t)\, \pi(t) \left[1 - \big(1 - \pi(t)\big) \left(\Delta\xi(t) - \frac{\Delta t}{2} + \frac{1}{2}\, \Delta\xi(t)^2\right)\right. \\
&\quad \left. + \big(1 - \pi(t)\big)^2\, \Delta\xi(t)^2\right] + o(\Delta t) \\
&= \pi(t) - \pi(t) \left\{\lambda\, \Delta t + \frac{1}{2} \big(1 - \pi(t)\big) [\Delta\xi(t)^2 - \Delta t] - \big(1 - \pi(t)\big)^2\, \Delta\xi(t)^2\right. \\
&\quad + \pi(t) \big(1 - \pi(t)\big)\, \Delta\xi(t) + o(\Delta t).
\end{aligned}$$

Wir lassen in dieser Gleichung $o(\Delta t)$ — das im Vergleich zu $\Delta t + \Delta\xi(t)^2$ von höherer Ordnung klein ist — und das Glied $\frac{1}{2}\left(1 - \pi(t)\right)[\Delta\xi(t)^2 - \Delta t]$ weg (letzteres enthält die Größe $\Delta\xi(t)^2 - \Delta t)$, für die ja

$$\mathsf{M}\left(\Delta\xi(t)^2 - \Delta t \mid \xi_t\right) = o(\Delta t)$$

$$\mathsf{M}\left([\Delta\xi(t)^2 - \Delta t]^2 \mid \xi_t\right) = o(\Delta t)$$

gilt — vgl. die Bedingungen (8.13), (8.14)) und erhalten

$$\Delta\pi(t) \sim -\pi(t)\left(\lambda - (1 - \pi(t)^2\right)\Delta t + \pi(t)\left(1 - \pi(t)\right)\Delta\xi(t).$$

Im Fall stetiger Zeit t kann man zeigen, daß sich $\pi(t) = \mathsf{P}\{\theta(t) = 0 \mid \xi_t\}$ als Funktion des stochastischen Prozesses $\xi(s)$, $s \leqq t$, stetig im Verlaufe der Zeit t ändert und somit das stochastische Differential

$$\mathrm{d}\pi(t) = -\pi(t)\left(\lambda - (1 - \pi(t)^2\right)\mathrm{d}t + \pi(t)\left(1 - \pi(t)\right)\mathrm{d}\xi(t)$$

existiert. Dabei ist das stochastische Differential $\mathrm{d}\xi(t)$ durch (3.12) gegeben.

SACHVERZEICHNIS

MIX
Papier | Fördert gute Waldnutzung
FSC® C083411

Zeitfracht Medien GmbH
Ferdinand-Jühlke-Straße 7
99095 Erfurt, Deutschland
produktsicherheit@kolibri360.de